热成形钢及热冲压成形零部件

Microalloying Press Hardening Steel and Hot Stamping Components

路洪洲　赵　岩　刘永刚　陈翊昇　郭爱民　等　著

北京理工大学出版社
BEIJING INSTITUTE OF TECHNOLOGY PRESS

图书在版编目（CIP）数据

热成形钢及热冲压成形零部件 / 路洪洲等著. --北京：北京理工大学出版社，2022.6
ISBN 978-7-5763-1383-3

Ⅰ. ①热…　Ⅱ. ①路…　Ⅲ. ①钢-零部件-板材冲压-热成型　Ⅳ. ①TG141

中国版本图书馆 CIP 数据核字（2022）第 107604 号

出版发行 / 北京理工大学出版社有限责任公司
社　　址 / 北京市海淀区中关村南大街 5 号
邮　　编 / 100081
电　　话 /（010）68914775（总编室）
（010）82562903（教材售后服务热线）
（010）68944723（其他图书服务热线）
网　　址 / http://www.bitpress.com.cn
经　　销 / 全国各地新华书店
印　　刷 / 三河市华骏印务包装有限公司
开　　本 / 787 毫米×1092 毫米　1/16
印　　张 / 19.75
彩　　插 / 4
字　　数 / 461 千字
版　　次 / 2022 年 6 月第 1 版　2022 年 6 月第 1 次印刷
定　　价 / 128.00 元

责任编辑 / 多海鹏
文案编辑 / 辛丽莉
责任校对 / 周瑞红
责任印制 / 李志强

《热成形钢及热冲压成形零部件》

编 委 会

序

热成形锰硼钢起源于德国，是根据农业机械需求发展起来的一类钢种，最初主要用于犁具，因此对钢材的韧性、氢脆等性能没有太高要求。随着安全、轻量化及节能减排需求的提升，热成形钢逐渐被应用到汽车上。汽车与农业犁具的使用要求完全不同，汽车需要最大限度地保障驾乘人员的生命安全，对热成形钢性能要求要高得多，如更高的抗碰撞开裂性能、抗氢致延迟断裂性能等韧性要求，以及高温成形性能、高温抗氧化性能、淬透性能、焊接性能、涂装性能等与汽车零部件制造息息相关的各类工艺性能。汽车零部件具有更为复杂的制造工艺和服役环境，这就需要对原始的热成形锰硼钢的成分、微观组织、表面质量、生产工艺、制造设备、评价方法进行全面优化升级。众所周知，微合金化技术是提高钢材强韧性的重要手段，但如何将该技术用于热成形钢的性能改进还需要做深入且细致的研究。

本书作者做了一件很好的工作，他们在传统热成形锰硼钢 22MnB5 的基础上，先后开发了一系列 1 500～2 000 MPa 级微合金化热成形钢并实现了工业应用，详细而系统地研究了微合金化热成形钢的物理冶金原理、材料性能、零件设计、生产工艺、产线装备、零件性能、装车应用等内容，合理地采用铌微合金化以及铌、钒、钼等复合合金化技术，形成了微合金化热成形钢系列，创新采用冷冻原子探针和充氘等方法揭示了碳化物氢陷阱机理，采用表征复杂应力状态的断裂应变测试方法来评价汽车用热成形钢的韧性并实现了零件碰撞开裂的精准预测，开创性地将热成形钢应用到商用车上。这些科学研究和工程开发工作走在国内外的前列，高性能热成形钢的开发和应用促进了汽车轻量化和安全，对我国钢铁工业和汽车工业的高质量发展及碳达峰和碳中和有重要意义。

本书的作者有高等院校、科研院所的科研工作者，有钢厂的技术人员，有整车企业和零部件企业的工程开发人员，他们组成了产学研用的攻关团队。经过 10 余年的研究和合作，他们都成了行业专家，将多年的经验和技术经过总结向行业分享传播，势必对我国钢铁产品和汽车产品的竞争力提升有重要作用。

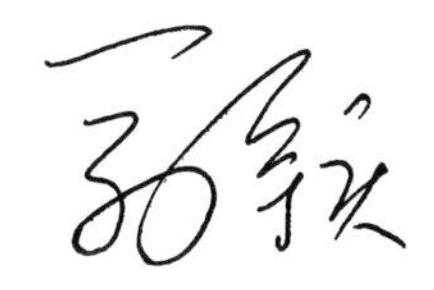

前言

过去的 10 年间，热冲压成形钢及热冲压零部件在乘用车车身上大批量应用，并开始用于商用车，有效地提升了汽车的安全和轻量化水平。随着汽车使用性能要求的提高，行业对高强、高韧热成形钢及高安全性能的热冲压成形零部件的需求也更为迫切。为了满足下游的需求，国内外先后在热成形钢的成分优化、镀层技术、热成形工艺及设备、热成形零部件设计等方面都进行了深入、系统的研究。本书力争总结过去 10 余年热成形技术的研究成果，聚焦微合金化热成形钢的开发及应用，为行业提供一本参考书籍，促进行业的发展。

本书由我国著名汽车材料专家马鸣图先生等人作为顾问专家；由郭爱民博士担任编委会主任，路洪洲博士、王建锋博士、刘波博士和赵征志博士担任编委会副主任；路洪洲博士担任主编；赵岩博士、刘永刚博士和陈翊昇博士担任副主编；70 余位业内专家参与撰写。全书共分为 8 章，包括热成形技术概述、热成形钢的开发、热成形钢镀层技术、热冲压成形零部件结构及工艺、热成形钢及零部件的综合评价、热冲压成形零部件的碰撞开裂、热冲压成形零部件的氢致延迟断裂、路线图及未来展望 8 个部分。

第 1 章由中信金属路洪洲博士牵头；北京科技大学陈伟健博士负责统稿；内容由中信金属路洪洲、郭爱民、王文军、李军，同济大学闵峻英、韩志勇、陆博、李红，河钢集团魏元生，北京科技大学陈伟健、高亮等人联合撰写。第 1 章主要介绍轻量化和被动安全对热成形钢及零部件的需求、热成形钢及热冲压成形零部件在汽车上的应用、热冲压成形工艺、技术、装备和性能的最新发展，以及对微合金化热成形钢最近研究进展的概述。

第 2 章由马鞍山钢铁股份有限公司（马钢）刘永刚博士和中信金属路洪洲博士牵头；第 3 章由马鞍山钢铁股份有限公司刘永刚牵头，崔磊负责统稿；内容由马钢刘永刚、崔磊、晋家春、詹华、谷海容，中信金属路洪洲、郭爱民，洪继要、胡宽辉、刘仁东、时晓光、董毅、刘宏亮、陈宇、邝霜、邝春福、刘景佳、张龙柱、梁江涛，上海交通大学金学军、李伟、龚煜，王建锋、卢琦等人共同参与撰写。第 2 章主要论述热成形钢的发展历史、热成形钢的物理冶金、微合金化热成形钢开发，第 3 章主要论述热成形钢的镀层技术等内容。

第 4 章由北京理工大学重庆创新中心赵岩博士牵头；冯毅博士负责统稿；内容由杨琴、李泽勇、高亮，中信金属路洪洲、郭爱民，吉利汽车研究院（宁波）有限公司袁超、姜发同、祁学军、申巍、罗模芳、邓建林，苏州大学王子健、刘景佳、田飞，北京理工大学重庆创新中心赵岩，中国汽研冯毅，同济大学闵峻英，重庆理工大学甘贵生、王卫生，河钢邯钢张龙柱、王连轩、李晓广，以及卢琦等人联合撰写。第 4 章主要论述热冲压成形零部件的选择及结构设计技术、热冲压成形模具技术、热冲压成形工艺和焊接技术、热冲压成形零件的定制化开发以及铌（Nb）微合金化对热冲压工艺窗口及性能的影响等。

第 5 章由王建锋博士和方刚牵头，方刚负责统稿，内容由通用汽车王建锋、卢琦、方刚、宋磊锋、冯毅、张钧萍、王光耀、阎换丽、李军、孙垒，重庆长安汽车杨琴、秦永瑞、蒲霞、贾少伟等人联合撰写。第 5 章主要论述整车企业和原材料制造企业对热成形钢及零部件性能、热成形钢交货态性能、热成形钢原材料热物理性能、热成形钢平板淬火态性能等方面的定义及要求。

第 6 章由北京科技大学刘波博士牵头；北京理工大学重庆创新中心梁宾主笔并统稿；内容由北京理工大学重庆创新中心梁宾，中信金属路洪洲，北京科技大学刘波，长安汽车李洁、张鹏、潘锋等人联合撰写。第 6 章主要论述热冲压成形零部件的断裂失效评价方法、铌微合金化对热成形钢断裂失效性能的影响、铌微合金化对热冲压成形零部件碰撞开裂及整车安全性能的影响等。

第 7 章由悉尼大学陈翊昇博士和北京科技大学赵征志博士牵头，悉尼大学刘邦佑博士主笔并统稿；首钢梁江涛博士协助统稿；内容由悉尼大学陈翊昇、刘邦佑，首钢梁江涛，中国汽研冯毅，中信金属路洪洲，北京科技大学赵征志、陈伟健等人联合撰写。第 7 章主要论述氢致延迟断裂的定义及发生条件、机理和抑制手段，热成形钢氢致延迟断裂测试评价方法及氢陷阱表征手段，铌微合金化对热成形钢氢致延迟断裂及氢陷阱作用。

第 8 章由李军博士牵头撰写并统稿，内容由李军，中信金属路洪洲、郭爱民、王文军，北京理工大学重庆创新中心赵岩等人联合撰写。第 8 章主要论述汽车及车身的未来发展需求、热成形钢及热冲压成形零部件的未来发展、铌微合金化热成形钢及热冲压成形零部件的未来发展、未来 15 年热成形钢及等热冲压成形零部件应用路线图等。

在本书编著过程中有幸请到钢铁行业资深专家翁宇庆院士在百忙之中为本书做序，在此对先生深表谢意。马鸣图先生、边箭先生等专家顾问对本书涉及的技术方向、研究项目给予了很多有益的建议和指导，并对本书第 7 章以及第 8 章的路线图亲自修订，万分感谢。李军、方刚、李文德、牟良军、边箭、李红、娄燕山、王文军、魏元生、韩志勇等人为本书费心审稿，感谢之至。

本书的出版得到中信微合金化技术中心的经费支持，得到北京理工大学出版社的通力协助，在此表示真挚的感谢。

除热成形装备外，本书尽可能系统地总结和阐述了热成形相关技术和最新发展，由于本书的作者主要为一线的技术研发人员及各单位研发和管理骨干，均在工作之余撰写，水平有限、时间仓促，难免存在不足之处，还请读者和业界同人批评指正。

编委会

目录

第 1 章

热成形钢及热冲压成形技术发展概述

1.1 汽车轻量化对热成形钢及零部件需求

2020 年，我国汽车产销量分别达到 2 608.2 万辆和 2 627.5 万辆，经过 2005—2017 年连续 13 年平均增长率为 14.4%的增长，中国汽车保有量超过 2 亿辆。随着汽车保有量的增加，我国原油对外依存度达到 72.3%，其中交通行业石油消费量占全国石油消费的 58%以上。此外，随着我国国际制造业大国的地位确立、交通运输业的发展以及原有产业结构和能源型燃料结构的不合理，给生存环境造成了巨大的负面压力，汽车保有量的增长对环境的压力起到助长作用。

2021 年 1 月 25 日，习近平主席在北京以视频方式应邀出席世界经济论坛“达沃斯议程”对话会。会上习近平主席发表特别致辞并宣布，中国力争于 2030 年前二氧化碳排放达到峰值、2060 年前实现碳中和。中央经济工作会议更是将“做好碳达峰、碳中和工作”列为 2021 年的重点任务之一。根据中汽数据有限公司的分析，我国汽车行业必须在 2050 年前实现“碳中和”，才有可能成为未来“汽车强国”的一分子。汽车双碳实施路径主要包括轻量化、新能源、循环制造等汽车产品绿色制造（短流程、低能耗、长寿命和高利用率等）及使用环节节能关键技术。基于环境和石油对外依存度逐年提高的双重压力，由国家工业和信息化部提出并发布的 GB 27999—2019《乘用车燃料消耗量评价方法及指标》要求规定：截至 2025 年我国乘用车平均燃料消耗量降至 4 L/100 km，对应 CO_2 排放约为 95 g/km，从目前的 5 L/100 km 下降了 20%。众所周知，减少汽车燃料消耗量的有效方法之一是实现汽车的轻量化，《节能与新能源汽车技术路线图 2.0》列出了汽车行驶阻力与整备质量的关系，如图 1.1 所示，在汽车的 4 大阻力中，有 3 项（滚动阻力、加速阻力和爬坡阻力）均与质量（重量）成正比，如按道路划分，市区道路行驶时约 92%的阻力都与质量相关，郊区道路行驶时约为 55%，而高速路行驶则为30%左右。这些关系对于传统汽车和新能源汽车都适用，这也是现行汽车（包括燃油汽车和新能源汽车）能耗相关标准中采用整备质量作为能耗限值基准的根本原因。

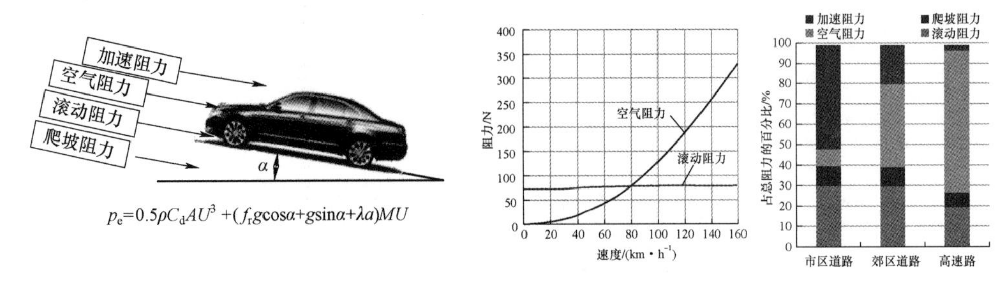

图 1.1　汽车行驶阻力与整备质量的关系

对于电动轿车，GB/T 36980—2018《电动汽车能量消耗率限值》中乘用车燃油消耗量限值的表达方式，同样是按整车整备质量分段，将能量消耗量限值转化为阶梯图并线性化，用公式表达能量消耗率为 $Y_{s1}=4.576\,7M+9.904\,3$（第 1 阶段）（式中单位：$Y_{s1}$ 为 kW·h/100 km；M 为 t），也即说明，每降低 100 kg 的整备质量，在新欧洲续航测试标准（new european driving cycle，NEDC）工况下节约用电 0.46 kW·h/100 km。此外，通过有关模拟，从续驶里程的角度其结果是：当有能量回收时，每降低 100 kg 的质量，A 级车的续驶里程增加 12.3 km，C 级车的续驶里程增加 13.0 km；如动力电池以外的部件降低 10 kg 的质量，并将降低的质量分给动力电池，保持整车的整备质量不变，A 级车的续驶里程增加 12.5 km，C 级车的续驶里程增加 9.3 km。电动汽车能量消耗与整备质量关系见图 1.2。

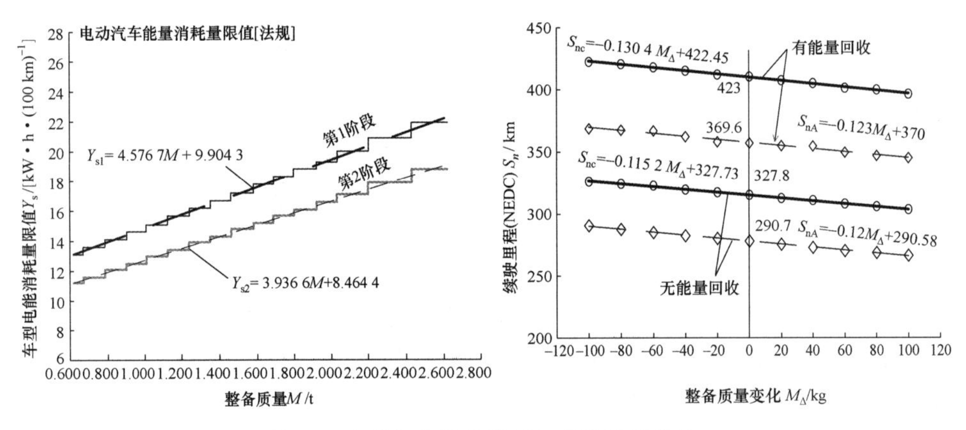

图 1.2　电动汽车能量消耗与整备质量关系

对于车身的轻量化目标评价，宝马公司 Bruno Ludke 提出了轻量化系数概念，目前在各主机厂广泛应用，这是车身规划及轻量化设计的重要考核指标之一。车身轻量化系数表达式如式（1−1）所示，轻量化系数 L 越小的车身，其轻量化水平越高。

$$L=\frac{M}{C_T A}\times 10^3 \qquad (1-1)$$

式中，L 为轻量化系数；M 为质量（不包括车门和玻璃）(kg)；C_T 为车身扭转刚度（包含风挡玻璃及影响刚度的连接件）[N·m/（°）]；A 为四轮间的正投影面积（即前、后轮平均轮距乘以轴距）(m^2)。

除了轻量化系数的概念外，莲花公司提出的车身密度概念也是目前车身设计采用的轻量化评估或考核参考指标之一，车身密度表达式如下：

$$\rho = \frac{M_{\mathrm{BIM}}}{V} \tag{1-2}$$

式中，ρ 为白车身密度（$\mathrm{kg/m^3}$）；M_{BIM} 为白车身（含五门一盖）质量（kg）；V 为白车身有效体积（$\mathrm{m^3}$），其为 $A_r \times A_s \times A_t /（L \times W \times H）$，其中，$A_s$、$A_r$、$A_t$ 为车身侧面、正面、顶部投影面积，详见图 1.3。

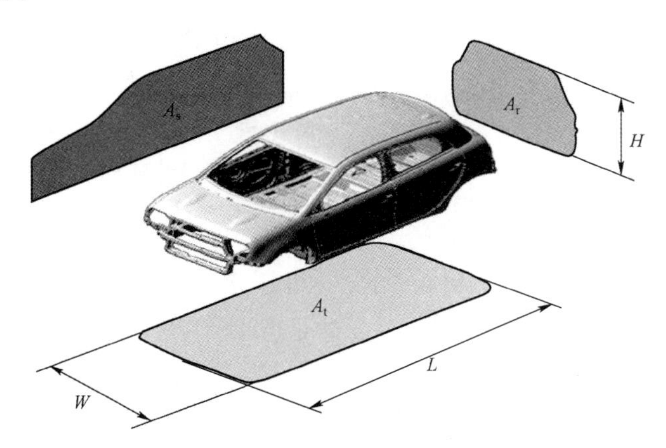

图 1.3　车身三维投影图

汽车的轻量化是在满足汽车的强度、刚度、被动安全性、振动噪声和耐久性的前提下，通过优化汽车的结构、选择轻量化的材料和制造工艺，最大限度地降低汽车的整备质量，从而提高汽车的动力性，降低能耗和温室气体排放。汽车轻量化是设计、制造、材料技术集成的系统工程，主要途径有：

（1）通过结构断面优化和增加高强钢用材比例，提升整车结构强度及降低耗材用量。如采用拓扑优化、多目标协同优化设计，采用承载式车身结构，减小车身板料厚度等。

（2）采用轻质高强度材料，如铝、镁、塑料、玻璃纤维或碳纤维复合材料。

（3）优化制造工艺，选用集成式制造工艺，如辊压、液压成形、热成形门环等先进工艺，减少搭边焊接，实现结构轻量化。

（4）从材料轻量化的角度分析，使用基于新材料加工技术的轻量化零件用材，如柔性轧制差厚度板材（tailor rolling blank，TRB）、激光拼焊板（tailor welded blank，TWB）、金属基复合材料三明治板、热冲压成形高强板等。

增加白车身超高强度钢的应用比例仍然是目前提升汽车安全和轻量化性能的主要技术路线，其结合结构的薄壁化设计技术、先进的成形及连接技术实现轻量化，适合于传统燃油汽车、纯电动和混合动力汽车轻量化。有研究表明，当钢板厚度分别减小 0.05 mm、0.1 mm、0.15 mm 时，车身质量可分别减少 6%、12%、18%。

对过去 8 年间国外 70 款车型进行了用材分析，其中包括燃油车 61 款、新能源车 9 款。2012—2019 年热成形钢在国外典型车型车身上的应用比例如图 1.4 所示，其中热成形钢应用比例最高的车型为紧凑型的 Ford 福克斯，达到车身总质量的 31.6%。通过数据回归分析，得到国外车身热成形钢应用比例以每年近 1.7%的增量增加。

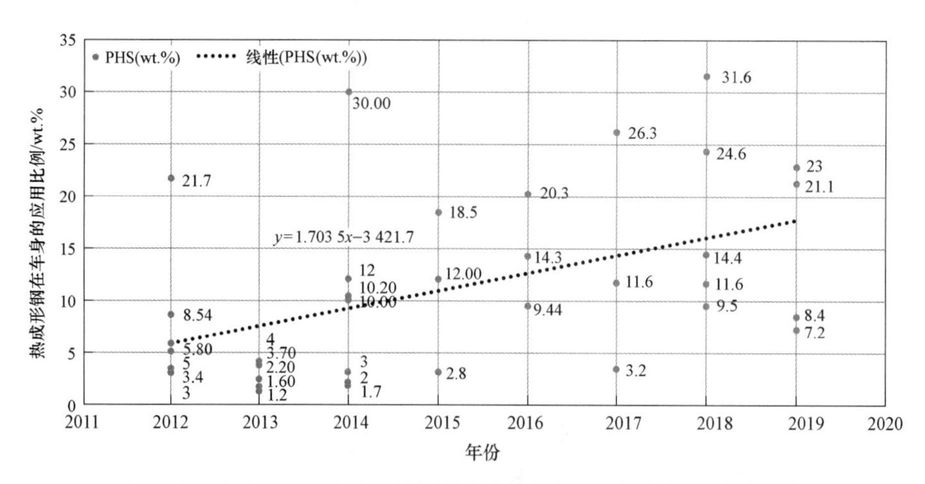

图 1.4　2012—2019 年热成形钢在国外典型车型车身上的应用比例

目前国内乘用车白车身高强钢的应用比例≥65%，超高强度钢应用比例≥30%，强度≥1 500 MPa 热成形钢的应用比例≥18%。2012—2019 年中国 38 款典型车型车身的热成形钢应用数据统计分析如图 1.5 所示，国内近几年新车型车身热成形钢应用比例的年增长量约为 2.0%。对不同级别车型的车身用材趋势进行分析，微、小型车样本中，热成形钢用量有所增加，单一车型最大用量达 14%，为 2019 款的长城欧拉 R1；紧凑型车样本中，热成形钢用量近年有所增加，单一车型最大用量达 14%，为 2019 款的东风风神奕炫；中型车样本中，热成形钢用量总体有所增加，单一车型最大用量达 16.8%，为 2019 款的红旗 HS5。

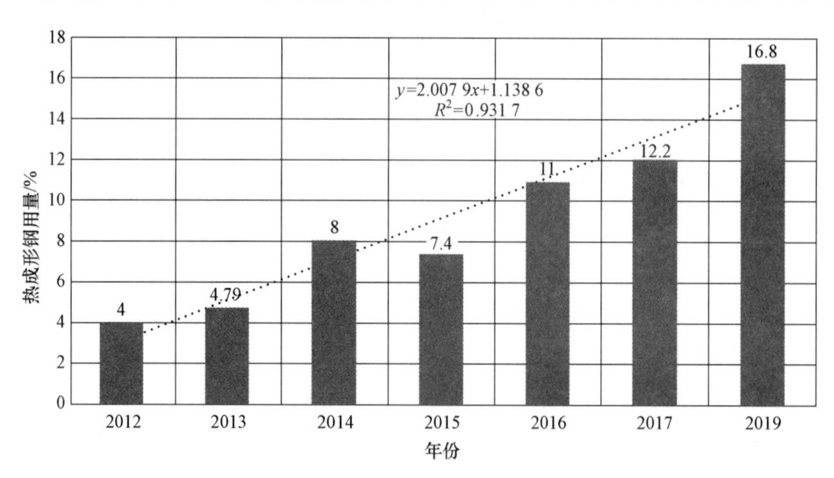

图 1.5　2012—2019 年中国 38 款典型车型车身的热成型钢应用数据

1.2　汽车安全对热成形钢及零部件需求

随着乘用车的普及，消费者对车辆安全性的关注度日益增高，驱动了汽车主动安全、被动安全技术的巨大发展。主动安全新技术包括：制动防抱死（ABS）、电子制动力分配（EBD）、车身稳定（ESP）、牵引力控制（TCS）、车道偏离预警（LDWS）、360° 全景环视、盲点警示（BSW）、并道辅助、胎压监控（TPMS）、车载雷达、超声波防撞装置系统，等等。被动安全技术包括：高强度鼠笼式安全车身，含有压溃、吸能装置的防撞钢梁，包围式安全气囊，安全带，头颈保护装置，行人保护新技术装置，等等。世界各国对乘用车生产厂商的安全法规试验要求也日益严格。乘用车碰撞安全法规涉及的碰撞试验项目包括被动安全、保险碰撞安全项目。汽车碰撞安全法规的实施地区及对应清单见表 1.1，主要国家乘用车被动安全试验项目及要求的差异性对比详见表 1.2。试验项目示意如图 1.6 和图 1.7 所示。

表 1.1 汽车碰撞安全法规的实施地区及对应清单

安全法规实施区域	法规名称
中国 GB 法规	GB 11551 汽车正面碰撞的乘员保护
	GB 20071 汽车侧面碰撞的乘员保护
	GB 20072 乘用车后碰撞燃油系统安全要求
	GB 17354 汽车前、后端保护装置
欧盟 ECE 法规	ECE R94 56 km/h 车辆正面偏置碰撞乘员保护
	ECE R95 50 km/h 车辆侧面碰撞乘员保护
	ECE R135 32 km/h 75° 侧面柱碰撞（2023 年 7 月实施）
	ECE R137 50 km/h 100%正面刚性墙碰撞（2023 年 7 月实施）
	ECE R42 汽车前、后端保护装置
	ECE R34 燃油箱和后保护装置
	ECE R32 后面碰撞
	ECE R127 行人保护
北美 FMVSS & CMVSS 法规	FMVSS & CMVSS 208 乘员碰撞保护
	FMVSS & CMVSS 214 侧面碰撞保护
	FMVSS & CMVSS 301 燃油箱和后保护装置
	FMVSS & CMVSS 219 前风挡侵入
	FMVSS & CMVSS 581 前、后端保护装置
海湾地区 GSO 法规	GSO 36/GSO 40 正面碰撞
	GSO 37/GSO 40 后面碰撞
	GSO 38－B/C GSO 40 侧面碰撞（动态试验）
	GSO 41 前、后端保护装置
澳大利亚 ADR 法规	ADR 73 56 km/h 正面偏置碰撞
	ADR 72 50 km/h 侧面碰撞
	ADR 85 32 km/h 75° 侧面柱碰撞
	ADR 69 50 km/h 100%正面刚性墙碰撞
印度 AIS 法规	AIS 098 56 km/h 正面偏置碰撞
	AIS 099 50 km/h 侧面碰撞
	AIS 101 后面碰撞

表 1.2　主要国家乘用车被动安全试验项目及要求的差异性对比

序号	试验项目	C－NCAP	C－IASI 2020 版	E－NCAP	联邦机动车安全标准(Federal Motor Vehicle Safety Standard，FMVSS) 美国新车测试标准（USA－New Car Assessment Program，US－NCAP）（Insurance Institute for Highway Safety，IIHS）
1	正面碰撞	100%，50 km/h	无	100%，50 km	100%，56 km/h （US－NCAP）
2	正面偏置碰	50%，50 km/h	25%，64 km/h	50%，50 km/h	15°，35%，90 km/h（US－NCAP） 40%，64 km/h（IIHS） 25%，64 km/h（IIHS）
3	小偏置碰	25%，64 km/h	无	▲	▲
4	侧面碰撞	90°，50 km/h, 台车：1 400 kg	90°，50 km/h, 台车：1 500 kg	90°，60 km/h， 台车：1 400 kg	90°，50 km/h， 台车：1 500 kg；90°，60 km/h， 台车：1 900 kg
5	侧面柱碰撞	75°，32 km/h （新能源车）	—	75°，32 km/h	27°，50 km/h； 75°，32 km/h
6	后面碰撞	100%，50 km/h， 台车：1 160 kg	—	100%，35/38 km/h	100%，80 km/h， 台车：1 368 kg
7	顶部抗压强度	1.5 倍整备质量	4 倍整备质量	无	4 倍整备质量
8	低速碰撞 RCAR	40%，15 km/h	低速结构正面/追尾碰撞试验	▲	▲
9	行人保护	详见图 1.7	—	—	—
10	翻滚试验	无	—	无	新增项目

注：▲与 C－NCAP 相同。

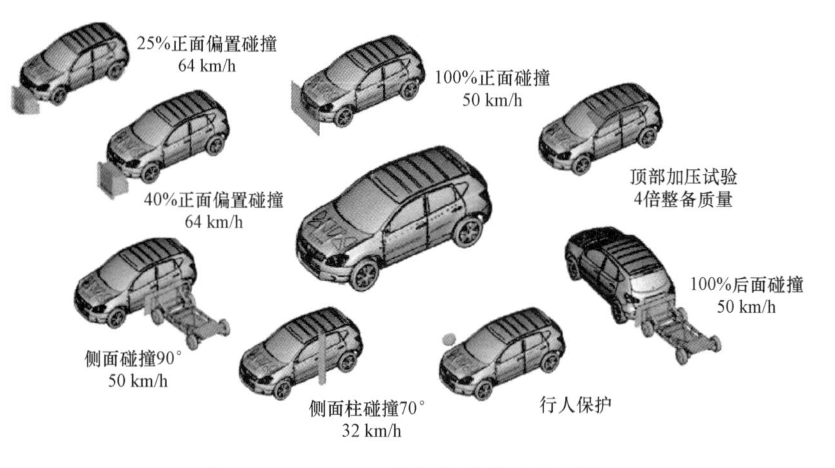

图 1.6　C－NCAP 乘用车碰撞安全试验

由表 1.2 可知，目前我国 2021 版 C－NCAP 法规已经比 2018 版试验条件有所提升，但与先进国家的试验标准仍有差距，如 100%正面碰撞速度由 50 km/h 增加为 56 km/h，后面碰撞速度由 50 km/h 增加为 80 km/h，台车质量由 1 100 kg 提升到 1 368 kg，为保证车辆翻滚后对乘员的安全性保护，规定车辆顶部抗压强度增加为 4 倍的车辆整备质量。我国自主品牌要想进入先进国家消费市场，必须满足相应国家的安全法规。随着汽车安全要求的不断提高，对超高强度的热成形钢及热冲压成形零部件的需求显著提升。安全是汽车永恒的追求，本书多个章节都有涉及，汽车安全性能及法规对热成形钢及热冲压成形零件发展影响的更进一步分析，详见本书的第 5 章、第 6 章。

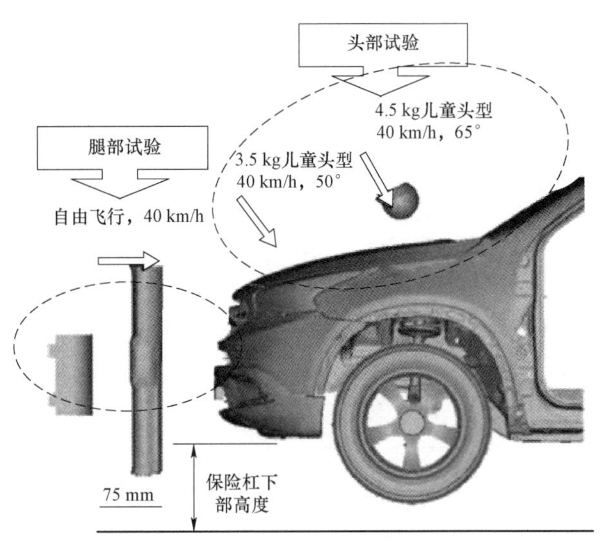

图 1.7　C-NCAP 汽车行人碰撞保护安全试验示意

1.3　热成形钢及热冲压成形零部件应用

1.3.1　热成形钢及热冲压成形零部件需求

随着汽车安全和轻量化的需求，热成形钢的需求量日益增大，根据德国舒勒的统计，全球每年热冲压成形零部件数量的需求逐年递增（图 1.8），2019 年达到 6 亿件左右，全球热冲压产线在 580 条左右。根据笔者的估计，全球热成形钢年需求量在 400 万 t 左右。国内热冲压产线约为 180 条，其分布如表 1.3 所示，年需求热成形钢约 120 万 t。

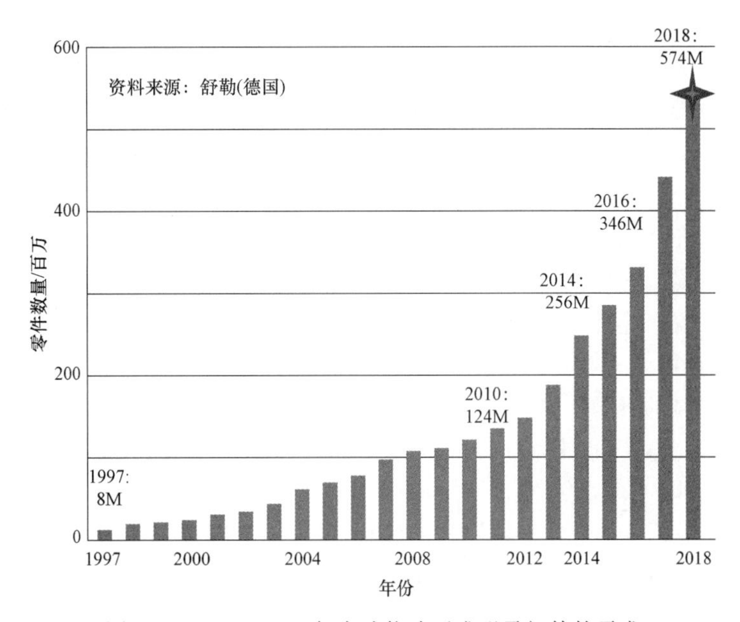

图 1.8　1997—2018 年全球热冲压成形零部件的需求

表 1.3　国内热冲压成形产线分布汇总

省（直辖市）	热冲压成形企业
吉林省	吉林正轩、卡斯马、长春凌云、华翔、富锋、信达、长春本特勒、长春捷科、伟孚特
辽宁省	沈阳海斯坦普、奥钢联
天津市	本特勒、东风、华翔、现代制铁、海斯坦普、宇傲、天津丰铁、天津百事泰（东风实业/天汽模）
河北省	长城汽车、凌云工业
山东省	青岛华翔、赛科利、烟台凌云、青岛益昕、机科国创－烟台、东营广大金科、广饶布鲁特
江苏省	靖江新程、昆山普热斯勒、南京星乔威泰克、太仓凌云、无锡万华、昆山捷科、扬州屹丰、深园汽车零部件、长城精工泰州分公司、昆山海斯坦普、仪征常众
河南省	东风优尼
上海市	本特勒、赛科利、宝钢、屹丰、卡斯马、朗贤、博汇
安徽省	本特勒浦项、福臻、千缘
湖北省	湖北顺达、海斯坦普武汉、赛科利、东风、新程、永喆
四川省	成都凌云、东风、普热斯勒、华翔、成都世润汽车、成都屹丰、成都百事泰（东风实业）
重庆市	本特勒、卡斯马、宝伟、中利凯瑞、至信、博俊、福特、江东机械、百能达普什、重庆宝吉
湖南省	湘潭屹丰
广西省	柳州宝钢
广东省	海斯坦普东莞、广州凌云、东风优尼广州、佛山华翔、佛山捷科、东莞豪斯特、东普雷、广州屹丰、广州丰铁
江西省	江西豪斯特、江西普热斯勒
福建省	屹丰
浙江省	浙江博汇、嘉兴屹丰、卡斯马、台州屹丰、宁波吉宁、慈溪屹丰、浙江金固

中信金属对热成形的市场需求和销量进行了调研，主要通过以下 3 种方式分析得到：

（1）钢材热成形钢产量调研。根据对 16 个钢厂的热成形钢产量调研，中国年产热成形钢（含进口）约 105 万 t，其中 40 万 t 为热成形钢裸板，70 万 t 为 Al－Si 镀层热成形钢。如果考虑扭力梁、空心稳定杆以及车门防撞杆等，中国年产量（含进口）约为 115 万 t。热成形钢的镀层技术将在本书第 3 章详细论述。

（2）热冲压产线及产能的计算。按达产的中国热冲压成形零部件产线 150 条，其中 120 条全产能生产，每条产能为 100 万件（冲），每件热成形钢毛坯为 10 kg，可以得到年消耗热成形钢约为 120 万 t。

（3）汽车使用量的计算。分析了近 10 年来的 92 款乘用车车身，得到平均车身质量为 383 kg，按照成材率 65%，可得乘用车车身用钢板平均为 590 kg。按照 8%的热成形钢比例，单车应用热成形钢约为 47 kg。2019 年中国乘用车销量为 2 144.4 万，因此可以得到年消耗热成形钢为 100 万 t。中汽协的数据显示，2019 年，自主品牌乘用车销量为 840.7 万辆，消耗约 33.6 万 t 热成形钢；合资品牌销量约为 1 303.7 万辆，单车应用热成形钢按约 40 kg 计算，合资品牌按 60 kg 计算，消耗约 78 万 t 热成形钢。合计中国年需求热成形钢约为 112 万 t。

综上，当前中国年需求热成形钢约为 120 万 t。

1.3.2 热成形钢在汽车上的应用

1. 在乘用车上的应用

笔者对欧洲车身会议相关报告进行统计分析，得到表 1.4 所示典型车型热冲压技术的应用部位及零件。可见，B 柱应用得最多，A 柱次之，这体现了热冲压成形零部件可显著提高安全性的特点。

表 1.4 典型车型热冲压技术的应用部位及零件

应用部位	车型	车型数
B 柱	宝马 5 系、斯柯达明锐、宝马 E60、奥迪 Q7 帕萨特 B6、丰田普锐斯、尼桑风雅、奔驰 SK、沃尔沃 C30、斯柯达 Roomster、福特 S-MAX、欧宝 Corsa、雷诺 lagunaⅢ、沃尔沃 V70/XC70、奥迪 A5、奔驰 C、福特蒙迪欧、菲亚特 500、雪铁龙 C5、美洲虎 XF、欧宝 Insignia、斯柯达 SuperbⅡ、沃尔沃 XC90、沃尔沃 XC60、帕萨特 CC、POLO V、斯柯达、欧宝雅特、奔驰 E-class、雪铁龙 C4、沃尔沃 S60、雷诺纬度、萨博 9－5、宝马 5、福特 Grand C-MAX、欧宝 MERIVA、大众夏朗、奥迪 A6、奔驰 B-Class、欧宝赛飞利、宝马 1、福特福克斯、现代 I40、奥迪 A3、宝马 3、凯迪拉克 ATS、路虎揽胜、斯柯达 Rapid、福特全顺、本田 Fit、英菲尼迪 Q50、雷克萨斯 IS、奔驰 S、雷诺 Captur	54
A 柱	307 CCsmart、帕萨特 B6、大众 EOS、斯柯达 Roomster、福特 S-MAX、欧宝 Corsa、福特蒙迪欧、雪铁龙 C5、标致 407、美洲虎 XF、欧宝 Insignia、斯柯达 SuperbⅡ、沃尔沃 XC60、帕萨特 CC、POLO V、斯柯达、欧宝雅特、阿尔法·罗密欧、沃尔沃 S60、萨博 9－5、宝马 5、福特 Grand、C-MAX、欧宝 MERIVA、大众夏朗、奥迪 A6、奔驰 B-Class、高尔夫 Cabriolet、福特福克斯、奥迪 A3、凯迪拉克 ATS、本田 CIVIC、斯柯达 Rapid、福特全顺、英菲尼迪 Q50、奔驰 S、欧宝 Cascada	36
C 柱	沃尔沃 V70/XC70、奔驰 C、奔驰 B-Class	3
侧边梁	尼桑风雅、奔驰 C、奔驰 E-class、沃尔沃 S60、现代 I40、雷克萨斯 IS、奔驰 S	7
门槛	斯柯达明锐、奔驰 SK、沃尔沃 V70/XC70、奥迪 A5、沃尔沃 XC60、阿尔法·罗密欧、沃尔沃 S60、宝马 5、福特 Grand、C-MAX、大众夏朗、奥迪 A6、奥迪 A3、本田 CIVIC、福特全顺、奔驰 S、欧宝 Cascada	16
保险杠	帕萨特 B6、沃尔沃 C70 C30、福特 S-MAX、尼桑 NOTE、凯迪拉克 BLS、沃尔沃 V70/XC70、奔驰 C、标致 407、福特蒙迪欧、菲亚特 500、斯柯达 SuperbⅡ、沃尔沃 XC90、沃尔沃 XC60、帕萨特 CC、斯柯达、福特 Grand、C-MAX、大众夏朗、福特福克斯、斯柯达 Rapid	19
门防撞板	帕萨特 B6、沃尔沃 C30、大众 EOS、福特蒙迪欧、菲亚特 500、雪铁龙 C5、沃尔沃 XC60、美洲虎 XJ、奔驰 E-class、阿尔法·罗密欧、沃尔沃 S60、萨博 9－5、福特 Fusion	13
底板横梁	大众 EOS、欧宝 MERIVA、奥迪 A6、奥迪 A3、本田 CIVIC、福特全顺、欧宝 Cascada	7
前挡板加强横梁	帕萨特 B6、奥迪 A5、奔驰 C、斯柯达 SuperbⅡ、帕萨特 CC、POLO V、奔驰 E-class、雪铁龙 C4、阿尔法·罗密欧、大众夏朗、奥迪 A6、奥迪 A3、斯柯达 Rapid、雷诺 Captur	14
中顶横梁	丰田普锐斯、雷诺 lagunaⅢ、雷诺纬度、凯迪拉克 ATS、本田 CIVIC、雷诺 Captur	6
中通道	帕萨特 B6、奥迪 A5、斯柯达 SuperbⅡ、帕萨特 CC、大众夏朗、奥迪 A6、奥迪 A3、斯柯达 Rapid、奔驰 S	9
底板纵梁	奥迪 A5、欧宝 Insignia、欧宝雅特、萨博 9－5、奔驰 B-Class、凯迪拉克 ATS、福特全顺、英菲尼迪 Q50、奔驰 S	9
轮罩加强板	宝马 5、奥迪 A6、奥迪 A3、奔驰 S	4
窗框加强板	高尔夫 Cabriolet	1

另外，目前吉林公主岭信通和浙江金蒂鞍等企业已经开发了热成形乘用车车轮的原型，如图 1.9 所示。热成形乘用车车轮的轻量化显著，减重 30%以上，与铝合金车轮质量类似，原型为 14 in① 车轮，原车轮采用 3 mm 钢板，更改为 2 mm 热成形材料。质量由原来的 7.9 kg

① 1 in＝25.4 mm。

减小到 5.3 kg，减少 2.6 kg，减少 33%。与铝合金车轮相比，类似质量下，热成形车轮的成本低，成形余地大，保证车轮刚度及造型。

图 1.9　热成形乘用车车轮的原型

2. 在商用车上的应用

为了提高驾驶室的碰撞性能，2018 年 SCANIA 首次将热成形钢及热冲压零部件用于强化驾驶室 A 柱及前挡风下板等结构，如图 1.10 所示。该结构热成形钢的质量比例为驾驶室车身框架的 4%，约 7 kg，均为铝硅（Al－Si）镀层的 1 500 MPa 级热成形钢，目前国内的福田汽车、陕汽等也进行了相关探索，开发了商用车驾驶室热冲压成形零部件。

图 1.10　热成形钢及热冲压成形零部件在 SCANIA 商用车驾驶室上的应用

吉林公主岭信通公司采用铌微合金化热成形钢厚板制造工程载重车翻斗，如图 1.11 所示。针对工程车辆翻斗件的热冲压制造难点，添加 Mo 等合金化元素来提高钢材的淬透性，拓宽了淬火工艺窗口，添加铌微合金化元素来提高热成形钢的抗冲击韧性和抗氢脆能力。吉林公主岭信通采用 3 000 t 中厚板专用热成形产线，突破大型水冷模具（10 m×2 m×1.6 m）水道布置，结合铌微合金化热成形钢可生产 50～1 000 kg 商用车热冲压成形件，代替传统高强钢，厚度从 16→8、12→6、10→5、8→4（mm）的系列用料减薄，工程载重车翻斗质量从 9.2 t 降至 4.5 t，达到 50%减重效果，实现了显著的节能减排成效，工程装载量明显提高。目前公主岭信通与新富集团合作在重庆筹建 4 000 t 商用车上装专用热冲压成形产线。浙江金固车轮开发出了商用车超轻热成形车轮，质量与锻造铝合金车轮接近，详见本书第 2 章。

图 1.11　热成形钢及热冲压成形零部件在商用车上装上的应用

1.4　热冲压成形工艺、技术和性能的发展

1.4.1　热冲压成形新工艺及性能优化

典型的热冲压成形工艺一般是将钢板首先加热到 930 ℃左右的奥氏体区后进行冲压的，而后通过对冲压模具快速注水实现零件的冷却，通过这种热循环和冷却过程，钢板的强度可以大大提高，抗拉强度由交货状态下的约 500 MPa 提高到热冲压成形后的约 1 500 MPa。根据工序过程的不同，热冲压成形工艺可分为直接热冲压成形和间接热冲压成形两种。

1）直接热冲压成形

热成形钢板下料后，不经过预成形，直接加热到奥氏体化温度，然后放入模具中快速成形，一旦冲压形状到达预定值，零件立即被淬火硬化，工艺过程见图 1.12。该工艺主要用于形状较简单且变形程度不大的工件，由于直接成形工艺成本较低，使用也最为广泛。

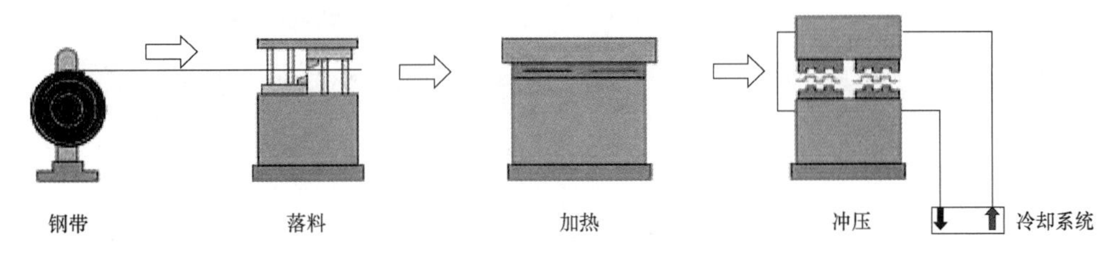

图 1.12　直接热冲压成形工艺

2）间接热冲压成形

热成形钢板首先在常规冷成形模具中成形到最终形状的 90%～95%，然后将预成形的零件加热奥氏体化后热冲压成形和淬火硬化，工艺过程见图 1.13。对于一些形状复杂或者拉延深度较大的零件，间接热冲压成形可以避免成形开裂，零件的预成形可以减小材料与模具之间的相对位移，从而减小模具表面在高温下的磨损。采用镀锌层热成形钢的零件一般必须使用间接热冲压成形工艺。

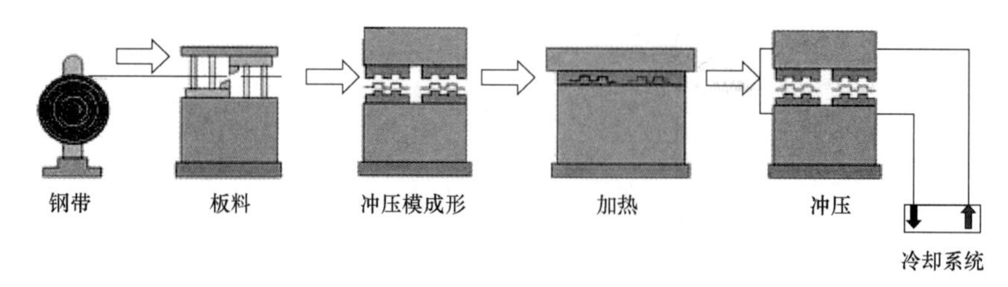

图 1.13　间接热冲压成形工艺过程

无论是直接热冲压成形还是间接热冲压成形，典型工艺过程一般都包括以下几个工序：开卷落料、加热、冲压成形、淬火、激光切割、喷丸和涂油等。

传统的热成形材料及工艺具有强度高、成形性优良、回弹低、成形尺寸精度高等优点，不足之处是塑性很差，延伸率只有 5%～7%，冲击韧性差，在较大冲击载荷情况下有开裂风险。而车身结构性能有时需要两者性能兼顾，如车身 B 柱加强梁结构，座椅以上部位要求高强度、高刚度性能，侧面碰撞时不允许出现压溃侵入变形以减少乘员伤害或断裂产生的二次伤害，而座椅下部区域允许有部分压溃变形增加吸能性，减少 B 柱开裂风险。随着轻量化要求的不断提高，为了更大限度地减轻整车质量，减少零件数量，并有针对性地提高局部的安全碰撞性能，降低综合成本，传统的等厚热冲压技术已满足不了使用要求。这时，衍生出来的更为先进的热冲压技术开始出现在车型生产中。目前发展较为成熟的热冲压成形新技术主要有补丁板热冲压、拼焊板热冲压、柔性轧制板热冲压（差厚板热冲压）、分段强化热冲压和一体式门环热冲压技术。图 1.14 所示为几种热冲压成形新技术。

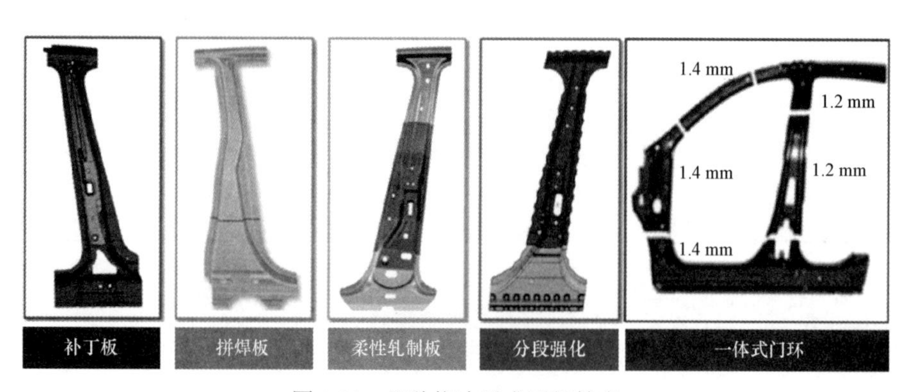

图 1.14　几种热冲压成形新技术

这些新技术在国外已研究多年，并有部分实现了产业化应用，国内以宝钢为代表的钢厂进行了许多技术创新和探索，取得了一些商业化应用。以下将分别对上述新技术进行简要介绍。

1）补丁板热冲压

补丁板热冲压又叫衬板热冲压，是将两块经落料工序的热成形钢板落料片进行点焊或其他连接方式连接成一个整体，然后放置于热冲压加热炉中加热，并一起放入热冲压模具中进行冲压，一次成形冷却后成为一个整体零件。补丁板热冲压成形的工艺过程见图 1.15。

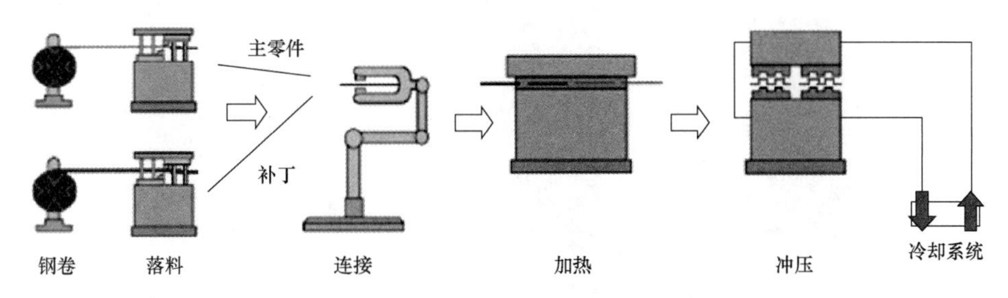

图 1.15 补丁板热冲压成形的工艺过程

采用此方法制造的热冲压零件，对需要局部加强的部分，增加了热冲压补丁板，可以实现热冲压成形件性能的差异化分布。与采用两块热冲压件分别冲压后连接的工艺相比，实现了最大限度的轻量化。补丁板热冲压技术可以减少模具、检具、夹具的使用，也不用调整两个热冲压件间的公差，可以加快生产节拍，降低生产成本。补丁板热冲压技术可用于需要局部加强件上，如 B 柱加强板、门槛等。图 1.16 所示为 FIAT500 车型 B 柱加强板补丁板热冲压成形方案。

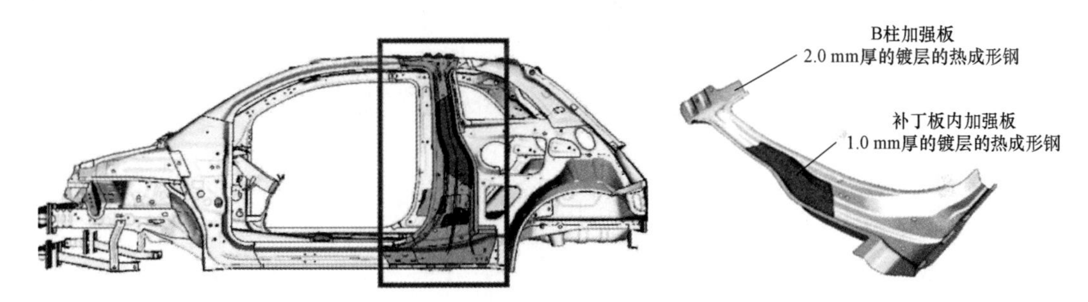

图 1.16 FIAT500 车型 B 柱加强板补丁板热冲压成形方案

2）拼焊板热冲压

拼焊板成形技术在汽车行业已得到广泛的应用。拼焊板热冲压原理与普通拼焊板近似，不同的是焊接后板坯的成形方式采用热冲压成形。其主要优点是减少了相关零件数量和材料消耗，优化了结构，降低了整车质量，简化了装配工艺。由于拼焊板可以根据需要进行任意厚度和材料的拼接，因而具有极大的灵活性。图 1.17 所示为传统热冲压成形与拼焊板热冲压成形板坯设计方案的对比。其中拼焊板热冲压成形方案主要有热成形钢与普通冷成形钢（如 HSLA 钢和 DP 钢等）焊接，以及不同厚度热成形钢之间的焊接。

热冲压拼焊板，通过激光拼焊形式将微合金钢与热成形钢组合起来，达到最佳的性能，应用最多的是 B 柱，使得 B 柱上部分组织为全马氏体，强度高达 1 500 MPa，伸长率小，用于减重和提高强度。下部分组织为混合组织，强度约 500 MPa，伸长率约为 15%，中间通过激光焊缝连接，具有较高的冲击吸收功，热冲压拼焊板 B 柱如图 1.18（b）所示，图 1.18（a）所示为通过分段热处理方式强化处理的 B 柱。

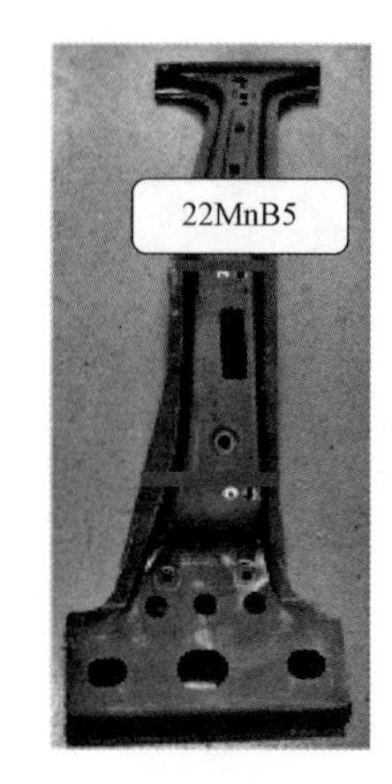

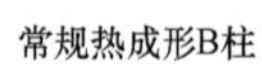
常规热成形B柱

不同材料（热成形钢及高强低合金HSLA）的热成形激光拼焊B柱

不同厚度的热成形激光拼焊B柱

图 1.17　传统热冲压成形与拼焊板热冲压成形板坯设计方案的对比

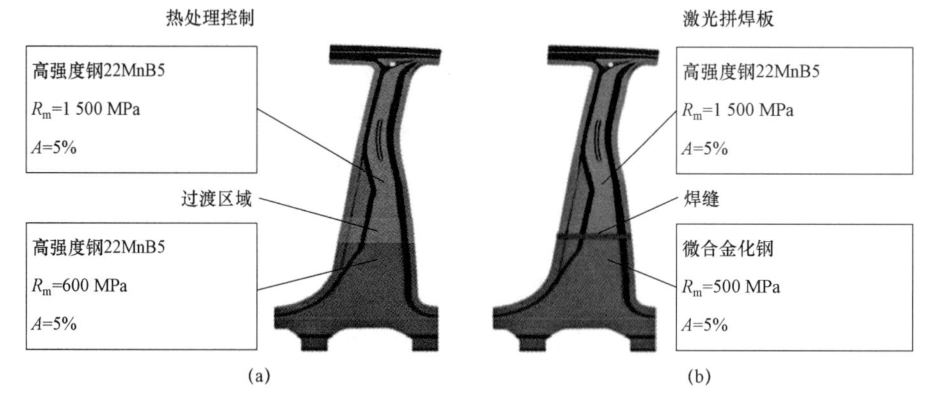

图 1.18　B 柱的拼接性能

3）差厚板热冲压

变截面钢板又叫作差厚板（宝钢将其定义为 variable- thickness rolled blank，VRB），是通过一种新的轧制工艺——柔性轧制技术而获得的连续变截面薄板。柔性轧制技术类似于传统轧制加工方法中的纵轧工艺，但其最大的不同之处是在轧制过程中，轧辊的间距可以实时调整变化，从而使轧制出的薄板在沿着轧制方向上具有预先定制的变截面形状。差厚板热冲压技术是融合差厚板技术与热冲压技术的优点，既有 TRB 板的性能差异化分布特点，又有热冲压成形高强化的特点，为轻量化零件设计提供一种新的选择。差厚板热冲压过程是在传统热冲压的基础上，在原板坯选用 TRB 热成形钢板，后续加热、热冲压和后处理等均与传统热冲压一致，其生产过程见图 1.19。差厚板热冲压技术可应用于 A 柱、B 柱、中通道等部位，实现单个零件不同位置性能分布的差异化。

4）分段强化热冲压

分段强化热冲压是指通过零件的局部加热、模具中冷却系统的合理设计、选择不同热传导系数的模具材料和镀层，实现热冲压零件在模具中冷却速率控制的差异化，进而得到热冲压零件不同位置组织中马氏体转变量的控制，最终体现在热冲压零件强度的差异，分段强化热冲压也可称为热冲压成形零件强度的柔性分布技术。分段强化热冲压相对于传统热冲压，

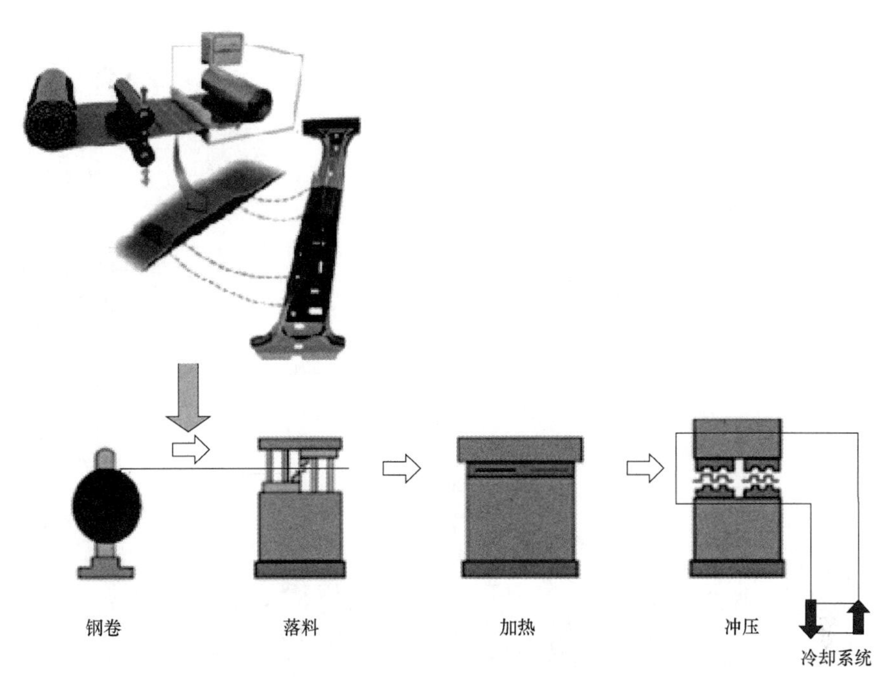

图 1.19　差厚板热冲压过程

可以实现零件强度分布的差异化，使车身的结构吸能分布更为合理；相对于激光拼焊板热冲压，省去了焊接的工序，节省了工艺制造成本。图 1.20 给出了分段强化热冲压成形的典型工艺过程。分段强化热冲压零部件的性能差异通常可以通过模具选择性加热、选用不同传导系数的模具材料、改变模具表面状态（如模具间隙）、工件分段加热等几种方式来实现。

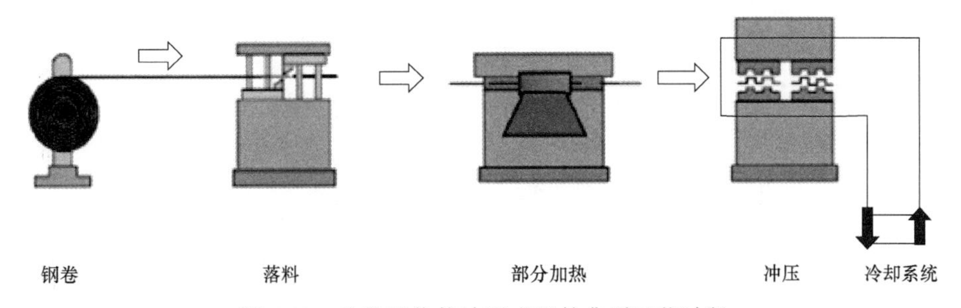

图 1.20　分段强化热冲压成形的典型工艺过程

5）一体式门环热冲压

门环是指将 A 柱、B 柱、门槛梁和车顶边梁设计成一个封闭的整体式零件，进而进行热冲压成形（见图 1.21）。

热冲压成形门环可以提升汽车被动安全性，基于热成形用钢和激光拼焊技术的一体成形门环，已经应用在北美市场的两款车型上，在碰撞管理方面优势明显。采用热成形门环有利于提升安全性能，在发生碰撞事故后更能成功打开驾驶室门（见图 1.22）。

热冲压成形门环可实现进一步减重。相较基准对比数据，一体成形门环能实现 20%的减重幅度。一个零件代替 4 个零件，只需使用一套冲压模具，一次冲压操作即可。

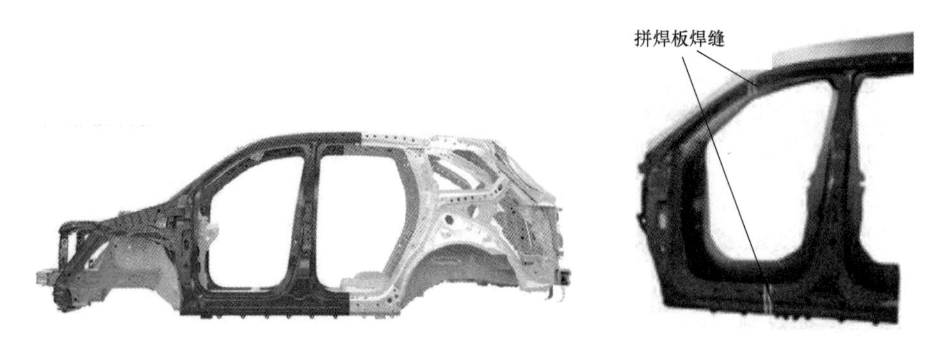

图 1.21　讴歌 MDX 车型的拼焊板热成形门环

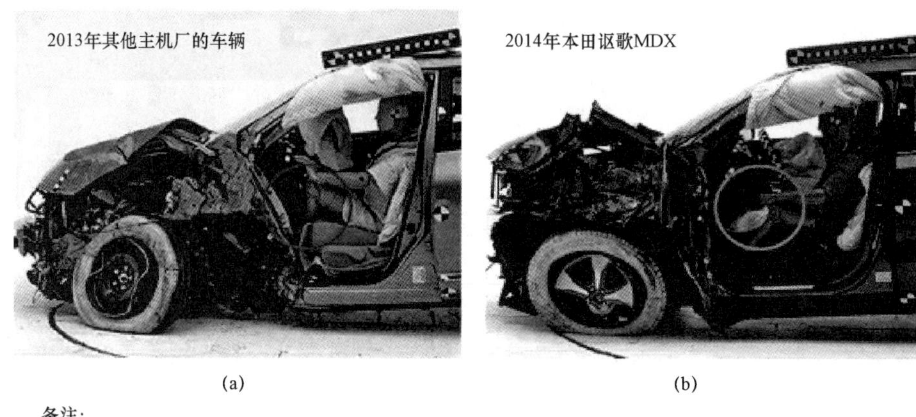

备注：
- 车门区域的变形
- 在发生碰撞事故后是否还能够打开驾驶室门

图 1.22　门环碰撞效果

（a）无热成形门环的设计；（b）有热成形门环的设计

目前公开使用热冲压成形门环的有 2014 年本田讴歌 MDX 车型、2016 年克莱斯勒大捷龙 Pacifica 车型（见图 1.23）、2019 道奇 Ram 1500 车型（见图 1.24）。据报道，Arcelor Mittal 与本田为 2019 款本田 Acura RDX 共同设计了全球首款内外门环系统，广汽本田 2019 款 Acura

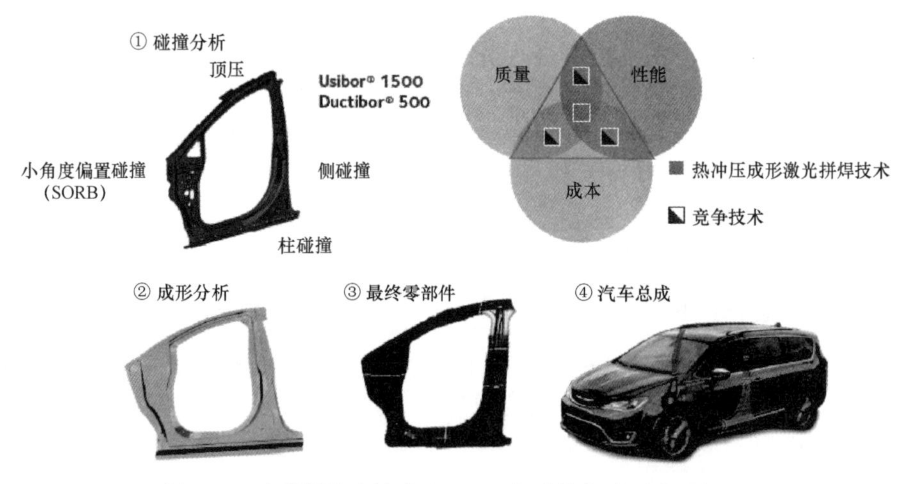

图 1.23　克莱斯勒大捷龙 Pacifica 车型的热冲压成形门环

RDX 装备了由华菱安赛乐米塔尔汽车板有限公司（VAMA）和华安钢宝利高新汽车板加工有限公司（GONVVAMA）供应的内外双门环系统，质量相较于上一代车型实现减少 19 kg。此门环系统还可被用于 Pilot 和 Odyssey 两款车型中。

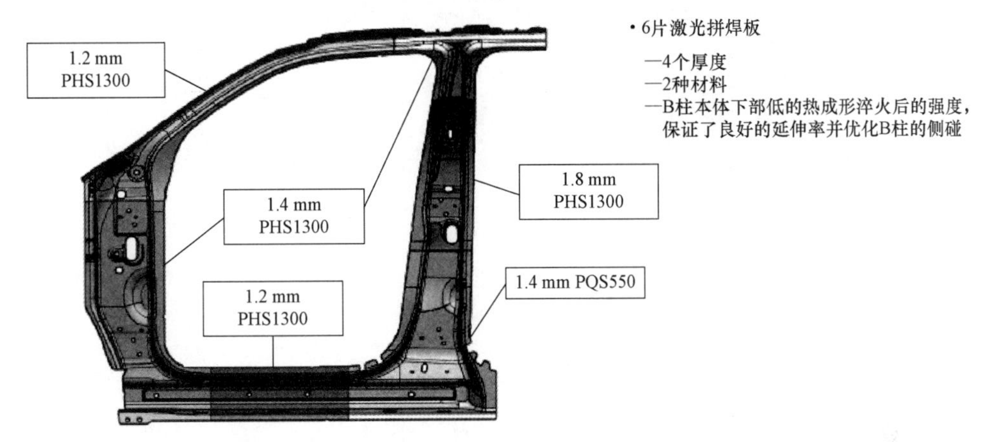

图 1.24　2019 道奇 Ram 1500 车型的热冲压成形门环

热成形门环由于零件较大，若采用非镀层热成形钢，在抛丸工序时易造成零件变形，影响尺寸精度。若采用镀层热成形钢，在激光拼焊工艺时，需进行焊缝位置的激光或机械剥离工艺，也会造成一定程度上的成本增加，这是后续在工艺技术上需要持续优化的方向。

1.4.2　热冲压成形新技术

实现汽车轻量化技术的路线包括结构、工艺、材料轻量化三条路径，围绕着热成形钢应用的结构和工艺轻量化创新出现了许多新技术和新结构，如型材的热辊弯成形工艺、热气胀低压成形工艺、中温热成形材料及工艺。

1）热辊弯成形工艺

传统的热冲压成形工艺装备庞大且昂贵，模具结构复杂、技术含量高、工艺成本也很昂贵，前期装备投入大，适合于板壳结构的成形，如日字型或目字型断面的前后防撞梁、管状 A 柱上边梁以及地板横梁。

热辊弯工艺与传统的热冲压成形工艺不同，不需要热冲压成形模具及庞大的链式加热炉或箱式炉设备，是无模具热成形及淬火硬化工艺，工艺简单，成本低。工艺过程详见图 1.25。成形过程分为 7 个工序：① 管坯下料；② 装入钢管自动输送装置；③ 支撑及传送辊轮推进；④ 中频感应线圈加热；⑤ 利用柔性 3D 位移辊轮与感应加热线圈之间的力臂作用完成热辊弯成形；⑥ 喷淋冷却水快速冷却实现淬火硬化；⑦ 激光打孔及尺寸精准化切割。可成形零件有：前防撞梁、电池包边梁、A 柱上边梁等。

2）热气胀低压成形工艺

传统的热冲压成形工艺对于结构的过渡圆角半径、面差、型面复杂度有严格的限制，容易出现开裂、起皱、回弹等缺陷。对于小过渡圆角、外形复杂、大截面差零件的成形工艺，宜采用热气胀内低压成形工艺。

热气胀内低压成形工艺是在传统的超塑性成形（SPF）和吹塑成形（HBF）基础上发

(a)

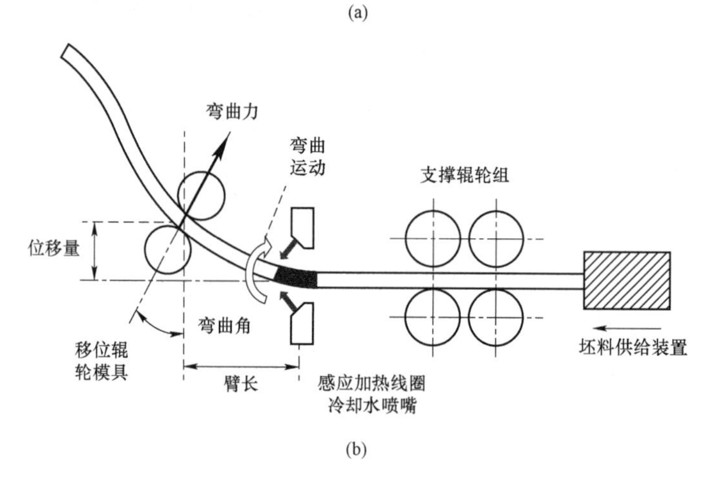

(b)

图 1.25 热辊弯成形前防撞梁及工艺过程

展而来的。热气胀成形时，先通过感应加热将管材或型材加热到 A_{c1} 温度以上，使材料的变形抗力显著降低，提升变形能力，然后利用低压气体的压力使坯料发生胀形直至贴合模面成形。热气胀内低压成形过程详见图 1.26，适用材料包括热成形钢及高强度铝合金，所需设备吨位小、模具成本低、效率高。目前福特的 ECB 获奖车型，即 New Focus 车型 A 柱上段加强管梁采用该工艺成形。经验证，A 柱上段加强梁采用高强钢管式设计，车身抵抗顶部压力能力提升 10%，车身刚度提升 15%，质量减少 4 kg，A 柱视野障碍角减小 1.88°（34%）。

3）中温热成形材料及工艺

第三代高强钢中锰（the third general，TG）钢 0.22C5Mn，Mn 的含量为 5%，Mn 元素在钢中有扩大奥氏体相区的作用，使奥氏体转变温度较低，在 700～750 ℃温度下可以实现完全奥氏体化。同时 Mn 元素的存在促使贝氏体等软组织连续转变 C 曲线右移，提高钢的淬透性，对成形模具的冷却速度要求不敏感，可实现在 700～750 ℃温度成形得到完全淬火马氏体组织，减少 22MnB5 热成形钢冷轧板在 900～950 ℃加热保温出现的表面氧化脱碳风险，降低在 27 K/s 临界淬火冷却速度下出现淬火软点的风险，使传统热冲压成形工艺简化，降低了模具设计及加工难度，提高了品质可靠度，降低了加工成本及巨额设备和模具投资。图 1.27（a）所示为中锰 TG 钢 0.22C5Mn 奥氏体化加热温度对性能的影响曲线，可看出在 700～750 ℃奥氏体化温度下，抗拉强度可达到 1 800 MPa，屈服强度为 1 350 MPa，延伸率为 12%。图 1.27（b）所示为中锰 TG 钢 0.22C5Mn 淬火冷却临界速度对淬火硬度的影响，中锰 TG 钢在冷却速度为 1～1 000 ℃/min 时，淬火硬度变化率为 10%，而传统钢的变化率为 40%。

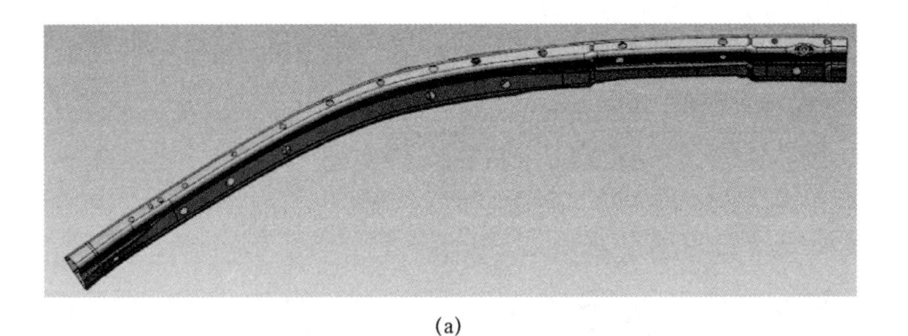

(a)

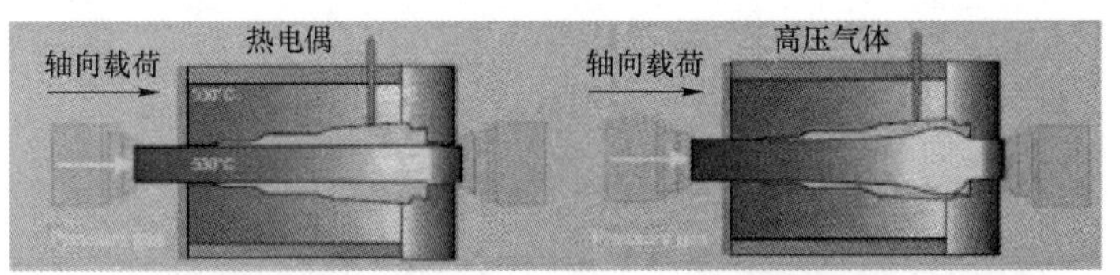

预热管坯放入模具并密封　　通入高压气体并进行补料

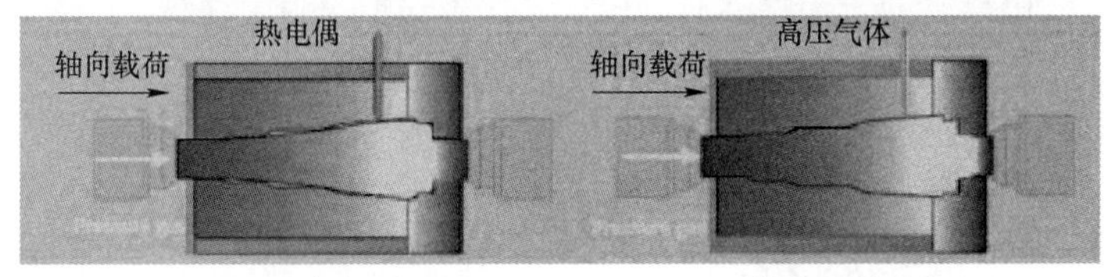

管材发生胀形变形　　增加气压进行整形

(b)

图 1.26　热气胀内低压成形 A 柱及工艺示意图

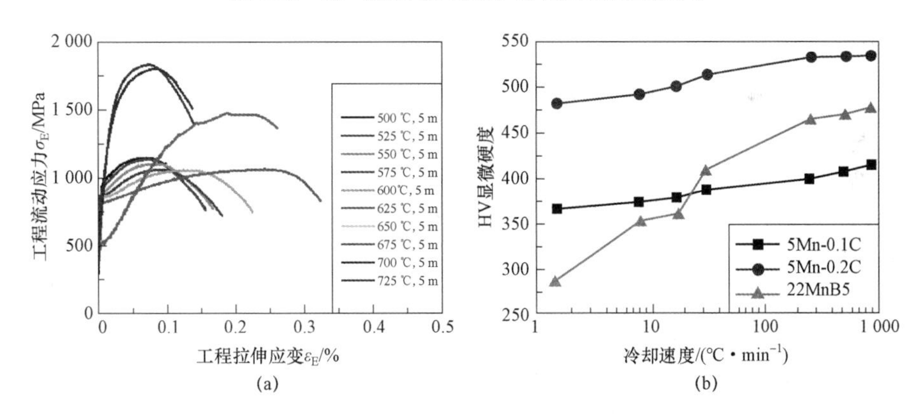

图 1.27　（a）中锰 TG 钢 0.22C5Mn 不同奥氏体化加热温度对性能的影响；
（b）中锰 TG 钢 0.22C5Mn 淬火冷却速度对淬火硬度的影响（见彩插）

本小节简要论述了近年来热冲压成形零件的最新工艺技术，在本书第 4 章的 4.5 节即热冲压成形零件的定制化开发中做详细论述。

1.5　微合金化热成形钢研究进展

2010 年至今，微合金化已成为热成形钢性能优化的主要技术。2011 年，路洪洲等人提出了铌微合金化热成形钢理念，并在宝山钢铁股份有限公司进行开发试制。2014 年，中信金属股份有限公司、中国汽车工程研究院股份有限公司以及马鞍山钢铁股份有限公司等企业联合提出铌钒复合微合金化热成形钢的理念，并在马鞍山钢铁股份有限公司实现了量产。其中 M1500LW 和 M1800LW 等产品在重庆长安汽车股份有限公司和安徽江淮汽车集团股份有限公司等车型上得到批量应用，微合金化的镀层热成形钢 M1500LW+AS 和 M1800LW+AS 完成了开发和部分主机厂的认证。2015 年，武汉钢铁股份有限公司开发了 CSP 铌微合金化热成形钢 BR1500HS 并实现批量装车应用。2018 年，国内的钢厂本钢板材股份有限公司和东北大学合作开发了 2.0 GPa 级钒微合金化热成形钢 PHS2000，并将其应用在北汽和爱驰汽车上。为了解决热冲压成形零部件碰撞开裂问题，湖南华菱涟源钢铁有限公司采用铌微合金化热成形钢 LG1500 替代传统 22MnB5 钢相继在众泰汽车股份有限公司、重庆长安汽车股份有限公司等整车企业的车型上应用。2019 年，中信金属股份有限公司和日照钢铁控股集团有限公司联合开发了铌钼复合微合金化的热轧热成形钢 22MnB5，并应用在商用车、挂车及货箱上；鞍钢股份有限公司也进行了铌微合金化热成形钢 AC2000HS 的开发和研究，其开发的 ZC1500H2 和 YC1500H2 热成形钢在商用车零部件上试制应用，取得了轻量化的显著效果，1 500 MPa 级铌微合金化冷轧热成形钢已经批量应用在某车型 A 柱加强件上。近两年，国内的钢厂如本钢板材股份有限公司、台湾中国钢铁股份有限公司、宝山钢铁股份有限公司、北京首钢股份有限公司等都在进行铌微合金化热成形钢的开发试制，国外如欧洲 Arcelor Mittal、韩国浦项钢铁公司（POSCO）、韩国现代制铁株式会社、印度塔塔钢铁公司、日本住友金属工业公司等企业均在进行高强度级别的铌微合金化热成形钢的开发并实现应用。日本住友金属工业公司率先开发了微合金化 1.8 GPa 热成形钢，并用于马自达 CX5 的保险杠横梁。国内外的研究机构和学者们对微合金化热成形钢及零部件的性能都进行了深入的研究。

1.5.1 微合金化热成形钢组织和性能

微合金化热成形钢的开发及应用将在本书第 2 章详细论述，本章仅从微合金化热成形钢的材料组织角度简要总结，即微合金化热成形钢最主要的特征是晶粒细化以及纳米级第二相的析出。铌、钒以及铌钒复合微合金化均能有效细化热成形钢的原始奥氏体晶粒度（prior austenite grain size，PAGS），通过铌微合金化，1 500 MPa 级热成形钢的 PAGS 从 16.4 μm 降低到 6.7 μm，1 900 MPa 级热成形钢的 PAGS 从 9.0 μm 显著降低到 4.7 μm，铌钒复合微合金化使 1 500 MPa 级热成形钢的 PAGS 从 11.3 μm 减少到 8.1 μm。Mohrbacher H 等人的研究表明，铌微合金化可使含 0.15%Mo 的 2 000 MPa 级热成形钢的 PAGS 从 8.4 μm 降低到 4.6 μm，使含 0.5%Mo 的 2 000 MPa 级热成形钢中从 5.4 μm 降低到 4.6 μm。Li L 等人探讨了不同铌含量对 1 500 MPa 级热成形钢原始奥氏体晶粒度的影响，在 950 ℃下保温 300 s，传统 22MnB5 的 PAGS 从 18.45 μm 降至 10.01 μm（0.027%Nb）以及 6.88 μm（0.049%Nb），同时淬火后的马氏体板条也相应减小。Li L 等人也研究了 38 MnB5 和 38MnB5Nb 原始奥氏体 PAGS，发现两者分别为 17.0 μm 和 11.0 μm。Tu J F 对比了铌对 1 700 MPa 级热成形钢和 1 900 MPa 级热成形钢原始奥氏体晶粒度的影响，1 700 MPa 级热成形钢的 PAGS 从 22.0 μm 降低到 11.0 μm（0.04%Nb），后者从 20.0 μm 降低到 8.0 μm（0.04%Nb）。具体研究结果总结在表 1.5 中。由于各研究采用的奥氏体温度和保温时间等不同工艺，微合金化所产生的晶粒细化效果有所差异。最新研究表明，0.04%（质量分数，下同）铌+0.04%钒微合金化 1.8 GPa 级热成形钢经 930 ℃×300 s 奥氏体化处理后，原始奥氏体 PAGS 从 21.4 μm 降低到 8.9 μm；当铌质量分数高于 0.03%时，晶粒细化效果显著，晶粒尺寸可以达到传统热成形钢的 1/3～2/3，甚至更小，尤其是在高温奥氏体化条件下，见图 1.28，奥氏体化温度越高，铌抑制晶粒长大的扎钉力越大。该研究结果对于热冲压成形产品的一致性、工艺窗口的扩大有着重要意义，为新热冲压成形工艺的优化以及奥氏体化过程的节能减排和热冲压效率的提升奠定了基础。原始奥氏体晶粒的细化可以使热成形钢淬火后形成较细的马氏体板条，进而实现热冲压成形零部件的性能提升。Murugesan 和杨海根等人对比了供货态含铌及不含铌热成形钢的铁素体+珠光体组织以及淬火后马氏体板条组织，发现铌微合金化显著细化了淬火前后的显微组织。

表 1.5　微合金化对热成形钢原始奥氏体晶粒度的影响

强度等级/GPa	合金元素质量分数/%		原始奥氏体晶粒度/μm		参考文献
	铌	钒	微合金化前	微合金化后	
1.5	0.052	—	16.4	6.7	[25]
1.5	0.04	0.04	11.3	8.1	[10]
1.9	0.05	—	9.0	4.7	[17]
2.0	0.05	—	8.4	4.6	[26]
2.0	0.05	—	5.4	4.6	[26]
1.5	0.027/0.049	—	18.45	10.01/6.88	[14]
2.0	0.054	—	17.0	11.0	[15]
1.7	0.04	—	22.0	11.0	[16]
1.9	0.04	—	20.0	8.0	[16]
1.5	—	0.06	12.9	5	[21]
1.5/2.0	—	0.11	8.7	3.9	[13]
1.8	0.04	0.04	21.4	8.9	[27]

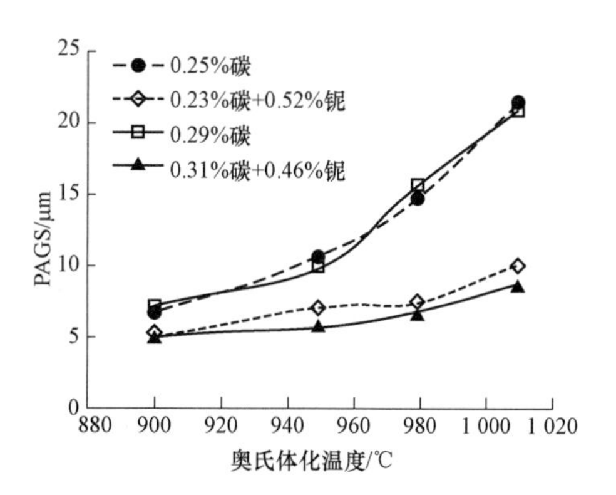

图 1.28　铌微合金化 1.5 GPa 级和 1.8 GPa 级热成形钢在不同奥氏体化温度下的原始奥氏体晶粒度（PAGS）

纳米级的第二相析出可以有效地改变材料的力学性能，进而改变零部件的性能。在传统的热成形钢中添加铌，析出物主要为弥散分布的小尺寸球形（Nb，Ti）（C，N）或者 Nb（C，N）第二相，而对于 1 700 MPa 以上强度级别的热成形钢，采用铌和钒复合微合金化或者铌和钼复合微合金化，析出物主要为弥散分布的小尺寸球形（Nb，V）（C，N），Nb（C，N）或者（Nb，Mo）（C，N）第二相。在传统的热成形钢中添加铌或者复合添加后，第二相的析出尺寸见表 1.6，可见纳米析出相尺度主要为 1～30 nm，而且平均尺度多在 10 nm 左右。作者最新开发的 1 800 MPa 级铌钒复合微合金化热成形钢中，小于等于 20 nm 的纳米级第二相的比例为 94.25%，第二相主要为 NbC 以及（Nb，Mo）C。并且纳米级第二相析出可以有效地改变材料的力学性能，进而改变零部件的性能，这些纳米级第二相的析出对于形成强氢陷阱、阻碍位错运动、提高热成形钢及零部件的强韧性起着重要作用。微合金化的冶金原理将在本书第 2 章详述。

表 1.6 铌微合金化及复合微合金化的热成形钢的纳米级第二相的析出尺寸

强度等级/GPa	参考文献	纳米级析出尺寸	微合金化元素
1.5	[9]	1～30 nm	Nb，Ti
1.5	[11]	10 nm 以上的细小碳化物颗粒的平均尺寸约为 16.9 nm，单位体积密度约为 206.3/μm^3；小于 10 nm 的超细碳化物颗粒的平均尺寸约为 5.6 nm，单位体积密度约为 796.2/μm^3	Nb，V，Ti
1.5	[15]	0～30 nm，Nb（C，N）的平均尺寸为 12 nm	Nb（Mo）
1.8	[16]	平均尺寸约为 20 nm，且 95%左右在 0～40 nm 以内，50%以上纳米级第二相低于 20 nm	Nb（Mo）
1.9	[17]	尺寸为 5～25 nm，平均尺寸为（7.29±2.81）nm	Nb，Ti
1.9	[17]	尺寸为 3～15 nm；平均尺寸为（8.35±3.71）nm	Nb，Ti（Mo）
1.5	[22]	尺寸为 3～30 nm	Nb，Ti
1.8	[27]	小于等于 20 nm 的纳米级第二相的比例为 94.25%	Nb（Mo）

1.5.2 微合金化热成形钢抗氢脆性能

氢脆是应用镀 Al-Si 热成形钢和 1 700～2 000 MPa 级热成形钢的严重障碍和挑战。铌微合金化已被证明可以降低热成形钢及热成形零部件的氢脆。当热成形钢冶炼、热轧、酸轧、退火、奥氏体化，以及热冲压成形零部件焊接及汽车在沿海等环境中使用时，氢会进入钢中。无镀层和镀 Al-Si 热成形钢都可以引入扩散 H，镀 Al-Si 热成形钢的吸氢量大于无镀层热成形钢，相关研究已经列出，水蒸气分子（H_2O）在炉内气氛中可能发生还原反应生成氢，其中无镀层热成形钢的生氢反应主要是水蒸气分子（H_2O）与铁的还原反应，而镀 Al-Si 热成形钢除了上述反应外，还包括铝与水蒸气分子（H_2O）的还原反应，甚至 Si 与水蒸气分子（H_2O）的反应，具体反应式参见文献［19，26］。反应后的 Al-Si 涂层作为 H 扩散屏障，阻止 H 从钢基体中扩散，因而镀层热成形钢及零部件的氢脆需要预防，现实工况出现的氢致延迟断裂案例也多发生在镀层热冲压成形零部件上。无镀层的热冲压成形零部件中的氢可以向外扩散，因而 1 500 MPa 级的冷轧热冲压成形零部件出现氢脆的概率小，但 1 800 MPa 级及以上的热成形钢及零部件由于碳含量高而氢脆风险大，氢脆敏感性高，因而在零部件设计以及材料和工艺设计时必须进行特别考虑，对于 1 800 MPa 级及以上的热成形钢开发，目前无论冷轧无镀层和镀层热成形钢，多数钢厂的这个级别的热成形钢均在采用铌微合金化处理。

研究人员采用不同的试验方法研究含铌和无铌热成形钢的抗氢脆性能（hydrogen embrittlement resistance，HER）。Lu H Z 等人用 0.5 mol/L H_2SO_4 和 0.25 g/L CH_4N_2S 溶液在电流密度为 0.5 mA/cm^2 的条件下进行了恒载拉伸试验，比较 22MnB5 和 22MnBNb 的临界延迟断裂应力 σ_{HIC}，22MnB5 和 22MnBNb 的 σ_{HIC} 分别约为 600 MPa 和 1 300 MPa。当进入钢中的氢浓度较高时，Nb 含量为 0.053%时可获得最大的延迟断裂抗力。为了证明铌微合金元素对热成形钢氢脆性能的影响，马钢的晋家春等人对充氢（3%NaCl+0.3 g NH_4SCN）的 22MnB5 和两种铌钒复合微合金化 1 500 MPa 级热成形钢的慢应变速率（5×10^{-6}/s）拉伸性能进行了比较。结果表明，22MnB5 的延伸率和断裂强度分别为 7.52%和 947.5 MPa，两种铌钒复合微合金化热成形钢分别为 8.94%/9.0%和 1 152.3 MPa/1 389.2 MPa，铌钒复合微合金化热成形钢的裂纹敏感率（CSR）、裂纹长度比（CLR）和裂纹厚度比（CTR）低于不含铌的 22MnB5。中信微技术合金中心研究发现，加入 0.05%Nb 的 30MnB5 钢的氢致延迟开裂性能得到很大改善，在 I=0.5 mA/cm^2 时，预充氢恒载荷拉伸试验的临界断裂应力由不含铌 30MnB5 的 400 MPa 增加到 30MnB5Nb5 的 1 100 MPa。另一项由慢应变速率拉伸（SSRT）在 30MnB5 和含铌 0.036%Nb 热成形钢充氢条件下的结果表明，当加入 Nb 时，超高强度钢充氢条件下的强度损失和塑性损失大大降低，含 Nb 热成形钢的氢致开裂敏感性显著低于 30MnB5。Li L 等人发现随着铌含量的增加，1 500 MPa 级的氢脆敏感指数显著降低，约从 0.7%（22MnB5）降至 0.32%（含 0.049wt.%Nb）。22MnB5 和 22MnB5NbV 的最新 HER 比较结果如表 1.7 所示，基于最新研究结果，铌对热成形钢的氢脆敏感性能的增强作用非常明显。U 形恒弯曲载荷试验主要采用 CSAE 154—2020 标准实施。

表 1.7 4 种典型方法对 22MnB5 和 22MnB5NbV 的 HER 比较结果

试验方案	试验条件	试验结果	
		22MnB5	22MnB5NbV
U 形恒弯曲载荷试验	弯曲载荷 0.9 倍抗拉强度，0.5 mol/L HCl 水溶液浸泡，测试断裂时间	12 h 内开裂	300 h 内无开裂
恒拉伸载荷试验	加载恒定拉伸载荷，充氢溶液 0.5 mol/L H_2SO_4，充氢电流 0.5 mA/cm^2，测试临界断裂应力	819 MPa	1 091 MPa
氢渗透试验	测试氢在晶格中的扩散系数	$(8.46\pm1.96)\times10^{-7}$ cm^2/s	$(4.42\pm0.92)\times10^{-7}$ cm^2/s
SSRT 试验	对样品进行电化学充氢，同步进行慢应变速率拉伸，测试样品的氢脆敏感指数（HEI）	40.3	38.3
备注	氢脆敏感指数（HEI）=（$A_{充氢前}-A_{充氢后}$）/$A_{充氢前}$，A 为断后延伸率（%）		

板条马氏体钢的氢脆特征是沿晶和准解理穿晶断裂。路洪洲博士推测了热成形钢及氢脆发生的机理如下：热成形钢的氢脆断裂是在氢增强局部塑性（hydrogen-enhanced local plasticity，简称 HELP 机制）和氢致脱聚效应（hydrogen-enhanced decohesion，简称 HEDE 效应）的协同作用下发生的，氢增加局部塑性导致晶界氢富集脱聚机制，即氢促进了位错滑移，位错作为氢陷阱携带氢运动。携带氢的位错堆积冲击到原始奥氏体晶界而发生沿晶开裂，

携带氢的位错堆积冲击马氏体晶界时发生准解理穿晶断裂。以下研究可以佐证上述机理：氢与晶界、位错、第二相（如碳化物）的相互作用影响了材料的氢脆性能；氢相关沿晶断裂的裂纹扩展路径为原始奥氏体晶界；无论断裂模式如何，氢相关裂纹的萌生位置在原始奥氏体晶界上或附近；原始奥氏体晶界是马氏体结构中主要的氢俘获点。可以认为，积聚的氢可导致原始奥氏体晶界周围的开裂。根据上述机理，可以得到氢脆开裂的触发条件如下：① 存在高密度的位错；② 存在大量的可扩散氢；③ 低滑移激活能的位错；④ 弱的晶界存在。

基于上述氢脆机理和氢脆的 4 个触发条件，提高超高强度钢氢脆的解决方案如下：

（1）通过控制可扩散氢含量和设置高能氢陷阱抑制了上述氢脆的第二触发条件。严格要求和控制热成形钢及零部件中的可扩散含量，如严格限制供货态可扩散含量在 0.5 ppmw［parts per million（weight），按质量计的百万分之一］以内，以及对奥氏体化加热炉的露点进行控制，避免热冲压成形过程零件与水（水汽）等接触，在满足要求的前提下尽量缩短奥氏体化时间，如低于 300 s 减少水汽与镀层的还原生氢反应，最终实现热冲压成形零件的可扩散氢含量在较低的范围内（如 1 500 MPa 级热成形钢烘烤后为 0.5 ppmw，1 800 MPa 级及以上热成形钢烘烤后为 0.4 ppmw）。通过 NbC 形成高能氢陷阱抑制了上述氢脆的第二触发条件是更为保险的手段，即降低钢中或零部件中的可扩散氢。共格/半共格 NbC 纳米级沉淀是氢的高能氢陷阱，相关学者已通过小角度中子散射直接观察和证明了这些高能氢陷阱的决定性作用。共格和半共格的 NbC 颗粒表现出表面积（沉淀物/基体界面）的依赖性，在捕氢能力 NbC＞TiC≫VC 的情况下，NbC 析出物的大小对捕氢能力是有影响的，NbC 沉淀的粗化导致捕氢能力降低。作者的前期研究通过原子探针层析成像（atom prob tomography，APT）的高空间和质量分辨率，发现氢（氘）在较大的非共格的 NbC（10～30 nm）与基体的界面处被捕获，证明非共格的 NbC 沉淀也是有效的强氢陷阱，如图 1.29 所示，该研究结果与早先的推断一致。因而通过上述研究，共格和半共格的 NbC 颗粒（＜30 nm）都是高能氢陷阱。热成形钢中铌的碳氮化物尺寸主要集中在 20 nm 以内，少部分大于 30 nm，因此铌的碳氮化物是提高热成形钢抗氢脆能力的主要原因之一。

（2）通过设置纳米级碳化物、限制热成形钢加工下料方式等抑制氢脆的第三个触发条件。如高强度级别的热成形钢下料以及冲孔必须材料激光切割等，避免机械损伤造成的预微裂纹。纳米级 NbC 等小尺寸第二相颗粒可以提高热成形钢的位错滑移激活能，抑制位错滑移，抑制了氢脆的第三个触发条件。

（3）通过晶粒细化抑制氢脆的第四个触发条件。Nb 元素等可以实现晶粒细化，大幅度增加晶界密度，在工况氢浓度一定的前提下，降低了单位晶界上的氢浓度，抑制了氢脆的第四个触发条件。由于本书前述的铌微合金化技术可以显著降低原始奥氏体晶粒尺寸，进而显著增加了原始奥氏体晶界数量，可进一步降低单位晶界上的氢浓度，降低了氢原子富集至临界断裂浓度的可能性。

（4）降低位错密度进而抑制氢脆的第一个触发条件。如降低热成形钢中的碳含量、对热冲压成形零部件进行高温回火处理、通过合金元素与碳结合等，Nb 通过与 C 元素的结合可降低合金中的 C，降低了马氏体相变过程的过饱和碳含量，进而降低了位错密度，抑制了氢脆的第一个触发条件。

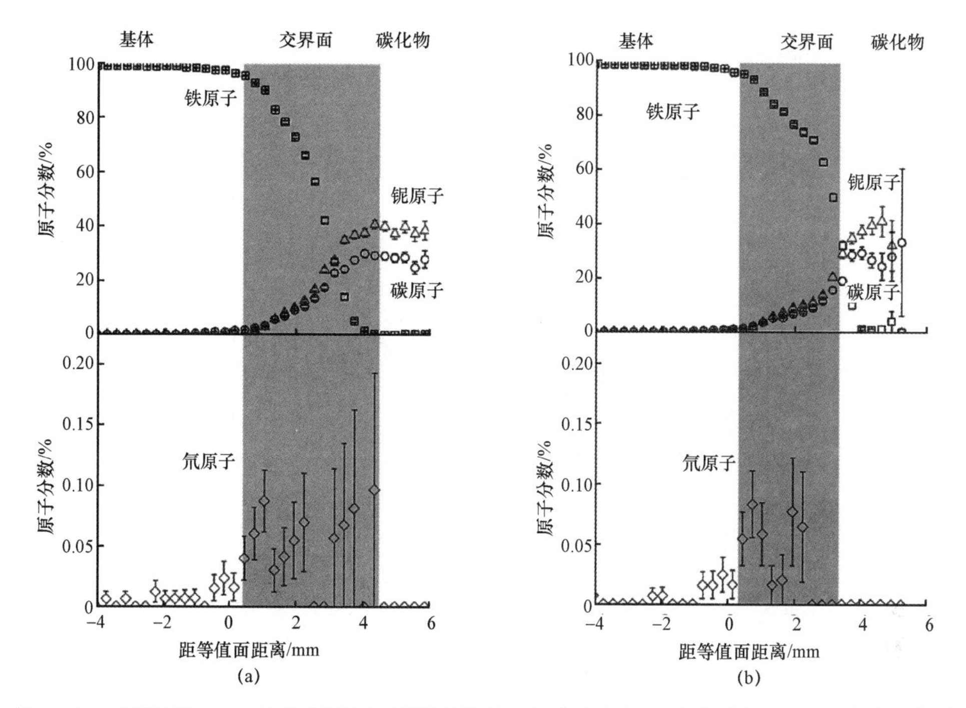

图 1.29　采用冷冻 APT（原子探针）观察到的氢（同位素氘）与热成形钢中 NbC 的分布关系

（a）1#典型 NbC 氢（氘）的对应分布；（b）2#典型 NbC 与氢（氘）的对应分布

热成形钢及热冲压成形零部件的氢脆及抑制详见本书的第 7 章。

1.5.3　微合金化热成形钢的尖角冷弯及零部件抗断裂性能

前已述及传统热成形钢裸板、Al–Si 镀层板存在极限尖冷弯角度不足的问题，国内外通常采用中国汽车工程学会发布的 CSAE 154—2020 以及德国汽车工业协会发布的 VDA 238–100 的极限尖冷弯测试标准进行热成形钢及零部件的测试。经研究发现，在相同的脱碳层及表面镀层条件下，通过铌微合金化元素，热成形钢的极限尖冷弯性能得到了提升。更系统的测试表明，铌钒复合微合金化能够将 1 500 MPa 级热成形钢的尖角冷弯角度从 53°～58° 提高至 65°～70°。铌微合金化可以细化晶粒并降低带状组织，进而提高热成形钢的尖角冷弯角度，热成形钢尖角冷弯的开裂机制将在本书的第 5 章详细阐述，本节仅探讨铌对极限尖冷弯角度的提升以及对零部件开裂的影响。综上所述，铌微合金化可以提高 10%～15%的热成形钢的尖角冷弯角度。Kurz 等人通过不同热成形材料制作的结构件（碰撞盒，U 形热成形钢构件与 1.5 mm 厚的 HC340LAD 连接成空腔结构）的台车碰撞，研究了结构件碰撞开裂与热成形钢断裂延伸率、抗拉强度、尖角冷弯角度等性能的相关性，发现断裂延伸率与结构件碰撞开裂没有关联性，但抗拉强度和尖角冷弯角度与结构件碰撞开裂具有高相关性。即热成形钢抗拉强度越高，热冲压成形结构件抗碰撞开裂能力越低；极限尖冷弯角度越大，结构件抗碰撞开裂能力越高，但镀层热成形钢和无镀层热成形钢需要分开比较。该试验的结构件抗碰撞开裂能力被定义为“零件碰撞断裂指数”。“零件碰撞断裂指数”越高，零件的抗碰撞开裂能力越强。结合现有的测试结果，可以得到铌微合金化所产生零件断裂指数增量，如图 1.30 所示，即 10%～15%的热成形钢的尖角冷弯角度增量可以使零件断裂指数提高 45%～80%，大幅度提高热冲压成形零件的抗碰撞断裂能力。

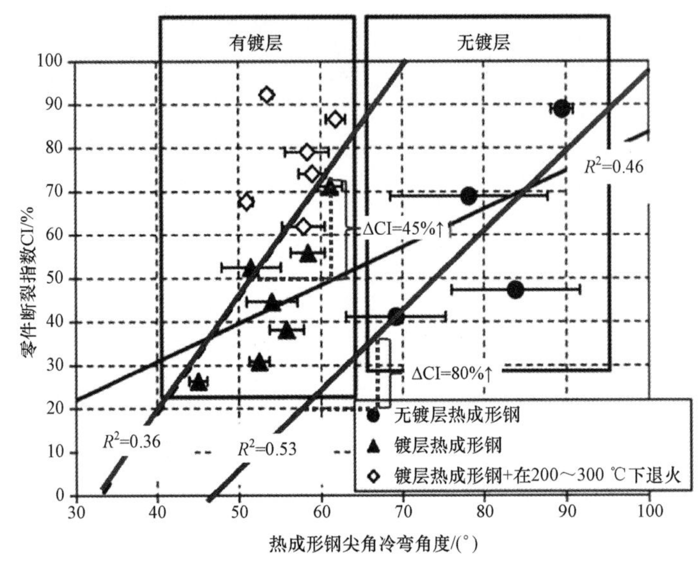

图 1.30　铌微合金化所产生零部件断裂指数增量

1.5.4　微合金化热成形钢的断裂失效应变

热成形钢发生大变形后产生的断裂失效行为属于韧性断裂，韧性断裂是金属内部微观孔洞成核、聚集和长大，即损伤积累的结果。研究指出，金属材料的韧性断裂与应力状态有关，材料的应力状态常用应力三轴度η 和洛德角参数ξ 表征，如式（1-3）所示：

$$\eta=\frac{-p}{\bar{\sigma}}=\frac{\frac{1}{3}(\sigma_1+\sigma_2+\sigma_3)}{\bar{\sigma}}=\frac{\frac{1}{3}I_1}{\sqrt{3J_2}} \tag{1-3}$$

$$\xi=\frac{27}{2}\frac{J_3}{\bar{\sigma}^3}=\frac{3\sqrt{3}}{2}\frac{J_3}{J_2^{3/2}} \tag{1-4}$$

式中，p 为静水压力；$\bar{\sigma}$ 为 Mises 等效应力；σ_1、σ_2、σ_3 为第一、第二、第三主应力；I_1 为第一应力不变量，J_2 为第二偏应力张量不变量，J_3 为第三偏应力张量不变量。

热成形钢的韧性断裂失效行为采用断裂失效模型进行预测。目前，常用的断裂失效模型包含常应变模型、Johnson-Cook 模型、Gissmo 模型和 MMC 模型，其中 Johnson-Cook、Gissmo 和 MMC 断裂失效模型中考虑了应力状态对材料断裂性能的影响，在热成形钢服役过程中断裂失效行为的预测中应用较为广泛。目前，针对热冲压成形零部件的变形及断裂失效行为，常采用 LS-DYNA 商用软件进行仿真模拟，模拟过程中采用本构模型表征热冲压成形零部件的变形行为，采用断裂失效模型表征热冲压成形零部件的断裂失效行为，有效地提高了仿真精度，为热冲压成形零件的设计开发及优化提供了评价手段。在汽车碰撞过程中热冲压成形零部件应力状态变化范围内，设计剪切、单向拉伸、*R*20 缺口拉伸、*R*5 缺口拉伸及杯突 5 种试样，表征热冲压成形零部件的应力状态，对应的应力三轴度分别为 0、0.333、0.387、0.431、0.666，进行断裂性能测试。在断裂性能测试中，采用非接触式光学测量（digital image correlation，DIC）进行应变追踪，以试样断裂前一张图片对应的等效塑性应变作为临界断裂应变值。

应用 LS－DYNA 中的 MMC 模型进行了 22MnB5 和 22MnB5NbV 两类热成形钢断裂卡片的开发和零部件的模拟。结果表明，22MnB5NbV 在更高的应力三轴度（－0.6～－0.4）状态下临界断裂应变更高，铌微合金化热成形钢与传统 22MnB5 的断裂失效曲面见图 1.31。对两种材料制造的 B 柱进行了静压试验和模拟分析，发现 22MnB5NbV 零件临界断裂塑性应变值比 22MnB5 高出 50%以上，前者出现微裂纹时对应的压头位移比后者高出 26%。

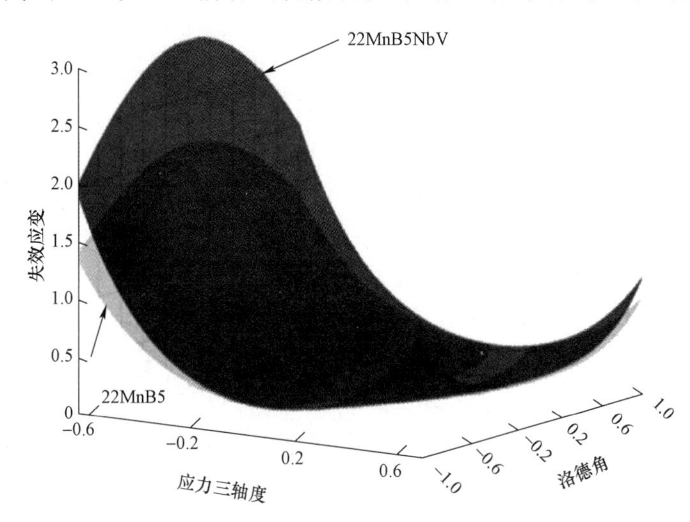

图 1.31　22MnB5 与 22MnB5NbV 的复杂应力状态下断裂失效应变曲面比较

前文所述的极限尖冷弯试验对应的应力三轴度与 *R*5 缺口拉伸类似，即处于汽车碰撞过程的应力状态，因而极限尖冷弯数据可以用于衡量热冲压成形零件的抗碰撞开裂能力，本书第 6 章将详细论述。

1.6　小　　结

超高强度钢热冲压成形工艺具有提升钢板成形性、减少回弹、提升冲压件尺寸精准度及减少成形难度诸多优点，随着热冲压成形技术的普及和成本降低，热成形钢在车身上的应用比例逐年提升。热成形材料在汽车上的广泛应用也促进了新材料和新工艺的发展，开创了热辊弯成形、热气胀内压成形、中温成形等新工艺，以迎接不断发展的应用趋势和发展态势。

微合金化处理可以细化热成形钢的晶粒并析出纳米级第二相。当添加质量分数大于 0.03%的铌或质量分数为 0.11%～0.2%的过饱和钒，或者复合添加铌钒时，热成形钢原始奥氏体晶粒、马氏体板条以及亚晶结构均细化显著，尺寸可以达到未微合金化时的 1/3～2/3，甚至更小。微合金化能够避免奥氏体加热温度波动和提高引起的晶粒粗大，有利于热冲压成形产品的一致性以及工艺窗口的扩大。

热成形钢中析出的铌和钒的碳氮化物尺寸较小，主要分布在 20 nm 以下，但部分与钛复合的碳氮化物尺寸有所增大，达到 30 nm 及以上。微合金化能显著提高热成形钢和热冲压成形零部件的抗氢脆性能，降低氢脆风险。极限尖冷弯角度是预测热冲压成形零部件碰撞开裂行为、优化热成形钢性能的一个重要依据。铌/钒微合金化可以使热成形钢的尖角冷弯角度提高10%～15%。微合金化热成形钢在与汽车碰撞相关的应力三轴度下具有更高的断裂应变。

参 考 文 献

[1] 张艳君. 汽车轻量化材料技术发展现状［J］. 汽车零部件，2016（04）：83-85.

[2] 康永林，陈贵江，朱国明，等. 新一代汽车用先进高强钢的成形与应用［J］. 钢铁，2010，45（8）：1-6，19.

[3] 谭冰花，赵正，李博. C-NCAP（2018）行人保护对汽车设计开发的影响［J］. 计算机辅助工程，2017，26（5）：6-12.

[4] 杨洪林，张深根，洪继要，等. 22MnB5 热冲压钢的研究进展［J］. 锻压技术，2014，39（1）：1-5.

[5] KARBASIAN H，TEKKAYA A E. A review on hot stamping［J］. Journal of Materials Processing Technology，2010，210（15）：2103-2118.

[6] 魏元生. 第三代高强度汽车钢的性能与应用［J］. 金属热处理，2015，40（12）：34-39.

[7] LU H Z，ZHANG S Q，JIAN B，et al. Solutions for hydrogen-induced delayed fracture in hot stamping［J］. Advanced Materials Research，2014，1063：32-36.

[8] 路洪洲，王文军，郭爱民，等. 基于汽车安全的热冲压成形技术优化［J］. 汽车工艺与材料，2013，10：8-13.

[9] 李军，路洪洲，易红亮. 乘用车轻量化及微合金化钢板的应用［M］. 北京：北京理工大学出版社，2015.

[10] 谷海容，卢茜倩，刘永刚，等. 微合金元素 Nb、V 对热成形钢组织及氢脆敏感性影响［J］. 安徽工业大学学报（自然科学版），2018，35（4）：295-300.

[11] 中信微合金化技术中心，中国汽车工程研究院股份有限公司. 汽车 EVI 高强度钢氢致延迟断裂研究进展［M］. 北京：北京理工大学出版社，2019.

[12] 周文强，毕玉梅，邢阳，等. 高强度钢板 WHF1500H 热成形微观组织和力学性能研究［J］. 金属材料与冶金工程，2017，45（5）：11-16.

[13] 易红亮，常智渊，才贺龙，等. 热冲压成形钢的强度与塑性及断裂应变［J］. 金属学报，2020，56（4）：429-443.

[14] LI L，LI B S，ZHU G M，et al. Effects of Nb on the microstructure and mechanical properties of 38MnB5 steel［J］. International Journal of Minerals Metallurgy and Materials，2018，25（10）：1181-1190.

[15] LI L，LI B S，ZHU G M，et al. Effect of niobium precipitation behavior on microstructure and hydrogen induced cracking of press hardening steel 22MnB5［J］. Materials Science and Engineering：A，2018，721：38-46.

[16] TU J F，YANG K C，CHIANG L J，et al. The effect of niobium and molybdenum co-addition on bending property of hot stamping steels［J］. China Steel Technical Report，2016，29：1-7.

［17］JO M C，YOO J，KIM S，et al. Effects of Nb and Mo alloying on resistance to hydrogen embrittlement in 1.9 GPa-grade hot-stamping steels［J］. Materials Science and Engineering：A，2020，789：139656.

［18］MURUGESAN D，DHUA S K，KUMAR S，et al. Development of hot stamping grade steel with improved impact toughness by Nb microalloying［J］. Materials Today：Proceedings，2018，5（9）：16887－16892.

［19］《世界汽车车身技术及轻量化技术发展跟踪研究》编委会．世界汽车车身技术及轻量化技术发展跟踪研究［M］．北京：北京理工大学出版社，2018.

［20］胡宽辉．2 000 MPa 级高强塑积热成形钢的研究［D］．武汉：武汉科技大学，2019.

［21］陈菲．含钒 1 500 MPa 热冲压成型钢的组织与性能研究［D］．唐山：华北理工大学，2019.

［22］闻玉辉，朱国明，郝亮，等．Nb－Ti 微合金化热冲压成形用钢的微观组织与力学性能［J］．工程科学学报，2017，39（6）：859－866.

［23］梁江涛．2 000 MPa 级热成形钢的强韧化机制及应用技术研究［D］．北京：北京科技大学，2019.

［24］刘安民，冯毅，赵岩，等．铌钒微合金化对 22MnB5 热成形钢显微组织与性能的影响［J］．机械工程材料，2019，43（5）：34－37.

［25］ZHANG S Q，HUANG Y H，SUN B T，et al. Effect of Nb on hydrogen-induced delayed fracture in high strength hot stamping steels［J］. Materials Science and Engineering：A，2015，626：136－143.

［26］MOHRBACHER H，SENUMA T. Alloy optimization for reducing delayed fracture sensitivity of 2000 MPa press hardening steel［J］. Metals，2020，10（7）：853.

［27］路洪洲，赵岩，冯毅，等．微合金化热成形钢开发应用进展及展望［J］．机械工程材料，2020，44（12）：1－10.

［28］杨海根，赵征志，杨源华，等．1 800 MPa 级冷轧热成形钢的组织与性能［J］．材料热处理学报，2017，38（7）：120－125.

［29］MA M T，ZHAO Y，LU H Z，et al. The cold bending cracking analysis of hot stamping door bumper［C］//The 2nd International Conference on Advanced High Strength Steel and Press Hardening（ICHSU 2015）. Changsha：World Scientific，2016：724－731.

［30］BIAN J，MOHRBACHER H，LU H Z，et al. Development of press hardening steel with high resistance to hydrogen embrittlement［M］. Cham：Springer International Publishing，2016.

［31］JIAN B，LI W，MOHRBACHER H，et al. Development of niobium alloyed press hardening steel with improved properties for crash performance［J］. Advanced Material Research，2015 1063：7－20.

［32］LIANG J，ZHAO Z，SUN B，LU H Z，et al. A novel ultra-strong hot stamping steel treated by quenching and partitioning process［J］. Materials Science and Technology，2018，34（18）：1－9.

[33] BIAN J，LU H Z，WANG W J，et al. Alloying design and process strategy for high performance 1 800 MPa press hardening steel [C] //The 4th International Conference on Advanced High Strength Steel and Press Hardening（ICHSU2018），2019：3-13.

[34] 晋家春，谷海容，曹煜，等. 热成形钢抗氢脆性能和冷弯性能研究 [C] // 第十一届中国钢铁年会论文集-S05. 北京：冶金工业出版社，中国金属学会，2017：67-72.

[35] 中信微合金化技术中心. 中国汽车 EVI 及高强度钢氢致延迟断裂研究 [M]. 北京：北京理工大学出版社，2017.

[36] 路洪洲，赵岩，冯毅，等. 铌微合金化热成形钢的最新进展 [J]. 汽车工艺与材料，2021（04）：23-32.

[37] NAGAO A，DADFARNIA M，SOMERDAY B P，et al. Hydrogen-enhanced-plasticity mediated decohesion for hydrogen-induced intergranular and “quasi-cleavage” fracture of lath martensitic steels [J]. Journal of the Mechanics and Physics of Solids，2018，112：403-430.

[38] NAGAO A，SMITH C D，DADFARNIA M，et al. The role of hydrogen in hydrogen embrittlement fracture of lath martensitic steel [J]. Acta Materialia，2012，60（13/14）：5182-5189.

[39] BEACHEM C D. A new model for hydrogen-assisted cracking(hydrogen “embrittlement”) [J]. Metallurgical and Materials Transactions B，1972，3（2）：441-455.

[40] BIRNBAUM H K，SOFRONIS P. Hydrogen-enhanced localized plasticity：A mechanism for hydrogen-related fracture [J]. Materials Science and Engineering：A，1994，176（1/2）：191-202.

[41] LYNCH S P. Environmentally assisted cracking：Overview of evidence for an adsorption-induced localised-slip process [J]. Acta Metallurgica，1988，36（10）：2639-2661.

[42] FERREIRA P J，ROBERTSON I M，BIRNBAUM H K. Hydrogen effects on the interaction between dislocations [J]. Acta Materialia，1998，46（5）：1749-1757.

[43] ROBERTSON I M，SOFRONIS P，NAGAO A，et al. Hydrogen embrittlement understood [J]. Metallurgical and Materials Transactions A，2015，46（6）：2323-2341.

[44] BHADESHIA H K D H. Prevention of hydrogen embrittlement in steels [J]. ISIJ International，2016，56（1）：24-36.

[45] BANERJI S K，MCMAHON C J，FENG H C. Intergranular fracture in 4340-type steels：Effects of impurities and hydrogen [J]. Metallurgical Transactions A，1978，9（2）：237-247.

[46] CRAIG B，KRAUSS G. The structure of tempered martensite and its susceptibility to hydrogen stress cracking [J]. Metallurgical Transactions A，1980，11（11）：1799-1808.

[47] WANG M Q，AKIYAMA E，TSUZAKI K. Effect of hydrogen and stress concentration on the notch tensile strength of AISI 4135 steel [J]. Materials Science and Engineering：A，2005，398（1/2）：37-46.

[48] SHIBATA A，MATSUOKA T，UENO A，et al. Fracture surface topography analysis of the hydrogen-related fracture propagation process in martensitic steel [J]. International Journal

of Fracture，2017，205（1）：73－82.
［49］SHIBATA A，MURATA T，TAKAHASHI H，et al. Characterization of hydrogen-related fracture behavior in as-quenched low-carbon martensitic steel and tempered medium-carbon martensitic steel［J］. Metallurgical and Materials Transactions A，2015，46（12）：5685－5696.
［50］SHIBATA A，MOMOTANI Y，MURATA T，et al. Microstructural and crystallographic features of hydrogen-related fracture in lath martensitic steels［J］. Materials Science and Technology，2017，33（13）：1524－1532.
［51］OVEJERO-GARCÍA J. Hydrogen microprint technique in the study of hydrogen in steels［J］. Journal of Materials Science，1985，20（7）：2623－2629.
［52］TAKAI K，SEKI J，HOMMA Y. Observation of trapping sites of hydrogen and deuterium in high-strength steels by using secondary ion mass spectrometry［J］. Materials Transactions，JIM，1995，36（9）：1134－1139.
［53］MOMOTANI Y，SHIBATA A，TERADA D，et al. Effect of strain rate on hydrogen embrittlement in low-carbon martensitic steel［J］. International Journal of Hydrogen Energy，2017，42（5）：3371－3379.
［54］WEI F G，TSUZAKI K. Hydrogen trapping character of nano-sized NbC precipitates in tempered martensite［C］// Proceedings of the 2008 International Hydrogen Conference：Effects of Hydrogen on Materials. Jackson. ASM International，2009：456－463.
［55］WEI F G，HARA T，TSUZAKI K. Advanced Steels Nano-preciptates design with hydrogen trapping character in high strength steel［M］. Berlin：Springer Berlin Heidelberg，2011：87－92.
［56］OHNUMA M，SUZUKI J I，WEI F G，et al. Direct observation of hydrogen trapped by NbC in steel using small-angle neutron scattering［J］. Scripta Materialia，2008，58（2）：142－145.
［57］马鸣图，路洪洲，孙智富，等．22MnB5 钢三种热冲压成形件的冷弯性能［J］. 机械工程材料，2016，40（7）：7－12.
［58］LI J，WU J S，WANG Z H，et al. The effect of nanosized NbC precipitates on electrochemical corrosion behavior of high-strength low-alloy steel in 3.5%NaCl solution［J］. International Journal of Hydrogen Energy，2017，42（34）：22175－22184.
［59］CHEN Y S，LU H Z，LIANG J T，et al. Observation of hydrogen trapping at dislocations，grain boundaries，and precipitates［J］. Science，2020，367（6474）：171－175.
［60］GONG P，PALMIERE E J，RAINFORTH W M. Characterisation of strain-induced precipitation behaviour in microalloyed steels during thermomechanical controlled processing［J］. Materials Characterization，2017，124：83－89.
［61］马鸣图，蒋松蔚，李光瀛，等．热冲压成形钢的研究进展［J］. 机械工程材料，2020，44（7）：1－7.
［62］宋磊峰，包绎舒，冯毅，等．微合金化热成形钢冷弯性能研究［C］// 第三届钒钛微合金化高强钢开发应用技术暨第四届钒产业先进技术交流会论文集．重庆：攀钢集团研

究院有限公司，2017：147－151.

［63］马光宗，冯运莉，李建英，等. 带状组织对热冲压成形件组织性能的影响［J］. 汽车工艺与材料，2020（1）：61－63.

［64］KURZ T，LAROUR P，LACKNER J，et al. Press-hardening of zinc coated steel-characterization of a new material for a new process［C］// IOP Conference Series：Materials Science and Engineering. Linz: IOP Publishing，2016：12－25.

［65］NATIO J, MURAKAMI T, OTANI S. Correlation between side impact crash behavior of hot-stamping parts and mechanical properties of steel［J］. Kobe Steel Engineering Reports, 2017，66（2）：69－75.

［66］EL-MAGD E，GESE H，THAM R，et al. Fracture criteria for automobile crashworthiness simulation of wrought aluminium alloy components［J］. Materialwissenschaft Und Werkstofftechnik，2001，32（9）：712－724.

［67］潘锋. 热成形钢板的碰撞失效预测研究［C］//2015 第十八届汽车安全技术学术会议论文集. 苏州：中国汽车工程学会，2015：168－177.

［68］HOOPUTRA H，GESE H，DELL H，et al. A comprehensive failure model for crashworthiness simulation of aluminium extrusions［J］. International Journal of Crashworthiness，2004，9（5）：449－464.

［69］王栋，刘淼，王光耀，等. 基于 LS－DYNA 的热成型钢断裂失效预测研究［J］. 固体力学学报，2018，39（2）：197－202.

第 2 章

高性能热成形钢的开发

2.1 热成形钢发展历史

如本书第 1 章所述，热成形钢在汽车安全件中的应用比较普遍，如 A 柱、B 柱、门梁、前后防撞梁等。这些安全件大多都要求既具有较高的碰撞吸能效果，又具有较高的抵抗变形和抗碰撞断裂能力，从而使其在发生碰撞事故时能够保证乘客的安全。热冲压成形技术最早应用于 1973 年，瑞典钢铁制造商 SSAB 公司开始进行热成形工艺研究，主要用于制造锯片和割草机的刀片。随后瑞典沃尔沃卡车公司于 1975 年启动了第一个热成形研究项目，开始研究热成形工艺在卡车车身制造中的应用。1984 年，瑞典 SSAB 汽车公司运用该技术开始制造汽车车身零部件（车门防撞杆）。1991 年，第一件热成形保险杠用于福特汽车上。此后，热成形零部件在车身上的应用逐年增加。1997 年，车身每年应用热成形零件达到 800 万件，主要用于前/后保险杠、A/B 柱加强件、门内加强件、地板加强件、车顶加强件以及地板通道等车身安全件。

进入 21 世纪，热成形技术的应用得到迅猛发展，国内从 2000 年开始发展热成形技术，起初多数产线以进口为主，2005 年 6 月，德国本特勒在长春设计制造了第一条热冲压产线。2007 年，全球热成形零件的应用达到 1.07 亿件。2007 年年底宝钢热冲压零部件有限公司正式成立，从瑞典 AP&T 公司引进两条热冲压生产线。2013 年 10 月，湖北永喆投资集团有限公司建设的国内首条热冲压生产线投产。根据中国汽车工程学会及热成形技术国际会议数据，国内热成形用量在 2011 年后快速增长，2014 年国内热成形钢消耗量达 26.6 万 t，其中 Al-Si 镀层占 57%，无镀层占 43%。与此同时，国内对热成形钢、热成形工艺以及应用评价的研究也显著增多。2014 年第一届高强钢暨热冲压成形国际会议（ICHSU）在重庆举办，至 2020 年已经举办了 5 届。2017 年第一届汽车 EVI 及氢脆国际会议在北京举办，至 2022

年已经举办了 3 届，极大地推动了国内热冲压成形技术的发展，把国内对高强钢热冲压成形技术研究和应用的关注推到一个新的高度。至今，国内三维五轴激光切割机市场保有量是 700 台左右，按照一条热成形线平均配 4～5 台三维五轴激光切割机计算，国内的热成形生产线大约 180 条（见第 1 章表 1.3）。随着车身轻量化要求的逐渐提高，热成形钢的需求量仍在快速增长。2019 年全球铝硅镀层热成形钢用量为 260 万 t，预计 2025 年将增加至 600 万 t。2019 年中国热成形钢用量为 120 万 t，其中铝硅镀层热成形钢用量为 70 万 t～80 万 t，2025 年预计增加至 120 万 t～160 万 t。

随着车身轻量化对钢铁材料减薄的要求，1 500 MPa 级热成形钢已不能完全满足高强车身安全性能的要求，针对极限尖冷弯性能和抗氢脆性能，各大钢厂相继开发了一些微合金化热成形钢，如宝武的铌微合金化 CSP 热成形钢、鞍钢的铌微合金化冷轧及热轧热成形钢、马钢的铌钒复合微合金化冷轧及热轧热成形钢、日钢的铌钼复合微合金化热轧热成形钢等，微合金化热成形钢在本书的第 1 章已经做了综述。另外，更高强度级别的热成形钢仍然是世界相关学者突破和研究的主流。世界各大钢铁公司均对更高强度的热成形钢展开了研究。2017 年，北京科技大学赵征志团队开发的 38MnBNb 超高强热成形钢的抗拉强度≥2 000 MPa，总延伸率为 6%～9%。2018 年 9 月，河钢唐钢生产出 1.8 mm 厚的 2 000 MPa 级热成形汽车钢，制造的热冲压成形零件比采用 1 500 MPa 级钢材减重 10%～15%。2019 年 8 月，攀钢成功冶炼出强度级别在 2 000 MPa 级的高钒微铌微合金化热成形汽车用钢，成为目前国内最高级别汽车用高强钢之一。本钢研发生产高钒 PHS2000MPa 级热成形钢，与普遍使用的 1 500 MPa 级热成形钢相比实现减重 10%～15%。TAGAL 开发了高钒微铌复合微合金化热成形汽车用钢 PT1900IB。国外公司如德国 Thyssenkrupp 公司基于 34MnB5 成分开发了 1 900 MPa 级热成形钢 MBW1900；瑞典 SSAB 集团基于 37MnB4 成分推出了 2 000 MPa 级热成形钢 Docol2000Bor；韩国 POSCO 公司开发了 2 000 MPa 级热成形钢 HPF2000；Arcelor Mittal 公司也开发了 2 000 MPa 级热成形钢 USIBOR2000，其中添加了 0.065wt.%Nb 和 0.2wt.%Mo。

热成形钢主要应用于车身的 A 柱、B 柱、保险杠、门内防撞梁、车顶加强梁、纵梁等车身关键结构位置处（如图 2.1 红色标记的零部件），如果碰撞过程中发生较大的变形，会对乘员舱内的驾乘人员造成挤压伤害。零件碰撞过程中发生变形的位移不能太大，需要提高碰撞吸能性能，那么只能在保持零件合适的塑性条件下提高抵抗变形的能力，即提高零件的抗拉强度。但碰撞过程中如出现开裂，则会威胁乘员舱内驾乘人员的生命安全，因而汽车零部件的碰撞断裂指数以及高强度钢的极限尖冷弯性能被相继提出，目前各大 OEM 对热成形钢淬火后的极限尖冷弯性能具有明确的要求，如宝马和奔驰等企业要求极限尖冷弯角不低于 60° 和 65°（在零件上取样，针对 0.70～1.55 mm 的厚度，随着厚度降低冷弯角要求降低）。对可扩散氢含量以及充氢 U 形弯曲断裂时间也有明确的要求，如可扩散氢含量不超过 0.5 ppmw，充氢 U 形恒弯曲载荷试验断裂时间不低于 300 h 等。

目前热成形钢淬火后需要评估的性能主要包括：强度、断后伸长率、极限尖冷弯角、抗氢脆性能、焊接性能、涂装性能等，具体详见本书第 5 章。有研究表明，使用抗拉强度达到 1 500 MPa 级的热成形钢来取代 800 MPa 级钢时可实现 20%以上的减重；如果使用抗拉强度达到 2 000 MPa 级钢，取代 1 500 MPa 级钢可进一步减重 10%～15%。

图 2.1　热冲压零件（红色部分）在汽车白车身上的应用（见彩插）

2.2　热成形钢的物理冶金

2.2.1　化学成分的影响

热成形钢根据不同的化学成分体系可分为 Mn–B、Mn–B–Nb、Mn–B–V、Mn–B–Nb–V、Mn–Mo–B、Mn–Cr、Mn–Cr–B 和 Mn–W–Ti–B 等系列，其中能够商业化稳定生产和技术最成熟的热成形钢为 1 500 MPa（22MnB5）级和 1 800 MPa（30MnB5）级系列钢板，即 Mn–B 系及在 Mn–B 系基础上的 Mn–B–Nb、Mn–B–V、Mn–B–Nb–V 以及 Mn–Mo–Nb 等。热成形钢的主要合金元素为 C、Mn、Si、B、Cr、Ti、Nb、Mo、V 等，如 1 500 MPa 级热成形钢碳含量为 0.22～0.24wt.%，Mn 含量为 1.2～1.5wt.%，Si 含量为 0.25wt.%左右，硼含量为 0.001～0.003wt.%，Cr 含量为 0.1～0.3wt.%以及 0.05wt.%以下的 Ti 和 0.05wt.%及以下的 Nb、V，淬火得到的组织为全马氏体组织，抗拉强度可达 1 350～1 650 MPa，总延伸率可达 5%～6%。

碳含量是提高强度最直接的途径，淬火后马氏体中固溶碳含量的增加可以显著提高试验钢强度和硬度，但是依靠提高碳含量来提高强度带来的最大问题是淬火后冲击韧性降低，延伸率略有降低，而 Nb、V 和 Ti 等微合金元素可与过饱和的碳元素形成纳米级析出物，细化板条马氏体组织，实现提高强度的同时拥有较优异的韧性和抗氢脆性能。热成形钢中每种元素的作用如下。

（1）C：碳含量对材料淬火后的强度影响较大，马氏体中需要足够的固溶碳含量保证其强度和硬度，随着固溶碳含量的增加，在冷却速率有保证的条件下，相同温度下形成的奥氏体和淬火后马氏体中的固溶含碳量增加，热成形钢的淬透性增加，A_3 和 A_1 降低，马氏体开始转变温度（M_s）不断降低，淬火后位错密度增大，热冲压成形零件（淬火态）的强度和硬度也增加。但热冲压成形零件的冲击韧性及焊接性能恶化，氢脆风险激增，碳含量应控制在适当的范围内，目前商业化的 1 500～2 000 MPa 级热成形钢的碳含量多在 0.22～0.35wt.%。

（2）Si：硅抑制渗碳体等碳化物析出的作用明显，有利于得到一定含量的残余奥氏体组织，还可以降低氢原子在钢中的扩散速度，提高钢的抗氢脆能力。要想在提高强度的同时保持足够高的延伸率，Si 的含量不能太低，目前 1 500 MPa 级商业化应用热成形钢中 Si 含量在 0.25wt.%左右，1 800 MPa 级及以上热成形钢中 Si 元素的含量一般小于 0.4wt.%。但针对淬火配分钢，只有当 Si 元素含量大于 0.5wt.%时才能在最终的显微组织中得到残余奥氏体，但是过高的 Si 含量会引入一系列问题，如焊接性能变差、过多地轧入氧化铁磷。

（3）Mn：锰元素的添加能扩大奥氏体区，降低 A_{c1}、A_{c3}，延迟珠光体和贝氏体的转变，有利于提高淬透性，降低晶界强度，从而降低抗氢脆的能力。Mn 含量过高会导致碳当量提高，钢板的焊接性能变差，以及出现带状组织，降低热成形钢韧性及零部件的抗冲击性能，因而锰含量需要控制在一个合适的范围，目前 22MnB5 的 Mn 元素含量多在 1.2～1.5wt.%之间。

（4）B：微量硼元素的加入能够显著提高钢的淬透性，在热成形钢中 B 元素是保证淬透性的关键元素，从而扩大生产工艺窗口。但是过量的 B 元素含量会使钢板的冲击韧性降低，甚至可能起到软化作用，通常含量控制在 0.001 5%～0.005 0%以内。此外，硼碳化物的存在会导致热成形件的韧脆转变温度（DBTT）提高，导致热成形零件在较低温度下的韧性变差。为了避免形成对性能有害的网状氮化硼，需在热成形钢中严格控制氮的含量，并添加 Ti 或者 Al 等元素优先与氮结合形成氮化钛，抑制网状氮化硼，保证以酸溶硼的状态存在。但对于 1 800 MPa 级及以上热成形钢，由于碳含量高，并添加 Nb、Mo、V 等合金元素保证淬透性，可以考虑去除 Ti 和 B，消除大颗粒氮化硼和氮化钛，减少裂纹源进而提高热冲压成形零部件的韧性，不含 B 的 1 800 MPa 级热成形钢在本章后续有进一步介绍。

（5）Cr：铬元素能够降低 M_s，增加残余奥氏体量，推迟贝氏体转变，从而提高钢的淬透性，促进碳向奥氏体中扩散。传统的热成形钢中 Cr 含量一般小于 0.5wt.%。已有研究表明，增加 Cr 含量有利于增加残余奥氏体含量，如 Suzuki T 等人报道，随着 Si、Cr 含量的增加，残余奥氏体含量增加，从而提高塑性。通用汽车中国科学研究院开发的无镀层免抛丸的新型热成形钢，其中 Cr 元素的添加大于 2%，具有良好的抗高温氧化性能。在 900～950 ℃奥氏体化后热成形，表面氧化皮的厚度只有几百纳米，从而无须抛丸处理就可以直接进行焊接和后续的涂装处理，本章后续有进一步介绍。

（6）Al 和 Ti：加入铝和钛的目的是形成 AlN 和 TiN 第二相粒子以固定氮，避免形成网状硼相（BN 等），B 的偏聚或析出会导致其淬透性作用减弱。AlN 和 TiN 第二相粒子能够细化高温下的奥氏体晶粒，但由于尺寸可达微米级，易降低热成形钢及热冲压成形零件的韧性。Ti 与 C 也会形成纳米级针状析出相，但在长度尺寸较大，当钢中存在 Nb、V 等微合金化元素时，Ti 也可能会与 Nb、V 复合析出成（Nb，V，Ti）（C，N）。

（7）Nb：铌微合金元素可以影响晶界的移动，抑制再结晶，得到均匀细小的原始奥氏体晶粒和马氏体板条，实现细晶强化作用。与碳元素形成纳米级析出物 NbC，可形成高能氢陷阱，降低可扩散氢含量，结合晶界数量增加，阻碍氢在钢应力集中的部位和结晶聚集，能够抑制热冲压成形零部件的氢脆。热成形钢中残留的固溶 Nb 元素可提高淬透性，对奥氏体中碳的富集和马氏体形核也都有显著的作用。由于碳氮化铌的析出，降低了基体中的碳，结合晶粒细化和带状组织减少能够提高热成形钢及零部件的韧性。

（8）Mo：钼与碳的化合物易溶解，抑制珠光体转变，显著降低贝氏体转变温度（B_s），提高 A_{c1}，缩小奥氏体区，提高钢的淬透性和热强性，防止回火脆性，对铁素体有固溶强化作用，同时也提高碳化物的稳定性，从而提高钢的强度。钼可以促进 Nb 析出，C 形动力学曲线移向低温区，并使析出时间更短，促进更小纳米级尺寸的碳氮化铌析出，提高热成形钢及零部件的抗氢脆能力。

（9）V：钒在钢中时，碳和氮元素以纳米级碳氮化物析出，起细晶强化、析出强化的作用。与碳氮化铌类似，VC 作为氢陷阱可缚束进入材料内部的氢原子，从而改善热成形钢的抗氢脆性能。钒一般在 900 ℃及以上温度固溶，可提高钢的淬透性，在常规 930 ℃奥氏体化 300 s 时，仅约 25%的 V 以碳化物析出（或复合析出）状态存在，因而必须控制热冲压成形时的奥氏体化温度，避免大量 VC 回溶。如果在采用低的奥氏体化温度并保证料片到达模具下死点的温度高于 A_{r3} 的前提下，可一定程度上抑制大量 VC 回溶，降低基体中的 C 含量，提高热成形钢及零部件的韧性。

商业化热成形钢的典型成分及牌号列表详见本书第 5 章。

2.2.2　热处理工艺

热成形钢轧制和加工过程如图 2.2 所示，包括热轧、酸洗、冷轧、退火和热冲压等，每一道工序的工艺参数均会影响其微观组织的变化，导致力学性能产生差异，研究者对热轧阶段的控轧控冷、卷取温度，冷轧压下率、退火工艺参数以及热成形工艺参数开展了大量实验室研究。典型 22MnB5 热成形钢的热轧态微观组织由铁素体和片状珠光体组成，屈服强度为 400～500 MPa，抗拉强度为 500～700 MPa，延伸率为 20%～25%；冷轧态钢板的组织由条状铁素体和破碎的珠光体构成，屈服强度为 800～900 MPa，抗拉强度为 900～1 000 MPa，延伸率大幅降低为 1.5%～50%；热成形钢的最终供货态为 1.2～1.8 mm 厚的退火板，组织为大量球状碳化物弥散分布在铁素体基体上，屈服强度为 300～400 MPa，抗拉强度为 400～600 MPa，延伸率为 25%～30%；22MnB5 退火钢板在热冲压时，重新加热到奥氏体区保温，完全奥氏体化，然后进行热冲压、保压和淬火等，其热成形零部件（淬火态）的微观组织几乎全部为马氏体组织，屈服强度为 950～1 250 MPa，抗拉强度为 1 300～1 800 MPa，延伸率不小于 5%，在热冲压后一般还要喷丸处理，去除热冲压件的表面氧化皮。

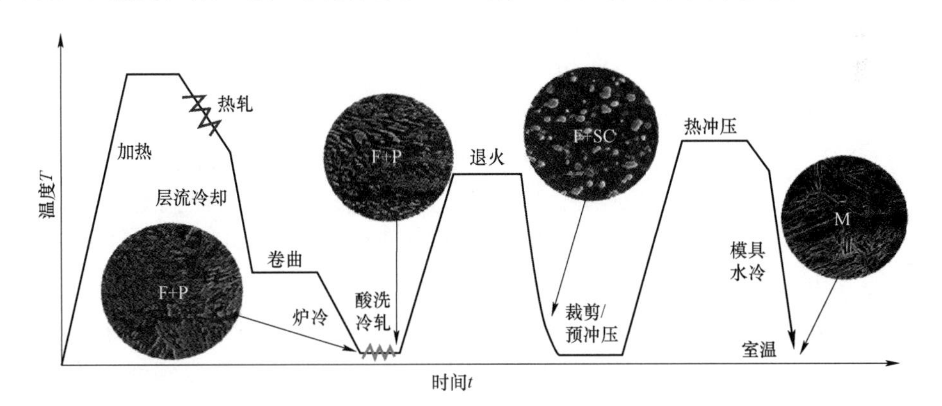

图 2.2　热成形钢轧制和加工过程

（F（Ferrite）：铁素体；P（Pearlite）：珠光体；SC（Spherical carbide）：球状碳化物；M（Martensite）：马氏体）

热轧工艺路线主要为：铁水预处理→转炉冶炼→LF（钙处理）→RH→连铸→轧制→层流冷却→卷取→冷轧酸轧机组酸洗。钢坯加热至 1 220 ℃以上，一般在（1 230±20）℃，热成形钢初轧温度一般为 1 100～1 200 ℃，终轧温度为 870～920 ℃，卷取温度为 550～700 ℃。对于热轧态供货的热成形钢，微观组织为铁素体和片状珠光体组成，由于没有退火工艺，卷取温度不能太低，否则会造成强度过高，卷取温度建议在 650～700 ℃以内。但需要控制好层流冷却速率和轧制工艺，避免高温卷取造成的塌卷（扁卷）。

对于冷轧及酸轧态供货的热成形钢还需要进行冷轧、退火处理。退火温度一般在 A_{c1} 以上或以下，在冷轧 22MnB5 钢板退火加热过程中，将依次经历回复、再结晶、珠光体球化或奥氏体转变；在冷却过程中，奥氏体转变为贝氏体或马氏体。在热轧卷取过程中，由于 C 含量较高，形成大量片状珠光体组织；在退火加热过程中，片状珠光体组织部分发生球化，所以形成大量渗碳体颗粒，故退火后冷却的组织为铁素体+碳化物，可以含有少量的珠光体，具体交货态要求详见本书第 5 章。退火一般分为罩式退火和连续退火，退火温度和退火时间对显微组织和力学性能有较大的影响，退火后的力学性能主要由铁素体中碳含量和晶粒直径决定，随着罩式退火时间的延长，铁素体中碳元素逐渐富集到球状碳化物中，球状碳化物长大，导致铁素体中固溶碳含量减少，可以降低屈服强度和抗拉强度，提高延伸率，但退火时间过长导致延伸率下降并造成能耗过高。退火温度低时呈现出明显的带状组织特征，当退火温度显著高于 A_{c1} 时，组织容易出现马氏体。退火气氛对热成形钢的脱碳层、氢含量有很大影响，需要严格控制。A_{c1} 与合金成分有关，具体钢种需要测定。蓝毓哲测定 1 500 MPa 级 CSP 热成形钢和冷轧退火热成形钢的奥氏体形核温度为 790 ℃和 765 ℃，CSP 热成形钢的奥氏体形核温度高，原因是在 CSP 热成形钢的化学成分中添加了 Cr 和 Nb，扩大了奥氏体化工艺窗口，这种差异会因快速加热而放大。在设定退火温度时，均设定在奥氏体形核温度以上，发现在一定程度上，较低的退火温度可能出现未溶解的渗碳体，降低有效碳含量，这会使板条宽度变粗。梁江涛通过试验研究，建议将退火温度设定在 A_{c1} 以下。

铝硅镀层热成形钢的关键生产工艺包括轧硬卷清洗、退火、热浸镀、镀后冷却，由于镀液温度一般为 660 ℃左右，Al－Si 镀层热成形钢退火温度需要设定更高一些，通常 Al－Si 镀层热成形钢退火温度为 750～800 ℃，冷却段出口温度为 650～700 ℃，镀液温度一般为 650～680 ℃。热成形中使用的 Zn 基镀层主要包括纯锌镀层（GI）和合金化锌基镀层（GA）两种类型。GI 镀层通过将钢板浸入温度为 445～455 ℃的锌液中一段时间，随后冷却使液态锌凝固。通过对 GI 在 480～552 ℃以内进行保温处理，促进 Fe－Zn 合金相的形成，获得的即 GA 镀层。具体详见本书第 3 章。

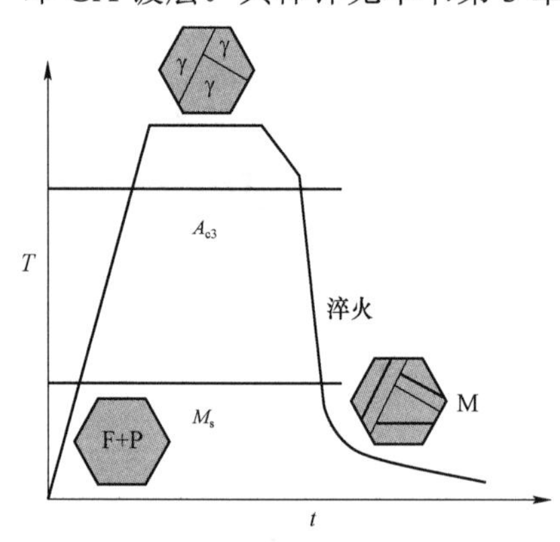

图 2.3　热成形工艺路线示意图

高强钢板热成形技术的原理是先将基板放入均热炉，加热到完全奥氏体化温度以上保温一段时间后，迅速送入带有冷却系统的模具内进行冲压变形，成形后需要保压一段时间使零件形状尺寸趋于稳定，其间模具接触钢板表面使变形和冷却同时发生，保压定形期间组织发生相变，由奥氏体转变成马氏体组织，从而得到具有超高强度的零部件，抗拉强度可提高到初始值的 2.5 倍以上。热成形工艺路线如图 2.3 所示。

热成形工艺的技术优势是在高温条件下，材料具有较好的塑性和成形性，能够一次性冲压形状复杂、抗拉强度高达 1 500～2 000 MPa 级的汽车零部件。成形后零件具有低回弹、低开裂、尺寸精度高、成形质量好等优点。目前汽车工业具体的热成形工艺流程及示意如图 2.4 和图 2.5 所示。现代冲压工艺为了提高材料的利用率和生产效率，一般会采用开卷落料的方式。其主要工序如下：材料准备——确认——放样——卷板存放——上卷——

开卷——引头——校平——清洗——对中——切边——废边收取——活套——导向——剪切——落料——堆垛——出料——翻转——包装。若开卷落料线与热冲压放在同一车间，可以减少包装等工序。

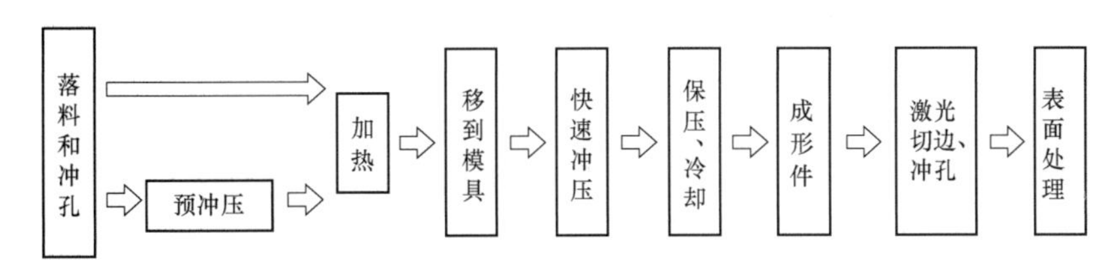

图 2.4　热成形工艺流程

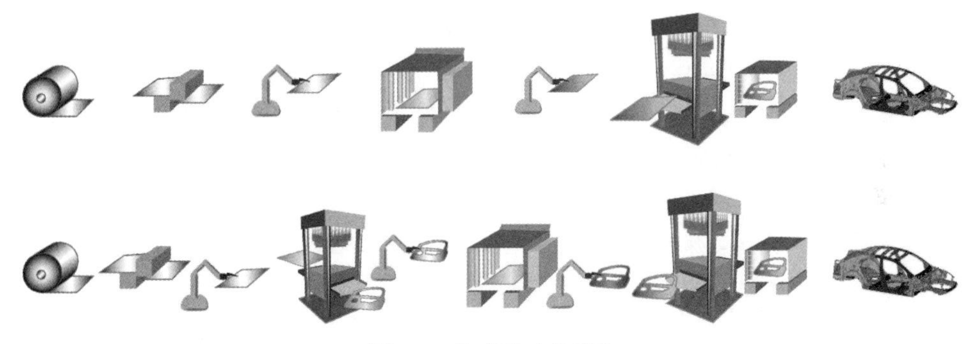

图 2.5　热成形工艺示意

如本书第 1 章所述，热成形工艺主要分为直接热成形和间接热成形两种。

热成形钢料坯被加热到 A_{c3} 温度以上奥氏体化，奥氏体化温度一般在 930 ℃，加热 300 s，实际生产中是一个温度区间，在 880～970 ℃时，加热 250～300 s，使料坯实现完全奥氏体化。钢材的 A_{c3} 温度与加热速率、成分有关，碳和锰的含量提高均可以降低 A_{c3} 温度，硅可提高 A_{c3} 温度，铌和钒对 A_{c3} 温度影响不大。因而，随着 1 800 MPa 级及以上强度的热成形钢碳含量的提高，A_{c3} 温度、奥氏体化温度可以适当降低。但由于奥氏体化的料坯转移到模具需要时间，实际产线的料片从出炉到压机到达下死点的时间一部分能控制在 8～11 s 以内，但很大一部分控制在 12～15 s，只有少部分产线能达到 6～7 s。姜超等人研究发现，转移时间 2 s，温降为 50 ℃，10 s 内平均温降为 15 ℃/s，即 10 s 温降约为 150 ℃，高温钢板由 950 ℃温降至 700 ℃需 19 s。当入模温度低于 A_{r3} 时，无法保证实现全马氏体。1 500 MPa 级热成形钢的入模温度建议是 800～850 ℃，不能低于 780 ℃，转移时间为 8～11 s，奥氏体化温度不低于 900～930 ℃。由于碳含量的提高，1 800 MPa 级和以上的热成形钢 A_{r3} 温度降低，入模温度一般是 750~850 ℃，转移时间为 8~11 s，奥氏体化温度不能低于 875~910 ℃。对于铌/钒微合金化的热成形钢，奥氏体晶界处异质形核和晶粒尺寸增加了铁素体形成的可能性(具体分析详见本书第 4 章)，奥氏体化温度需要更高，建议 1 500 MPa 级热成形钢在 915 ℃以上，1 800 MPa 级及以上强度的热成形钢在 885 ℃以上，厚度更薄的 1 800 MPa 级及以上强度的热成形钢建议在 900 ℃以上，以确保得到全马氏体。对于出炉到压机到达下死点时间控制在 12～15 s 的产线，奥氏体化温度必须控制在 930 ℃以上。同时，奥氏体化温度过高，会导致零部件韧性降低，本书第 4 章有详细的介绍，对于传统的无微合金化的热成形钢，高温奥氏体化（如 950～970 ℃），平均晶粒尺寸显著增大，极限尖冷弯角和冲击吸能值显著降低，铌微合金化的热成形钢可以抑制晶粒长大，但与提高奥氏体化温度相比，减少转移时间更为有效，当然这与产线设计密切相关。如果转移时间能控制在 7 s 以内，则奥氏体化温度窗口可显著扩大并有利于零件韧性的提升。另外，1 800 MPa 级及以上的热成形钢必须采用激光切割和冲孔，以免氢脆。

2.3 微合金化热成形钢冶金原理

2.3.1 微合金化热成形钢的开发需求

安全性能和轻量化的需求驱动了热成形钢及热冲压成形零部件在汽车上的应用，促进了汽车的被动安全和节能减排。当前，热成形技术存在两点共性技术难题。一方面，受热成形过程中热－变形对材料相变产生的作用，导致零部件基体往往具有较强的残余应力，在某些含氢服役环境中，受氢－载荷－残余应力多方面作用零件易出现氢致延迟断裂现象，严重危及驾乘人员的安全。另一方面，热成形零件作为安全构件，在车辆事故中往往需承受强烈的瞬时冲击力，从安全性角度考虑，一般需要零件基体具有足够高的强度及足够优异的韧性以满足碰撞吸能要求。而基于淬火马氏体组织的性能特性，往往存在强度有余而韧塑性不足的特点，具体体现为材料冷弯性能（极限尖冷弯角）普遍不足，这就会导致车辆碰撞过程中热成形零件容易出现过早脆断，无法有效吸收碰撞产生的能量，不利于乘员安全。为了解决上述韧性不足问题，上文已提及，国外的整车企业对极限尖冷弯角提出了要求。针对上述氢脆问题，从热成形工艺角度，镀层热冲压成形零部件产线必须设置露点控制装置，并在寻求更优异的钢材。另外，传统 22MnB5 也存在由于奥氏体化温度波动而引起的晶粒异常长大的问题。

2.3.2 微合金化热成形钢冶金原理

微合金元素在钢中作用的基础是微合金元素在各相中的固溶和析出过程，铌微合金化的基础也是铌的固溶和析出。通过在钢坯加热、轧制、控制冷却、在线及离线等一系列复杂工艺过程中合理地控制铌在各阶段的固溶和析出，通过未溶、析出铌的碳氮化物第二相粒子，防止加热过程中晶粒长大；通过铌的第二相及部分固溶铌的钉扎及拖曳作用，提高奥氏体再结晶完成温度区间，热轧初轧阶段实现原始奥氏体晶粒的细化，为后期热轧、冷轧晶粒细化及均匀化奠定基础；通过热轧精轧阶段压扁奥氏体应变诱导析出的纳米级铌碳氮化物颗粒，同时变形奥氏体内位错密度增加形成更多的晶内形核位置，控冷结束及卷取回火过程铁素体内纳米级铌碳氮化物颗粒的进一步析出，可对材料起到强化作用。

图 2.6 所示为不同温度微合金元素 Nb、Ti、V 碳化物和氮化物在奥氏体或铁素体中的固溶度。可以看出，除氮化钛在钢坯加热及焊接热循环中不能重新固溶外，其余的碳或氮化物均可在 1 300 ℃以下重新固溶。铌的碳化物、氮化物在奥氏体中可大量析出，同时控制合理冷却可实现铁素体中纳米碳氮化铌的析出。与铌相比，尽管钒在奥氏体中有很大的溶解度，但钒主要是在铁素体中析出，在奥氏体中析出较少，因此对奥氏体再结晶和晶粒度影响较小。

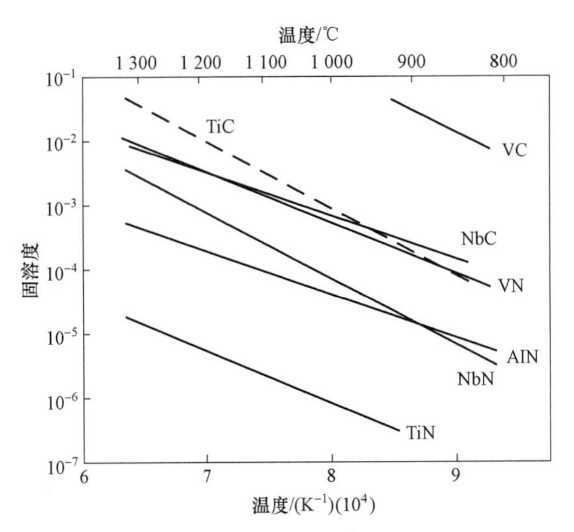

图 2.6　微合金元素 Nb、Ti、V 碳化物及氮化物的固溶度

通过铌对奥氏体的调节，热轧后的奥氏体具有了理想的组织结构，从而能在合适的冷却条件下得到期望的组织。对普通的铁素体–珠光体钢而言，奥氏体调节意味着控制（增加）奥氏体的晶体缺陷量，这些晶体缺陷充当了相变过程中铁素体的形核位置，使铁素体晶粒得到细化。研究表明，奥氏体越细小，则低温转变产物尺寸越小。铌对奥氏体晶粒尺寸调控的贡献，主要体现在铌的析出物对晶界的钉扎和溶质元素的拖曳，推迟了再结晶的进程，并抑制再结晶完成后晶粒的长大，从而细化再结晶的奥氏体晶粒尺寸。晶粒开始长大存在一个临界值，即晶界移动驱动力和第二相粒子钉扎力的平衡点，当晶粒尺寸小于临界尺寸时，晶界被第二相钉扎不发生长大，反之晶界脱钉后会快速长大。微合金元素对奥氏体–铁素体相变温度（A_{r3}）产生影响，如图 2.7 所示。Nb 显著降低了相变温度，Ti 次之，而 V 几乎对相变温度没有影响。微合金元素对相变温度降低的程度也显示出它对铁素体组织细化的程度。

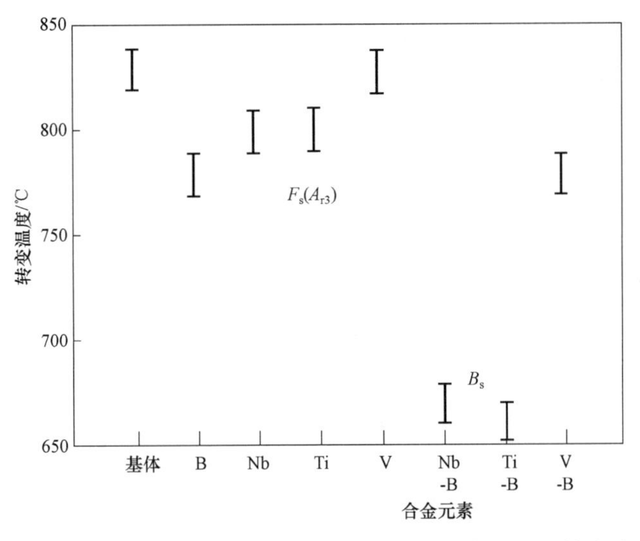

图 2.7　微合金元素对奥氏体–铁素体相变温度（A_{r3}）的影响

在金属材料中，通常会加入 Nb、Ti、V 等微合金元素来获得晶粒细小的组织，结合析出强化可提高材料强度，而在热成形钢中，强化机制主要与马氏体基体固溶碳含量等因素有关，因此，即使 Nb、V 等微合金元素的添加使原始奥氏体的晶粒细化并获得析出物，也不会对强度的提升做出很大贡献。但微合金元素加入后可以阻碍原始奥氏体晶粒长大，细化原始奥氏体晶粒尺寸，同时使得马氏体板条细化，对材料的塑韧性能起到积极作用。

Li L 等人研究了不同含量的 Nb 元素对 1 500 MPa 级热成形钢析出物析出曲线的影响，如图 2.8 所示。

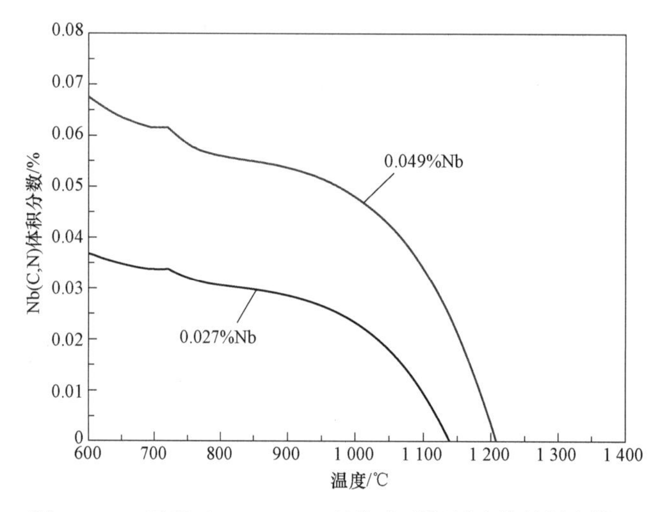

图 2.8　Nb 元素对 1 500 MPa 级热成形钢析出物的析出情况

含铌热成形钢的轧制及热处理工艺流程及热冲压成形零部件制造的组织变化，大体可以分为 10 个阶段，即热轧阶段、热轧卷取阶段、酸洗冷轧、退火阶段、缓冷阶段、快冷阶段、镀层阶段、奥氏体化阶段、零件淬火阶段、零件使用阶段。铌微合金化在热成形钢各工艺阶段的作用可以简述如下。

（1）热轧阶段：固溶铌的拖曳和纳米级 Nb（C，N）析出对晶界的钉扎实现热轧组织细化，进一步可得到更细的供货态铁素体组织和零件淬火态板条马氏体组织，其中珠光体和珠光体片层也均得到细化，与大型渗碳体或珠光体区域相比，细小且分散的渗碳体和碳化物有利于奥氏体成核。更多的形核位置导致更小的原始奥氏体晶粒和更细的马氏体板条，并减少带状组织。

（2）热轧卷取阶段：纳米级 Nb（C，N）从铁素体晶内或晶界析出，该类析出属于低温含 Nb 的碳化物或碳氮化物，能抑制后续的晶粒长大。

（3）酸洗冷轧阶段：提高冷轧轧制力，细化冷轧组织。

（4）退火阶段：部分纳米级 Nb（C，N）进一步析出，阻碍再结晶，促进奥氏体转变。

（5）缓冷阶段：通过细化晶粒促进铁素体转变。

（6）快冷阶段：得到更稳定的奥氏体，进而避免珠光体和贝氏体转变。

（7）镀层阶段：稳定奥氏体。

（8）奥氏体化阶段：抑制奥氏体晶粒长大，并使奥氏体均匀化减少带状组织，以进一步得到零件淬火态的更细的马氏体板条；如第 1 章图 1.28 所示，奥氏体化温度越高，时间越长，铌抑制晶粒长大的扎钉力越大，可扩大奥氏体化工艺窗口。

（9）零件淬火阶段：剩余残留的固溶铌降低临界冷却速率，可提高淬透性，但同时促进铁素体形成；由于冷速过快，Nb（C，N）没有析出时间。

（10）零件使用阶段：纳米级 Nb（C，N）作为高能氢陷阱束缚可扩散氢，抑制氢脆；铌与碳结合造成基体的碳含量降低；通过铌改善显微组织提升了冲击韧性，抑制碰撞断裂。

在热成形钢制造及热冲压成形过程中，采用 1 220 ℃以上的加热温度，确保铌元素的完全固溶。由于 Ti（C，N）属于高温析出相，在热轧过程中少量的铌会与 Ti（C，N）复合析出；在热轧卷取过程中，卷取一般在 600～700 ℃，由于保温时间长，纳米级 Nb（C，N）会大量析出，尺寸在 20 nm 左右，如果采用低温卷取，部分纳米级 Nb（C，N）析出，剩余的 Nb 固溶在基体中，在退火过程中，由于冷轧过程形成的大量位错，促进剩余的固溶 Nb 会以更小尺寸的 Nb（C，N）析出。纳米级的 Nb（C，N）固溶温度高，在钢板奥氏体化加热及热冲压成形过程中不易溶解，剩余的少量固溶 Nb 会以更小尺寸的 Nb（C，N）析出，同时极少量部分 Nb（C，N）溶解，达到动态平衡。如果采用 NbC 的析出峰值温度 650 ℃卷取，多数 Nb（C，N）会析出，适合热轧态供货的热成形钢。这些纳米级的 Nb（C，N）会实现原始奥氏体晶粒细化、马氏体板条细化、析出强化、强氢陷阱的作用，提升零部件的强韧性和抗氢脆性能。

热成形钢制造及热冲压成形过程的铌析出如图 2.9 所示，在奥氏体中形成的 NbC 具有平行的取向关系，而在铁素体中形成的 NbC 为 Baker-Nutting 取向关系，变形奥氏体中应变诱导析出的 Nb（C，N）常呈点状分布在原奥氏体晶界或亚晶界上。

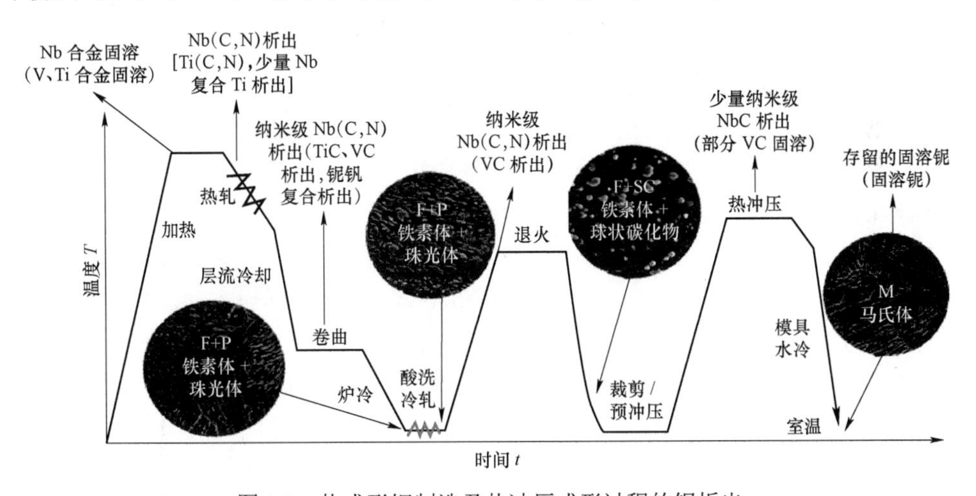

图 2.9　热成形钢制造及热冲压成形过程的铌析出

钒与铌存在一定的差异，V（C，N）对奥氏体晶粒的细化基本不起作用，VC 的析出峰值温度为 550～800 ℃，从 900 ℃左右开始溶解，故热冲压的奥氏体化过程（5 min），大尺寸的 VC 发生分解，小尺寸 VC 发生溶解，少量的钒（0.04wt.%）会大部分溶解（75%），析出的 25%也主要以铌钒复合的形式存在。由于零件热冲压成形淬火过程冷却过快，钒和铌都无足够的时间析出。通常情况下，VC 在相对较低温度伴随着铁素体转变而析出，一般在 700 ℃左右。随着钢中钒含量增加，VC 析出温度略有提高。过饱和的钒（如 0.15wt.%及以上）在较低的奥氏体化温度下（如 900 ℃）可保留部分未溶的 VC，起到氢陷阱的作用，同时由于钒与碳结合形成碳化钒，基体中碳含量也随之减少，理论计算如图 2.10 所示，如果奥氏体化过程中钒不回溶，热冲压成形零件中马氏体中碳含量从 0.3%减少为 0.27%，则最终获得低碳板条马氏体组织，保障了良好的韧性和塑性。基于以钒为主的合金设计，综合运用固溶强化、细晶强化以及析出强化复合作用，并实现马氏体低碳控制技术，保障强度、塑性同时提高，可以实现 2 000 MPa 级以上热成形钢，延伸率大于 6%的控制目标。冯毅等人的研究结果也表明，在热成形钢中添加 Nb 和 V，一方面第二相粒子周边存在应力场，有利于捕获氢原子；另一方面，Nb 和 V 同时添加时，在热成形工况下，已经存在 NbC 将促进缺位型碳化物 $VC_{0.75}$ 的析出，从而在析出物内部捕获氢原子。因此，Nb 和 V 在钢中同时添加将降低氢在钢中的扩散系数，增强氢渗透阻力，起到降低氢致延迟断裂敏感性的作用。

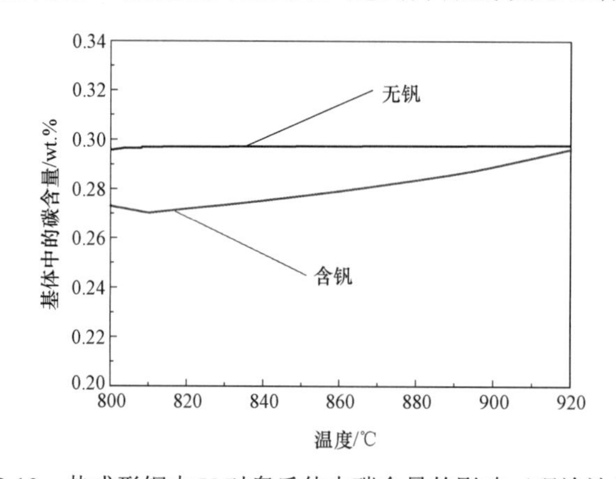

图 2.10　热成形钢中 V 对奥氏体中碳含量的影响（理论计算）

与铌一样，固溶的钒也具有提高淬透性的作用，抑制淬火过程中铁素体的形成，尽管析出的 VC 会促进淬火过程中铁素体的形成。当采用以钒为主的合金设计时，通常需要辅助以铌微合金化形式添加，保障细化组织效果，同时改善热成形钢综合性能，如焊接性能，目前 TAGAL 和攀钢采用铌微合金化配合高钒的复合成分设计。

钛与铌及钒不同，钛主要用于固氮，形成的 TiN 高温析出，可细化奥氏体晶粒，但 TiN 尺寸较大，对热冲压成形零件的韧性不利。Nb 和 Ti 都为过渡族元素，有着相似的物理和化学性质，一般为 NaCl 型的面心立方结构，通常复合析出。热成形钢中存在纳米级 Ti（C，N）析出，Ti（C，N）为针状，长度方向尺寸大约为 100 nm，界面方向尺寸小，约为 10 nm，与基体为非共格关系，有一定的晶粒细化作用，但由于尺寸等原因，氢陷阱作用弱。

2.4　微合金化冷轧热成形钢的开发及性能特征

2.4.1　单铌微合金化冷轧热成形钢

1. 1 500 MPa 级铌微合金化热成形钢

为验证添加 Nb 对热成形钢组织性能的影响规律，在实验室冶炼 4 种不同铌含量的热成形钢，对组织性能进行对比分析，具体成分见表 2.1，轧制与热处理工艺见图 2.11。

表 2.1　化学成分　　wt.%

分类	C	Si	Mn	Ti	B	Nb
22MnB5	0.250	0.32	1.20	0.030	0.002 2	0
22MnBNb2	0.238	0.33	1.16	0.031	0.002 8	0.022
22MnBNb5	0.233	0.33	1.18	0.033	0.002 4	0.053
22MnBNb8	0.220	0.29	1.12	0.024	0.002 1	0.075

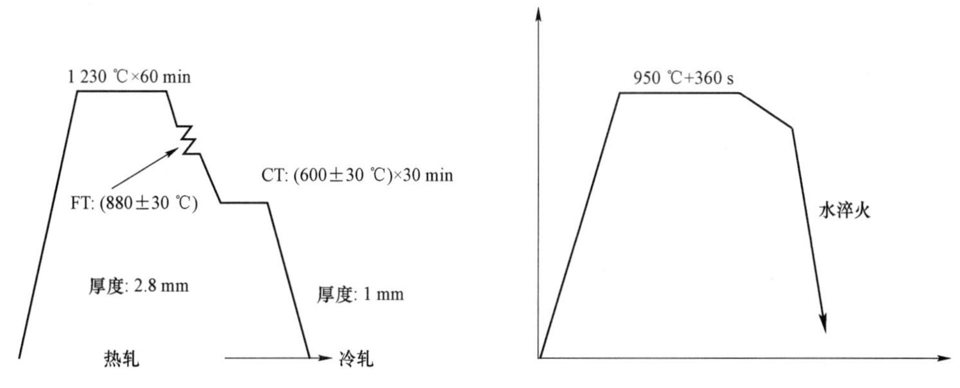

图 2.11　轧制与热处理工艺

图 2.12 所示为不同 Nb 含量热成形钢的屈服强度、抗拉强度和硬度的变化，随着 Nb 含量的增加，淬火态的屈服强度略有增加，抗拉强度基本保持不变，Nb 含量 0.08%时抗拉强度下降是试样碳含量偏低所致。图 2.13 所示为不同 Nb 含量热成形钢热成形后的组织，添加 Nb 后细化了原始奥氏体晶粒，使得板条马氏体束较短，板条比较细小。不同 Nb 含量、加热工艺下的原始奥氏体晶粒度研究显示，Nb 含量为 0.022%时，在 950 ℃、加热 6 min 条件下原始奥氏体晶粒尺寸已经呈现明显的细化效果，由 11 μm 下降至 8 μm；Nb 含量增加至 0.05%时，原始奥氏体晶粒尺寸继续下降至约 6 μm。随着 Nb 含量的继续增加，原始奥氏体晶粒尺寸基本保持不变。添加不同 Nb 含量后，Nb 析出物尺寸都比较细小，以 0～30 nm 为主，其中 0～15 nm 占多数，且随着 Nb 含量的增加，15 nm 以上析出物占比逐渐降低，如图 2.14 所示。

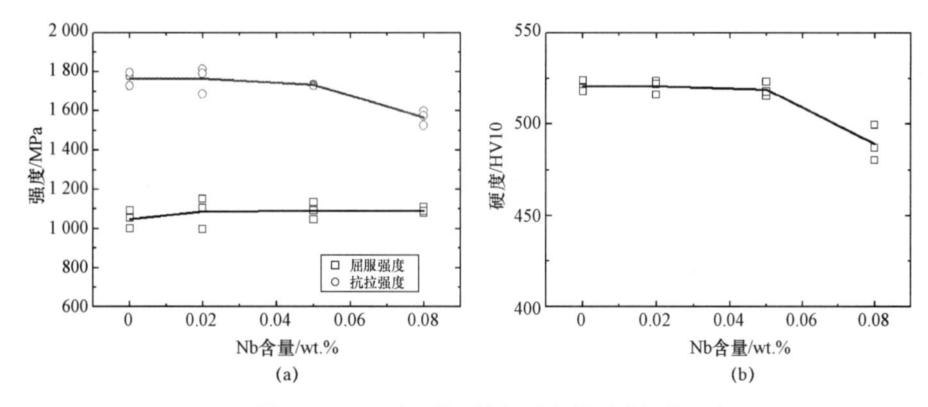

图 2.12　Nb 对屈服、抗拉强度的影响规律

（a）强度；（b）硬度

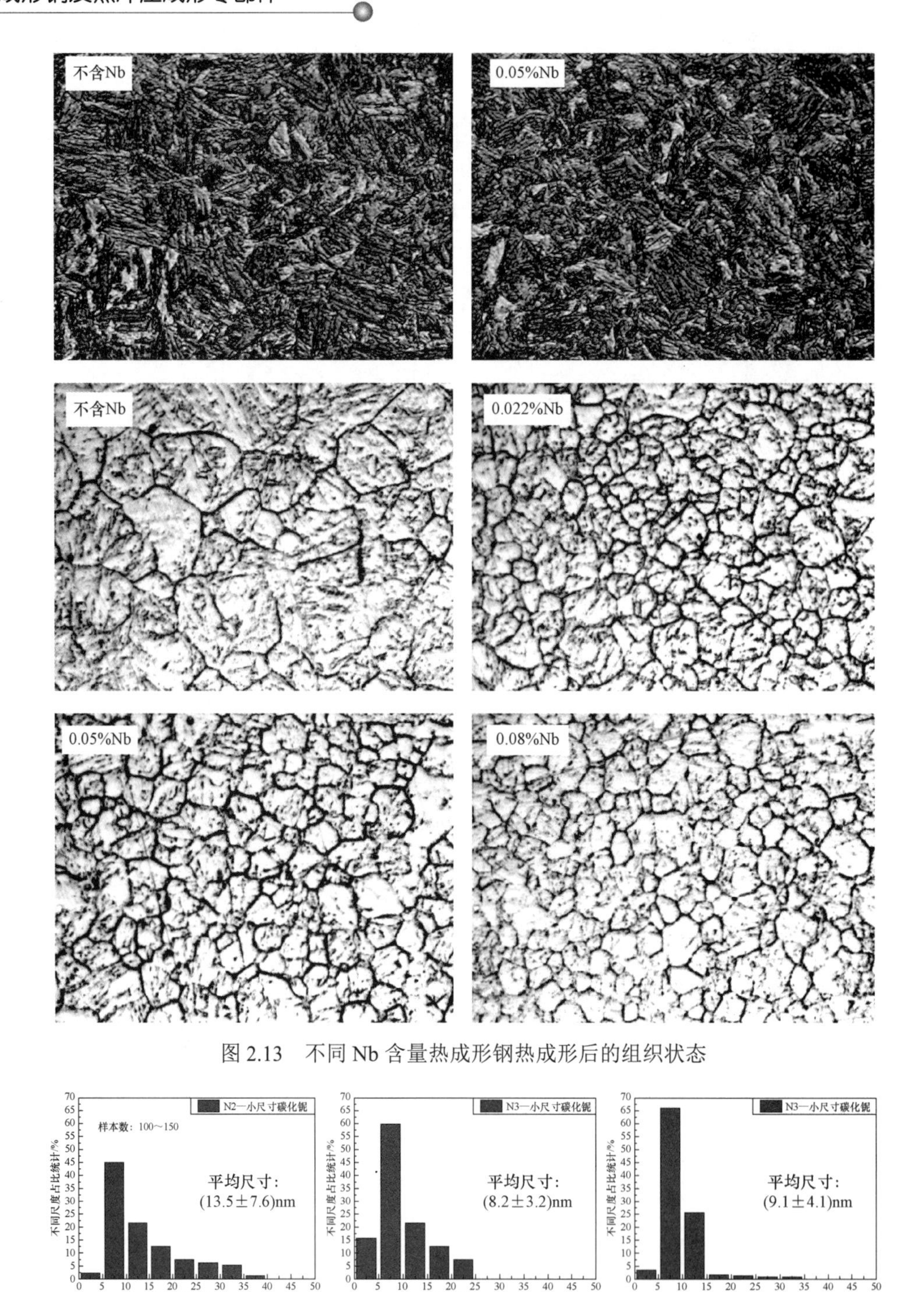

图 2.13　不同 Nb 含量热成形钢热成形后的组织状态

图 2.14　不同 Nb 含量热成形的析出物尺寸

（a）22MnBNb2；（b）22MnBNb5；（c）22MnBNb8

铌对热成形钢原始奥氏体晶粒长大的抑制作用随着 Nb 含量的增加而增大，0.05%Nb 及以上对奥氏体化温度和时间变得不敏感，见图 2.15。添加 Nb 后，热成形钢室温下冲击韧性提高，断口韧窝也更加细小，见图 2.16 及图 2.17。

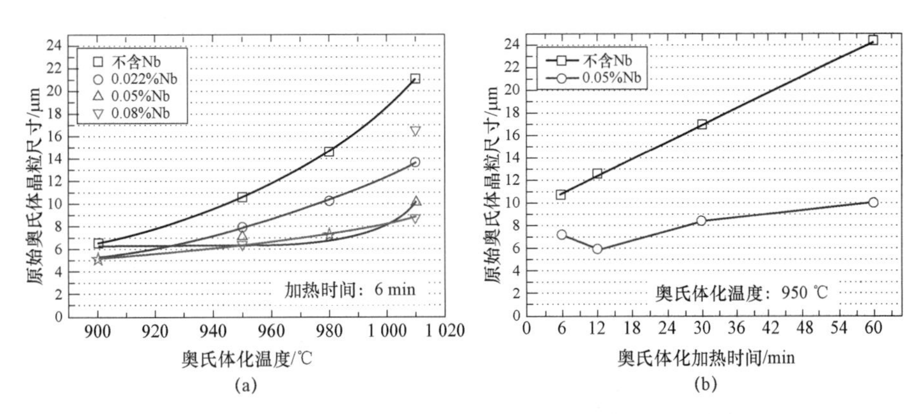

图 2.15　不同 Nb 含量、加热工艺下原始奥氏体晶粒度

（a）奥氏体化温度变化；（b）奥氏体化加热时间变化

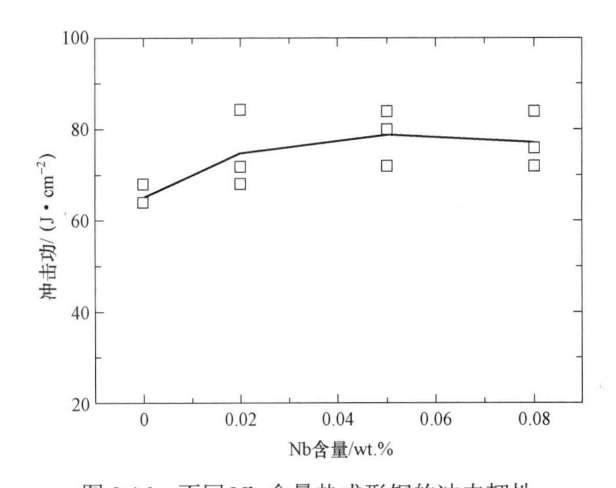

图 2.16　不同 Nb 含量热成形钢的冲击韧性

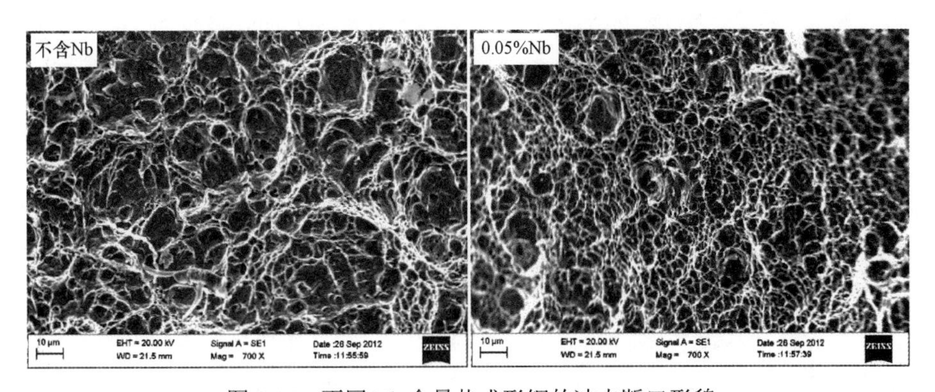

图 2.17　不同 Nb 含量热成形钢的冲击断口形貌

通过不同的热处理工艺，获得不同成分（含 Nb 与不含 Nb）、不同原始奥氏体晶粒度的热成形钢样板。极限尖冷弯角试验结果显示，不同的抗拉强度下含 Nb 热成形钢的极限尖冷弯角较不含 Nb 热成形钢提高 10° 左右，见图 2.18。

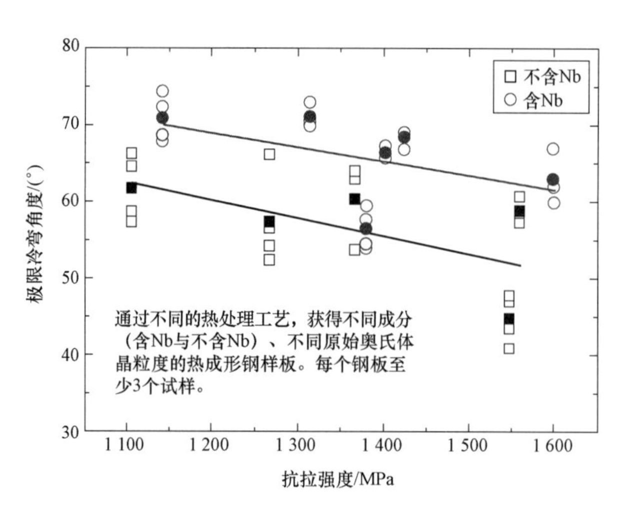

图 2.18　不同 Nb 含量和抗拉强度下热成形钢的冷弯角

采用 0.5 mol/L H_2SO_4+0.25 g/L NH_4SCN 进行电解充氢考量铌对氢脆断裂的影响，如图 2.19 所示，列出了 22MnB5（N1）和 22MnB5Nb（N3）钢在不同充氢条件下的临界氢致延迟断裂强度对比。可以看出，在相同的充氢条件下，22MnB5Nb 钢的临界氢致延迟断裂强度高于 22MnB5 钢，这表明 22MnB5Nb 钢具有较好的抗氢致延迟断裂性能。

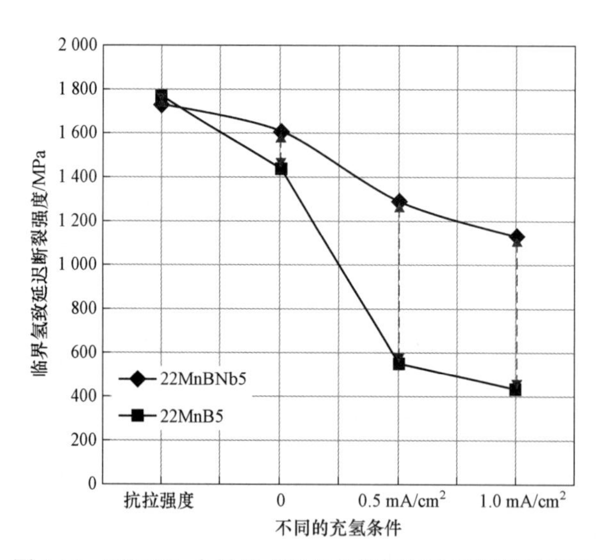

图 2.19　不同 Nb 含量热成形钢的临界氢致延迟断裂强度

关于 Nb 提高抗氢致延迟断裂的机理，可能有以下两种解释。

（1）细化晶粒：在热成形钢中加入铌可以在热轧过程中通过控轧控冷有效地细化晶粒，在随后的热处理及热成形工艺中，铌的加入可以有效地抑制晶粒长大，从而使热冲压后零部件的组织细小均匀，细化晶粒可以增加晶界的有效面积，从而提高捕捉氢的晶界面积。在相同氢含量的前提下，可以降低单位晶界面积的氢含量，提高晶界抗氢致延迟断裂的能力（沿晶断裂）。

（2）纳米级析出物：在热成形钢中加入铌可以结合工艺的控制在钢中形成大量的、弥散的纳米级铌的析出物。铌的析出物可以形成有效的氢陷阱，捕捉渗入钢中的氢原子，降低氢的扩散速度，使其不易在钢中的应力集中部位富集，抑制氢脆的发生，如图 2.20 所示。更详细的氢脆机理将在本书第 7 章探讨。

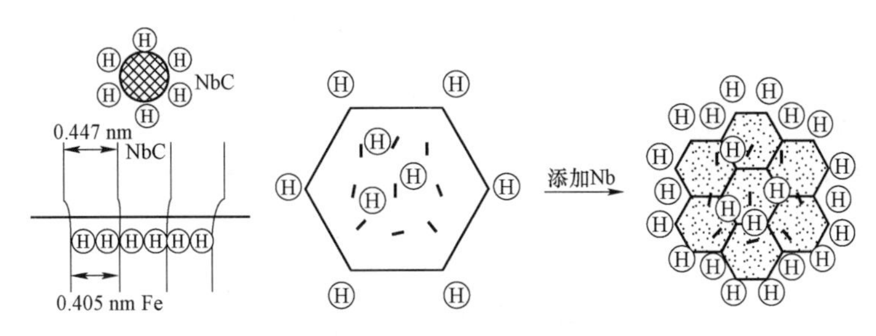

图 2.20　Nb 提高热成形钢抗氢致延迟断裂机理

含铌冷轧热成形钢已经在汽车上批量应用，如图 2.21 所示为铌微合金化 A 柱加强件。

图 2.21　铌微合金化 A 柱加强件

2. 1 800～2 000 MPa 级铌微合金化热成形钢

Nb 在 1 800 MPa 级热成形钢中细化晶粒以及提升冷弯性能的作用与 1 500 MPa 级热成形钢类似。在 0.30wt.%碳含量的基础上，添加了 0.05wt.%左右的 Nb，各实验钢化学成分见表 2.2。不同合金体系下的实验钢在热处理后微观组织为全马氏体，加入合金元素 Nb 后，高温下未溶的碳氮化铌可明显阻止奥氏体晶粒长大，而固溶的铌及变形诱导析出的细小碳氮化铌可显著阻止变形奥氏体的再结晶，从而细化奥氏体晶粒，最终板条马氏体束较短，板条比较细小，如图 2.22 所示。

表 2.2　各实验钢化学成分　　wt.%

编号	C	Si	Mn	P	S	Ti	B	Nb
TiB	0.29	＜0.5	1.0～1.4	＜0.015	＜0.01	0.035	0.002 7	—
BNb	0.30	＜0.5	1.0～1.4	＜0.015	＜0.01	—	0.003 3	0.051
BNbTi	0.31	＜0.5	1.0～1.4	＜0.015	＜0.01	0.031	0.002 4	0.046

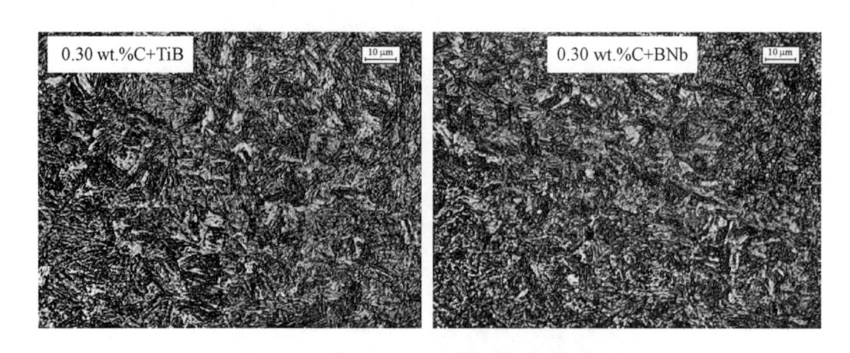

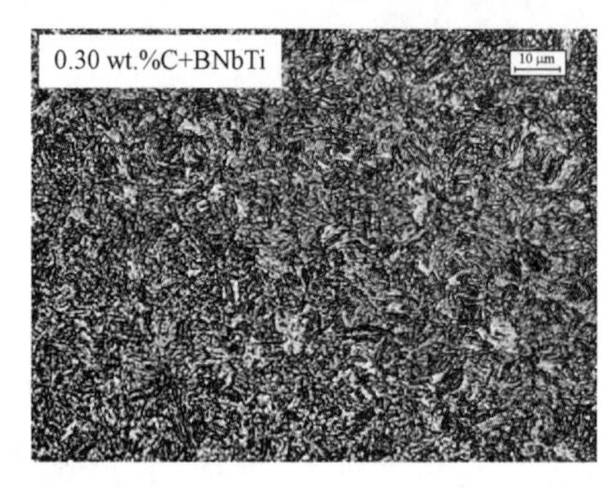

图 2－22　实验钢不同 Nb 含量的显微组织

加热温度、保温时间以及 Nb 含量对实验室钢的冷轧热冲压用钢 PAGS（原始奥氏体晶粒尺寸）的影响结果分别如图 2.23（a）和图 2.23（b）所示。当 Nb 含量为 0 或者 0.05%左右时，0.23%C 和 0.29%C 两种成分热成形钢的曲线分别重合，说明基体碳含量对 PAGS 基本无影响，Nb 对两种成分钢的影响相同。当加热温度升高时，PAGS 增加，但增加的幅度并不相同，其中不含 Nb 钢的 PAGS 增加明显，含 Nb 0.05%左右的 PAGS 长大幅度明显减小。

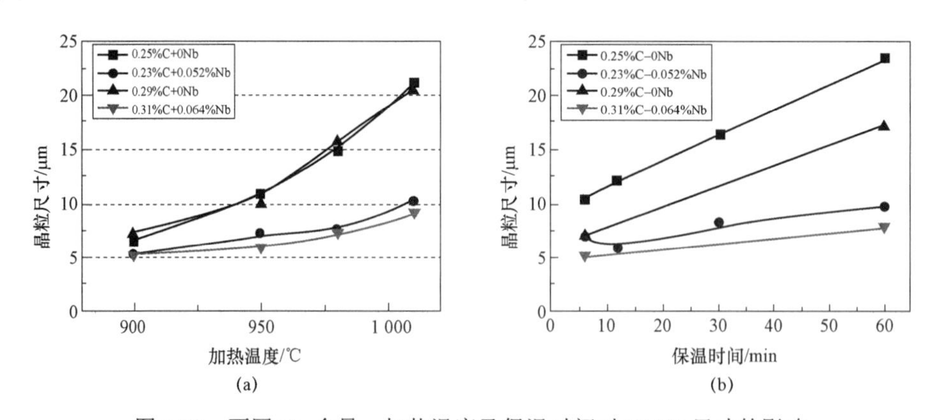

图 2.23　不同 Nb 含量、加热温度及保温时间对 PAGS 尺寸的影响

如表 2.3 所示，添加 Nb 后，无镀层 1 800 MPa 级热成形钢极限尖冷弯角提高 5°～8°。工业化大生产钢板的含铌及不含铌钢极限尖冷弯角对比如图 2.24 所示，可见角度增加 15%左右。

表 2.3　无镀层 1 800 MPa 级热成形钢极限尖冷弯角

编号	冷弯角度/(°)			平均值
	1	2	3	
TiB 系	42.7	41.3	43.4	42.5
BNb 系	48.3	47.6	46.7	47.5
BNbTi 系	52.4	48.3	50.3	50.3

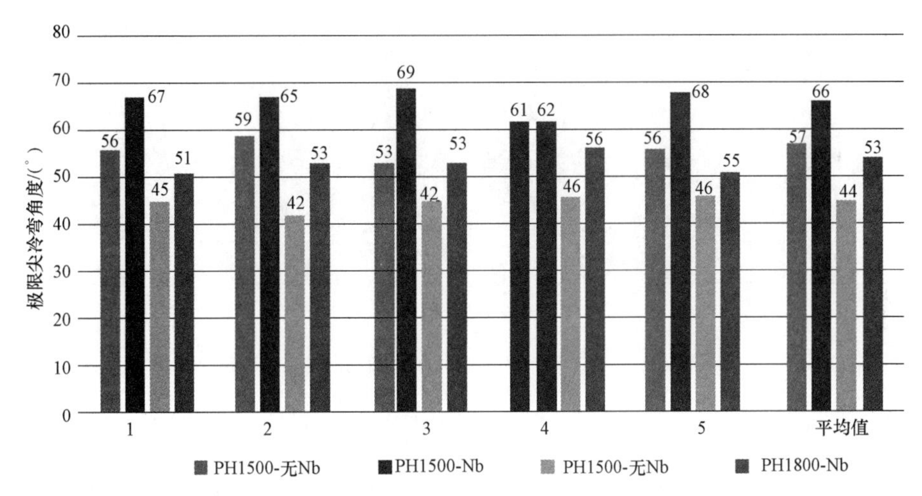

图 2.24　1 500 MPa 级及 1 800 MPa 级工业化大生产钢板的含铌及不含铌钢的极限尖冷弯角对比

目前 1 800～2 000 MPa 级铌微合金化热成形在国内已经在多个钢厂开发并供货，在汽车上批量应用，如 ArcelorMittal、日本住友、鞍钢、宝钢、首钢、唐钢。

2.4.2　铌钒微合金化冷轧热成形钢的组织性能特性

为了获得韧性和抗延迟断裂性能更好的热成形钢产品，中国汽车工程研究院股份有限公司、中信金属、马钢联合开展了铌钒复合微合金化冷轧及镀层热成形钢的开发。

1. 1 500 MPa 级铌钒复合微合金化热成形钢

铌钒复合微合金化热成形钢 22MnB5NbV 与 22MnB5 产品的典型成分、性能以及组织对比如表 2.4、表 2.5 和图 2.25 所示。铌钒复合微合金化热成形钢 22MnB5NbV 淬火后组织在相同工艺条件下较 22MnB5 明显细化，对两种材料淬火态组织的 PAGS 进行了 EBSD、TEM 检测，结果表明，22MnB5 淬火后不仅总体晶粒尺寸大于 22MnB5NbV，且粗晶数量更多，组织均匀性也较 22MnB5NbV 差；另外，铌钒复合微合金化后不仅 PAGS 变小，且马氏体板条相比 22MnB5 也更细小，见图 2.26～图 2.28。

表 2.4　22MnB5NbV 与 22MnB5 产品典型成分对比　　wt.%

分类	C	Si	Mn	Ti	B	Nb	V
22MnB5	0.22	0.25	1.2	0.035	0.003	—	—
22MnB5NbV	0.22	0.25	1.2	0.035	0.003	0.04	0.04

表 2.5 22MnB5NbV 与 22MnB5 典型成分、性能及组织对比

分类	热成形前			热成形后		
	屈服强度/MPa	抗拉强度/MPa	延伸率 A_{80}/%	屈服强度/MPa	抗拉强度/MPa	延伸率 A_{80}/%
22MnB5	400	590	23.0	1 145	1 564	6.9
22MnB5NbV	400	600	25.0	1 304	1 615	8.0

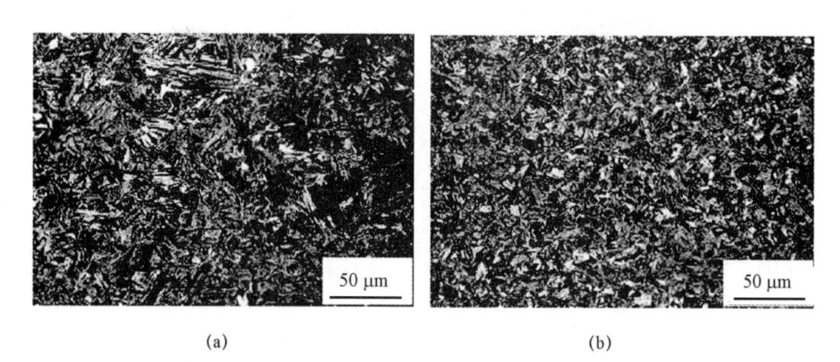

图 2.25 两类材料淬火后微观组织检测结果（OM）

（a）22MnB5；（b）22MnB5NbV

图 2.26 两类材料淬火后 EBSD 检测

（a）22MnB5；（b）22MnB5NbV

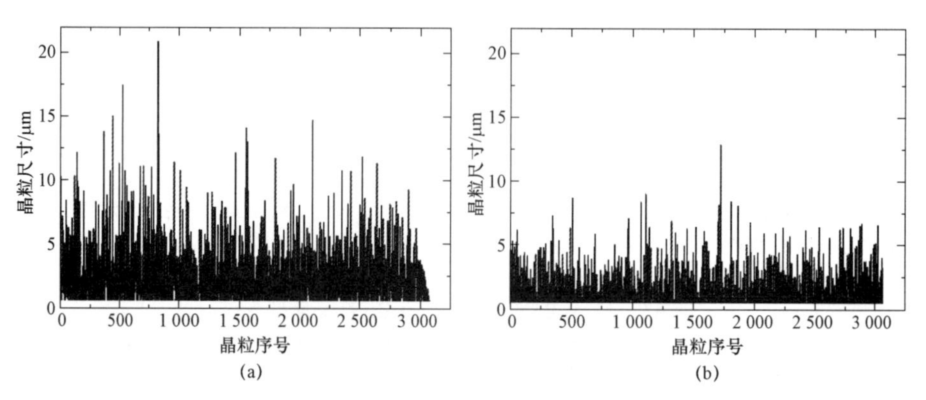

图 2.27 两类材料原始奥氏体晶粒尺寸分布

（a）22MnB5；（b）22MnB5NbV

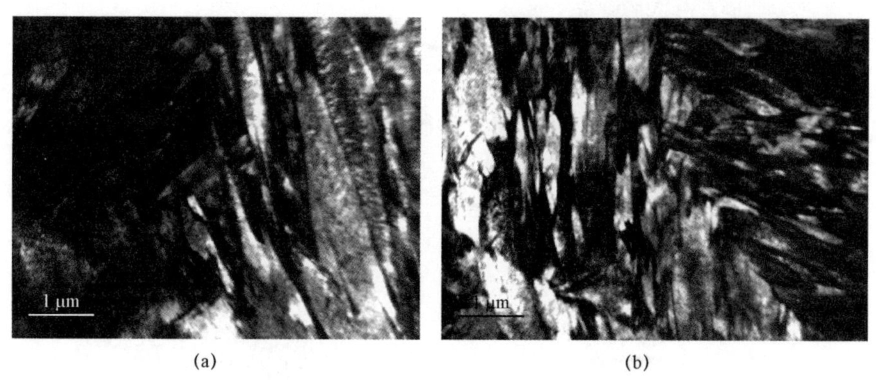

图 2.28　两类淬火板马氏体板条透射电镜检测结果

（a）22MnB5；（b）22MnB5NbV

对 22MnB5NbV 淬火后的第二相粒子进行分析，组织中可见明显的碳化物粒子，其尺寸规格在几纳米到几十纳米不等，见图 2.29。对具有不同尺寸规格的碳化物粒子进行统计，尺寸在 10 nm 以上的细小碳化物粒子的平均尺寸约为 16.9 nm，单位体积密度约为 206.3/μm^3；尺寸在 10 nm 以下的超细碳化物粒子的平均尺寸约为 5.6 nm，单位体积密度约为 796.2/μm^3。通过 TEM 结合 EDS 检测可知，除常规的渗碳体等碳化物粒子析出外，沿板条马氏体内部或原奥氏体晶界等部位析出了一定的 Nb、V 复合碳化物粒子，其中大部分 Nb 碳化物是在热轧和卷取过程中析出，而 V 碳化物主要是以 Nb 碳化物作为形核质点复合析出。

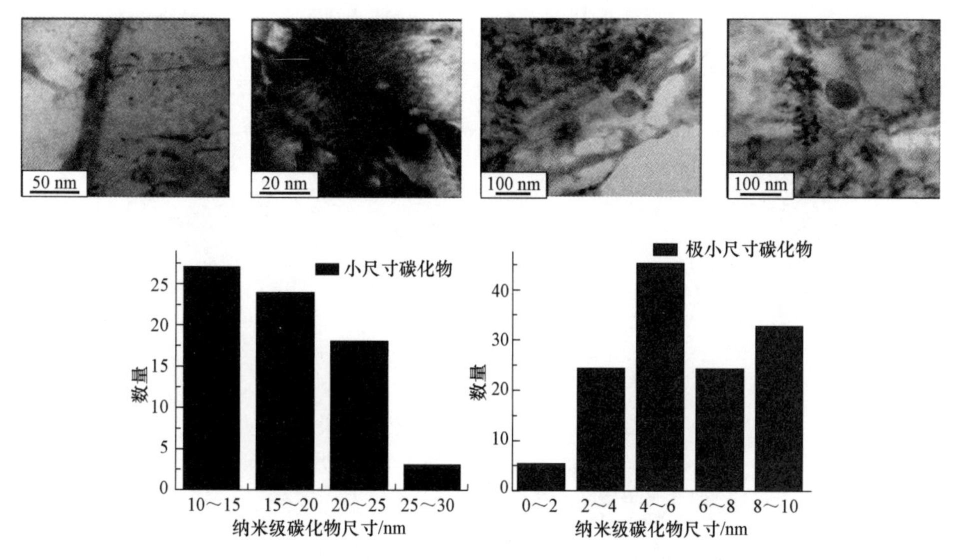

图 2.29　铌钒复合微合金化热成形钢第二相粒子析出

研究表明，铌钒微合金化能够显著提高 1 500 MPa 级热成形钢的冷弯性能，复合微合金化的冷轧热成形钢的极限尖冷弯角可以达到 65°～70°，镀铝硅热成形极限尖冷弯角可以达到 60°～65°，比传统 22MnB5 热成形钢提高 15%～20%。

防止热成形零件出现氢致延迟断裂至关重要，对含 Nb 与不含 Nb 热成形钢的三维原子探针分析结果显示（图 2.30），常规 22MnB5 内部氢元素与碳元素分布情况间并无明显的关联，而 22MnB5NbV 中的 H 与 C、Nb、V 等元素分布情况呈现出一定的关联，即 C、Nb、V 及 H 聚集区域基本重合，进一步验证了 Nb、V 通过与 C 结合形成的第二相粒子区域可实现对 H 的有效捕获，有效地起到了抑制氢扩散的作用，可以提升抗氢致延迟开裂性能。

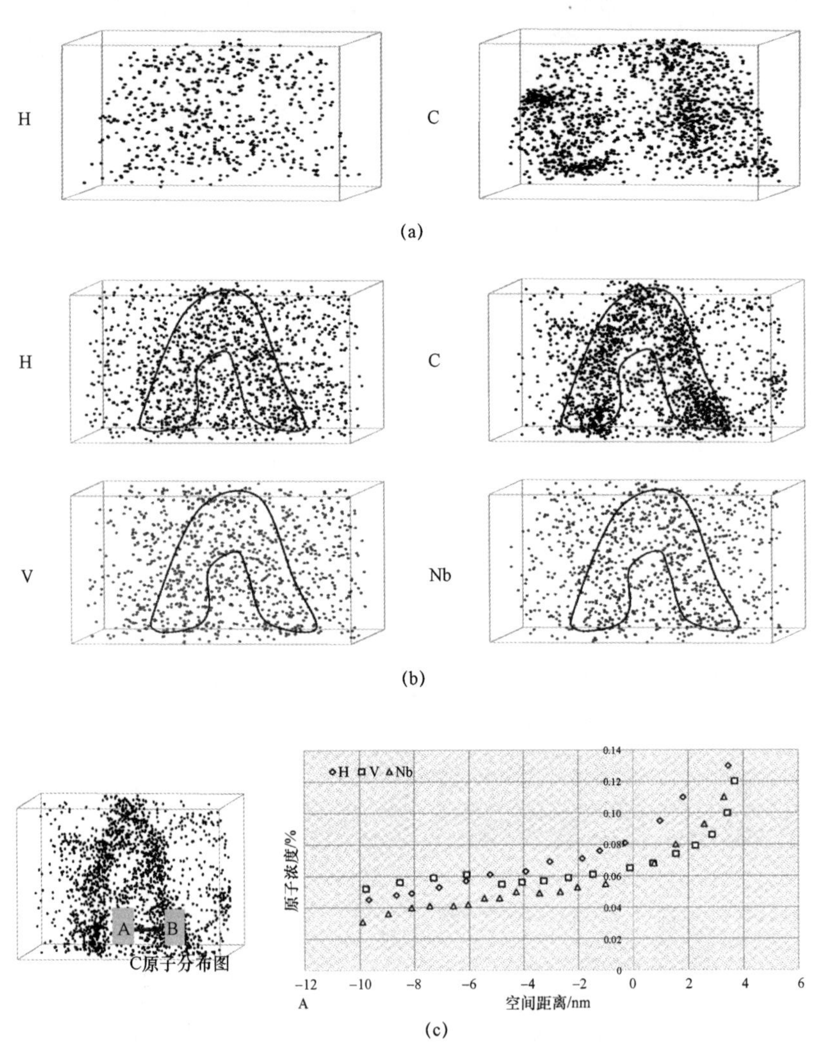

图 2.30　三维原子探针分析结果

（a）22MnB5 的元素分布；（b）22MnB5NbV 的元素分布；

（c）22MnB5NbV 中碳梯度区域内的 Nb、V、H 含量变化

目前，马钢开发的铌钒微合金化冷轧及镀锌热成形钢已经在长安汽车、江淮汽车、奇瑞汽车等上批量应用。

2. 1 800～2 000 MPa 级铌微合金化热成形钢

马钢开发了不含 B 和 Ti 的 1 800 MPa 级 Nb、V、Mo 复合微合金化热成形钢 M1800L，采用 Nb、V、Mo 复合微合金化进一步细化组织（如图 2.31），当铌含量达到 0.04wt.%时，可有效细化晶粒，见图 2.32。

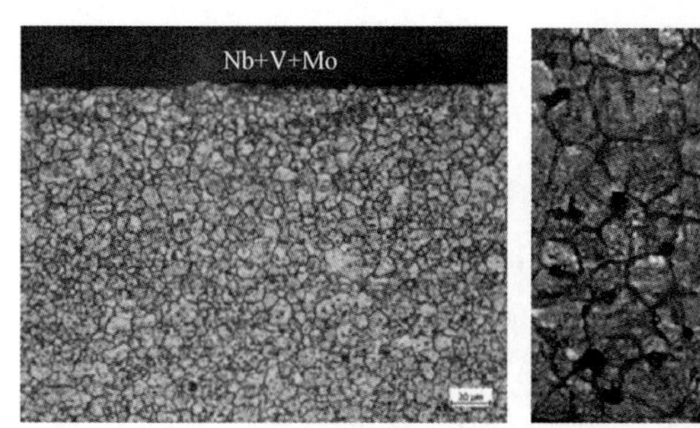

图 2.31　M1800L 与传统 34MnB5 的对比

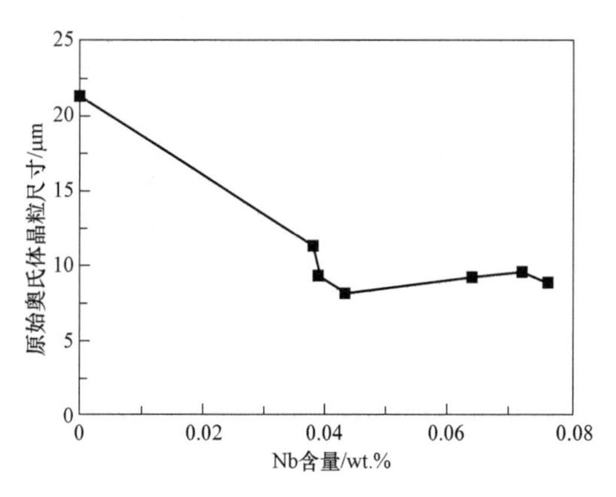

图 2.32　Nb 含量对 M1800L 热成形钢原始奥氏体晶粒尺寸的影响

采用铌钒复合微合金化得到弥散分布的细小析出物，见图 2.33 及图 2.34，M1800L 热成形钢≤20 nm 纳米级的析出相占 94.25%，主要集中在 5～15 nm，均为有效高能氢陷阱。

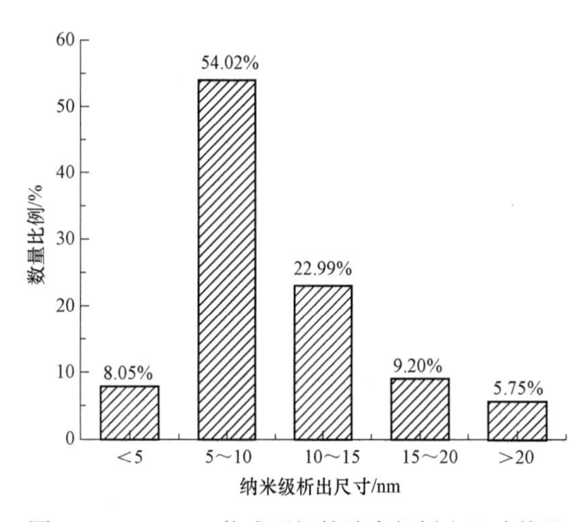

图 2.33　M1800L 热成形钢的纳米级析出尺寸统计

去除 B 元素后，淬透性主要依靠 Mo、V 和 Cr 元素补偿。1 800 MPa 级热成形钢 PAGS 对极限尖冷弯角的影响见图 2.35，随着 PAGS 的降低，极限尖冷弯角线性升高，PAGS 为 6～7 μm 时，极限尖冷弯角达到 52.1°，去除 B 和 Ti 后，避免了大尺寸 TiN 的析出，也有利于改善极限尖冷弯角和热冲压成形零件的韧性。采用铌钒复合微合金化的 M1800L 制造的汽车零件，见图 2.36。

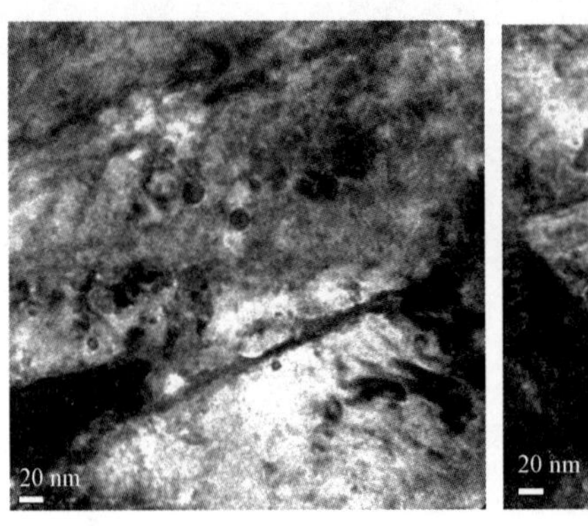

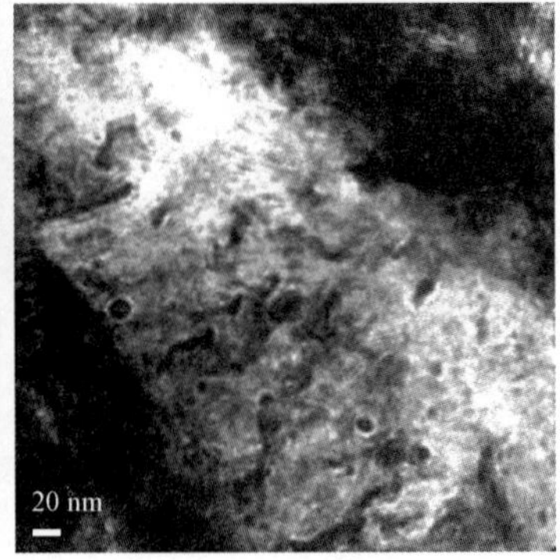

图 2.34　M1800L 铌钒复合微合金化热成形钢的纳米级析出

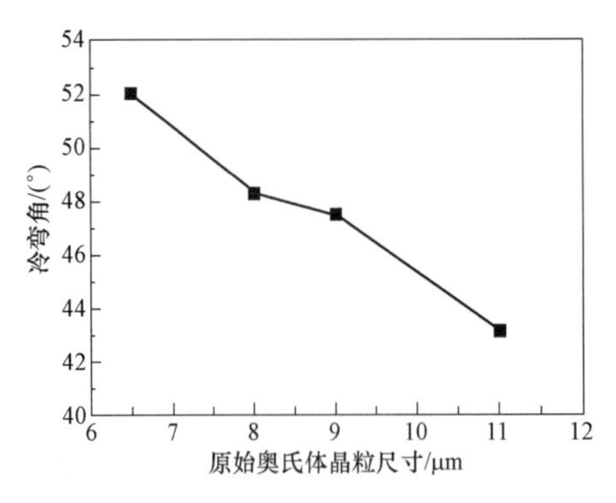

图 2.35　1 800 MPa 级热成形钢 PAGS 对极限尖冷弯角的影响

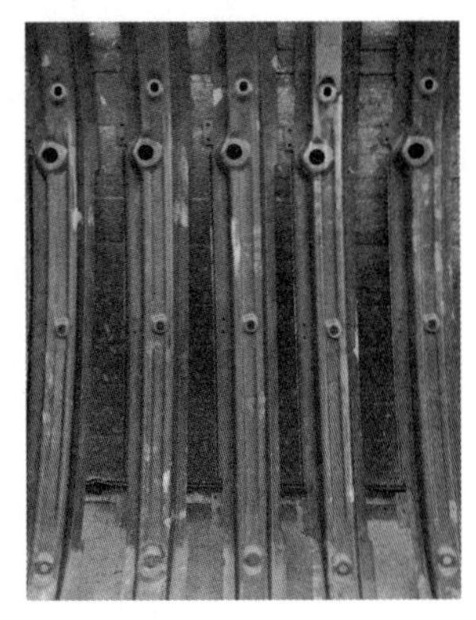

图 2.36　铌钒复合微合金化的 M1800L 热成形钢应用

2.4.3　钒微合金化热成形钢的组织性能特性

采用钒合金添加为主的热成形钢，主要是为了利用钒与碳之间的相互作用，充分发挥钒和碳溶解、析出作用，调控奥氏体和淬火后马氏体中的碳含量，改善超高强度热成形钢强度与韧性之间的关系，同时利用碳化钒析出相，起到提高强度、改善氢脆的效果，主要用于 2 000 MPa 级以上产品开发。

采用过饱和钒合金化设计方案，热成形钢在热轧卷取、冷轧退火过程中的析出相具有显著的钉扎奥氏体晶界作用，可以获得更加细小、均匀的原始奥氏体组织，如图 2.37 所示，对比传统 22MnB5 热成形钢，采用高碳、高钒设计方案可以获得明显的细化组织效果。这种奥氏体组织细化效果，一方面来自于碳化钒析出作用；另一方面采用高碳成分设计，本身可采用更低的奥氏体化温度，在节能的前提下，可以进一步实现组织细化。除此之外，从细化奥氏体组织效果角度考虑，辅助以铌微合金化更加明显，可以更稳定地获得细小均匀的奥氏体组织，对改善热成形钢的综合性能有利。

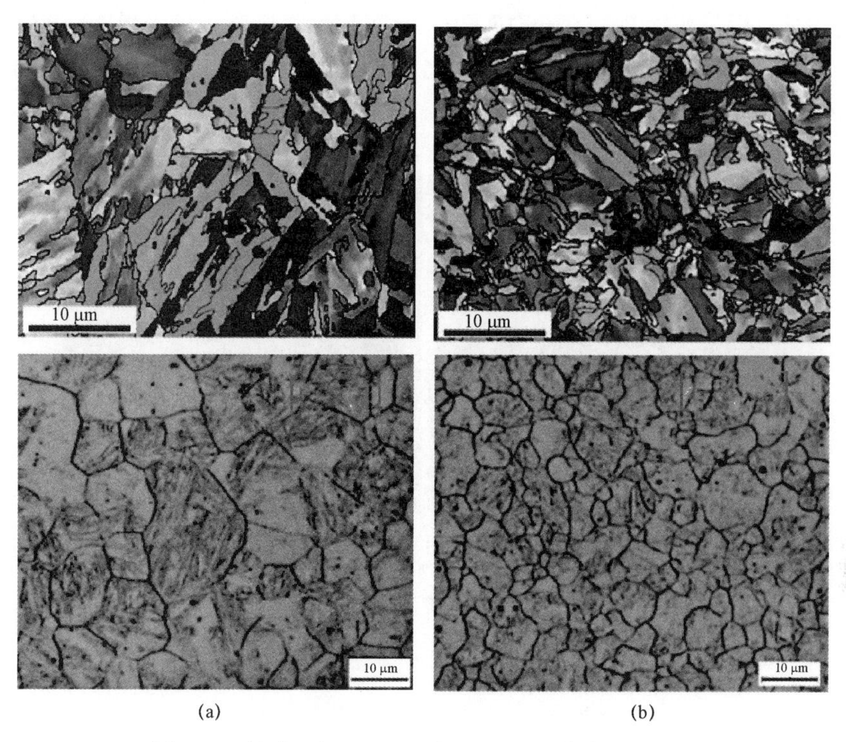

图 2.37　热成形钢 22MnB5 与 PHS2000 淬火组织对比
（a）22MnB5；（b）高钒微合金化 PHS2000

采用钒合金化最重要的设计理念是改善奥氏体中的碳含量，并最终影响淬火马氏体组织形态。如图 2.38 所示，单独采用高碳设计时，淬火获得高碳马氏体组织，组织形态以孪晶马氏体为主，呈现凸透镜形貌特征。该形貌特色组织具有较高的强度，但韧性相对较差，并且氢脆敏感性较高，易发生氢致延迟断裂；而采用高钒设计时，可以调控淬火前奥氏体中的碳含量，进而获得相对低碳的马氏体组织，获得板条形貌特征，从而有效提高韧性，并降低氢脆风险。

图 2.38　PHS2000 钢中 V 对马氏体形貌的影响
（a）含 V 板条马氏体；（b）无 V 孪晶马氏体

钒合金化设计热成形钢 PHS2000，淬火后获得细小弥散分布的碳化钒析出相，形貌如图 2.39 所示，沉淀析出相以 5～20 nm 粒子居多，在晶界附近分布极少量 20～50 nm 析出相。其性能检测结果与传统 1 500 MPa 的产品对比如图 2.40 所示，强度提高 500 MPa，延伸率没有降低，并略有提高。

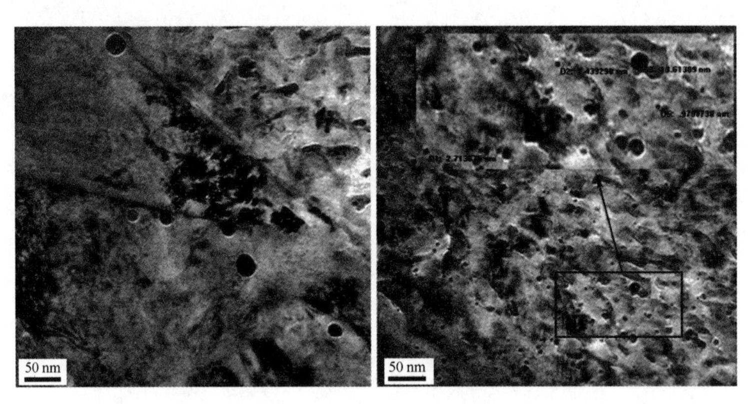

图 2.39　PHS2000 热冲压后马氏体基体上沉淀析出形貌

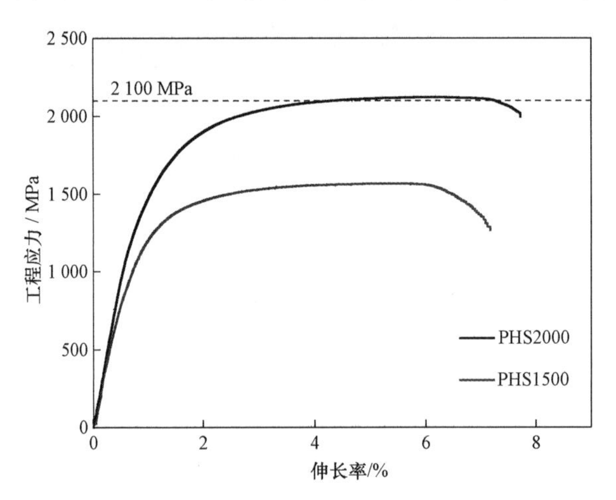

图 2.40　PHS2000 与 PHS1500 拉伸曲线对比

图 2.41　新能源汽车量产高强钢应用展示
（拍摄于北汽新能源三里屯体验中心）

目前，2 000 MPa 级超高强度热成形钢主要用于车门防撞杆零件。2017 年 10 月，采用高钒合金化设计 PHS2000 热成形钢全球首发产品，应用于北汽新能源 LITE 车型（图 2.41），这也是乘用车首次实现 2 000 MPa 强度材料商业应用。爱驰汽车 U5（图 2.42）全车共采用 20 余个热成形零件，A 柱、B 柱以及车顶纵梁均采用 1 500 MPa 级热成形钢，其中车门防撞梁采用了本钢研发生产的 PHS2000 热成形钢，呈 W 形截面设计，与普遍使用的 1 500 MPa 级热成形钢相比，可实现减重 10%～15%，该车于 2019 年 12

月上市，成为全球首个应用 2 000 MPa 级热成形钢的量产 SUV 车型。该产品在军工领域具备广泛的使用前景，如军车防弹钢等使用该产品可实现显著的减重效果。

图 2.42　爱驰汽车 U5 及其本钢高钒 2 000 MPa 车门防撞梁

高钒 2 000 MPa 级热成形钢主要在本钢等企业生产，钒含量约在 0.16wt.%。以钒合金化为主、铌微合金化设计为辅的成分设计在相关钢厂开始生产，如 TAGAL 的 PT1900 IBL 和攀钢的 35MnB5V，钒含量约在 0.15wt.%，铌含量在 0.035wt.%左右。

目前 Nb、V 等微合金元素在热成形钢中的细化晶粒和纳米级碳化物析出还处于深入探索阶段，高等级如 2 000 MPa 级是以 Nb 为主、V 为主还是两者复合使用，其效果尚有待做进一步研究探讨。

2.5　短流程铌微合金化热成形钢

常规热连轧工艺流程生产的热成形钢工艺过程相对复杂，生产成本高，且其制造过程中的能源消耗和排放高。为缩短热成形钢的制造流程，降低生产成本和制造过程中的能源消耗和排放，宝钢股份青山基地率先开发了基于短流程 CSP 的 1 500 MPa 级短流程热成形钢，采用铌微合金化提高极限冷弯角和抗氢脆性能，并实现了大批量商业化应用。应用结果显示，在不改变热冲压工艺和装备的条件下，短流程热成形钢可与传统流程热成形钢实现等效替换，以热轧板代替冷轧板，大幅降低了热冲压零部件配套企业和汽车主机厂的成本，提升了热成形钢的市场竞争力，进一步扩大了热成形零件在车身的应用范围。

2.5.1　短流程铌微合金化热成形钢的冶金原理

自 1989 年世界上薄板坯连铸连轧产线问世以来，经过 30 余年的装备改进和工艺技术进步，逐渐从能生产单一的普碳钢升级到高强钢，甚至先进高强钢。短流程铌微合金化热成形钢就是在此背景下，基于薄板坯连铸连轧工艺流程开发的短流程热成形钢，其生产工艺为电炉或转炉冶炼→RH 或 LF 精炼→连铸→均热→热连轧→层流冷却→卷取。铸坯厚度一般为 50～90 mm 或 70～110 mm。CSP 铌微合金化热成形钢的成分见表 2.6。

表 2.6　CSP 铌微合金化热成形钢的成分　　wt.%

	C	Si	Mn	P	S	Al	Ti	Nb	N	B	Cr
CSP 热轧	0.22	0.25	1.26	0.01	0.001 8	0.031	0.029	0.028	0.005 3	0.002 6	0.288 4
常规流程	0.22	0.25	1.26	0.012	0.003 8	0.027	0.027	—	0.003 4	0.002 5	—

与传统流程相比，短流程热成形钢从钢水冶炼、浇铸成板坯到热连轧成 1.0～3.0 mm 厚度规格的产品所需时间更短，只需要 1.5 h。而传统流程生产热成形钢从钢水冶炼、浇注成 210～250 mm 厚度的板坯、热连轧、酸洗+冷连轧、连续退火，这一过程一般需要 120 h。因此，短流程产线大大缩短了生产周期，节约了能源。

薄板铸坯与传统的厚板坯相比，其铸态组织较细密，柱状晶发达，一次支晶与二次支晶的间距小，成分均匀，且偏析小，薄板坯的凝固组织明显比传统的厚板坯细且均匀。且薄板坯连铸连轧与传统的热连轧生产工艺有很大不同，薄板铸坯的组织没有经过 γ→α 和 α→γ 的相变过程，热连轧前的铸态组织只是经过了均热炉的均热后的组织，仍呈铸造枝晶形态，需要在 6～7 道次的热变形过程中完成铸造枝晶的碎化、等轴化、均匀化和细化等复杂过程。因此，必须对短流程铌微合金化热成形钢的热变形工艺制度进行合理控制，才能获得均匀、细化的组织，从而保证批量制造产品性能的稳定性。

2.5.2 短流程铌微合金化热成形钢的组织性能特性

1. 热冲压成形前的组织性能特性

表 2.7 列出了短流程铌微合金化热成形钢与传统冷轧热成形钢热冲压前的力学性能对比结果。热冲压前，1 500 MPa 级短流程热成形钢在 0°、45°和 90°方向上的强度均高于传统冷轧热成形钢，延伸率低。这主要是由两种流程钢的状态决定的，短流程热成形钢属于热轧轧制态产品，由于热轧后采用水冷，高冷却速度产生更多的硬相组织，如珠光体和贝氏体。

表 2.7 短流程铌微合金化热成形钢与传统冷轧热成形钢热冲压前的力学性能对比

厚度规格/mm	取样方向	短流程（CSP）产线 1 500 MPa 级热成形钢			传统冷轧产线 1 500 MPa 级热成形钢		
		屈服强度/MPa	抗拉强度/MPa	延伸率/%	屈服强度/MPa	抗拉强度/MPa	延伸率/%
1.8	0°	444	639	18.3	305	495	27
	45°	450	646	19.7	327	514	25.8
	90°	435	639	18	347	512	27
1.5	0°	408	590	18.5	307	503	27.8
	45°	394	584	20.2	325	503	27.6
	90°	395	592	18.8	310	509	26.8

图 2.43 列出了 1 500 MPa 级短流程热成形钢与传统冷轧热成形钢热冲压前的显微组织。短流程热成形钢轧制态的组织为两相混合组织，图中白色相为铁素体，深灰色相沿轧制方向拉长的相为珠光体。可以看出，铁素体为主要相，珠光体为第二相。冷轧热成形钢退火态的组织主要为铁素体，大量的碳化物弥散分布在铁素体基体和晶界上。两种流程热成形钢的显微组织有所不同，这主要是因为轧制态的组织经冷轧后晶粒破碎，在退火处理过程中发生回复、再结晶和晶粒长大，这个过程中铁素体晶粒被等轴化，破碎的珠光体相分解成弥散分布的碳化物，从而造成两种产品组织的差异。

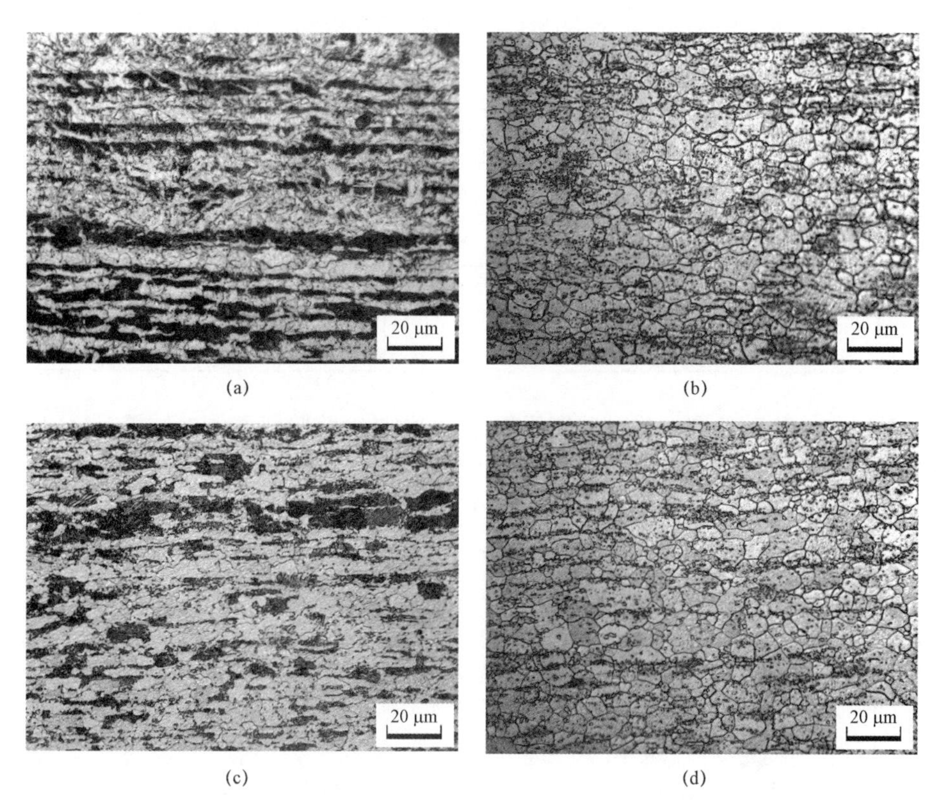

图 2.43　短流程热成形钢与传统冷轧热成形钢热冲压前的组织

（a）CSP 产线 珠光体+贝氏体+铁素体（1.8 mm）；（b）冷轧退火态铁素体+碳化物（1.8 mm）；（c）CSP 产线 铁素体+珠光体（1.5 mm）；（d）冷轧退火态 铁素体+碳化物（1.5 mm）

2. 热冲压成形后的组织性能特性

取 1.8 mm 厚度 CSP 铌微合金化热成形钢，在热冲压产线上热冲压成 B 柱零件，如图 2.44 所示，并在零件上取样（图 2.44 中 2、3、4 部位）进行力学性能分析，同时与冷轧热成形钢制作的 B 柱零件性能进行了对比分析，两种流程热成形钢制作的热成形零件力学性能均达到标准要求，如表 2.8 所示。

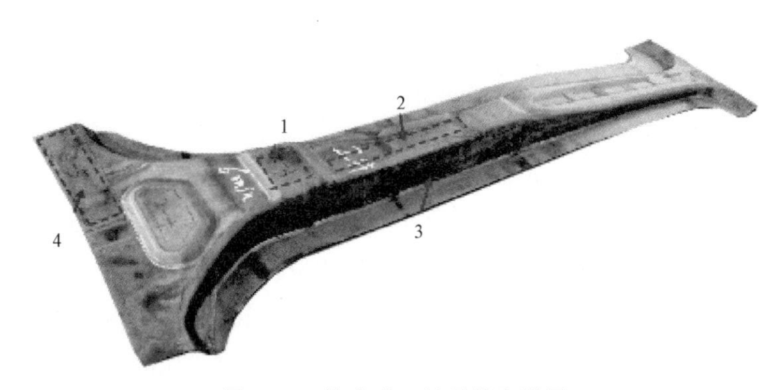

图 2.44　热成形 B 柱零件取样图

表 2.8　CSP 短流程与冷轧热成形钢热冲压成形后的力学性能

取样部位	CSP 产线 1 500 MPa 级热成形钢			冷轧产线 1 500 MPa 级热成形钢		
	屈服强度/MPa	抗拉强度/MPa	延伸率/%	屈服强度/MPa	抗拉强度/MPa	延伸率/%
2	1 024	1 456	8.0	1 032	1 535	5.7
3	1 015	1 514	8.5	1 023	1 555	7.4
4	1 048	1 510	7.5	1 072	1 564	5.3
标准要求	950～1 250	1 300～1 600	＞5	950～1 250	1 300～1 600	＞5

对图 2.44 的 1 号部位取样进行显微组织分析，并与冷轧热成形钢的结果对比，见图 2.45，两种流程热成形零件的显微组织均为板条马氏体。

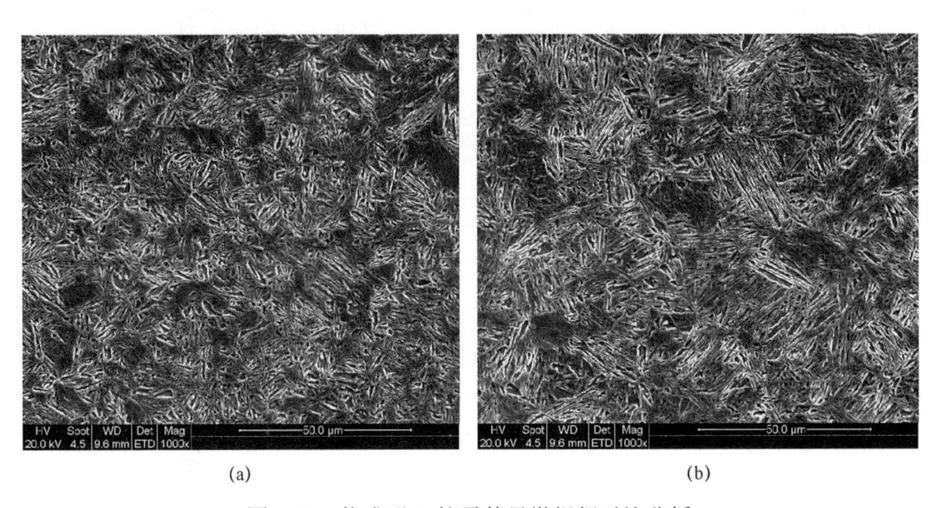

(a)　(b)

图 2.45　热成形 B 柱零件显微组织对比分析

（a）CSP 短流程产品热成形后组织；（b）冷轧产品热成形后组织

对 CSP 短流程和冷轧热成形钢热冲压制作的 B 柱零件进行表面脱碳层分析，脱碳层的测试方法按 DIN EN ISO 3887—2018《脱碳深度的测定》标准执行。测试结果显示，两种流程热成形钢生产的零件表面脱碳层深度均控制在 10～28 μm，满足大众汽车 TL 4225：2012－05 标准要求的表面脱碳深度≤100 μm，不允许完全碳化。

3. CSP 短流程铌微合金化热成形钢冷弯性能

对 CSP 短流程与传统冷轧流程热成形钢板采用平板模淬火后进行极限尖冷弯角试验对比分析，测试结果如图 2.46 所示。短流程热成形钢的弯曲角度为 66°～68°，传统冷轧流程热成形钢的弯曲角度为 65°～67°，两种流程产品的弯曲性能相当。

CSP 短流程铌微合金化热成形钢 BR1500HS 已经在北汽、广汽、众泰以及零部件生产企业凌云股份数个车型零件上大批量应用，相关零件的案例如图 2.47 所示。CSP BR1500HS 也可以用于更厚的商用车零件，与热轧热成形钢类似。

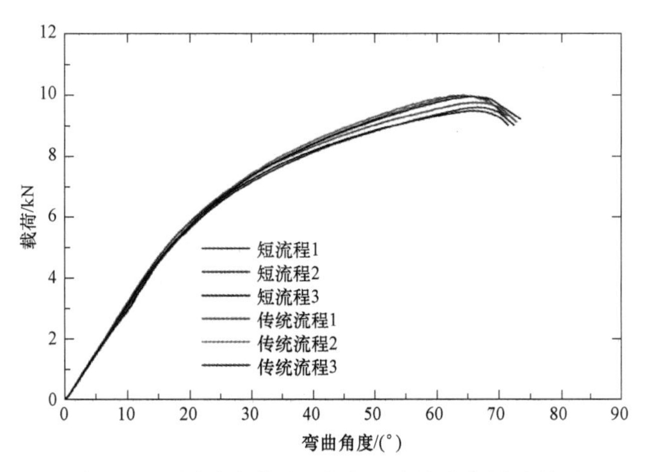

图 2.46　两种流程热成形钢极限尖冷弯角测试结果

图 2.47　CSP 短流程热成形钢应用案例

2.6　铌微合金化热轧热成形钢

随着商用车轻量化的迫切需求，商用车挂车上装、货车上装、商用车车轮等逐渐开始采用热成形钢及热冲压成形零件，这些零件通常厚度在 2.0～6.0 mm，商用车热成形车轮的厚度可达 10.0 mm，主要采用热轧热成形钢。热轧热成形钢的工艺路线在 2.2 节已经介绍，通常热轧热成形钢的加热温度在 1 220 ℃及以上，保温后进行热轧，终轧温度为 900 ℃左右，终轧后冷却，卷取温度为 700 ℃左右，钢板冷却至室温后在酸洗线进行酸洗，最终得到成品。根据商用车热冲压成形上装及热成形车轮的需求，鞍钢、日钢等本书作者先后开发出不同厚度的含铌热轧热成形钢板，其中 C 含量为 0.23～0.25wt.%，Si 含量为 0.18～0.30wt.%，Mn 含量为 1.10～1.50wt.%，Nb 含量为 0.025～0.040wt.%，为了提高淬透性，厚度更高的热轧钢板采用 Cr 和 Mo 合金化。

为研究含铌热轧热成形钢的相变规律，绘制了连续冷却转变（continuous cooling transformation，CCT）曲线，如图 2.48 所示。铌微合金化热轧热成形钢的临界冷却速度为 13 ℃/s，A_{c1}、A_{c3}、M_s 和 M_f 分别是 725 ℃、836 ℃、380 ℃和 230 ℃。

4 mm 厚的热轧含铌热成形钢的微观组织由条状多边形铁素体和片层状珠光体构成，珠光体呈片层状分布且片层间距较小，如图 2.49 所示的 SEM 照片。热轧热成形钢的屈服强度为 450 MPa，抗拉强度为 615 MPa，总延伸率为 29.5%，其力学性能如图 2.50 所示。

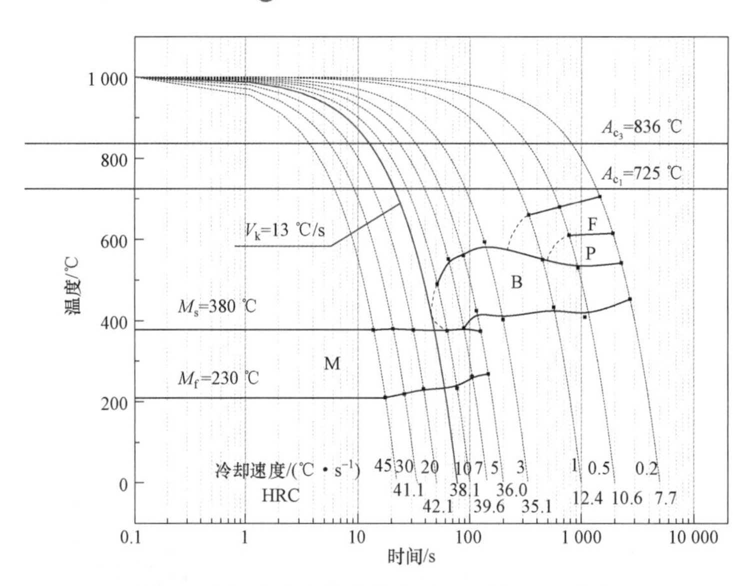

图 2.48　铌微合金化热轧热成形钢的 CCT 曲线

64

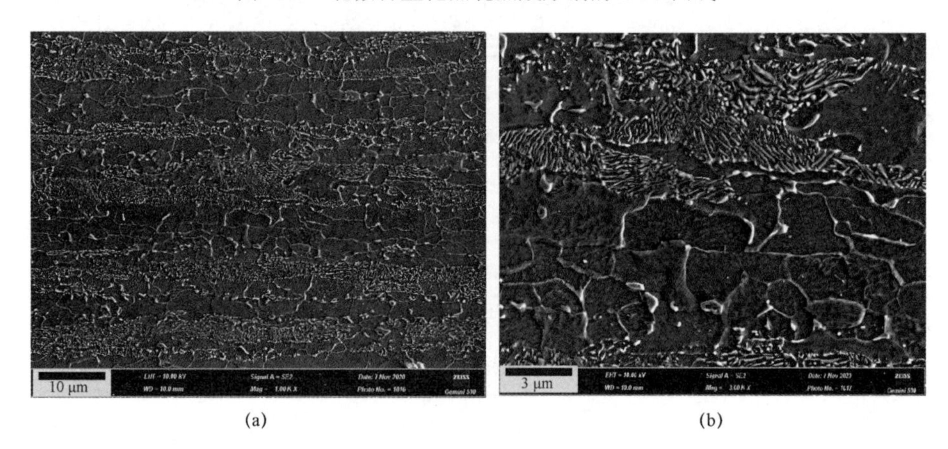

图 2.49　热轧热成形钢 SEM 照片

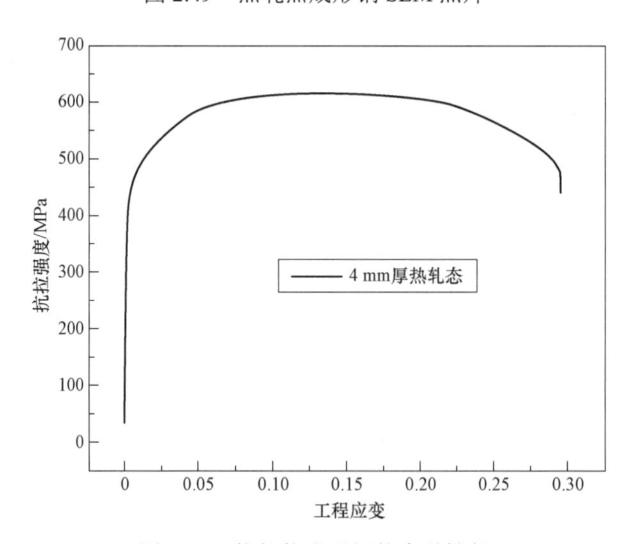

图 2.50　热轧热成形钢的力学性能

为研究含铌和不含铌热轧热成形钢板的性能差异，通过酸洗后取样进行组织观察和力学性能检测，显微组织见图 2.51。图 2.51（a）和图 2.51（b）所示分别为不含铌热成形钢和含铌热成形钢，可见，两种实验钢的显微组织均由大量铁素体和少量主珠光体构成，相比不含铌热成形钢，含铌热成形钢的组织更加细小均匀。

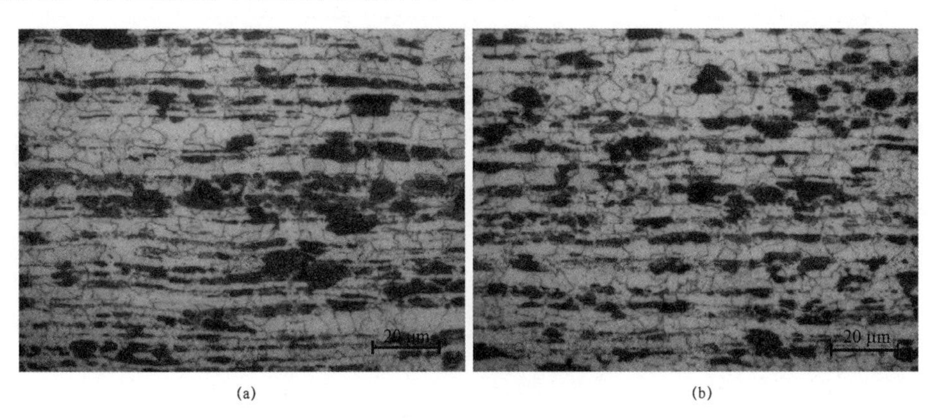

图 2.51　热轧热成形钢显微组织对比

（a）不含铌热成形钢；（b）含铌热成形钢

含铌和不含铌热轧热成形钢板带状组织情况见图 2.52。由图可知，不含铌热成形钢带状组织等级为 2.5 级，含铌热成形钢带状组织为 1.5 级，Nb 元素的加入可以有效降低带状组织等级，提高钢板组织均匀性。

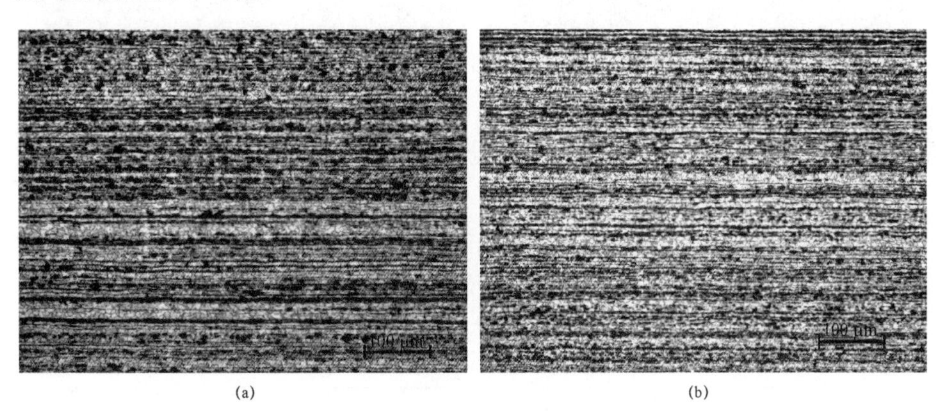

图 2.52　热轧热成形钢带状组织

（a）不含铌热成形钢；（b）含铌热成形钢

含铌和不含铌热轧热成形钢力学性能见表 2.9。

表 2.9　含铌和不含铌热轧热成形钢力学性能

编号	方向	$R_{p0.2}$/MPa	R_m/MPa	A_{50}/%
不含铌热成形钢	横向	410	578	26.5
		412	580	27.0
	纵向	394	540	27.0
		392	531	28.5

续表

编号	方向	$R_{p0.2}$/MPa	R_m/MPa	A_{50}/%
含铌热成形钢	横向	378	538	31.4
		370	538	28.7
	纵向	358	540	28.7
		353	533	29.4

由表 2.9 可知，与不含铌热成形钢相比，含铌热轧热成形钢的强度略低，延伸率提高。观察了不同厚度的商用车轮辋用铌微合金化热轧热成形钢的头、中、尾部显微组织，均由大量铁素体和少量珠光体构成，钢卷头、中、尾部显微组织相同，不同部位处的显微组织均细小均匀。

对含铌和不含铌热轧热成形钢进行了极限尖冷弯性能评价，极限尖冷弯试验后样品见图 2.53，测试结果见表 2.10。

(a) (b)

图 2.53　含铌和不含铌热轧热成形钢极限尖冷弯试验后样品

（a）含铌；（b）不含铌

表 2.10　含铌和不含铌热轧热成形钢极限尖冷弯测试结果

样品	弯曲方向	编号	最大载荷/kN	最大载荷对应位移/mm	最大冷弯角/（°）	
					试验值	均值
含铌热轧热成形钢	平行轧制方向	1#	23.21	7.8	63.3	67.6
		2#	24.06	8.6	71.3	
		3#	24.22	8.3	68.3	
	垂直轧制方向	4#	21.57	7.2	57.5	56.6
		5#	21.55	7.4	59.5	
		6#	22.07	6.7	52.8	
不含铌热轧热成形钢	平行轧制方向	7#	39.61	7.9	61.4	62.3
		8#	41.04	8.3	65.2	
		9#	38.87	7.8	60.4	

续表

样品	弯曲方向	编号	最大载荷/kN	最大载荷对应位移/mm	最大冷弯角/（°）	
					试验值	均值
不含铌热轧热成形钢	垂直轧制方向	10#	38.04	6.6	49.6	48.7
		11#	37.10	6.4	47.8	
		12#	36.86	6.5	48.7	

由表 2.10 可知，含铌热轧热成形钢平行轧制方向的极限尖冷弯角可达到 65° 以上，垂直轧制方向极限尖冷弯角可达到 55° 以上，远大于不含铌热成形钢板。商用车零件工况复杂，对钢材的冲击功有要求，通过冲击试验对含铌和不含铌热轧热成形钢热成形后钢板的冲击性能进行了检测和对比分析，试验结果见表 2.11。由结果可知，含铌热成形钢具有更好的冲击性能，与不含铌热成形钢相比，其冲击功提高 35.8%。

表 2.11　含铌和不含铌热轧热成形钢冲击试验结果

	样品规格/（mm × mm × mm）	温度/℃	冲击功 1/J	冲击功 2/J	冲击功 3/J	冲击功 4/J	冲击功 5/J	平均值/J
不含铌热轧热成形钢	2.0 × 10 × 55	−20	10	10	13	9	11	10.6
含铌热轧热成形钢			15	14	15	15	13	14.4

由含铌热轧热成形钢制造的超轻量化挂车上装见本书图 1−11，制造的热冲压成形轮辋与轮辐进行合成，最终形成的商用车超轻量化车轮见图 2.54。

图 2.54　商用车超轻量化车轮

2.7　其他新型微合金化热成形钢

2.7.1　无镀层免抛丸热成形钢

热成形钢裸板加热过程中表面容易产生疏松氧化皮，需要进行表面抛丸处理，抛丸会使热成形零件产生一定变形，尤其是厚度在 1.2 mm 以下的热成形件应变一般会超过尺寸误差，只能使用镀层板，另外喷丸还存在环保问题。针对上述问题，通用中国科学研究院的卢琦开发了免抛丸热成形钢，2018 年 9 月首卷冷轧产品在马钢成功下线。该产品通过特殊的 Cr、Si 成分设计，热成形过程中钢板表面形成一层亚微米级致密的氧化膜，防止表面进一步氧化，达到了免抛丸的效果，同时采用铌微合金化提高韧性，典型成分见表 2.12。无镀层免抛丸热成形钢热成形后表面氧化层形貌与热成形零件如图 2.55 所示。

表 2.12　无镀层免抛丸热成形钢典型成分　　wt.%

钢种	C	Mn	Si+Cr+Mo	B	Nb
1 700 MPa 级免抛丸热成形钢	0.19～0.25	≤1.4	≤4.0	不含	0.01～0.05

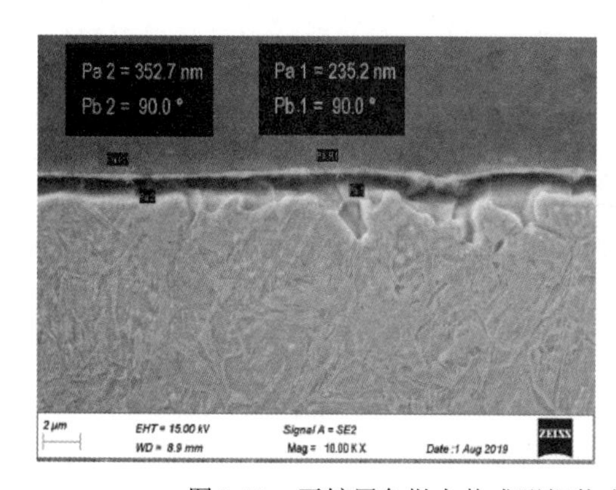

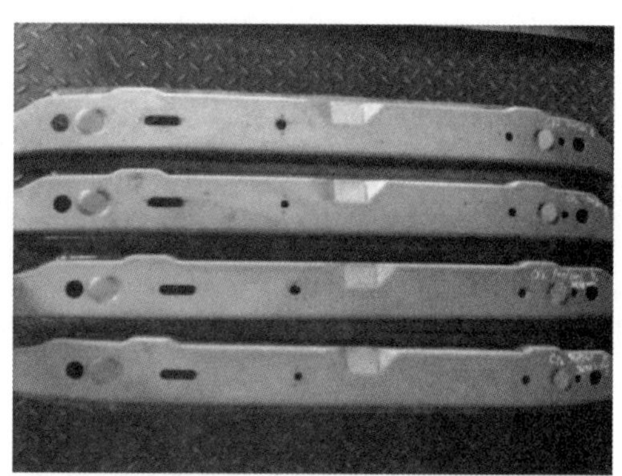

图 2.55　无镀层免抛丸热成形钢热成形后表面氧化层形貌与热成形零件

如图 2.56 所示，该产品热成形后组织中存在 5%的残余奥氏体，抗拉强度达到 1 700 MPa，延伸率 9%，均高于现有 1 500 MPa 级热成形钢。通过铌微合金化，极限尖冷弯角达到 56°，与 1 500 MPa 级铝硅镀层热成形钢相当。无镀层免抛丸热成形钢与传统热成形钢的单向拉伸力学性能和极限尖冷弯角对比见图 2.57。

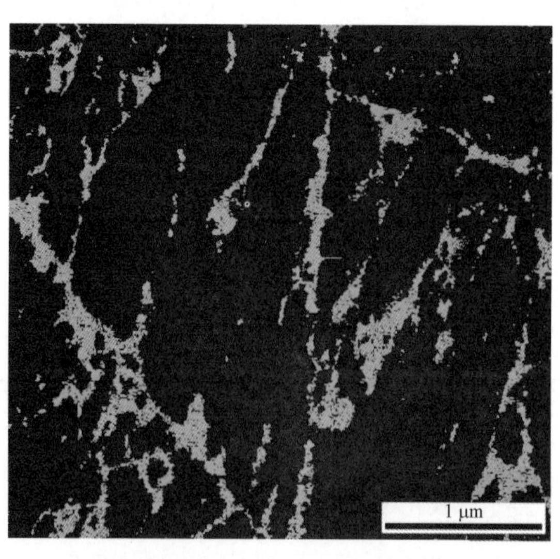

图 2.56　无镀层免抛丸热成形钢残余奥氏体形貌与分布

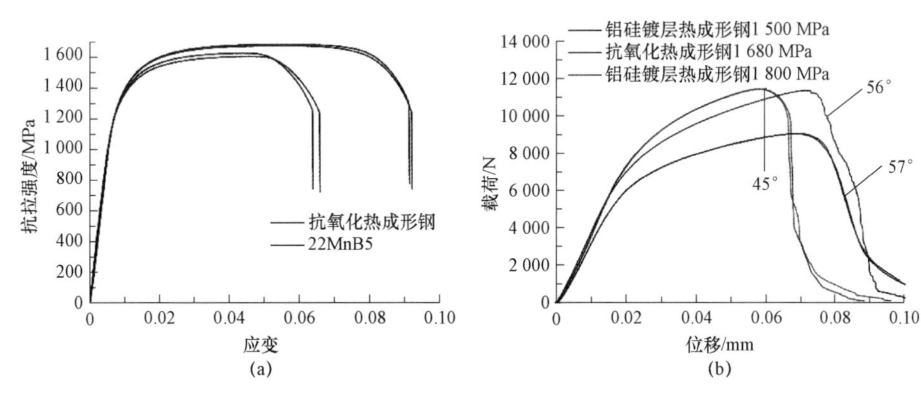

图 2.57　无镀层免抛丸热成形钢单向拉伸和极限冷弯角对比

（a）单向拉伸力学性能；（b）极限尖冷弯性能

2.7.2　Q&P 在热成形钢的应用

在 22MnB5 基础上增加碳含量后，其抗拉强度可以达到 1 800 MPa 甚至 2 000 MPa。例如，28MnB5 和 30MnB5 的抗拉强度为 1 800 MPa；34MnB5 和 37MnB4 的抗拉强度大约为 2 000 MPa。虽然目前这些热成形钢的强度已经达到很高的级别，但随着强度级别的升高，它们的韧性变得越来越差。较低的韧性已经成为这些高强度热成形钢广泛应用的瓶颈。

Q&P 处理能向微观组织中引入残余奥氏体，在变形过程中残余奥氏体通过 TRIP（相变诱导塑性）机制，在保证原有强度的基础上提高塑性和韧性。在过去几十年，一些研究者尝试将 Q&P 工艺应用到热成形钢上，希望通过该工艺提高热成形钢的塑性和韧性。表 2.13 中列举了他们的研究成果。最开始的一些研究聚焦在 Q&P 工艺本身，通过适当调整现有热成形钢的成分，使其能够适合 Q&P 工艺。更准确地说，通过 Q&P 处理能够得到一定量的残余奥氏体。同时，还有一些研究者考虑了 Q&P 处理和高温区域热变形二者共同作用对最终组织与性能的影响，因为在实际热冲压过程中被冲压件不仅会发生温度的变化，同时也发生高温状态下的塑性变形。

表 2.13　Q&P 处理在热成形钢中的应用

工艺过程	参考文献作者	研究成果
Q&P	Linke B M，et al. Seo E J，et al.	添加 0.5wt.%，0.8wt.%，1.5wt.%硅；RA 的体积分数在 1.5%～8.0%之间； 添加 1.58wt.%硅＋0.97wt.%铬；RA 的体积分数为 20%； 添加 0.8wt.%硅＋0.05wt.%钒；RA 的体积分数为 7%
热变形＋Q&P	Liu H，et al. Ariza E A，et al.	变形可以增加 RA 的体积分数，并使其因晶粒细化而变得稳定； 由于 RA 的高稳定性，变形有利于 Q&P 过程
热变形＋Q&P＋附加装置	Zhu B，et al Zhu B，et al. Han X H，et al.	特殊冲压模具，内部有加热装置，模具温度可控制；模具淬火＋熔炉隔板； 内部有加热装置和热风分割装置的特殊冲压模；模具淬火＋热风分割； 特殊冲压模具，内部有加热装置，模具温度可控制；模具淬火＋模具分割

尽管将 Q&P 处理用于热成形钢增塑/增韧的研究取得一系列进展，但是现有的研究对薄板钢韧性评估指标是强塑积（通过拉伸实验测得），一些研究表明材料有高的强塑积不一定意味着它有高的韧性。

上海交通大学李伟结合 Q&P 处理和晶粒细化两种方式实现多重韧化，化学成分如表 2.14 所示，添加 V 主要是为了得到弥散析出的细小 VC，起到析出强化的作用。添加 Si 主要是为了在配分过程中抑制渗碳体析出，使得更多的 C 原子配分进入奥氏体中起到稳定奥氏体的作用。采用极限尖冷弯测试评价薄板钢的韧性。当汽车发生碰撞事故时，防撞梁或 B 柱等结构件通常会发生弯曲变形，在弯曲折叠的区域通常存在严重的小半径弯曲。而材料极限尖冷弯与零件弯曲折叠处于同一应力三轴度，因此极限尖弯角可以较准确地评价服役工况下零件的断裂韧性。目前汽车主机厂和材料供应商广泛使用极限尖冷弯角来评价热成形钢的弯曲性能。2020 年年底，中国汽车工程学会团体标准 CSAE 154—2020 《超高强度汽车钢板极限尖冷弯性能试验方法》正式颁布。

表 2.14　两种新设计钢种的化学成分　　wt.%

	C	Si	Mn	Ti	V	P	S	B	Cr	N	Fe
参考钢	0.22	0.8	1.5	0.022	—	0.006 4	0.001 4	0.002 4	0.18	0.001 5	bal.
微合金化钢	0.22	0.8	1.5	0.022	0.05	0.006 4	0.001 4	0.002 4	0.18	0.001 5	bal.

在配分温度 300 ℃、60 s 的工艺条件下，与淬火处理相比，配分后冷弯角平均增加 30°。在相同的热处理条件下，V 微合金化钢的弯曲角比参考钢增加约 10°，见图 2.58。V 微合金化钢经 Q&P 处理后其冲击韧性提高了 88%，弯曲时的裂纹启裂功增加了 44%，弯曲角增加了 63%，见图 2.59。

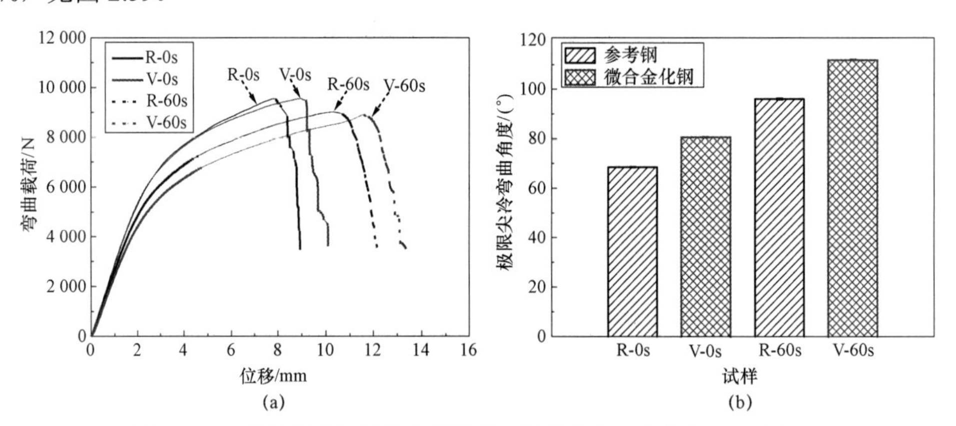

图 2.58　两类新设计钢种的弯曲载荷－位移曲线及弯曲角（见彩插）

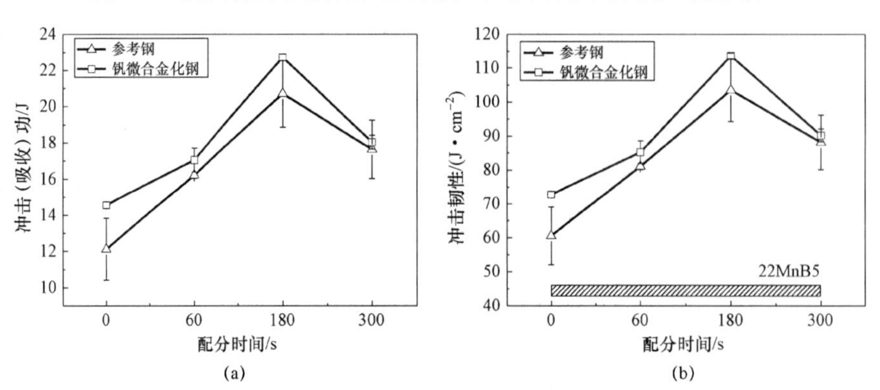

图 2.59　两类新设计钢种的吸收功及冲击韧性随配分时间的变化关系

2.8 小　结

本章简述了热成形钢的发展历史，以及热成形钢的物理冶金和微合金化热成形的冶金原理；分析了从热轧至最终热冲压成形零件之间所有关键过程的组织变化、第二相析出以及铌/钒等微合金化的作用；分别介绍了单铌微合金化冷轧、铌钒复合微合金化冷轧、单钒微合金化冷轧热成形钢，短流程（CSP）铌微合金化热成形钢，铌微合金化热轧热成形钢，无镀层免抛丸铌微合金化热成形钢，钒微合金化结合 Q&P 工艺的热成形钢；主要阐述了上述微合金化热成形钢的组织、成分、强度、极限尖冷弯性能、抗氢脆性能、冲击韧性等关键力学性能和使用性能，除最后两个最新的钢种还在认证过程中，其他微合金化热成形钢均实现了批量应用，促进了汽车的轻量化和安全性能的提升。

参 考 文 献

［1］MORI K，BARIANI P F，BEHRENS B A，et al. Hot stamping of ultra－high strength steel parts［J］. CIRP Annals，2017，66（2）：755－777.

［2］KARBASIAN H，TEKKAYA A E. A review on hot stamping［J］. Journal of Materials Processing Technology，2010，210（15）：2103－2118.

［3］BILLUR E. Hot formed steels［J］. Automotive Steels，2017，21：387－411.

［4］GALAN J，SAMEK L，VERLEYSEN P，et al. Advanced high strength steels for automotive industry［J］. Revista De Metalurgia，2012，48（2）：118－131.

［5］LIANG J T，ZHAO Z Z，SUN B H，et al. A novel ultra－strong hot stamping steel treated by quenching and partitioning process［J］. Materials Science and Technology，2018，34：1－9.

［6］BANSAL G K，RAJINIKANTH V，GHOSH C，et al. Microstructure property correlation in low－Si steel processed through quenching and nonisothermal partitioning［J］. Metallurgical and Materials Transactions A，2018，49（8）：3501－3514.

［7］SUZUKI T，ONO Y，MIYAMOTO G，et al. Effects of Si and Cr on bainite microstructure of medium carbon steels［J］. ISIJ International，2010，50：1476－1482.

［8］WEI X L，CHAI Z S，QI LU，et al. Cr－alloyed novel press－hardening steel with superior combination of strength and ductility［J］. Materials Science and Engineering：A，2021，819：141461.

［9］蓝毓哲. 生产流程对热成形钢组织和力学性能影响研究［D］. 武汉：武汉科技大学，2019.

［10］梁江涛. 2 000 MPa 级热成形钢的强韧化机制及应用技术研究［D］. 北京：北京科技大学，2019.

［11］余海燕，蒋忠伟. A 柱加强板热冲压延迟开裂机理［J］. 锻压技术，2017，42（03）：40－44.

［12］FAN D W，KIM H S，DE COOMAN B C. A review of the physical metallurgy related to the

hot press forming of advanced high strength steel [J]. Steel Research International，2009，80（3）：241－248.
[13] 姜超，单忠德，庄百亮，等. 初始成形温度对超高强钢热冲压件力学性能的影响[J]. 金属热处理，2011，36（12）：66－69.
[14] 马鸣图，王国栋，王登峰，等，汽车轻量化导论 [M]. 北京：化学工业出版社，2020.
[15] 路洪洲，赵岩，冯毅，等. 铌微合金化热成形钢的最新进展 [J]. 汽车工艺与材料，2021，4：23－32.
[16] LU H Z，ZHANG S Q，JIAN B，et al. Solutions for hydrogen－induced delayed fracture in hot stamping [J]. Advanced Materials Research，2014，1063：32－36.
[17] 晋家春，谷海容，曹煜，等. 热成形钢抗氢脆性能和冷弯性能研究 [M] // 第十一届中国钢铁年会论文集－S05. 北京：冶金工业出版社，2017：67－72.
[18] 路洪洲，王文军，郭爱民，等. 基于汽车安全的热冲压成形技术优化 [J]. 汽车工艺与材料，2013，10：8－13.
[19] MA M T，ZHAO Y，LU H Z，et al. The cold bending cracking analysis of hot stamping door bumper[C]// The 2nd International Conference on Advanced High Strength Steel and Press Hardening（ICHSU 2015）. World Scientific，2016：724－731.
[20] 马鸣图，路洪洲，孙智富，等. 22MnB5 钢三种热冲压成形件的冷弯性能 [J]. 机械工程材料，2016，40（07）：7－12.
[21] 路洪洲. 热冲压成形技术潜在风险不容忽视 [J]. 金属加工（热加工），2015（15）：11－12.
[22] LIU H，LU X，JIN X，et al. Enhanced mechanical properties of a hot stamped advanced high－strength steel treated by quenching and partitioning process [J]. Scripta Materialia，2011，64（8）：749－752.
[23] 李军，路洪洲，易红亮，等. 乘用车轻量化及微合金化钢板的应用 [M]. 北京：北京理工大学出版社，2014.
[24] GLADMAN T. The physical metallurgy of microalloyed steels [M]. London：Maney Publishing，1997.
[25] MERKLEIN M，LECHLER J. Investigation of the thermo－mechanical properties of hot stamping steels [J]. Journal of Materials Processing Technology，2006，177（1－3）：452－455.
[26] KIM H，JEON S，YANG W，et al. Effects of titanium content on hydrogen embrittlement susceptibility of hot－stamped boron steels [J]. Journal of Alloys and Compounds，2018，735：2067－2080.
[27] ZHANG S，HUANG Y，SUN B，et al. Effect of Nb on hydrogen－induced delayed fracture in high strength hot stamping steels [J]. Materials Science and Engineering：A，2015，626：136－143.
[28] WU H，JU B，TANG D，et al. Effect of Nb addition on the microstructure and mechanical properties of an 1 800 MPa ultrahigh strength steel[J]. Materials Science and Engineering:

A，2015，622：61－66.

［29］LIN L，LI B，ZHU G，et al. Effect of niobium precipitation behavior on microstructure and hydrogen induced cracking of press hardening steel 22MnB5［J］. Materials Science and Engineering：A，2018，721：38－46.

［30］冯毅，赵岩，路洪洲，等. 微合金化对热成形钢抗氢致延迟断裂性能提升的作用机理研究［M］// 汽车 EVI 及高强度钢氢致延迟断裂研究进展. 北京：北京理工大学出版社，2019：278－296.

［31］马龙，赵增武，李岩，等. 高 Nb 高强度低合金耐候钢中 Nb、Ti 析出相的特征［J］. 金属热处理，2015，40（09）：45－49.

［32］刘安民，冯毅，赵岩，等. 铌钒微合金化对 22MnB5 热成形钢显微组织与性能的影响［J］. 机械工程材料，2019，43（05）：34－37.

［33］吴志方，吴润，韩斌，等. CSP 薄板连铸连轧工艺特点及其技术发展［J］. 热加工工艺，2012，141（15）：36－39.

［34］周德光，傅杰，金勇，等. CSP 薄板坯的铸态组织特征研究［J］. 钢铁，2003，38（8）：47－50.

［35］徐匡迪，刘清友. 薄板坯流程连铸连轧过程中的细晶化现象分析［J］. 钢铁，2005，40（12）：1－9.

［36］康永林，于浩，王克鲁，等. CSP 低碳钢薄板组织演变及强化机理研究［J］. 钢铁，2003，38（8）：20－25.

［37］霍向东，柳得橹，陈南京，等. CSP 连轧过程中低碳钢的组织变化规律［J］. 钢铁，2002，37（7）：45－49.

［38］QI L U，WANG J，ANDERSON S M，et al. Press hardening steel with high oxidation resistance: US20210222265A1[P]. 2021－07－22.

［39］LIU L，HE B，HUANG M. The role of transformation－induced plasticity in the development of advanced high strength steels［J］. Advanced Engineering Materials，2018，20（6）：1701083.

［40］LINKE B M，GERBER T，HATSCHER A，et al. Impact of Si on microstructure and mechanical properties of 22MnB5 Hot Stamping Steel Treated by Quenching & Partitioning（Q& P）［J］. Metallurgical and Materials Transactions A，2018，49（1）：54－65.

［41］SEO E J，CHO L，DE COOMAN B C. Application of quenching and partitioning（Q&P）processing to press hardening steel［J］. Metallurgical and Materials Transactions A，2014，45（9）：4022－4037.

［42］MA M T，ZHANG Y S. Advanced high strength steel and press hardening［C］// Proceedings of the 4th International Conference on Advanced High Strength Steel And Press Hardening（ICHSU 2018）. World Scientific，2018.

［43］LIU H，LU X，JIN X，et al. Enhanced mechanical properties of a hot stamped advanced high－strength steel treated by quenching and partitioning process［J］. Scripta Mater，2011，

64（8）：749－752.

［44］LIU H，SUN H，LIU B，et al. An ultrahigh strength steel with ultrafine－grained microstructure produced through intercritical deformation and partitioning process［J］. Materials & Design，2015，83：760－767.

［45］ARIZA E A，POPLAWSKY J，GUO W，et al. Evaluation of Carbon partitioning in new generation of quench and partitioning（Q&P）steels［J］. Metallurgical and Materials Transactions A，2018，49（10）：4809－4823.

［46］ZHU B，LIU Z，WANG Y，et al. Application of a model for quenching and partitioning in hot stamping of high－strength steel［J］. Metallurgical and Materials Transactions A，2018，49（4）：1304－1312.

［47］ZHU B，ZHU J，WANG Y，et al. Combined hot stamping and Q& P processing with a hot air partitioning device［J］. Journal of Materials Processing Technology，2018，262：392－402.

［48］HAN X H，ZHONG Y，YANG K，et al. Application of hot stamping process by integrating quenching & partitioning heat treatment to improve mechanical properties［J］. Procedia Engineering，2014，81：1737－1743.

［49］HAN X H，ZHONG Y Y，TAN S L，et al. Microstructure and performance evaluations on Q& P hot stamping parts of several UHSS sheet metals［J］. Science China Technological Sciences，2017，60（11）：1692－1701.

［50］ZHOU Q，QIAN L，TAN J，et al. Inconsistent effects of mechanical stability of retained austenite on ductility and toughness of transformation－induced plasticity steels［J］. Materials Science and Engineering：A，2013，578：370－376.

［51］QIN S，LIU Y，HAO Q，et al. High carbon microalloyed martensitic steel with ultrahigh strength－ductility［J］. Materials Science and Engineering：A，2016，663：151－156.

［52］CHEONG K，OMER K，BUTCHER C，et al. Evaluation of the VDA 238－100 tight radius bending test using digital image correlation strain measurement［C］// 36th IDDRG Conference—Materials Modelling and Testing for Sheet Metal Forming. Journal of Physics：Conference Series，2017，896：012075.

第 3 章

热成形钢镀层技术及发展

除了热成形钢基体，热成形钢镀层技术也取得了显著进展。目前热成形钢产品主要有无镀层（裸板）、铝硅镀层（Al–Si 镀层）和锌基镀层。无镀层产品加热过程中表面存在氧化，需抛丸处理，不环保且影响零件成形精度。Al–Si 镀层热成形钢热冲压过程中无氧化铁皮，无须抛丸处理，同时可提高热成形模具的寿命，应用最为广泛。目前合资汽车品牌 90%的热冲压成形零件应用 Al–Si 镀层热成形钢；自主品牌中 Al–Si 镀层热成形钢应用占比也在逐渐提升。

1998 年，ArcelorMittal 申请了铝硅镀层热成形钢专利（EP1013T85B），这是热成形钢领域的重大技术进步，解决了无镀层热成形钢加热过程中的表面氧化问题，取消了热冲压成形零件的抛丸工序，极大地推动了热成形钢在汽车车身零件上的应用。2006 年，ArcelorMittal 申请了热冲压成形零件和工艺专利（EP2086755B），进一步明确了 Al–Si 镀层热成形工艺窗口和零件的镀层结构，标志着 Al–Si 镀层热成形技术的成熟，此后 Al–Si 镀层热成形钢的用量显著增加。2018 年 4 月，东北大学易红亮教授申请高韧性 Al–Si 镀层热成形钢专利（CN10858861213），通过降低镀层质量抑制热成形过程中碳在镀层与基体界面的富集，提高冷弯性能。2018 年 10 月，首卷高韧性 Al–Si 镀层热成形钢在马钢 5#镀锌线下线，通过镀层技术与基本微合金化技术结合，产品的冷弯性能由常规 Al–Si 镀层热成形钢的 56° 提高至 65° 。2003 年，奥钢联发布镀锌热成形钢专利，锌基镀层热成形钢热冲压过程中由于液态锌侵入奥氏体晶界引起脆断（LME – 液态金属脆性），由于该问题，镀锌热成形钢主要采用间接热成形工艺，主要应用于宝马汽车。此后 10 多年，在控制镀锌热成形 LME 问题方面一直未取得显著进展。2017 年，Gestamp 发布镀锌热成形直接热成形技术，通过降低热成形温度解决了液态锌致裂纹问题，目前该技术还在产业化前期阶段，镀锌热成形钢直接热成形技术尚在推广中。

3.1 Al–Si 镀层

典型的 Al–Si 镀层由 10%Si+90%Al 组成，奥氏体化处理前的原始镀层厚度约为 25 μm，当 Al–Si 镀层钢板被加热后，基体中的 Fe 原子会扩散进入 Al–Si 镀层中，最终的镀层厚度通常大于 30 μm。Al–Si 镀层有较好的高温稳定性，在热成形工艺中可防止钢板表面氧化。ArcelorMittal 公司开发了 Al–Si 镀层热成形钢，1998 年申请了专利。2006 年，ArcelorMittal 申请了 Al–Si 镀层热成形工艺和热冲压成形零件专利，给出了热成形温度和时间的工艺窗口。热成形后的镀层为 4 层结构：相互扩散层、中间层、金属间化合物层和表面层，该镀层结构可以提高焊接性能。2018 年，育材堂（苏州）材料科技有限公司发现通过降低镀层厚度，可以减少碳在镀层与基体界面处的富集，申请了薄 Al–Si 镀层热成形钢专利，将镀层整体的厚度降为 6～26 μm。

3.1.1 Al–Si 镀层热成形钢的生产工艺

热浸镀铝是把预处理过的钢材浸入熔融的铝浴中，保温一定时间后取出，使其表面浸镀一层铝。镀铝钢板主要有两种类型：

（1）热浸镀纯铝钢板（指镀液为纯铝），这种镀层较厚且镀层脆性大，市场需求很小，主要用于裸露在外的管道等户外设施。

（2）热浸镀 Al+（9%～11%）Si 钢板，由于 Si 的加入可以抑制 Fe–Al 合金相的厚度，镀层具有更好的成形性能。除热成形钢领域外，在烤箱等家电中也有广泛的应用。

根据工艺过程的不同，连续热浸镀铝主要分为溶剂法和森吉米尔法（改良森吉米尔法）、美钢联法。早期的镀铝钢带采用溶剂法生产，产量低，表面质量差。1931 年，美籍波兰人森吉米尔提出用保护气体还原法进行连续热浸镀的方法，1965 年，美国阿姆柯钢铁公司采用改良森吉米尔法实现钢带的连续大规模生产。进入 20 世纪 90 年代，随着汽车、家电行业对镀层表面质量的要求越来越高，森吉米尔法已经不能满足其对质量的要求，目前市场上热浸镀铝主要采用美钢联法。美钢联法中有一个非常重要的装置是热镀锌机组入口段的电解脱脂装置，该装置可以实现深层清理和脱脂，从而镀层质量显著提高。同时，加热单元由森吉米尔法中的燃气加热改为辐射加热。

Al–Si 镀层热成形钢的关键生产工艺包括轧硬卷清洗、退火、热浸镀铝、镀后冷却。

1）清洗段

清洗段的作用是清除带钢表面的油污和铁粉等杂物，而 Al–Si 镀层对基板表面清洁度更加敏感，如果基板清洗效果不佳可能造成漏镀或镀层黏附性不良。

清洗段包括刷洗、电解清洗和热水漂洗，采用高电流密度电解溶液清洗，带钢表面清洗得更干净，清洗剂是以 NaOH 为基质的碱性溶剂。清洗效果可通过擦拭带钢两侧边部观察脏污程度、观察带钢表面碱液残留评估或通过化学方法测定残油、残铁，一般热浸镀铝硅清洗后单面残油最好小于 20 mg/m^2，残铁最好小于 10 mg/m^2。

2）退火段

退火段一般分为加热段、保温段和冷却段三段。加热段和保温段采用全辐射管加热，一般燃烧气体为天然气，冷却段一般在冷却管内通入空气或将炉内保护气喷吹到带钢表面进行快速冷却。Al-Si 镀层热成形钢退火温度为 750～800 ℃，冷却段出口温度在 650～700 ℃之间，镀液温度一般为 650～680 ℃，为减小镀液温度波动，带钢入锅温度尽量与镀液温度保持一致。

退火炉内气氛对最终 Al-Si 镀层质量至关重要，主要监控指标包括保护气体、炉内露点和氧含量。为保证带钢加热氧化和对带钢表面氧化膜进行还原，需通入保护气体，一般为 N_2+5%H_2，同时炉内露点最好控制在 -40 ℃以下。

3）镀铝段

镀铝段中的镀液温度、镀液成分、气刀参数对镀层质量有着重要的影响。

为保证镀液成分稳定，需严格控制铝锭化学成分，铝锭中的 Si 含量太高容易导致钢板表面粗糙，Si 含量低容易导致合金层偏厚，关于最佳的 Si 含量，目前并没有定论，需根据生产经验确定。同时需加强铝锅镀液成分检测，主要分析 Fe、Si、Cr 等。若镀液中 Fe 含量较高，铝锅中产生较多的铝渣，恶化镀层表面质量，需要及时清理。

镀层质量通过气刀控制，控制参数主要有气刀压力、气刀与带钢的距离、气刀距液面的高度、带钢速度、气刀角度等。由于铝液密度、黏度更低，需要的气刀压力比镀锌线的气刀小。另外，为了防止带钢镀铝后产生边部增厚，气刀的缝隙形状不是直线而是在两端向上弯曲，这样当调节气刀角度向下时，可使气刀中部与带钢距离增大而喷吹气压减小，使带钢中部镀层略厚于两边，从而解决边部增厚问题。

4）冷却段

一般 Al-Si 镀层产品镀后冷却为两段式：预冷段和快冷段。Al-Si 镀层的凝固过程与 Zn 镀层不同，由于温度更高，镀层中合金相的生长速度更快。因此凝固时间不能太长，镀后需要增加预冷设备尽快使镀层凝固，降低合金相层的厚度。其中预冷段主要是控制 Al-Si 镀层中 Fe-Al 合金相层厚度，合金相厚度、合金相不均匀程度与凝固时间的平方根呈线性关系，为保证镀层的黏附性，一般合金相厚度不超过 5 μm。快冷段将带钢冷却至较低温度，塔顶辊带钢温度不超过 300 ℃。

Al-Si 镀层预冷段冷却速率对铝花尺寸影响很大。当冷却速率较小时，表面铝花较大。当对铝花尺寸有严格要求时，可以在热浸镀后将雾化铝粉喷于镀层表面，提高凝固结晶时的形核率，从而可以有效降低铝花尺寸。

3.1.2 Al-Si 镀层的组织性能特性

1. Al-Si 镀层成分与热浸镀后的组织状态

Al-Si 镀层典型成分为 Al-9%Si-2.3%Fe（图 3.1），热浸镀过程中，首先在靠近钢基体附近，由于 Fe 的溶解，发生反应 L→τ_5（$Al_{12\sim15}Fe_{3\sim6}Si_{2\sim5}$），由于在相图上 τ_5 不能和铁素体共存，同时发生反应 Fe+Al→Fe_2Al_5 或者 $FeAl_3$，继续冷却过程中镀液中析出 τ_6，发生反应 L→τ_6（$Al_{4\sim9}Fe_{1\sim4}Si_{1\sim4}$）+Al，之后在 577 ℃时发生共晶反应 L→Al-Si 共晶相+τ_6，最终形成 Fe-Al 合金相、τ_5、τ_6、Al-Si 共晶相、Al 共存的复杂结构（图 3.2、表 3.1）。针对镀层结构的转变，Raisa Grigorieva 对 Al-Si 镀层在加热过程中的组织转变做了详细研究并指出在炉内（900 ℃）保温 1 min 后温度达到 615 ℃，镀层中的硅元素扩散到靠近钢基体的 τ_5 相中和铝晶界两处，以共晶化合物的形式存在。铁的扩散使三元金属间化合物 τ_5 相在铝的晶界处变为液态相，这个过程是通过液态的等温凝固转变为 τ_5 相。2 min 后温度达到 830 ℃左右，由于铁的扩散 τ_5 相在完全液态的情况下使硅的含量达到 11%，在靠近铝相的那侧由于铝向钢基体的扩散，将诱导 $FeAl_3$ 的形核，$Al+\tau_5$ 生成 $FeAl_3+L$。当加热到 5 min 时，镀层温度已经达到 900 ℃，富硅层在镀层中间，形成连续的金属间化合物，表层主要由 Fe_2Al_5 和 $FeAl_3$ 相构成，中间层主要由 Fe_2Al_5 构成，扩散层主要由 Fe 和 Fe_3Al 相构成。针对热成形后产品性能，研究发现，Fe－Al 相和 Fe－Al－Si 金属间化合物相在室温下都为脆性相，变形过程中容易开裂，但是在热冲压过程中裂纹不会扩展到钢基体中，主要是由于在奥氏体化过程中镀层与基体之间形成了一层较软的铁素体扩散层（7～10 μm），其塑性较好，能够阻止裂纹向基体扩展。另外，Bruno C 提出通过提高镀层中 Fe 含量来提高镀层的延伸性能，当镀层中 Fe 含量达到 70%时延伸性能良好，热冲压工艺完成后未破裂。在热处理过程中，通过增加保温时间和降低镀层厚度可以有效地提高镀层中 Fe 的含量。Ghiotti A 等人研究了不同工艺参数（加热温度、保温时间和冷却速度）对 Al－Si 镀层的形貌、表面粗糙度和摩擦性能的影响。当温度加热到 900 ℃并保温 180 s 后，镀层形成含有 5 个子层的结构。保温时间应该控制在一定范围内，使 Fe 扩散进入镀层形成 Al－Fe－Si 三元合金系。冷却速度对镀层的性能几乎没有影响。板材的温度和接触应力对摩擦行为有较大影响。

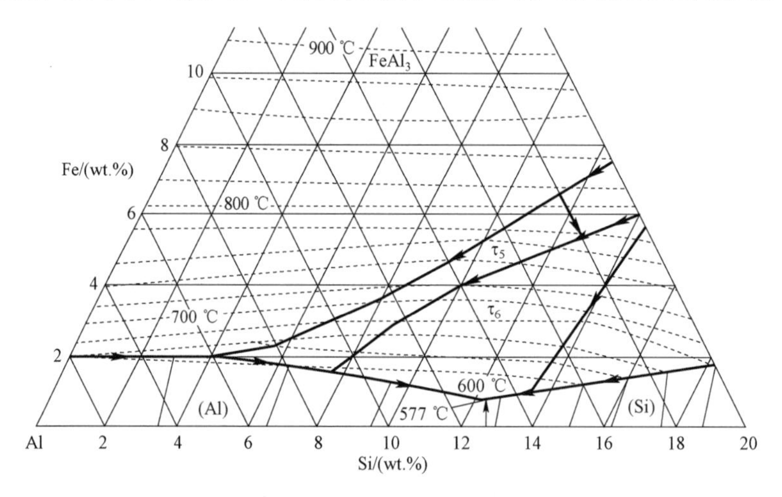

图 3.1　Al－Si－Fe 三元相图

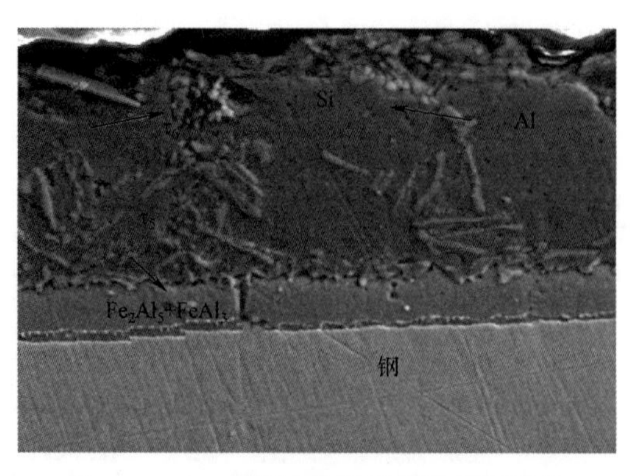

图 3.2　Al－Si 镀层热成形钢的镀层结构

Si 在热浸镀过程中的作用主要集中在以下两个方面：

（1）Si 对 Fe–Al 合金相厚度和镀层厚度的影响：Al 液中加 Si 后，可以大幅降低热浸镀过程中形成的 Fe–Al 合金相厚度，提高镀层的成形性能。Al 液中添加 5%的 Si，即可使 Fe–Al 合金相的厚度降低 70%以上。

（2）Si 对镀液熔点的影响：纯 Al 熔点为 660.5 ℃，添加 Si 后可以降低熔点，Si 含量为 12.2%时出现 Al–Si 共晶相，此时熔点最低，为 577 ℃。铝锅温度越高，能源消耗越大，同时对带钢铝锅内设备中 Fe 的侵蚀也越严重，一般生产中 Si 的含量控制在 8%～10%以内。

表 3.1　Al–Si 镀层典型结构

镀层相结构	成分	厚度	分布状态
Fe–Al 相	由 Fe_2Al_5、$FeAl_3$ 组成	小于 1 μm	层状分布，靠近基体
τ_5	35%Fe–9%Si–56%Al	3～7 μm	层状分布，靠近 Fe–Al 合金相层
τ_6	26%～29%Fe、13%～16%Si，其余为 Al	—	在 Al 层中弥散分布
Al–Si 共晶相	87%Al–12%Si–1%Fe	—	在 Al 层中弥散分布
Al	—	根据镀层质量规格，一般为 6～20 μm	层状分布

2. 热成形后 Al–Si 镀层组织结构

热成形钢 Al–Si 镀层的最大价值在于热成形加热过程中防止基板表面氧化，热成形后的零件质量好，不需要抛丸处理。ArcelorMittal 发明专利（专利授权公开号 CN1013785B）中的典型热成形工艺窗口为：① 板料厚度为 0.7～1.5 mm，最高加热温度为 930 ℃，加热时间为 3～6 min，最低加热温度 880 ℃，加热时间 4.5～13.0 min；② 板料厚度 1.5～3.0 mm，最高加热温度为 940 ℃，加热时间为 4～8 min，最低加热温度为 900 ℃，加热时间为 6.5～13.0 min。具体工艺窗口见图 3.3。

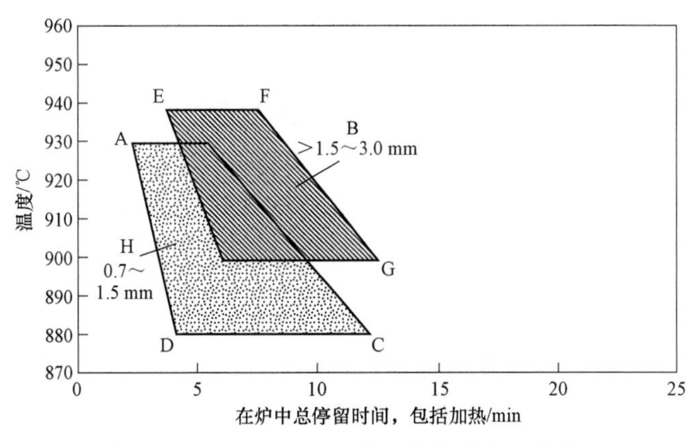

图 3.3　ArcelorMittal 专利中的热成形工艺窗口

热成形后的典型镀层结构，由带钢基体向外，依次为：

相互扩散层：各组成元素质量百分比范围 86%～95%Fe、4%～10%Al 和 0～5%Si；

中间层：各组成元素质量百分比范围 39%～47%Fe、53%～61%Al 和 0～2%Si；

金属间化合物层：各组成元素质量百分比范围 62%～67%Fe、30%～34%Al 和 2%～6%Si；

表面层：各组成元素质量百分比范围 39%～47%Fe、53%～61%Al 和 0～2%Si。

上述镀层总厚度大于 30 μm，相互扩散层厚度小于 15 μm，并且金属间化合物层和表面层为准连续，且金属间化合物在表层的比例低于 10%。典型的热成形后的 Al-Si 镀层结构如图 3.4 所示。

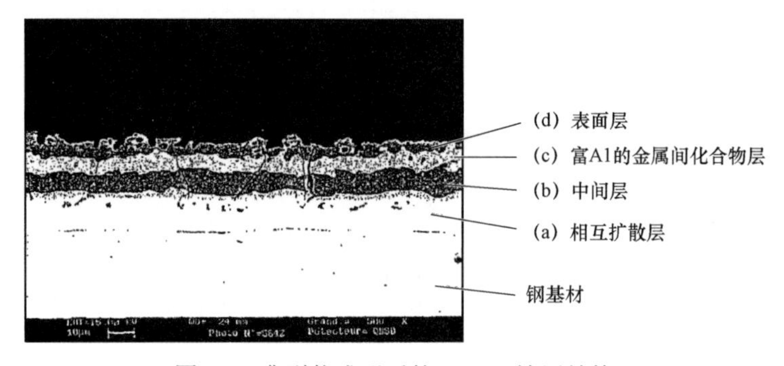

图 3.4　典型热成形后的 Al-Si 镀层结构

铝硅镀层热成形钢在不同的镀层厚度、加热温度下，热成形后的零件表面颜色呈现一定的变化规律：加热温度低时，零件表面容易呈现蓝色；随着加热温度的升高，零件逐渐呈现棕色，如图 3.5 所示。

3. 涂装与耐蚀性能评估

由于铝不能磷化，热成形钢零件的电泳涂装主要依靠表面粗糙度，实现镀层和电泳漆膜的结合。铝硅镀层热成形后的表面典型形貌见图 3.6。

对电泳后的 Al-Si 镀层热冲压成形零件进行刮痕附着力等级测试（DBL 7381：2008 第 5.2 节，刮痕等级 K0 最好，K5 最差；附着力测试：DIN EN ISO 2409：2013《涂料和清漆划格试验》，附着力等级 0 级最好，5 级最差），结果如图 3.7 所示，均为 0 级，满足客户试用要求。

对 Al-Si 镀层热冲压成形零件的耐蚀性能进行评估，循环腐蚀测试方法参照以下标准：DBL 4093：2008 第 5.3 节，VDA 621-415-1982，DIN 50021-1988 SS，DIN 50017-1982 KFW，DIN 50014—1985。测试条件如表 3.2 所示，阶段 1～10 为一个循环，时间共计 168 h，进行 10 个循环试验，共计 1 680 h（蚀痕扩展：根据 DBL 7381：2008 第 5.4 节，基体腐蚀 $U/2=(d-w)/2$，d 为剥层或腐蚀区域的宽度，w 为初始刮痕宽度（0.5 mm））。最终蚀痕扩展宽度为 1 mm，满足标准要求（图 3.8）。

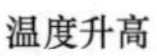

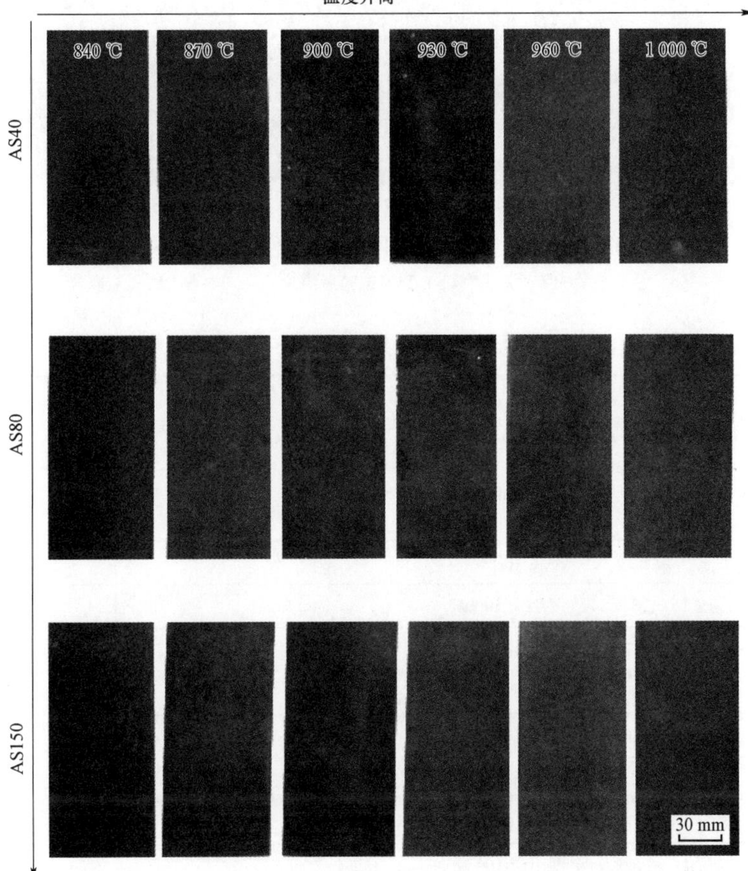

图 3.5　不同镀层厚度、加热温度下的 Al–Si 镀层热冲压成形零件颜色

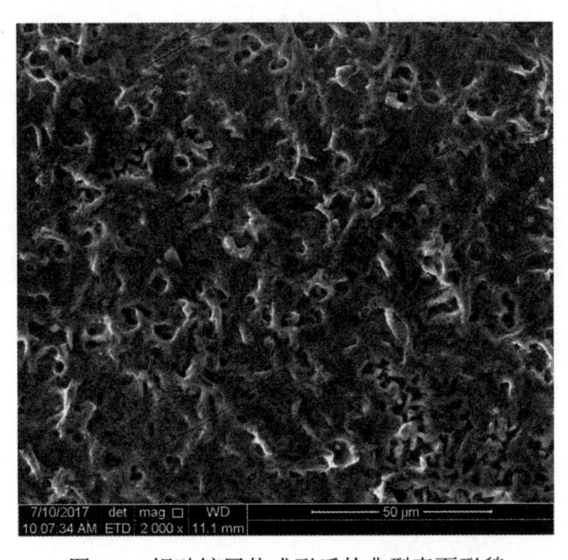

图 3.6　铝硅镀层热成形后的典型表面形貌

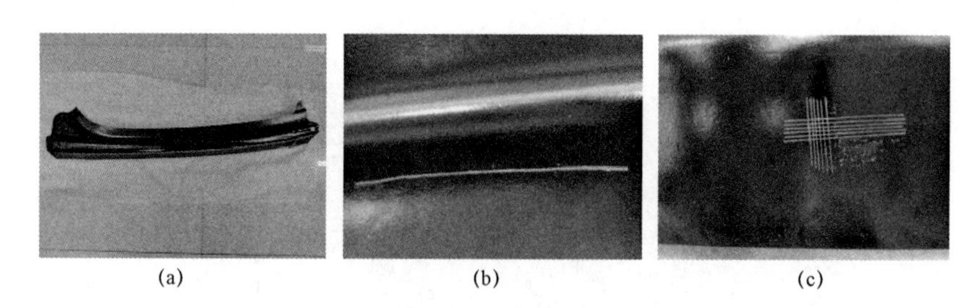

(a) (b) (c)

图 3.7 Al－Si 镀层热冲压成形零件附着力测试

（a）经涂装后的零件照片；（b）刮痕试验后照片；（c）附着力测试后照片

表 3.2 循环腐蚀试验方法

试验阶段	试验条件	保持时间/h
1	盐溶液浓度：（50±5）g/L NaCl 温度：（35±2）℃ 盐雾沉降率：（1.0～2.0）mL/（80 cm^2·h） 盐液 pH，（23±2）℃：6.5～7.2	24
2	温度（40±3）℃，湿度 100%	8
3	温度 18～28 ℃，湿度小于 100%	16
4	温度（40±3）℃，湿度 100%	8
5	温度 18～28 ℃，湿度小于 100%	16
6	温度（40±3）℃，湿度 100%	8
7	温度 18～28 ℃，湿度小于 100%	16
8	温度（40±3）℃，湿度 100%	8
9	温度 18～28 ℃，湿度小于 100%	16
10	温度 18～28 ℃	48

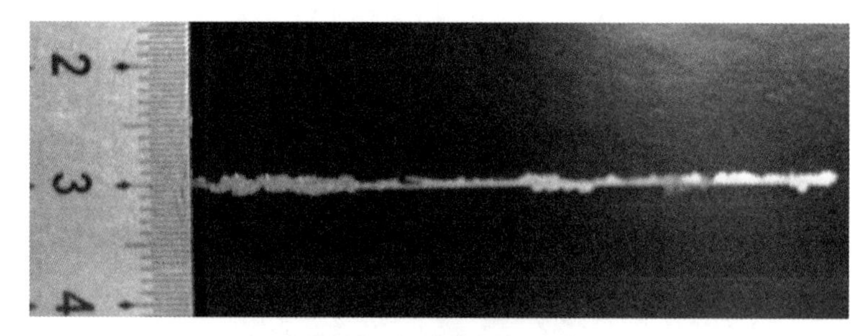

图 3.8 蚀痕扩展宽度

4. 焊接性能评估

ArcelorMittal 发明专利指出，热成形后焊接性能与镀层结构有关，热成形后镀层结构由钢基体向外一般为相互扩散层、中间层、金属间化合物层和表面层，当金属间化合物层和表面层基本上连续（即占相应所考虑层至少 90%水平）且少于 10%的金属间化合物层于部件的最外表面时，可获得较好的焊接性能。

采用 GMW14057—2012《焊接验收标准和修复程序》标准给出的参数，最小焊点直径为 4.0 mm，采用通用公司国际标准给定的 16×23 的电极帽，电极材质为络锆铜，对铝硅镀层热冲压成形零件焊接性能进行评估。可焊性电流值达到 GWS－5A—2007《钢铁电阻焊全球焊接试验》中 1.0 kA 的要求，焊点表面和熔核区中心部位没有出现裂纹、缩松等缺陷，焊点减薄未超过 30%，见图 3.9 及图 3.10。

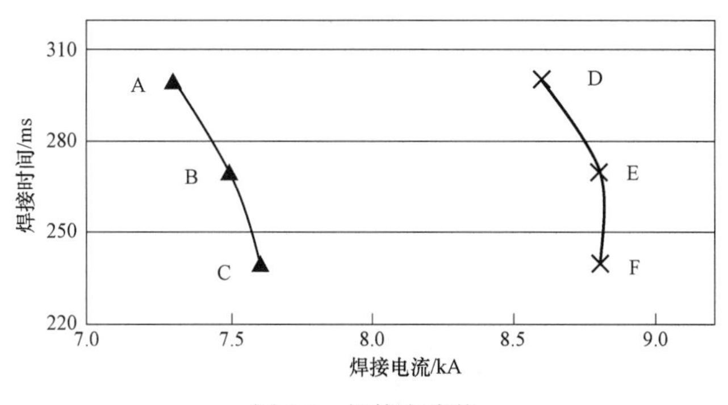

图 3.9　焊接电流值

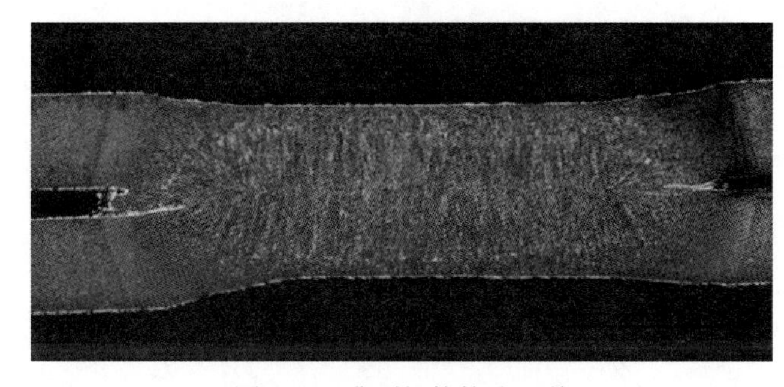

图 3.10　典型焊接接头形貌

3.1.3　Al－Si 镀层热成形钢的发展

Al－Si 镀层热成形钢具有耐高温、防止表面氧化、耐腐蚀、高热反射等一系列优势，但也存在一些问题，如切口不具有牺牲阳极保护作用、热成形后冷弯性能较差、较高的氢脆敏感性等。目前，就以上问题国内外开展了较多研究并取得较大突破。Al－Si 镀层热成形钢未来将向更高的耐蚀性能（尤其是牺牲阳极防腐）、更有利于提升韧性的方向发展。

1. 高韧性 Al－Si 镀层热成形钢

易红亮等人在对比无镀层和 Al－Si 镀层热成形钢冷弯性能时发现，Al－Si 镀层热成形钢的冷弯角总是低于无镀层热成形钢。对 Al－Si 镀层与基体界面的成分分析发现，界面处存在碳的富集，如图 3.11 所示。这是由于热成形加热过程中，Al－Si 镀层向基体扩散，由于碳在高 Al 的铁素体和金属间化合物中的溶解度很低，形成碳在界面处的富集。由于界面区域碳含量高，热成形过程中容易形成高碳马氏体，导致冷弯性能下降。

根据上述发现，通过降低 Al－Si 镀层质量，减少基体与镀层界面处的碳富集程度，可以提高产品的冷弯性能，开发出不同于 ArcelorMittal 专利技术的高韧性 Al－Si 镀层热成形钢产品。2018 年 10 月，首卷高韧性薄 Al－Si 镀层热成形钢在马钢 5#镀锌线下线。对 1.4 mm 的常规镀层厚度（AS150）和薄镀层（AS40）的 Al－Si 镀层热成形钢的冷弯角进行对比评估，高韧性薄 Al－Si 镀层热成形钢的冷弯角提升 8° 以上。两种热冲压成形零件的三点弯曲试验评估结果显示，高韧性薄铝硅镀层热成形钢零件出现开裂的位移更大，零件的吸能比常规 Al-Si 镀层热冲压成形零件提升 22%，如图 3.12 和图 3.13 所示。目前高韧性 Al-Si 镀层热成形钢正在开展多家主机厂的认证，具有较好的应用前景。

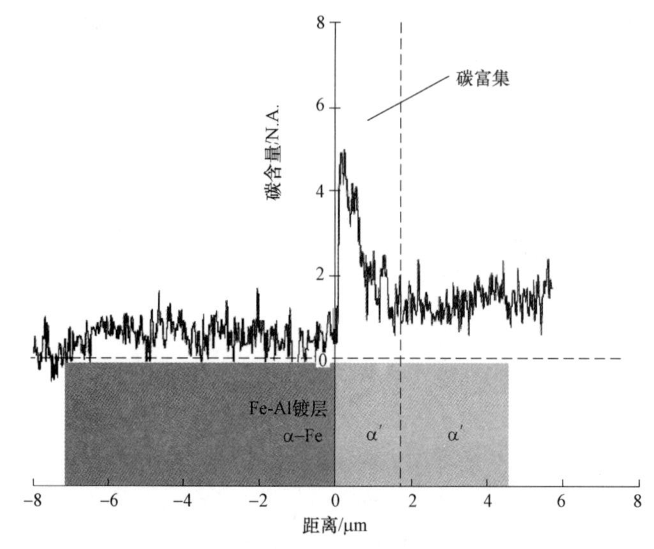

图 3.11　C 在镀层与基体截面的成分分布

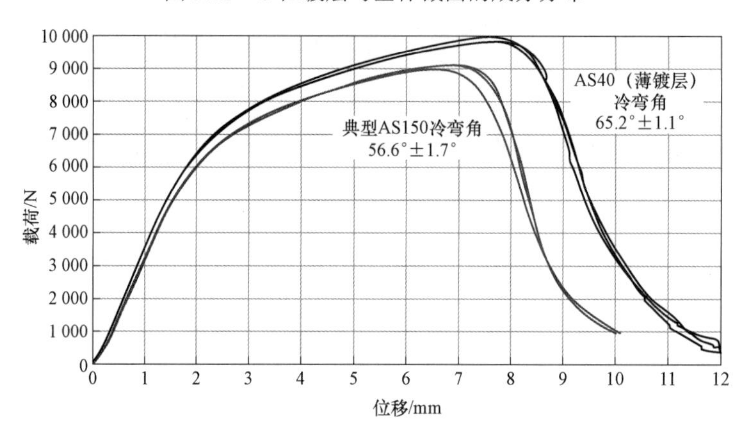

图 3.12　高韧性 Al-Si 镀层与常规铝硅镀层热成形钢冷弯角

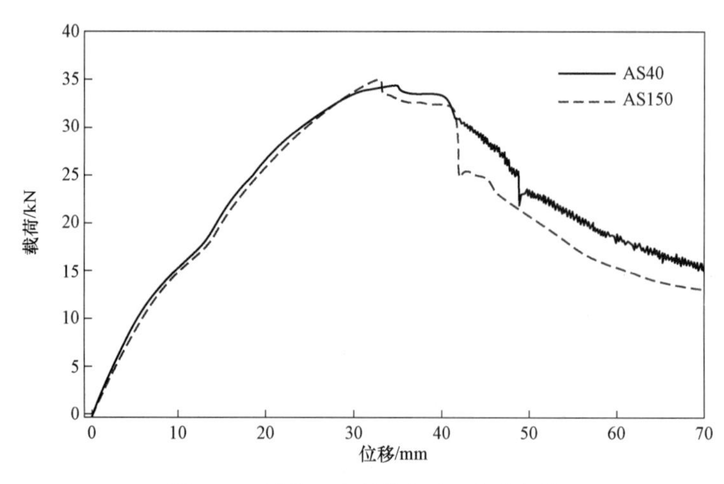

图 3.13　零件三点弯曲位移-载荷曲线

2. 具有阴极保护作用的 Al–Si 镀层

针对现有 Al–Si 镀层不具备阴极保护能力以及磷化性能不足的问题，ArcelorMittal、马钢以及蒂森克虏伯（Thyssenkrupp）、河北钢铁等企业开展了大量研究，通过在 Al–Si 镀层中添加 Zn、Mg、稀土、Cu 等合金元素，使镀层具备一定程度的阴极保护能力，提升镀层耐蚀性能。这些结果目前主要处于实验室研究阶段，个别镀层具有工业化潜力，但实现工业化生产和市场推广的难度极大。

德国 Thyssenkrupp 公司通过电镀、离子沉积等方法在 Al–Si 镀层表面镀一层锌来提高镀层的耐蚀性能，使 Al–Si 镀层具有一定的牺牲阳极保护作用。ArcelorMittal 针对铝硅镀层不具备阴极保护能力的问题，通过在 Al–Si 镀层基础上添加 Zn、Mg、Sn、La 等元素，使镀层具备阴极保护能力，为使相对甘汞电极的电位在 −0.78～−1.25 V，Zn 含量多为 10%～20%，Mg 多为 2%～8%。其中 La 对阴极保护能力以及耐蚀性有显著影响，图 3.14 所示为不同 La、Zn、Mg 元素含量的镀层样板红锈扩展试验，当 La 含量为 0.5%时，红锈扩展速率显著低于不添加 La 和 La 含量为 0.5%的试样。同时添加 Zn、Mg 元素后，热成形后镀层的腐蚀宽度明显小于常规 Al–Si 镀层。针对 Al–Si 镀层热成形钢不能磷化的问题，采用两种方式提升镀层磷化性能：（1）在常规 Al–Si 镀层基础上涂覆一层锌，但这种方式工序复杂，制造成本高；（2）在 Al–Si 镀层基础上添加 Zn、Mg 等元素，其中 Si 含量不能超过 3.5%，且 Zn/Si 要控制在 3.2～8.0，热成形后镀层才能具备较好的磷化性能。不同镀层成分的腐蚀宽度及不同镀层成分的电极电位见表 3.3 和表 3.4。

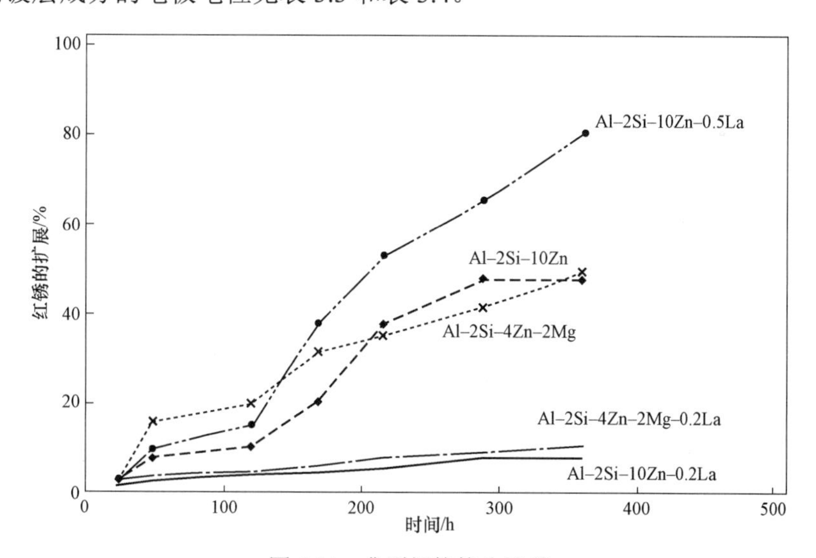

图 3.14　典型焊接接头形貌

表 3.3　不同镀层成分的腐蚀宽度

试验件	镀层				厚度/μm	腐蚀
	Al	Si	Zn	Mg		
5*	86	9	5	—	15	2
6*	81	9	10	—	15	1.5
7*	71	9	20	—	15	1

续表

试验件	镀层				厚度/μm	腐蚀
	Al	Si	Zn	Mg		
8*	77	9	10	4	15	0
9*	73	9	10	8	15	0
10*	67	9	20	4	15	0
11*	63	9	20	8	15	0
12	91	9	—	—	15	5

表 3.4　不同镀层成分的电极电位

试验件	镀层				厚度/μm	耦合电位/（VCSCE）
	Al	Si	Zn	Mg		
13*	81	9	10	—	15	-0.98
14*	77	9	10	4	15	-0.98
15*	73	9	10	8	15	-0.99
16	0.2	—	99.8	—	—	-1.00

马钢在前人研究的基础上，系统研究了 Mg、Mn、Ni、Cr、La、Cu、Sn 等元素对 Al-Si 镀层性能的影响规律，上述元素的作用如下：

（1）Mg：Al-Si 镀层中 Mg 的作用为提高耐蚀性，镀层中 Mg_2S 与水接触时优先与水发生氧化反应，另外有降低 Al 熔点的作用。

（2）Mn：Mn 的还原反应为 $Mn^{2+}+2e \rightarrow Mn$，标准电位为 -1.185 V，比铁的标准电位 -0.44 V 要低，可改善镀层的耐腐蚀性能。

（3）Ni：Ni 的还原反应为 $Ni^{2+}+2e \rightarrow Ni$，标准电位为 -0.257 V，比铁的标准电位 -0.44 V 要高，这代表无法为铁提供牺牲阳极保护的作用。另根据 Ni-Si 相图，Al-Si 镀层中添加 Ni 时，镀层金属的熔融过程中 Si 多以 Ni_xSi_y 形式存在，并易生成渣，需要极其微量地添加。

（4）Cr：金属 Cr 腐蚀过程中形成的 $Cr(OH)_3$ 使镀层均一地腐蚀，延长寿命。

（5）La：La 还原反应为 $La^{3+}+3e \rightarrow La$，标准电位为 -2.36 V，防腐蚀能力及氧化能力与 Mg 类似。

（6）Cu：Al-Si 镀液中添加 Cu 可以降低熔点温度与黏度。

（7）Sn：Al-Si 镀液中添加 Sn 可以降低熔点温度与熔融金属的黏度。热成形过程中镀层会出现裂纹，铁容易被腐蚀。添加 Sn 后，可降低裂纹扩展趋势，提高对基体的保护效果。同时添加 Sn 后，有助于改善镀层的磷化性能。

图 3.15 所示为开发的新型 Al-Si 镀层热成形后的镀层形貌，添加合金元素可以抑制热成形过程中裂纹的产生，与常规 Al-Si 镀层相比，裂纹大幅减少。

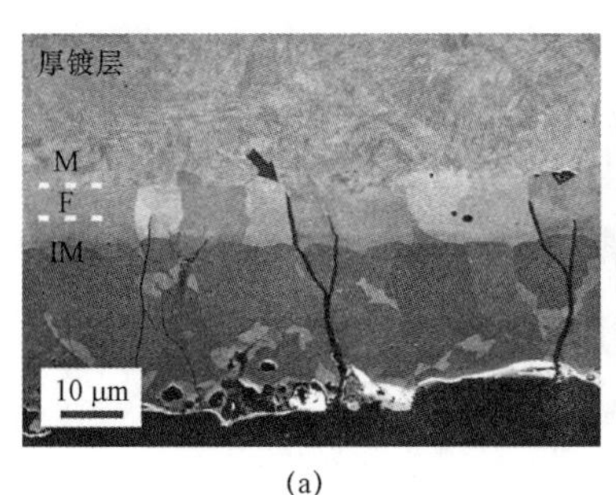

(a)

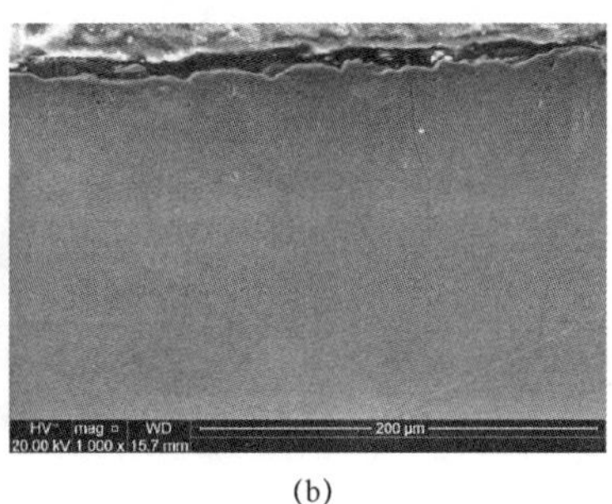

(b)

图 3.15　热成形后的镀层形貌

（a）常规 Al-Si 镀层；（b）新型 Al-Si 镀层

3.2 锌基镀层

Zn 具有很好的阴极保护作用，热成形中使用的锌基镀层主要包括纯锌镀层（GI）和铁锌合金基镀层（GA）两种类型。GI 镀层通过将钢板浸入温度为 445～455 ℃的锌液中一段时间，随后冷却使液态锌凝固得到。通过对纯锌镀层在 480～520 ℃时进行保温处理，促进 Fe-Zn 合金相的形成，获得的即 GA 镀层，其中 Fe 的质量分数在 10%左右。2000 年，ArcelorMittal 申请了锌基镀层热成形钢的专利 EP1672088B2，在表面涂 5～30 μm 厚的锌或锌基合金，热成形温度在 700 ℃以上。2003 年，奥钢联提出锌基镀层热成形钢具有阴极防腐的作用，并且明确提出热成形后具有大于 4 J/cm^2 的阴极保护能量。近几年，新日铁、ArcelorMittal、Thyssenkrupp、POSCO 和宝钢等在工艺、镀层成分等方面研究较多。

目前锌基镀层由于受到两个主要问题的限制而无法得到广泛应用：一是奥氏体化处理过程中 Zn 的挥发问题；二是锌基镀层板会发生液态锌致基板脆断问题，即液态金属脆。锌基镀层板的优点是具有很好的防腐蚀性能，缺点是完成热冲压后镀层的表面存在氧化层。为了满足热冲压件点焊及涂装的要求，需要对热冲压件进行额外的表面处理，如通过喷砂去除表层的氧化层。在国内，目前宝钢在锌基热成形板方面具有研发与生产优势。

3.2.1　热浸镀生产工艺

热浸镀锌是将表面经清洗后的钢板浸于熔融的锌液中，通过铁锌之间的反应和扩散，在钢铁制品表面镀覆附着性良好的锌或锌铁合金镀层。热浸镀锌是较热浸镀铝更早实现批量生产的镀层产品，热浸镀锌与热浸镀铝相比，主要区别在于合金熔点的不同，锌熔点（约 420 ℃）较铝熔点（约 660 ℃）更低，热浸镀过程中锌液温度（低于 480 ℃）远低于铝液温度（650 ℃以上），故热浸镀锌生产难度更小。热浸镀锌与热浸镀铝工艺流程大同小异，也主要分为溶剂法、森吉米尔法和美钢联法，这里不再一一赘述。

一般生产纯锌镀层时，锌液中铝含量约为 0.20%，生产锌铁合金镀层时，铝含量需降低至 0.12%～0.14%，并将镀层加热到一定温度并保温一段时间形成锌铁合金镀层。合金化段温度一般设置为 450～550 ℃，合金化处理后获得铁含量为 7%～15%的锌铁合金镀层。该镀层电极电位低于基体的铁，但高于纯锌层，这样使得镀层的侵蚀速度下降，改善了镀层的耐腐蚀性能，并且锌铁合金化镀层钢板的焊接性能也优于一般纯锌镀层钢板。

3.2.2 Zn 镀层热成形钢的组织性能特性

1. Zn 镀层加热相转变

锌基镀层在加热过程中的相转变对研究热成形工艺及成形过程中的裂纹扩展具有指导意义。

张杰等人通过对 GI 镀层在不同加热工艺下进行试验，分析了镀层加热转变及表面氧化物形成规律（见图 3.16 及图 3.17），发现：

（1）GI 镀层奥氏体化温度加热后镀层由 α-Fe 和 Γ1 相组成，较高的加热温度和较长的保温时间能够增大表面的氧化物层厚，并且加热过程使得液相锌转变为 α-Fe 固溶相，避免了热冲压过程中的 LME 现象。

（2）表面 Al_2O_3 阻止了液相锌的挥发，但是太高的温度会导致连续 Al_2O_3 层的破坏，并且随着保温时间的增加 ZnO 层增加。

（3）当固溶 Zn 的 α-Fe 相中 Zn 含量在 15～35wt.%以内时，热冲压后的镀层具有阴极保护作用。

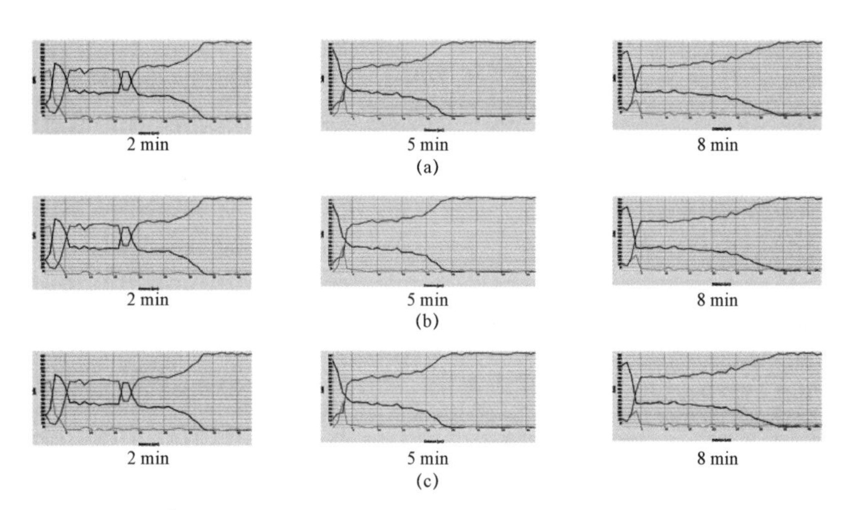

图 3.16 不同加热工艺后表面到基体镀层中 Zn、Fe、Al 元素含量截面分布

（a）870 ℃；（b）900 ℃；（c）930 ℃

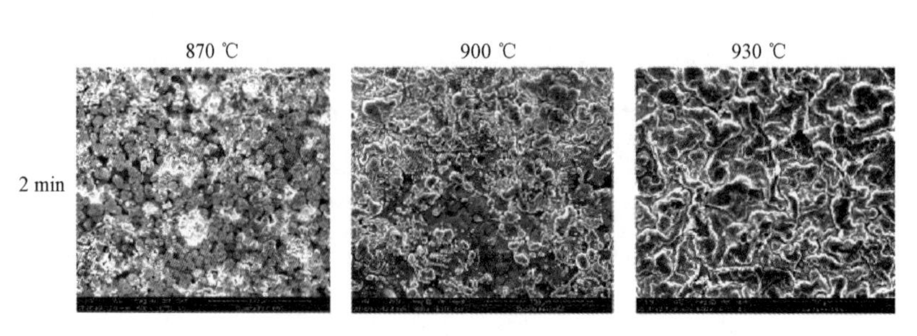

图 3.17 不同加热工艺后镀层表面 FE-SEM 微观形貌

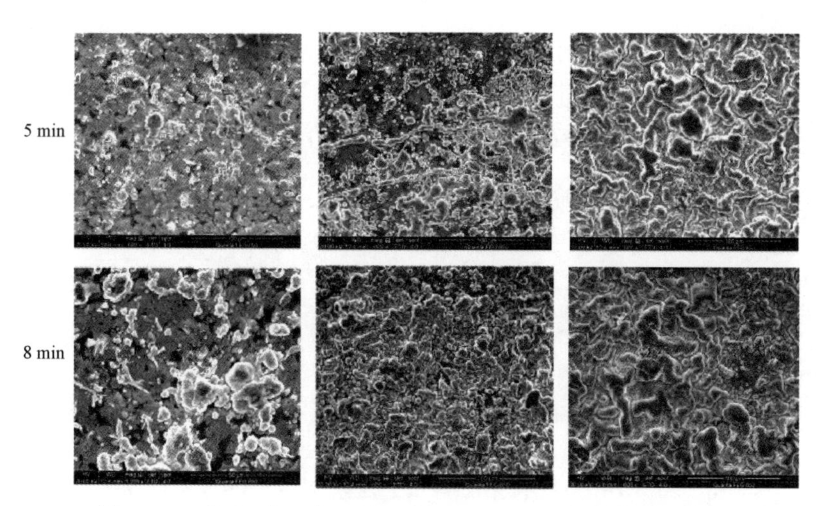

图 3.17　不同加热工艺后镀层表面 FE－SEM 微观形貌（续）

Faderl J 等人研究了 GI 镀层钢板在热成形过程中镀层中相变及钢基体的变化，见图 3.18 和图 3.19。研究发现：

（1）加热过程中，镀层中首先形成 Γ－ZnFe，随着温度的升高，逐渐形成 α－Fe(Zn)，随着保温的进行，Γ－ZnFe 消失，转移冲压过程中镀层部分重新转变成 Γ－ZnFe。

（2）由于基体与镀层相互扩散，镀层向基体迁移，镀层增厚，并研究了镀层 Zn－Fe 厚度与保温时间的关系。

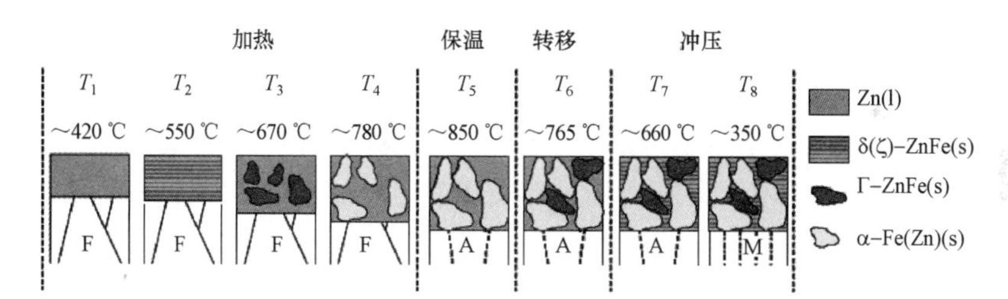

图 3.18　GI 镀层钢板热成形过程中镀层中相转变及钢基体变化

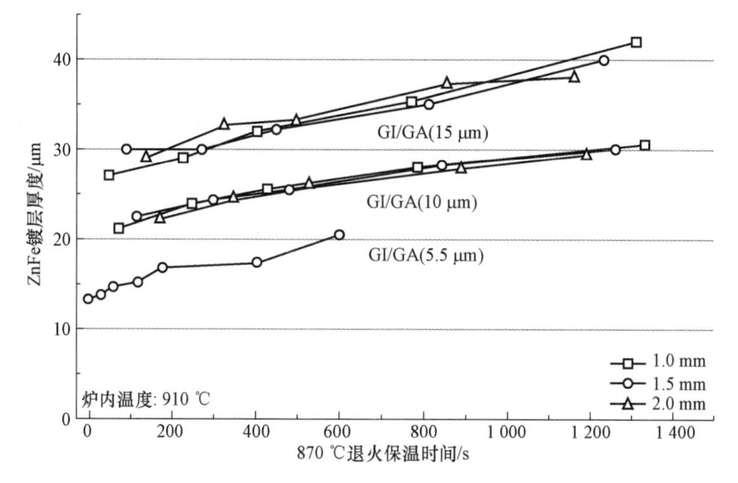

图 3.19　钢板厚度与加热时间对镀层厚度的影响

Nakata 等人研究了热冲压用合金化镀锌钢板在热冲压工艺中镀层的组织和成分变化，在镀锌过程中形成了 ZnFe 金属间化合物。热冲压工艺结束后，镀层最表面是 Zn 的氧化物，钢板的表面形成了一层包含 Fe－(20%～30%)Zn 的固溶体，见图 3.20。

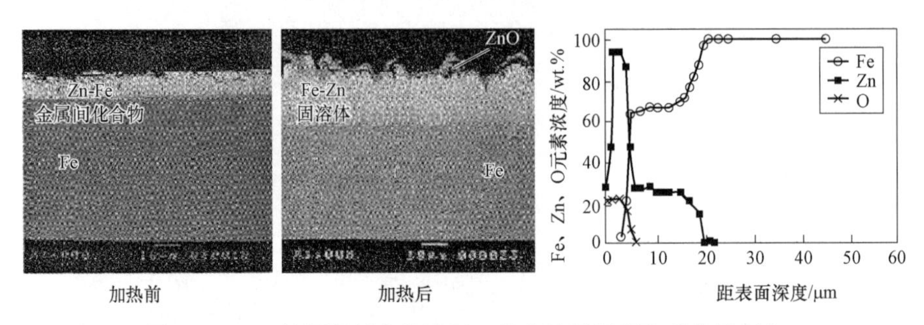

图 3.20　GA 镀层钢板在热冲压工艺中镀层组织和成分的变化

2. Zn 镀层裂纹形成扩展机制

热成形锌基镀层在热成形过程中，当成形温度较高、变形较大时，镀层中裂纹扩展至基体形成大裂纹从而造成钢板断裂。研究热成形锌基镀层裂纹形成扩展机制对改进热成形工艺具有重要意义。

李俊等人采用直接热冲压工艺将 GI 和 GA 镀层钢板在 900 ℃时保温 5 min，随后分别在不同的温度范围内进行热成形，见图 3.21 及图 3.22，发现：

（1）在不同热冲压温度条件下，基体的开裂程度和产生机理不同。在较高的冲压温度条件下，GI 和 GA 镀层钢板基体中均会产生大裂纹（68.2～163.2 μm），该裂纹的产生主要是由于奥氏体化过程中锌或锌铁合金渗入并存在于原始奥氏体晶界，在热成形过程中液态锌或锌铁合金诱导奥氏体晶界开裂并扩展；在相对较低的冲压温度下，基体中仅产生了微裂纹（2～5 μm），由于锌或锌铁相以固态的形式存在于奥氏体晶界处，在镀层裂纹尖端应力的作用下奥氏体晶界开裂而产生微裂纹。

（2）同时通过对比得出，GI 相比 GA 镀层，钢板在冲压过程中基体更易产生裂纹。

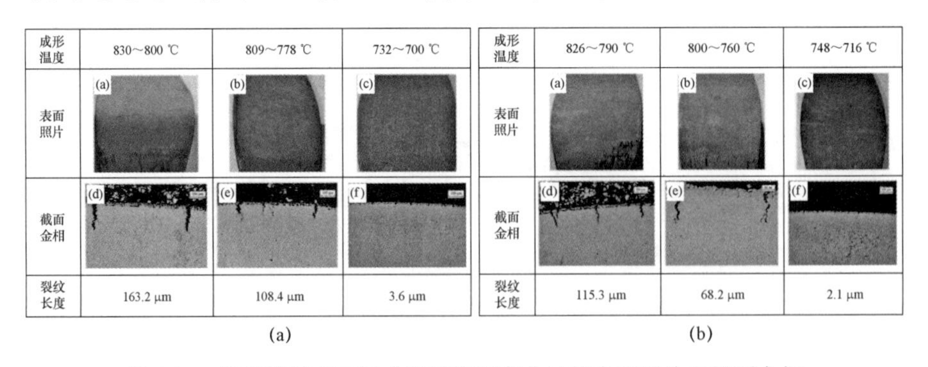

图 3.21　锌基镀层在不同成形温度下弯曲处的表面照片和界面金相

（a）GI；（b）GA

Wook L C 等人研究不同变形温度下，锌镀层与裸板的应力－应变关系，见图 3.23，发现：

（1）在 850 ℃成形时，裸板断裂时工程应变为 40%，而镀锌钢板断裂工程应变仅为 8%。

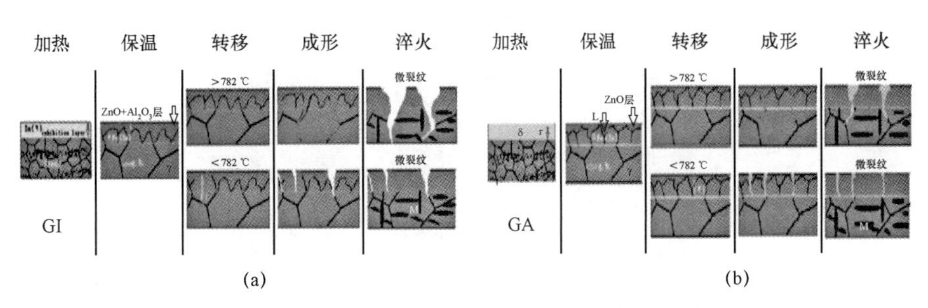

图 3.22　锌基镀层热成形过程中裂纹产生示意

（a）GI；（b）GA

（2）在 700 ℃成形时，镀锌钢板也具有较高的塑性。

（3）在 850 ℃成形时，镀层中液态 Zn 沿着奥氏体晶界扩散，从而造成钢板脆化断裂。

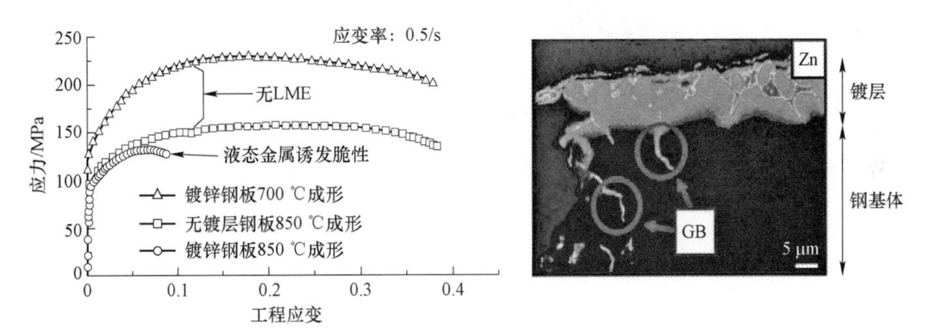

图 3.23　三种试样应力−应变曲线及 850 ℃成形时 Zn 元素截面分布

Seok H H 等人在不同加热工艺下采用直接热成形工艺，研究 GI 镀层不同部位的裂纹扩展情况，并与 Al−Si 镀层进行了比较，见图 3.24 及图 3.25。研究发现：

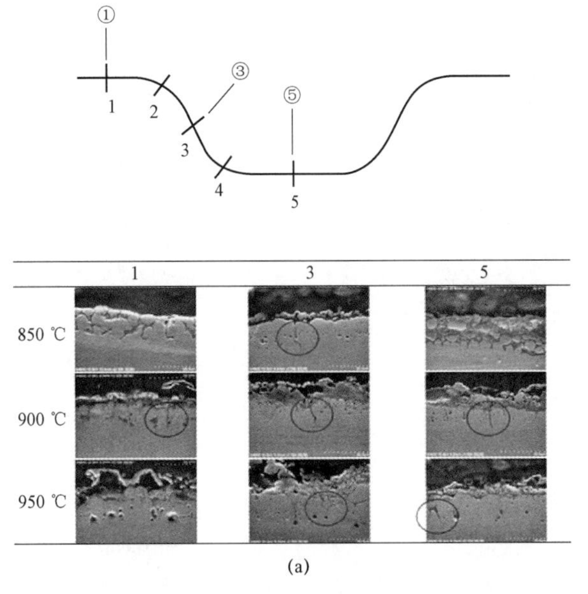

图 3.24　不同加热温度、时间下热成形后 GI 镀层裂纹形貌

（a）加热时间 3 min

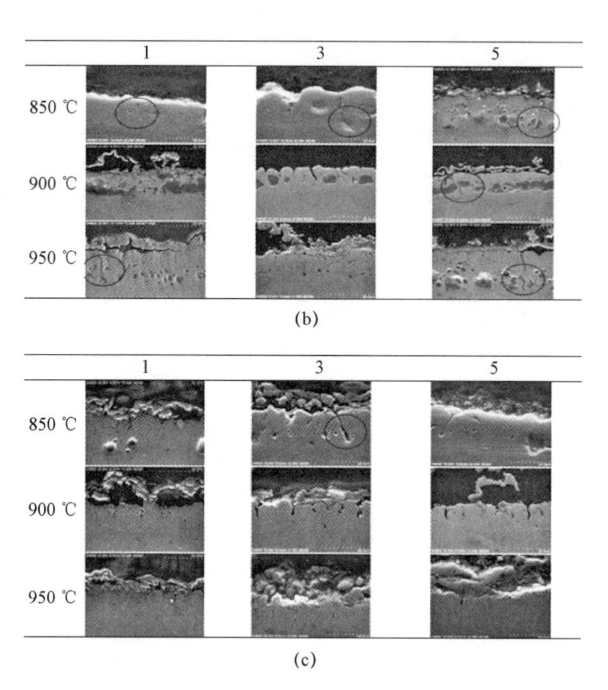

(b)

1　3　5
850 ℃
900 ℃
950 ℃

(c)

图 3.24　不同加热温度、时间下热成形后 GI 镀层裂纹形貌（续）

（b）加热时间 10 min；（c）加热温度 5 min

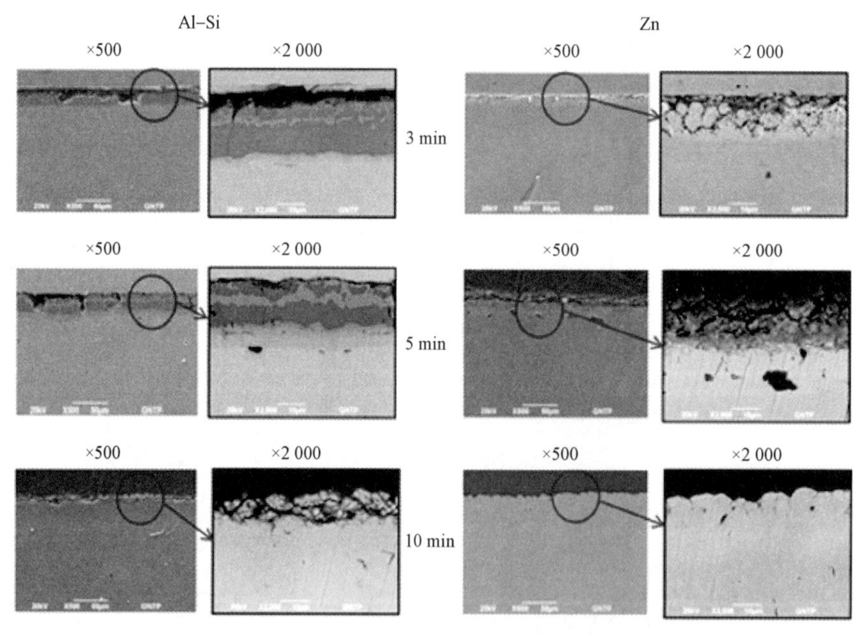

图 3.25　加热温度为 900 ℃时 Al–Si 镀层与 GI 镀层对比

（1）当加热时间为 3 min 时，试样各个部位存在显微裂纹，其中侧壁裂纹较为集中；随着加热温度、时间的增加，镀层扩散更加充分，镀层更加整洁，裂纹迅速减少。

（2）平坦区域存在裂纹是由于 Zn 的热力学扩散系数大于 Fe，冷却过程中引起镀层拉应变。

（3）最优加热温度为 900 ℃时，当加热时间为 3 min 或者 5 min 时，Zn 镀层较 Al–Si

镀层更不稳定，但加热时间延长至 10 min，两者差别不大。

（4）GI 镀层热成形最优加热温度为 900 ℃，加热时间为 5 min 或 10 min。

3.2.3　Zn 镀层热成形钢的应用性能

1. 锌基镀层耐腐蚀性能

Autengruber 等人对 GI 镀层加热后采用盐雾喷淋测试试验评估（salt spray test，SST）镀层质量损失和最大腐蚀深度，如图 3.26 和图 3.27 所示。研究发现：

（1）加热后 Al-Si 热成形钢开路电位，即电流密度为零的电极电位与钢基体一样，不能提供牺牲阳极保护，Zn 基热成形钢开路电位稍低于钢基体，能够提供牺牲阳极保护。

（2）Zn 基热成形钢经不同加热工艺后的腐蚀减重行为相似，但最大腐蚀深度与加热工艺有关。

（3）Zn 基热成形钢与 Al-Si 热成形钢相比，Zn 基热成形钢镀层 α-Fe 中含有 25～35wt.% 的 Zn，具有牺牲阳极保护作用，较 Al-Si 热成形钢有更好的防腐蚀保护作用。

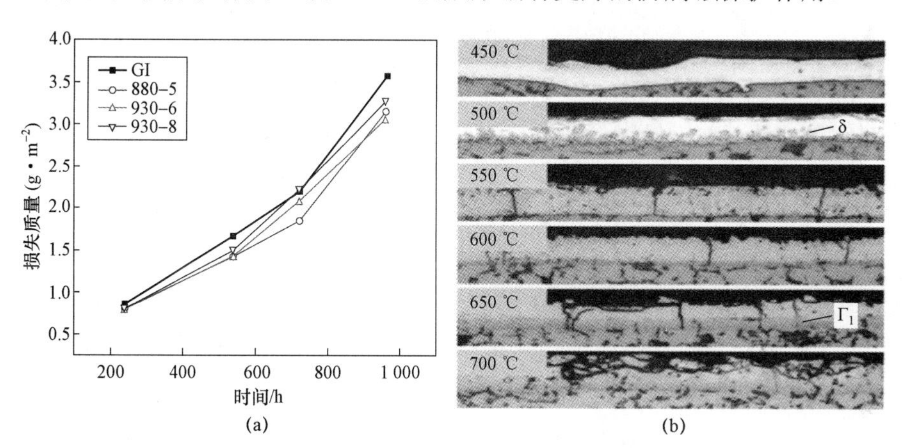

图 3.26　不同加热工艺下 GI 镀层质量损失

（a）GI 及加热后质量损失；（b）GI 加热后镀层截面形貌

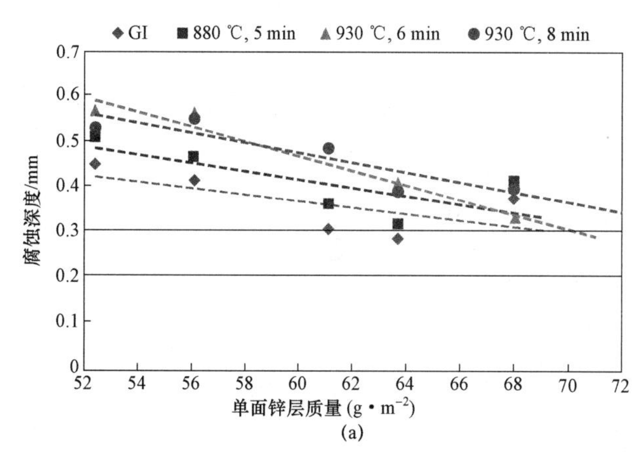

图 3.27　最大腐蚀深度评价

（a）GI 及加热后最大腐蚀深度

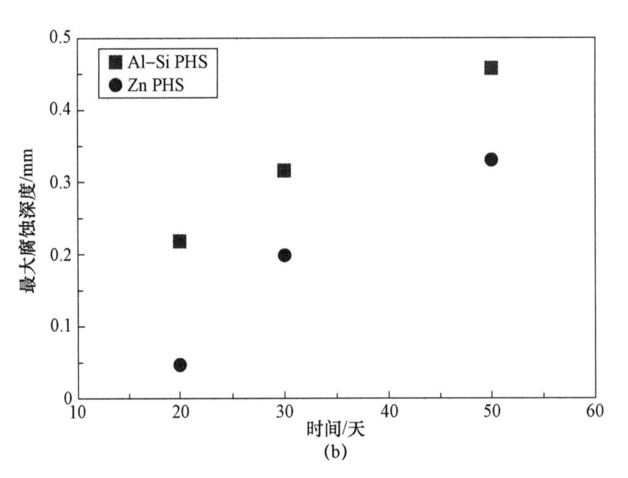

图 3.27　最大腐蚀深度评价（续）

（b）GI 与 Al-Si 加热后最大腐蚀深度对比

Autengruber 等人采用 VDA621-415—1982《涂料技术检验》、VDA233-102—2013《汽车架构材料零部件的循环腐蚀试验》等标准对 GI 镀层进行了耐腐蚀性能评价（见图 3.28 和图 3.29），发现：

（1）加热显著使厚度镀层增大，镀层由 α-Fe 与 Γ-ZnFe 组成，Γ-ZnFe 为基体提供牺牲阳极保护作用。

（2）GI 合金化后与未合金化相比，合金化后镀层腐蚀速率较低，加之镀层增厚一倍以上，可以为基体提供更好的保护作用，并且使划痕与缺口表面具有较低的腐蚀蠕变。

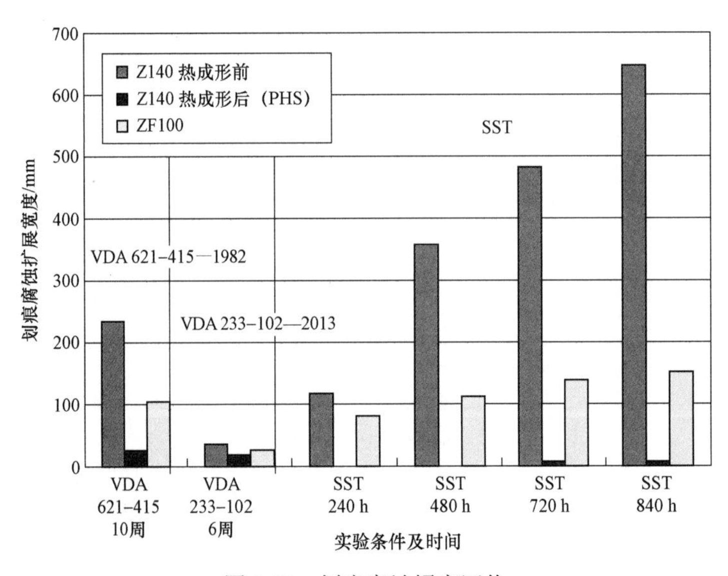

图 3.28　划痕腐蚀蠕变评价

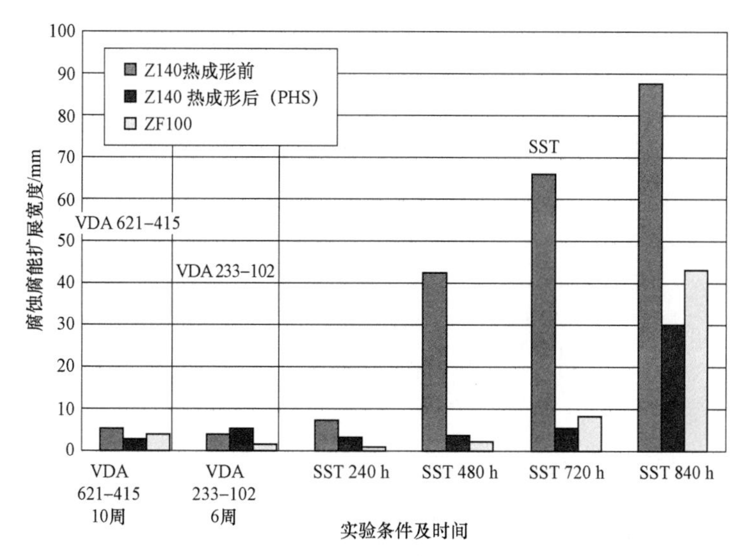

图 3.29 缺口腐蚀蠕变评价

2. 锌基镀层焊接性能

Faderl J 等人研究了不同退火时间后锌基镀层焊接电流范围，如图 3.30 所示。研究表明，使用三倍于标准退火的时间，锌基镀层焊接电流范围仍然大于 1 kA。

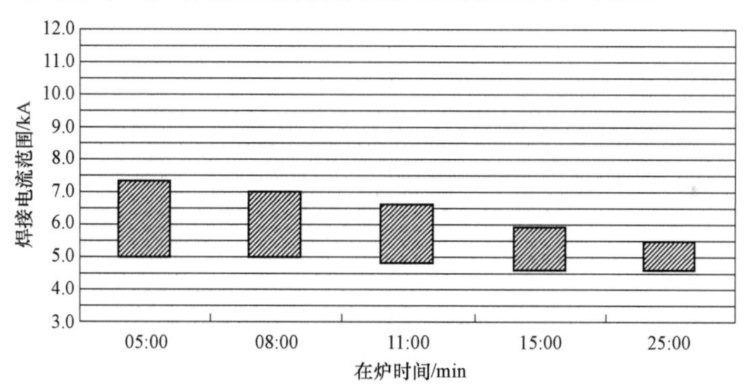

图 3.30 不同退火时间下电阻点焊焊接电流范围

板厚：1.5 mm；炉温：910 ℃；双脉冲直流点焊

Akioka K 等人研究了 GA 镀层热成形后焊接电流对拉伸剪切强度的影响，如图 3.31 所示。研究发现：

（1）随着焊接电流的增加，拉伸剪切强度增加。

（2）GA 镀层热成形后焊接电流对拉伸剪切强度的影响与无镀层热成形钢抛丸处理后相似。

3. 锌基镀层热成形工艺

目前 Al－Si 镀层及无镀层热成形钢普遍采用直接热成形工艺。针对 GI 镀层直接热成形过程中容易造成 LME 裂纹的问题，间接热成形工艺被开发出来。材料首先在常规冷成形模具中成形到最终形状的 90%～95%，然后将预成形的零件加热奥氏体化和淬火硬化。在间接热成形工艺中，零件的预成形可以减少材料与模具之间的相对位移，从而减少模具表面在高温下的磨损。但间接热成形工艺增加了预成形步骤，生产节奏慢，增加了成本，限制了其推广应用。直接与间接热成形工艺的优缺点比较见表 3.5。

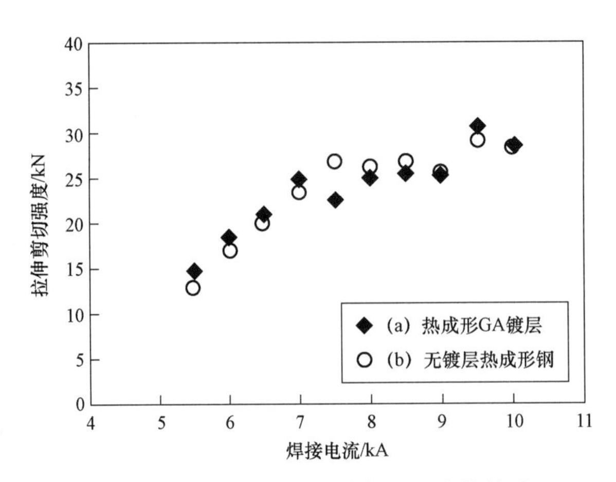

图 3.31　焊接电流与拉伸剪切强度的关系

表 3.5　直接与间接热成形工艺优缺点比较

热成形工艺	优点	缺点
直接热成形	（1）板料在一套模具中进行成形及淬火，节省了预成形模具费用并加快了生产节奏； （2）板料加热前为平板料，这样不仅节省了加热区面积，节省能源，而且可以选取多种加热方式，如采取感应加热炉进行加热	（1）复杂形状的车内零部件成形困难； （2）模具冷却系统设计更复杂； （3）需要增加激光切割设备等
间接热成形	（1）可以成形具有复杂形状的车内零部件，几乎可以获得目前所有的冲压承载件； （2）板料预成形后，后续热成形工艺不需要过多考虑板料高温成形性能，可以确保板料完全淬火得到马氏体组织； （3）板料预成形后可以进行修边、翻边、冲孔等工艺加工，避免板料淬火硬化后加工困难问题	（1）增加了预成形步骤，生产节奏慢，增加了成本； （2）加热区面积大，浪费能源

为克服锌基镀层热成形钢产生的 LME 现象，Gestamp 2017 年提出带预冷段的直接热成形工艺，如图 3.32 所示，该工艺在加热炉与压机之间增加预冷却步骤，冲压温度在 550 ℃左右。在该温度下热冲压，镀层中不存在液态 Zn 相，同时该温度下镀锌热成形钢的表面摩擦系数与铝硅镀层热成形钢 700 ℃以上时的摩擦系数相当，因此避免了 LME 裂纹，同时该温度下的成形性能良好。GA 与 Al－Si 镀层成形性能与温度的关系见图 3.33。

图 3.32　带预冷段的直接热成形工艺

镀锌热成形钢的加热工艺窗口也极为关键。当加热温度过高时，热成形后零件表面存在较多白色氧化物颗粒 ZnO，加热温度为 890 ℃热成形后零件几乎不存在氧化物颗粒。加热温度为 910 ℃、890 ℃的热成形 GA 零件见图 3.34。

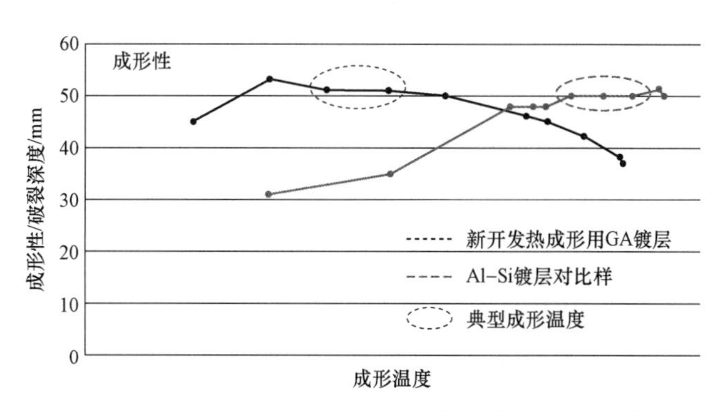

图 3.33　GA 与 Al－Si 镀层成形性能与温度的关系

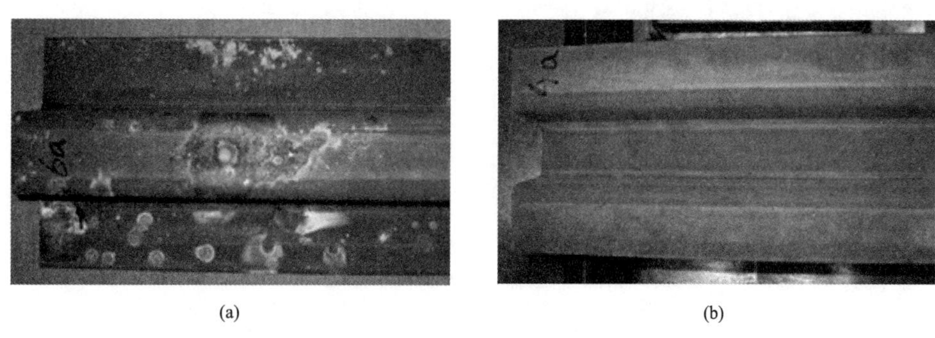
(a)　(b)

图 3.34　加热温度 910 ℃、890 ℃热成形 GA 零件

（a）T=910 ℃，短时加热；（b）T=890 ℃，短时加热

另外，为保证基体完全奥氏体化，加热温度应该在 860 ℃以上。加热时间方面，为避免 LME 现象，镀层需完全合金化，这一需求限制了最低加热时间。另外，加热时间过长造成镀层表面锌含量降低，影响镀层耐腐蚀性能。镀锌热成形钢工艺窗口如图 3.35 所示。

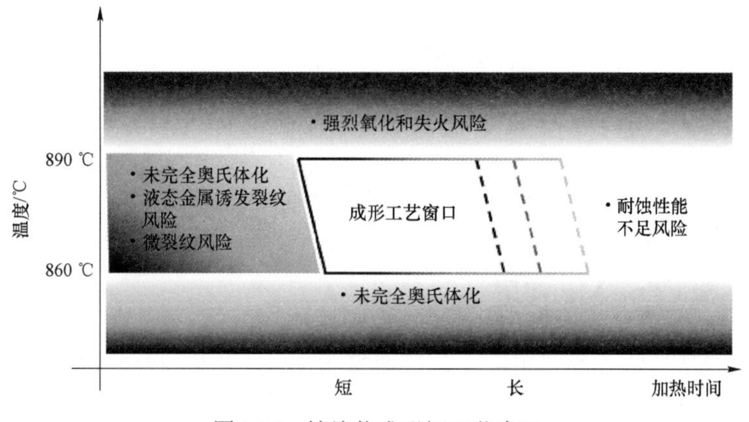

图 3.35　镀锌热成形钢工艺窗口

锌基镀层热成形工艺发展见图 3.36，经过对工艺设备改进，发展出多工位热冲压生产线，其预冷、成形、冲孔、淬火工序皆在多工位压力机上实现，生产节拍可达到 15 冲次/min，每年 300 万冲次。该生产线的特点为：

（1）冲压周期短，成本降低。

（2）取消激光切割工序，成本降低。

（3）成形性提高，负角度成形成为可能。

（4）无大于 10 μm 的微裂纹。

（5）可实现变强度成形。

（6）模具稳定性提高。

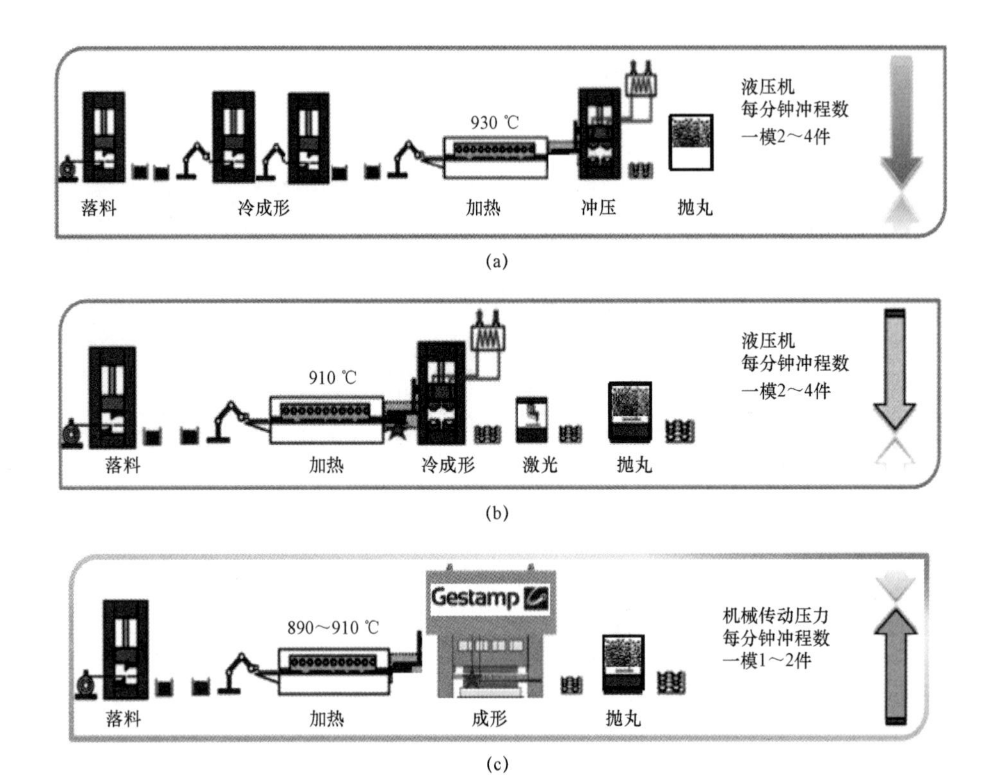

图 3.36　锌基镀层热成形工艺发展

（a）锌基镀层间接热成形工艺；（b）锌基镀层带预冷段直接热成形工艺；（c）锌基镀层多工位热成形工艺

3.3　其他镀层

3.3.1　Al-Si-Zn-Mg 镀层

铝硅镀层作为目前商业化应用最为广泛的镀层，具有良好的耐高温氧化性能，然而在耐蚀性等方面具有多方面缺陷，不能被一些主机厂所接受：

（1）不具有牺牲阳极保护作用。

（2）热成形后镀层间大量裂纹，一方面会发生基体先于镀层腐蚀的情况，另一方面在涂装过程中若电泳漆渗入微裂纹，将导致其周围区域的电泳漆变薄而产生腐蚀风险。

（3）发生锈蚀，即红锈。

（4）增加了零件的氢脆敏感性。

镀锌层包括两种，即热浸镀纯锌和热浸镀合金化镀锌。这两种镀层通过合适的热成形工艺具有良好的牺牲阳极保护作用，但是由于锌的熔点较低，在热成形过程中容易发生 LME 现象。为了避免 LME 现象，同时又使镀层具有较好的牺牲阳极保护作用，所以热成形工艺窗口较窄。另外，由于锌的熔点低，在加热炉中不能使用辊底炉进行生产，需增加机械手转移等工序。总之，镀锌层的可制造性降低了热成形钢的大规模应用。

由于铝硅镀层、锌基镀层的上述缺点，新镀层技术成为热成形技术领域研究最为活跃的方向之一。

通过在锌中加入少量铝、镁提升镀层耐蚀性等性能的思路已经在冷成形技术领域得到工业化验证。近年来在热成形技术领域，正在开展在传统铝硅镀层中引入 Zn、Mg 的研究。Al－Si－Zn－Mg 镀层热成形钢防腐机理见图 3.37。

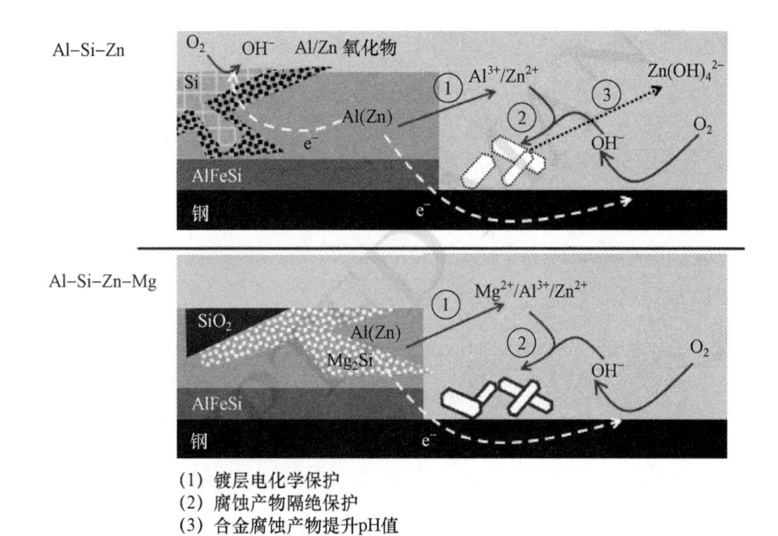

图 3.37　Al－Si－Zn－Mg 镀层热成形钢防腐机理

目前尚无商业化应用的 Al－Si－Zn－Mg 镀层热成形钢，成分体系也尚未固定。对于此类镀层的热氧化行为、热成形工艺的研究报道不多，但可以预见的是，此类镀层中的锌含量与牺牲阳极和 LME 风险之间的矛盾依然存在，因此设计合适的 Zn 含量保证牺牲阳极作用但不增加 LME 风险是主要的研究点。另一方面，Mg 的添加量以及第五、六合金元素引入镀层提升镀层耐蚀性等性能的研究也是重点。

Nicard C 等人研究了锌和镁合金化对高强度钢 Al－Si 镀层的组织和防腐蚀机理的影响。在加速的循环腐蚀试验中，Al－Si－Zn 镀层为钢基材提供了牺牲阳极保护，但镀层消耗的速率过快，导致牺牲阳极保护作用降低。与 Al－Si－Zn 相比，Al－Si－Zn－Mg 镀层表现出相同的电化学行为，但是在加速腐蚀试验中，与 Al－Si－Zn 镀层相比，Al－Si－Zn－Mg 消耗较少，基体受到的侵蚀较小，增加了镀层寿命，获得了明显更长的牺牲保护，如图 3.38 所示。

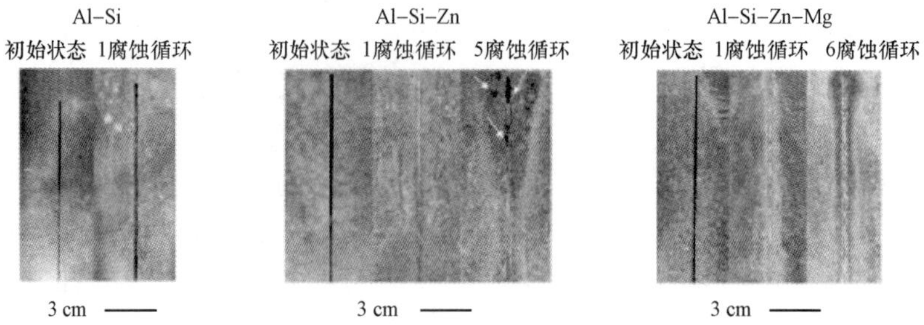

Al-Si
初始状态 1腐蚀循环

Al-Si-Zn
初始状态 1腐蚀循环 5腐蚀循环

Al-Si-Zn-Mg
初始状态 1腐蚀循环 6腐蚀循环

3 cm 3 cm 3 cm

图 3.38 耐蚀性 Zn-Mg 合金化对高强度钢 Al-Si 镀层腐蚀的影响

3.3.2 Zn-Ni 镀层

Zn-Ni 镀层一般通过电镀的方式获得，典型的镀层成分为 89wt.% Zn-11 wt.% Ni。Ni 的添加和优选的电镀工艺参数可以保证形成 γ-Ni5Zn21 单相金属间化合物，这种金属间化合物熔点高达 880 ℃，明显高于热浸锌镀层，有利于避免加热过程中液态锌侵入奥氏体晶界导致的基体开裂。另外，添加镍后可以降低热成形过程中的镀层合金化速率，保证热成形后的镀层中仍然具有足够的富锌相，形成较宽的可保证阴极防腐能力的热成形工艺窗口（880～920 ℃）。

加热过程中 Zn-Ni 表层的氧化能有效防止表层锌的挥发。但是与 GI 镀层相比，由于锌镍沉积过程不会产生初始氧化铝层，影响了氧化动力学条件，因此在锌镍镀层上形成的氧化层要比在 GI 镀层上形成的氧化层厚得多。这一氧化层是松散易剥离的，因此对于后续的涂装过程需要采用一定的手段移除，如图 3.39 所示。

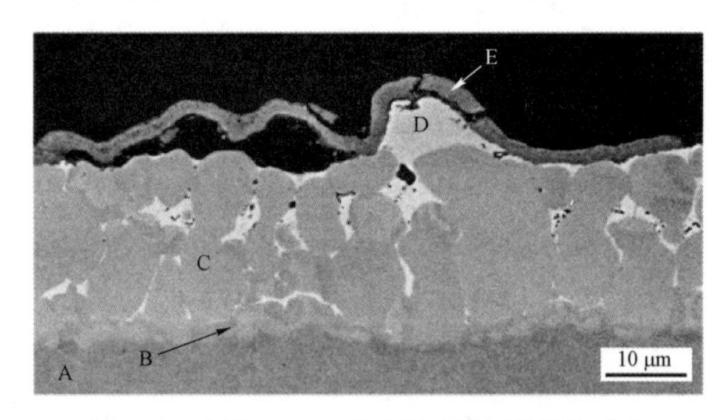

图 3.39 电镀 Zn-Ni 热成形后镀层组织和成分

A—钢基体；B，C—α-Fe（Zn）；D—界面抑制层 γ-ZnNiFe；E—表层 ZnO

由于热处理后镀层的表面状况和化学状态不同，Al-Si 和 Zn-Ni 镀层具有不同的摩擦学特性，具体不同载荷下两种镀层摩擦系数随运动距离的变化情况如图 3.40 所示。与 Al-Si 镀层相比，由于加热过程中会形成致密的氧化锌层，电镀 Zn-Ni 镀层的摩擦系数较低。另一方面，大量的 ZnO 可能导致模具磨损的增加。但是对热成形后从零件转移到模具表面的物质进行的详细金相和化学分析表明，当使用 Zn-Ni 镀层时，镀层物质在模具上的堆积显著降低。因此，ZnO 的形成有利于降低热成形过程中的摩擦系数和不利的金属堆积。降低模具磨损和镀层堆积可以显著降低模具的维护时间，这对工业生产线至关重要。

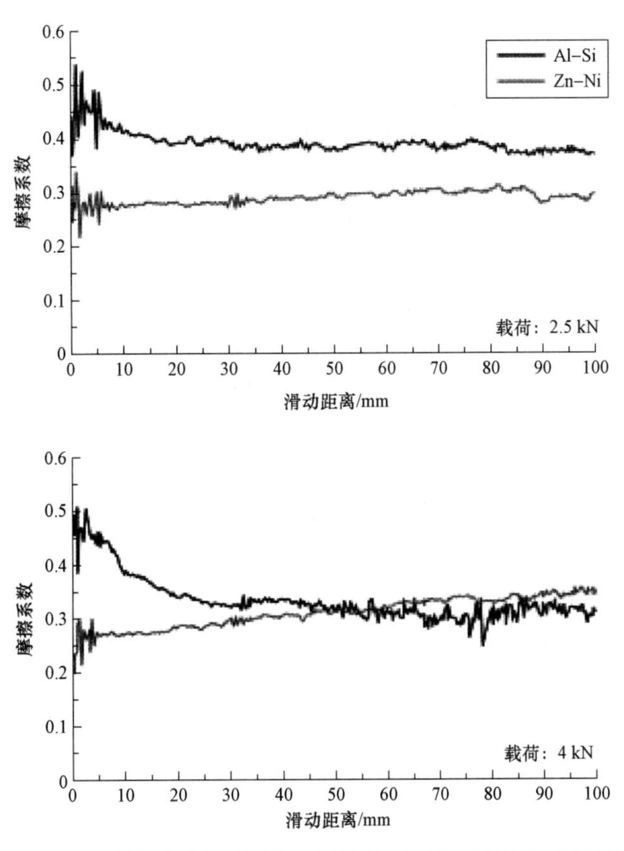

图 3.40　铝硅和锌镍镀层在不同载荷下的摩擦系数随运动距离的变化情况

总之，Zn–Ni 镀层有着优异的综合性能表现以及广泛的应用前景，Zn–Ni 镀层与常规镀层性能对比见表 3.6，该镀层有着优异的综合性能表现，但由于电镀成本高、生产率低而限制了其应用。

表 3.6　镀层性能对比

性能指标	Zn–Ni	Zn	Al–Si
摩擦系数	优	优	差
LME 裂纹风险	优	差	优
抗氧化性	差	优	优
牺牲阳极作用	优	优	差

3.3.3　复合镀层

机械科学研究总院先进成形技术与装备国家重点实验室通过将微、纳米级的多种功能组分材料和水性环保有机成膜材料进行高效复合，研究开发了一种超高强度钢板热冲压防护材料。该防护材料具有优异的高温防氧化性、润滑性、脱模性和导热性等多种功能，既能确保钢板加热、成形过程中不被氧化，又不妨碍冲压件在模具内冷却淬火，所得构件的成形质量和性能达到国外同类产品先进水平。

Goedickes 等人开发了 X-tec 镀层技术。该技术是基于纳米技术开发的，是利用溶胶凝胶的方法在钢板表面涂镀一层微米级薄膜，该薄膜由有机物、无机物和铝粉混合而成。X-tec 镀层具有较好的耐氧化性，同时适合直接热冲压成形和间接热冲压成形，但是该镀层不能在热过程中变形，并且耐腐蚀性较差。日本研究了防氧化油镀层，其防氧化油的成分主要有两种：一种由硼酸固体润滑剂、皂用脂肪酸和螯合剂构成，另一种由油基皂用脂肪酸、硼酸、磷酸盐固体润滑剂、金属皂和螯合剂组成。该防氧化油能够很好地防止钢板基体的氧化，并且加热后镀层易去掉，但是该镀层不具有耐蚀性。

复合镀层多以有机涂料加无机填料组成，其具有一定的耐热性，可以较好地阻止钢板表面发生氧化，然而由于此层不能满足后续连接、涂装的需求，需要增加去除镀层的步骤，同时镀层一般不具有耐蚀性，因此目前复合镀层一直未能成为主流的镀层技术。

3.4 小　结

由无镀层热成形钢发展到 Al-Si 镀层、锌基镀层以及 Al-Si-Zn-Mg 镀层、Zn-Ni 镀层等一些新型的镀层技术和工艺、产品，以及第 2 章提及的抗氧化的热成形钢等。这些镀层热成形钢产品可以降低热冲压成形模具的损伤以及提高零件的抗腐蚀性能，但同时也会带来韧性降低、氢脆、液脆等问题，为汽车应用带来隐患，因此需要从成分优化、工艺控制等角度进行优化，具体解决方案详见本书的第 2 章、第 6 章及第 7 章。

参考文献

［1］DEVROC J, SPEHNER D, LAURENT J P, et al. Process for manufacturing of a part from a hot-rolled sheet: Europe, EP1013785B [P]. 1998-12-24.

［2］PASCAL D, DOMINIQUE S, RONALD K. Coated steel strips，methods of making the same，methods of using the same，stamping blanks prepared from the same，stamped products prepared from the same，and articles of manufacture which contain such a stamped product：Europe，EP2086755B1［P］. 2006-10-30.

［3］易红亮，刘宏亮，常智渊，等. 热冲压成形构件、热冲压成形用预涂镀钢板及热冲压成形工艺：中国，CN108588612B［P］. 2018-4-28.

［4］MARTIN F, SIEGFRIED K JOEF F. Method for producing a hardened profile part：Europe，EP1660693A1［P］. 2003-6-09.

［5］PAUL B. New Zn multi-step hot stamping innovation at Gastamp［C］// The 6th International Conference on Hot Sheet Metal Forming of High-performance Steel: CHS2. 2017，5（14）：327-335.

［6］RANA R，SINGH S B. Automotive steels：design，metallurgy，processing and applications［M］. Sawston Cambridge：Woodhead Publishing，2017.

［7］刘邦津. 钢材的热浸镀铝［M］. 北京：冶金工业出版社，1995.

［8］SELVERIAN J H，MARDER A R，Notis M R. The effects of silicon on the reaction between solid iron and liquid 55 wt pct Al–Zn baths[J]. Metallurgical Transactions A，1989，20（3）：543–555.

[9] 肖斌，王建华，苏旭平，等. 连续镀锌板镀层粘附性不良的研究 [J]. 电镀与涂饰，2008（08）：20–22.

[10] 郑海燕，王道金. 冷轧连续热镀锌线退火炉炉内气氛的改善 [J]. 河北冶金，2014，001：42–45.

[11] 秦大伟，刘宏民，王军生，等. 带钢连续热镀锌镀层厚度控制 [J]. 钢铁，2018，8：62–67.

[12] VEIT R，HOFMANN H，KOLLECK R，et al. Investigation of the phase formation of Al-Si coatings for hot stamping of boron alloyed steel[C]//International Conference on Advances in Materials and Processing Technologies (AMPT2010). AIP Conference Proceedings，2011，1315：769–774.

[13] GRIGORIEVA R，DRILLET P，MATIGNE J，et al. Study of phase transformations in Al–Si coating during the austenitization step [J] //Solid State Phenomena, 2011, 172–174: 784–790.

[14] FAN D W，DCOOMAN B C. Formation of an aluminide coating on hot stamped steel [J]. ISIJ International，2010，50（11）：1713–1718.

[15] GHIOTTI A，BRUSCHI S，BORSETTO F. Tribological characteristics of high strength steel sheets under hot stamping conditions [J]. Journal of Materials Processing Technology，2011，211（11）：1694–1700.

[16] LUPP B，ALBERS A，HASENFU S，et al. Method for producing a steel component by hot forming and steel component produced by hot forming: WO, WO2010089273A1 [P]. 2010–02–01.

[17] 克里斯蒂安·阿勒利，雅克·珀蒂让. 设置有提供牺牲阴极保护的含镧涂层的钢板：中国，CN106460138A [P]. 2015–05–28.

[18] 蒂亚戈·马沙多阿莫里姆，克里斯蒂安·阿勒利，格雷戈里·勒伊利耶. 用于从涂覆基于铝的金属涂层的钢板开始制造可磷酸盐化部件的方法：中国，CN107923024B [P]. 2018–04–17.

[19] LANG O. Method for manufacturing a body featuring very high mechanical properties，forming by cold drawing from a rolled steel sheet，in particular hot rolled and coated sheet: France, EP16T2088B2 [P]. 2000–05–24.

[20] 科尔恩佰格 S，弗莱尚德 M，法德尔 J，等. 制造硬化钢零件的方法：中国，CN1829817B [P]. 2004–06–09.

[21] 金学军，龚煜，韩先洪，等. 先进热成形汽车钢制造与使用的研究现状与展望 [J]. 金属学报，2020，56（4）：411–428.

[22] 张彦文. 合金化镀锌板镀层抗粉化性能及相关工艺研究[D]. 武汉：武汉理工大学，2012.

[23] 张杰，江社明，张启富，等. 加热工艺对热成形钢表面纯锌镀层组织和表面氧化物的影响 [J]. 腐蚀与防护，2014，35（5）：450–453.

[24] ROBERT AUTENGRUBER, GERALD LUCKENEDER, SIEGFRIED KOLNBERGER, et al. Surface and Coating Analysis of Press-Hardened Hot-Dip Galvanized Steel Sheet [J]. Steel Research International, 2012, 83 (11): 1005－1011.

[25] NAKATA M，AKIOKA K，TAKAHASHI M，et al. Hot V－bend formability of galvannealed boron steel for hot stamping [C] //Proceedings of the FISITA 2012 World Automotive Congress. Berlin: Springer，2013: 111－112.

[26] 李俊，杨洪林，张深根，等. 不同热冲压温度下锌基镀层热成形钢基体开裂行为的研究 [C]. 上海：宝钢学术年会，2013: 1－7.

[27] WOOK L C，WEI F D，SEOK J L，et al. Zn coating behavior during hot stamping [C] //Asia Steel International Conference. Beijing：CSM，2012: 1－5.

[28] SEOK H H，MUN J C，KANG C G. Micro-crack in zinc coating layer on boron steel sheet in hot deep drawing process [J]. International Journal of Precision Engineering & Manufacturing，2015，16（5）：919－927.

[29] AUTENGRUBER R，LUCKENEDER G，HASSEL A W. Corrosion of press-hardened galvanized steel [J]. Corrosion Science，2012，63：12－19.

[30] AUTENGRUBER R，LUCKENEDER G，KOLNBERGER S，et al. Surface and coating analysis of press-hardened hot－dip galvanized steel sheet[J]. Steel Research International，2012，83（11）：1005－1011.

[31] TU J-F, YANG, K-C, CHIANG L-J, et al. The effect of niobium and molybdenum additions on bending property of hot stamping steels[J]. SEAISI Quarterly, 2017. 46 (1), 55－59.

[32] BELANGER P，LOPEZ LAGE M，ROMERO RUIZ L，et al. New Zn multi-step hot stamping innovation at Gestamp [C] // GHS2 2017. Atlanta：2017，327－336.

[33] NICARD C，ALLELY C，VOLOVITCH P. Effect of Zn and Mg alloying on microstructure and anticorrosion mechanisms of Al－Si based coatings for high strength steel [J]. Corrosion Science，2019，146：192－201.

[34] KONDRATIUK J，KUHN P. Tribological investigation on friction and wear behaviour of coatings for hot sheet metal forming [J]. Wear，2011，270（11/12）：839－849.

[35] KONDRATIUK J，KUHN P，LABRENZ E. Zinc coatings for hot sheet metal forming：Comparison of phase evolution and microstructure during heat treatment [J]. Surface and Coatings Technology，2011，205（17/18）：4141－4153.

[36] 范广宏，任明伟，周永松. 超高强度钢板热冲压用多功能防护涂料的应用研究 [J]. 锻压技术，2010（06）：102－105.

[37] GOEDICKE S, SEPEUR S, FRENZER G. Wet chemical coating materials for hot sheet forming-anti scaling and corrosion protection [C]//Proceedings of the 1st International Conference on Hot Sheet Metal Forming of High-Performance Steel, CHS2. Kassel: 2008, 37－44.

[38] MORI K，ITO D. Prevention of oxidation in hot stamping of quenchable steel sheet by oxidation preventive oil [J]. CIRP Annals-Manufacturing Technology，2009，58（1）：267－270.

第4章

热冲压成形零部件结构及工艺

4.1 热冲压成形零部件的选择及结构设计

4.1.1 热冲压成形零部件的结构设计及工程分析

热冲压成形零部件主要用于车身结构件，其设计主要基于整车碰撞要求，包括正面碰撞、侧面碰撞、偏置碰撞、顶压等，典型应用如图 4.1 所示。除了材料性能之外，热冲压成形零件的几何结构设计与其碰撞性能也联系密切。

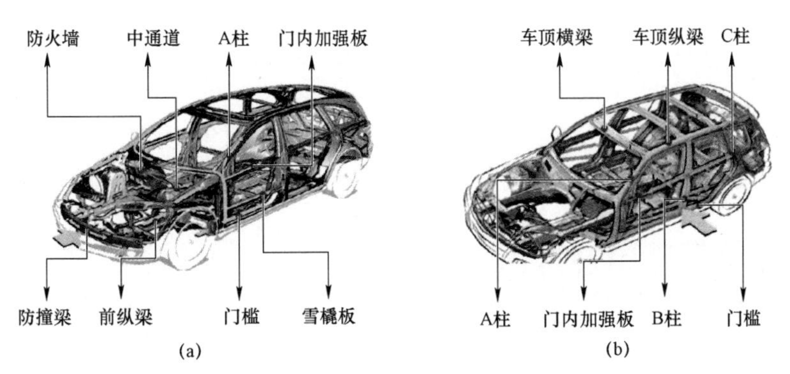

图 4.1 热冲压成形件的主要应用

（a）与正面碰撞性能相关的零件；（b）与侧面碰撞性能相关的零件

热冲压成形工艺有直接热冲压成形和间接热冲压成形两种，本章对直接热冲压工艺进行相关探讨。热冲压成形工艺的零件设计要点主要包括以下几个。

1. 热冲压成形零件翻边工艺设计

热冲压成形零件应该尽量避免圆孔翻边造型，目前的热冲压成形工艺中，进行圆孔翻边难以满足技术要求的产品精度，也难以将坯料优化到可以翻孔位置，并且翻边后激光切割困难。

热冲压成形零件设计翻边结构时应该注意拉深–法兰边区域，这些区域有更高的起皱、开裂倾向；外凸翻边的最终长度比初始长度短会产生压缩法兰边，容易导致起皱和折叠，且起皱的趋势随翻边高度的增加而增大；外凸翻边属于伸长类翻边，产生拉伸法兰边，竖边的长度在成形过程中会被拉长，当变形程度过大时，竖边边缘的切向伸长和厚度减薄就比较大，容易发生拉裂。法兰边越高，拉伸失稳越明显；无论是外凸翻边还是内凹翻边，都应该降低翻边的高度。不能有与冲压角度成负角度的翻边，如图 4.2（a）所示，一般来讲，热冲压成形冲压件不宜有翻边，尤其是 90° 的翻边特征造型，图 4.2（b）所示为 90° 翻边引起的开裂。

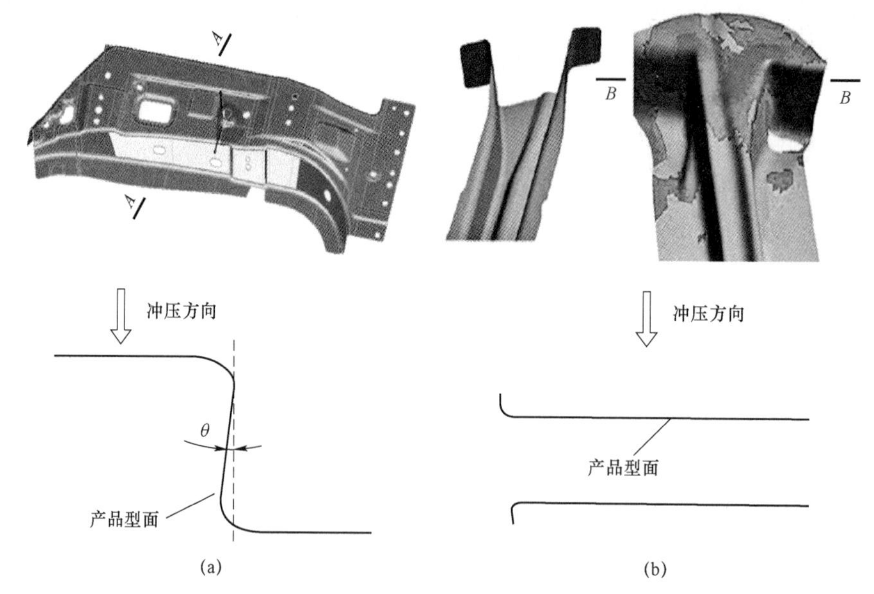

图 4.2　热冲压成形零件不宜进行的翻边方式

（a）与冲压角度成负角度的翻边（*A—A* 截面）；（b）90° 翻边引起的开裂（*B—B* 截面）

2. 热冲压成形零件拉深工艺设计

热冲压成形零件应尽量降低拉深深度，且成形深度尽可能相同，应尽量采用一次拉深成形，避免多次拉深成形。冷成形零件在拉深过程中易在凸模圆角处发生破裂，不宜有较小的过渡圆角，圆角半径过小将导致过度减薄，如图 4.3 所示。而热冲压成形拉深时板料与模具在

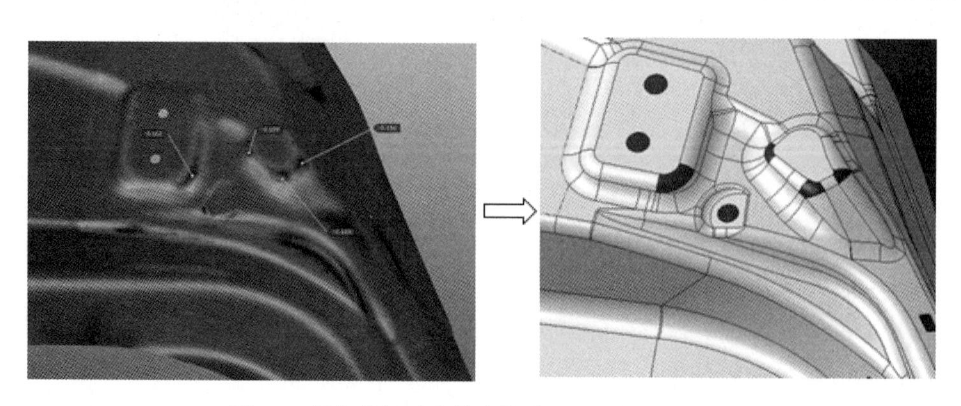

图 4.3　圆角半径过小导致热冲压成形件过度减薄

凸凹模圆角处先接触，导致这些部位首先发生冷却硬化，变形抗力增大。此时变形将转向温度较高，具有良好塑性流动性的拉深侧壁，容易产生应变集中。由于侧壁处于平面应变状态，拉深深度的增加依靠材料厚度的减薄而实现，因而容易产生拉裂，且拉裂的倾向将随着拉深深度的增加而加剧。因此不宜有过高、过直的侧壁，侧壁拔模角度应大于 6°。

3. 热冲压成形零件结构工艺设计

热冲压成形件结构设计对其成形质量有着至关重要的影响，热冲压成形结构工艺设计中应该尽量避免如图 4.4（a）所示的封闭式工艺设计，即将工艺补充面完全包围凸模型面形成封闭腔体的工艺设计。一般推荐采用如图 4.4（b）所示的开放式工艺设计，即工艺补充面不超过凸模端头圆角而未形成封闭的腔体的工艺设计。成形工艺尽可能采取弯曲成形，减少法兰边产生起皱缺陷、破裂缺陷及过分减薄的风险等。封闭式的“杯状”结构会导致成形过程中材料在凸凹模拐角处产生压缩变形和起皱缺陷，需要采用合适的压边力。在满足使用要求的情况下，增大零件圆角半径或侧壁的倾斜角度有利于成形。

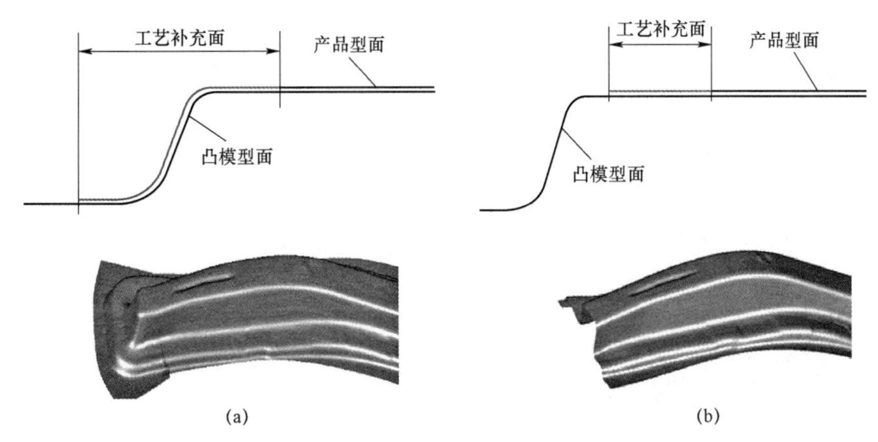

图 4.4　热冲压成形零件工艺设计

（a）封闭式工艺设计；（b）开放式工艺设计

4. 热冲压成形零件面特征工艺设计

热冲压成形零件面特征工艺设计对其成形面质量影响较大，通常在大平面，如果不设计特征造型，则容易出现材料拉深不足，导致产品面的塑性变形不充分、刚度不足等缺陷。尤其是在热冲压成形零件的端部和中间梁的设计中，更应该设置吸皱筋或加强筋，必要时宜在零部件内部设置吸皱筋或加强筋，图 4.5 所示为 B 立柱零部件吸皱筋。

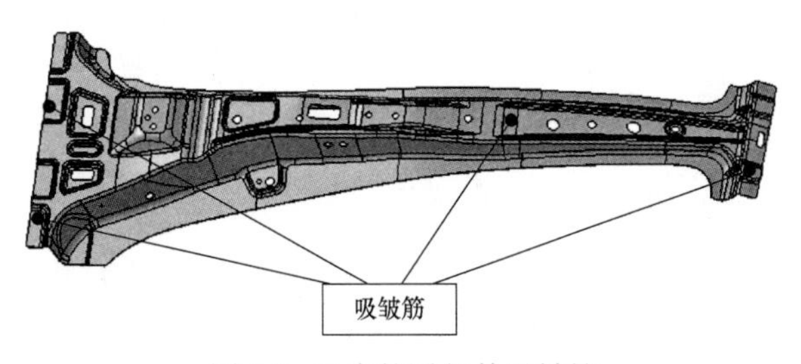

图 4.5　B 立柱零部件吸皱筋

5. 热冲压成形弯曲圆角工艺设计

热冲压成形零件的弯曲圆角工艺设计对其成形质量有重要的影响。通常板件侧壁弯曲时，若向外弯曲处的圆角过小，则容易产生裂纹；若向内弯曲处的圆角过小，容易产生起皱。因此，产品上应设计工艺缺口规避此类风险。图 4.6 所示为热冲压成形零件的弯曲缺口。当使用镀层板时，还会引起镀层的剥离，为此规定最小弯曲半径不小于 *R*5。

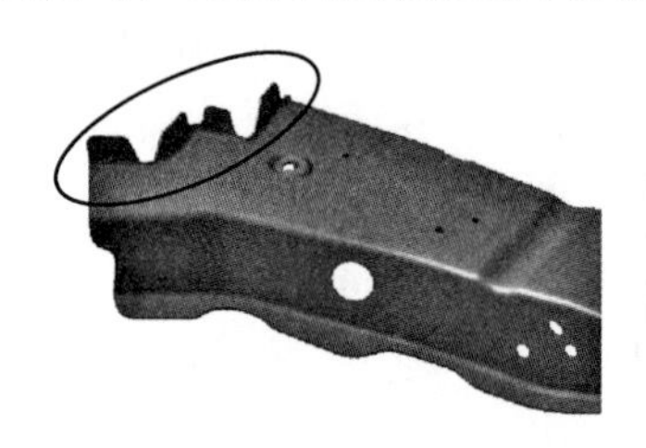

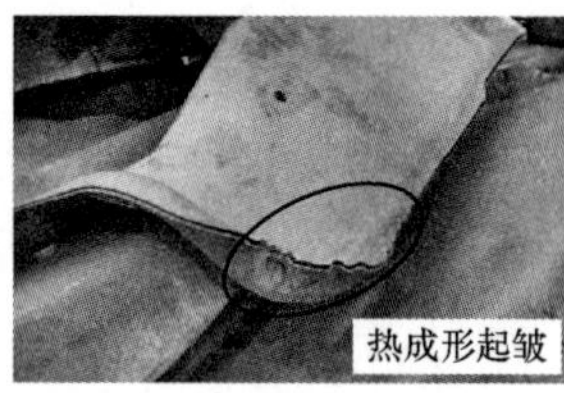

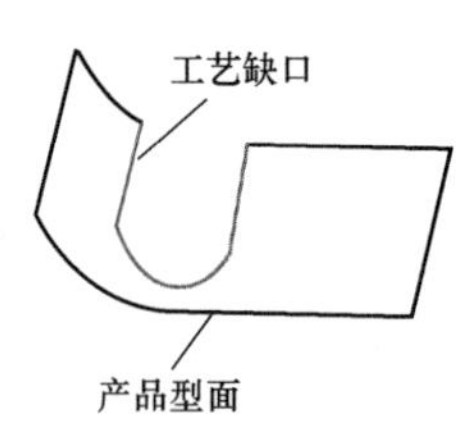

图 4.6　热冲压成形零件的弯曲缺口

6. 热冲压成形定位设计

为保证模具内料片和激光切割的稳定定位，应保证在成形时至少有一个孔用于定位，一般优先采用翻边孔。使用产品孔作为定位时，定位孔孔径根据零件孔径设置，直径应大于 16 mm，翻边圆角半径不小于 5 mm，否则易开裂。零件上无合适的定位孔时，应在废料区域设置翻边孔或凸包用于定位，如图 4.7 所示，孔径应大于 16 mm，一般优先选择 20 mm。同时为防止翻孔开裂或取件时零件刮擦模具定位销，一般将定位销底部做成斜向翻边。

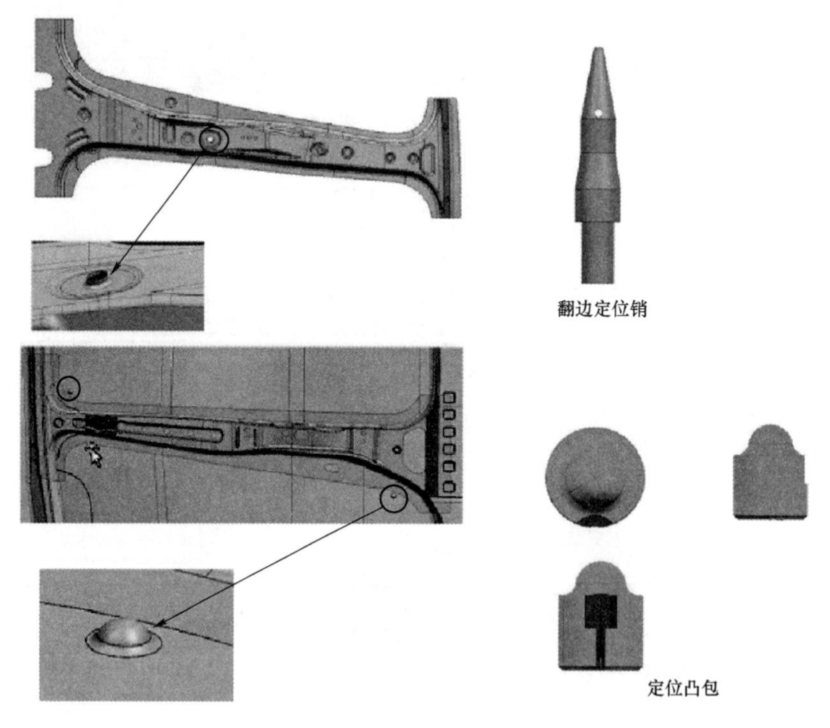

图 4.7　热冲压成形件定位设计示例

7. 热冲压成形切边精度的要求

若边线直接利用热冲压成形后的轮廓，边线公差至少为±1.2 mm，一般要求±1.5 mm，一般情况下，设计公差小于 1.5 mm，则必须进行激光切割，否则无法保证尺寸精度。为了降低成本，漏液孔、线束孔、减重孔等非安装孔可采用落料预开发工艺。因此切边精度不宜过严，以实现少（无）激光切割，如图 4.8 所示，区段 A 外轮廓因切边精度要求低，因此直接采用预落料工艺，不需要成形后再激光切割。

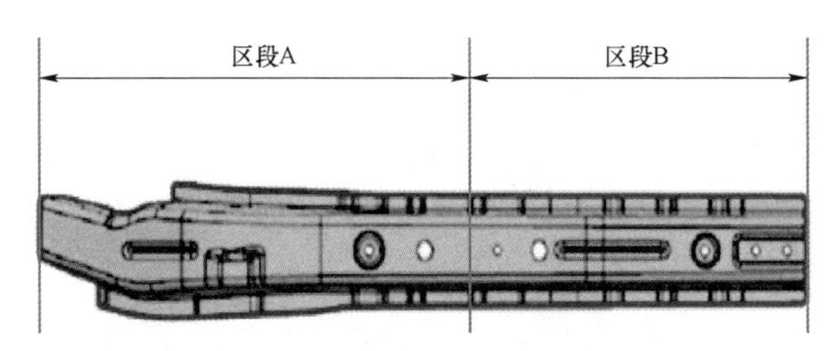

图 4.8　热冲压成形件分区域边线切割示意图

4.1.2　热冲压成形零部件及热成形材料的选择

哪些汽车零部件可以选用热成形材料或者采用热冲压成形工艺？这个问题就涉及正向选材的问题。只有合适的材料用在合适的地方才能充分发挥材料的特性，保证零部件及整车的各种性能需求以及合理的性价比，热成形钢并不适用于所有的汽车零部件，而且根据车型的级别、品牌定位、价格和性能要求不同，每个车型采用的热冲压零部件情况也不尽相同。因此，除了采用工程师经验分析竞标车的情况，还必须建立一套正确的、符合逻辑的零部件选材体系。车身正向选材 MISS 系统是由中信金属、武汉上善、宝武钢铁、奇瑞汽车联合开发的车身零件选材系统，该系统基于“the right material at the right place”（合适的材料用在合适的地方）车身选材理念。零件选材的整体逻辑判断思路是采用逐一排除的方法，针对某个具体零件，从选定的子材料库中，对材料从性能、成形和成本三大维度（9 个子维度）进行递进排除，最后剩下的为适合此零件的潜在选材对象。

零部件性能的定义是以环状结构，即环状路径车身（the ring-shaped route body，3R–BODY）作为基础。环状结构是以车身骨架任意接头为起点，沿着某一较短路径回到起点，即封闭回路形成一个个环状结构，同时由钣金焊接构成的每个封闭环状结构上的任意位置都具有一定的封闭或半封闭截面，避免截面突变或刚度局部过弱，特别是在设计时需要充分考虑环状结构的接头与路径的连接处，在载荷传递方向上尽可能保证截面完全对接或至少部分对接。车身环状结构的分类及定义如表 4.1 所示。基于车身环状结构设计理念，可以客观确定零部件的性能。按照环状结构在整车中的作用，可以将环状结构从性能角度划分为耐久环、刚度环、吸能环和安全环，即性能存在 4 个子维度。

表 4.1　车身环状结构的分类及定义

环名称	示意图	环序号	环类型	影响的主要性能
Front-Ring/ 前端模块环		R01	耐久环	车身耐久性能

续表

环名称	示意图	环序号	环类型	影响的主要性能
A-ring/ A 环		R02	安全环	车身耐撞性
B-ring/ B 环	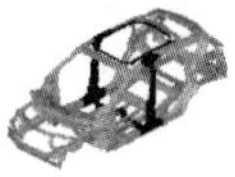	R03	安全环	车身耐撞性
C-ring/ C 环		R04	刚度环	车身扭转刚度
Damper-ring/ 减震环		R05	刚度环	车身扭转刚度
D-ring/ D 环	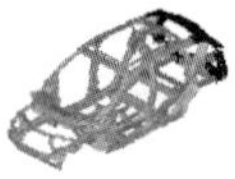	R06	刚度环	车身扭转刚度
Front door-ring/ 前门环		R07	安全环	车身耐撞性
Rear door-ring/ 后门环	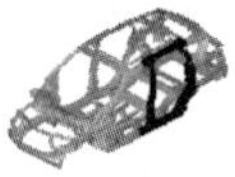	R08	安全环	车身耐撞性
Triangular window-ring/ 三角窗环	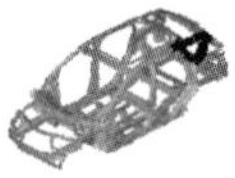	R09	耐久环	车身耐久性
Front energy-ring/ 前吸能环	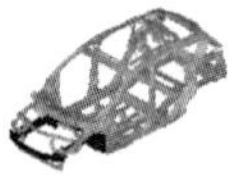	R10	吸能环	车身吸能性
Front floor-ring/ 前地板环		R11	安全环	车身耐撞性
Fuel tank-ring/ 油箱环	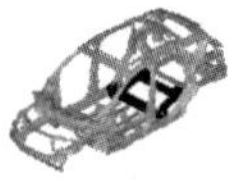	R12	安全环	车身耐撞性
Rear energy-ring/ 后吸能环	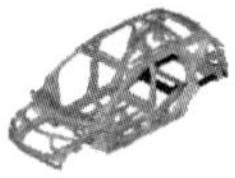	R13	吸能环	车身吸能性
Shotgun-ring/ 上纵梁环		R14	吸能环	车身吸能性
Hood-ring/ 发罩环		R15	耐久环	车身耐久性
Front windshield-ring/ 前风窗环	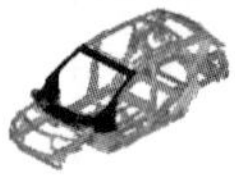	R16	刚度环	车身扭转刚度

原则上，每个特征环状结构中的零件即附有相关性能，如吸能环中的零件具有以吸能为主要性能的需求，然而事实上则需要具体零件具体分析，如 B 环为安全抗侵入环，但一般来讲 B 柱加强板的上端应具有安全抗侵入的性能需求，B 柱加强板的下端则应具有吸能的性能需求。由于环状结构是由载荷路径组成的，而载荷路径与性能也是相关的，通过判断载荷路径的性能，可以直接判断零件的性能。例如，前纵梁内板所在的环状结构是前吸能环，是重要的载荷传递路径，该零件的选材要充分考虑材料的抗压溃性能。前防撞横梁所在的环状结构也是前吸能环，但其扮演的角色是抗侵入，所以要充分考虑其抗弯特性。零部件关键性能需求定义见表 4.2。在具体零件的性能需求分类定义完成后，由整车企业的性能工程师和安全工程师按照每个零件性能需求的程度进行打分，最后由正向选材开发团队搜集整理调查样本，整理后形成零部件性能需求的客观归一化结果。

表 4.2　零部件关键性能需求的分类及定义

性能类型	零件承受的载荷条件	性能描述	典型零件
安全（抗侵入）	大的载荷	该零件需要具有抵抗局部刚度、抵抗变形和侵入的能力，可以表述为局部刚度或者抗弯能力	B 柱加强板
吸能	大的载荷	该零件需要具有抵抗大距离压溃变形和传递冲击载荷的能力，可以表述为抗压溃性能	前纵梁前端
刚度	一定的载荷	该零件需要具有增强车身抗扭和抗弯的能力，可以表述为车身刚度	C 柱加强梁
抗凹	一定的冲击载荷	该零件需要具有抵抗小的、局部的凹陷变形的能力，可以表述为抗凹性能	车门外板
耐久	小的载荷	该零件需要具有抵抗长时间、长周期的外部循环载荷的能力，可以表述为耐久性能	车门内板

为了比较不同材料的抗侵入性能，采用典型帽型梁的三点弯曲仿真对材料的抗侵入性能进行比较。帽型梁的三点弯曲仿真及三点弯曲的力–位移曲线（典型材料）结果见图 4.9。载荷越高说明材料的抗侵入能力越强，如图 4.9（b）所示，抗侵入能力从高到低分别是 1 500 MPa 热成形钢、1 180 MPa Q&P 钢、980 MPa DP 钢、980 MPa Q&P 钢、780 MPa DP 钢、590 MPa DP 钢、450 MPa DP 钢。

对所有车身常用的材料进行了三点弯曲模拟分析，然后按照最大载荷进行排序，作为对材料抗侵入性能的能力进行归一化的基础，安全（抗侵入）性能需求越高的零部件需选择能承受弯曲载荷越大的材料。

为比较不同材料的抗压溃性能，在相同冲击能量条件下，采用典型帽型梁的落锤压溃仿真对材料的抗压溃性能进行比较，零件厚度为 1.8 mm，帽型梁的落锤压溃仿真及压溃吸能的力–位移曲线（典型材料）的结果见图 4.10。

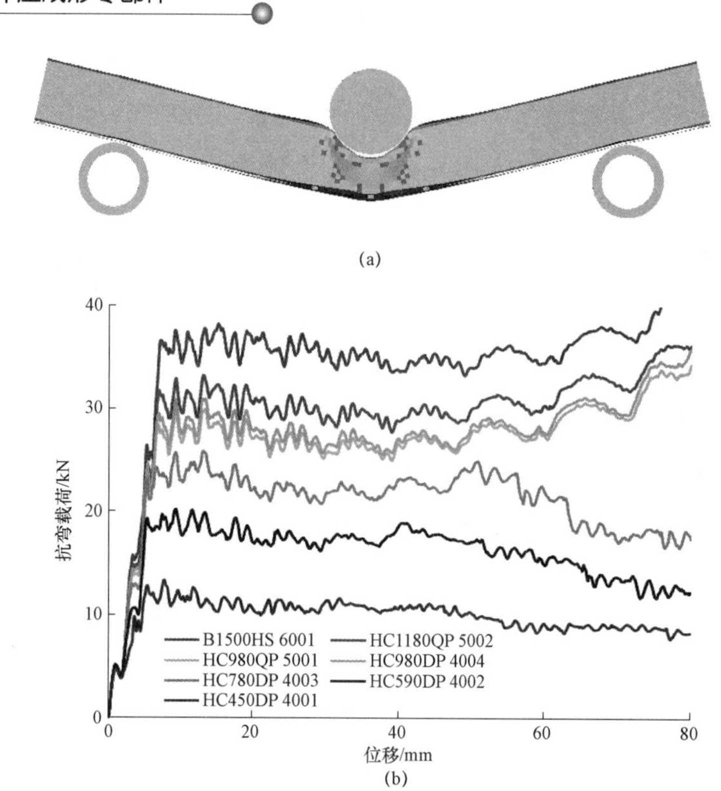

图 4.9　帽型梁的三点弯曲模拟（见彩插）

（a）试验模型；（b）不同材料三点弯曲的力–位移曲线

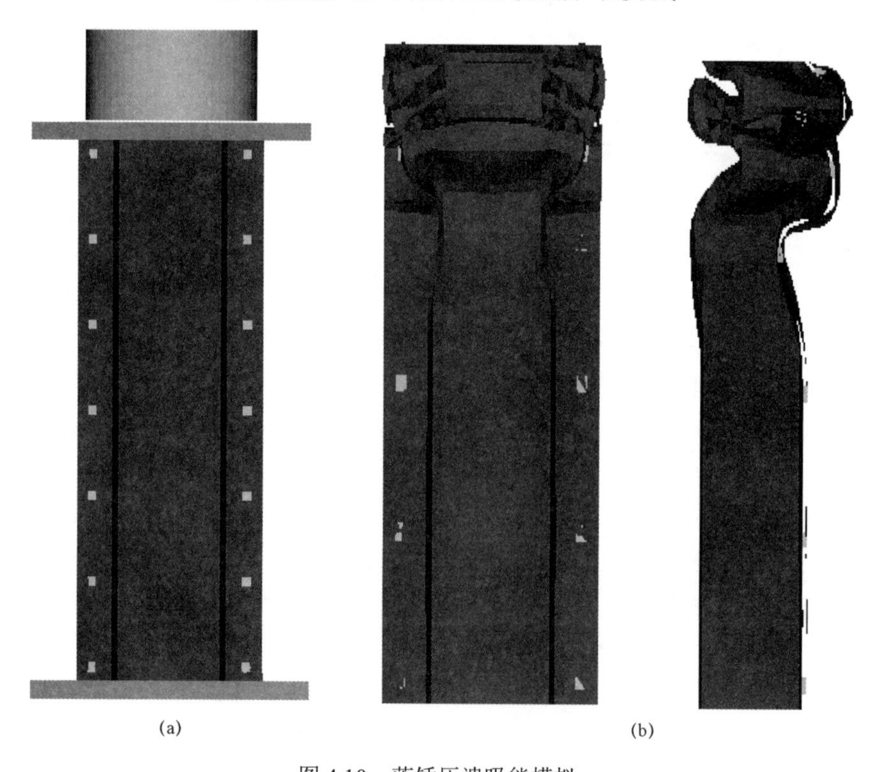

图 4.10　落锤压溃吸能模拟

（a）试验模型；（b）HC590DP 压溃变形

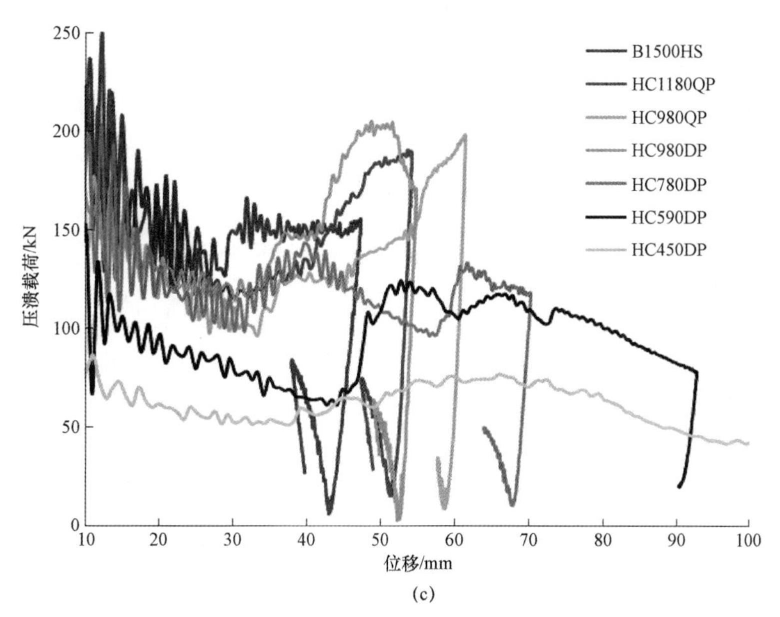

(c)

图 4.10　落锤压溃吸能模拟（续）

（c）不同材料压溃吸能的力–位移曲线

对所有车身常用的材料进行了压溃的模拟分析，按照压溃载荷进行排序，其中，需要处理的是：给定整车可压溃载荷是 120 kN，若在落锤压溃模型中压溃载荷大于 120 kN 的材料，按压溃载荷为 120 kN 处理，如 B1500HS、HC1180QP、HC980DP、HC980QP 和 HC780DP 均大于 120 kN，可以通过降低料厚而使其达到小于或等于 120 kN。同时，材料在压溃吸能时，必须满足在压溃过程中不开裂或开裂程度在工程上是可以接受的。评价材料的参数是材料在压溃工况下应力三轴度对应的临界断裂应变，显然 B1500HS、HC1180QP 和 HC980DP 的断裂应变不满足要求，HC980QP 和 HC780DP 满足要求有一定难度，但可以实现，HC590DP 及以下材料均可以满足要求。在本方法中，设计特定缺口的拉伸试样对应压溃工况下的应力三轴度，采用 DIC 测试材料的临界断裂应变，并对其进行排序。然后，分别对压溃载荷和断裂应变进行归一化处理，最后取两者的平均值。压溃性能需求越高的零件，需选择材料吸能性能评分越高的材料。对于与零件刚度和耐久性相对应的材料刚度和耐久性能的评估，则均按照材料的屈服强度对不同材料进行归一化处理。刚度性能越高的零件对应的材料评分则越高，耐久性能越高的零件对应的材料评分则越高。

表 4.3 所示为根据 MISS 系统选出的最适合应用热成形钢和热冲压成形工艺的车身典型零件，且均为第一优选。表 4.3 中，第 4 列为零件在 9 个子维度的需求，包括性能需求、成形制造需求以及成本需求，第 5 列为材料与零件需求匹配雷达图。当材料雷达图的各维度值高于零件雷达图的各维度值时，即材料雷达图可以覆盖零件雷达图，则说明该材料可以用于该零部件。

表 4.3　根据 MISS 系统选择的适合应用热成形钢的车身典型零件

序号	零件名称/所属总成及环状结构	示意图	零件需求雷达图	热成形材料与零件需求匹配雷达图
1	前挡板横梁/A 环	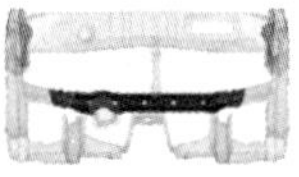	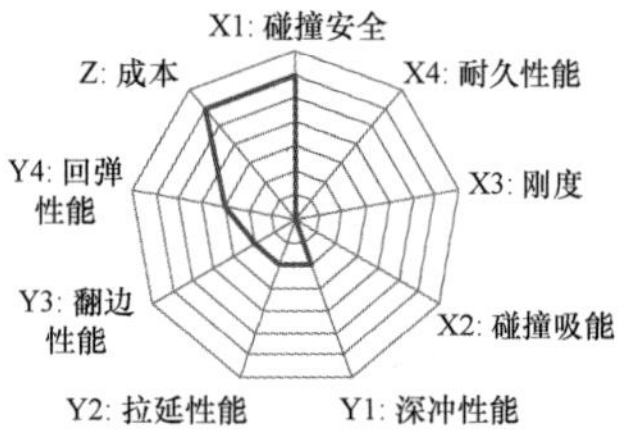 X1: 碰撞安全 X4: 耐久性能 X3: 刚度 X2: 碰撞吸能 Y1: 深冲性能 Y2: 拉延性能 Y3: 翻边性能 Y4: 回弹性能 Z: 成本	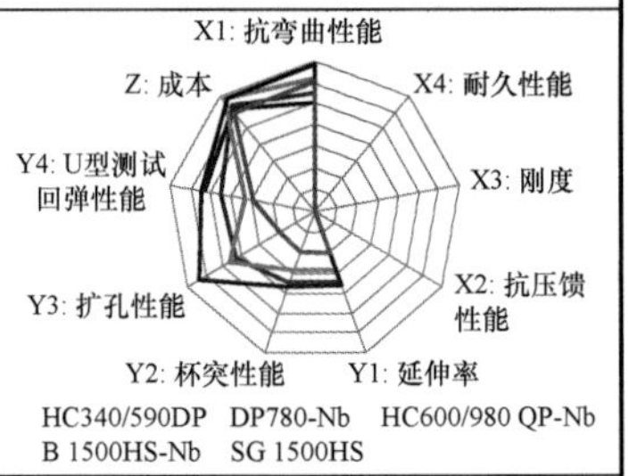 X1: 抗弯曲性能 X4: 耐久性能 X3: 刚度 X2: 抗压馈性能 Y1: 延伸率 Y2: 杯突性能 Y3: 扩孔性能 Y4: U型测试回弹性能 Z: 成本 HC340/590DP　DP780-Nb　HC600/980 QP-Nb B 1500HS-Nb　SG 1500HS
2	前纵梁根部斜撑板/A 环	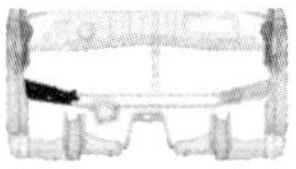	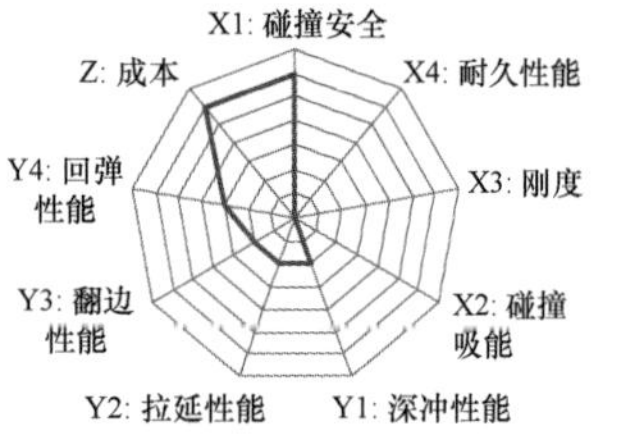 X1: 碰撞安全 X4: 耐久性能 X3: 刚度 X2: 碰撞吸能 Y1: 深冲性能 Y2: 拉延性能 Y3: 翻边性能 Y4: 回弹性能 Z: 成本	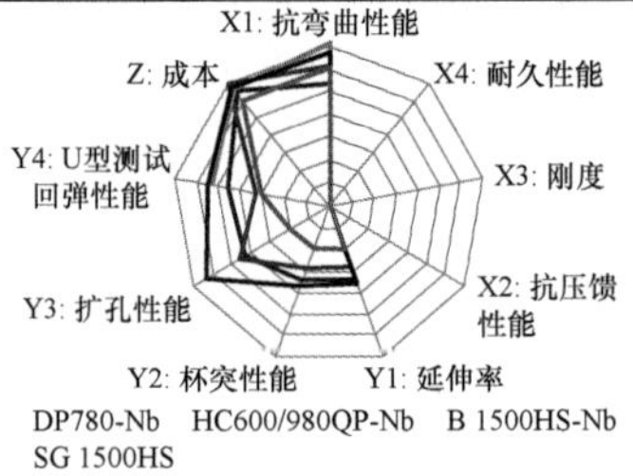 X1: 抗弯曲性能 X4: 耐久性能 X3: 刚度 X2: 抗压馈性能 Y1: 延伸率 Y2: 杯突性能 Y3: 扩孔性能 Y4: U型测试回弹性能 Z: 成本 DP780-Nb　HC600/980QP-Nb　B 1500HS-Nb SG 1500HS
3	B 柱本体加强板/B 环		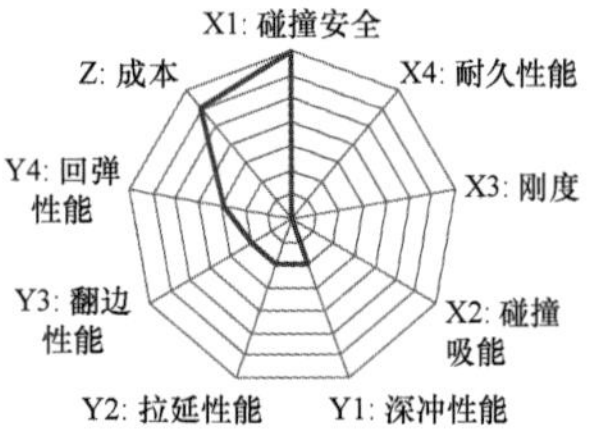 X1: 碰撞安全 X4: 耐久性能 X3: 刚度 X2: 碰撞吸能 Y1: 深冲性能 Y2: 拉延性能 Y3: 翻边性能 Y4: 回弹性能 Z: 成本	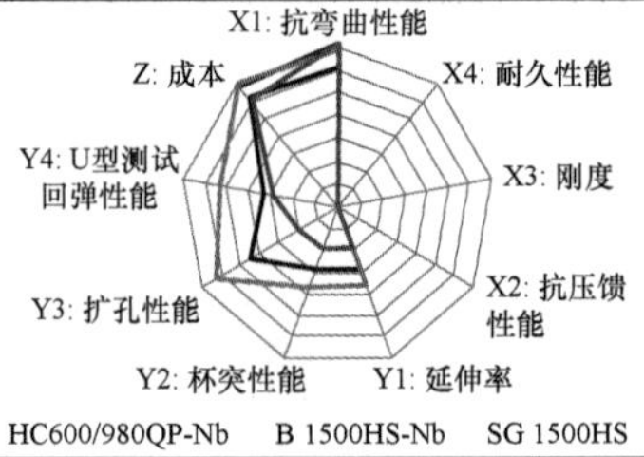 X1: 抗弯曲性能 X4: 耐久性能 X3: 刚度 X2: 抗压馈性能 Y1: 延伸率 Y2: 杯突性能 Y3: 扩孔性能 Y4: U型测试回弹性能 Z: 成本 HC600/980QP-Nb　B 1500HS-Nb　SG 1500HS
4	B 柱加强板/B 环	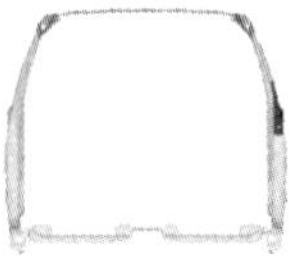	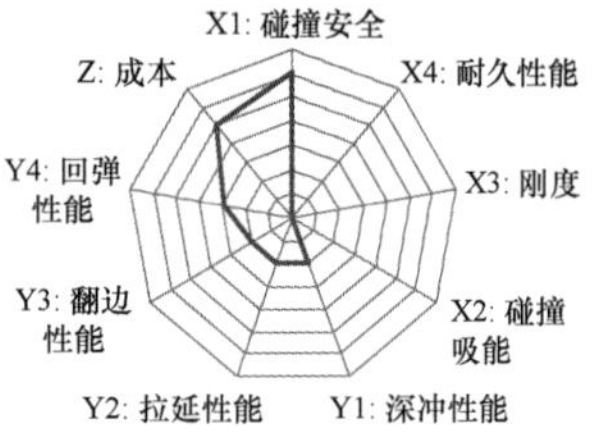 X1: 碰撞安全 X4: 耐久性能 X3: 刚度 X2: 碰撞吸能 Y1: 深冲性能 Y2: 拉延性能 Y3: 翻边性能 Y4: 回弹性能 Z: 成本	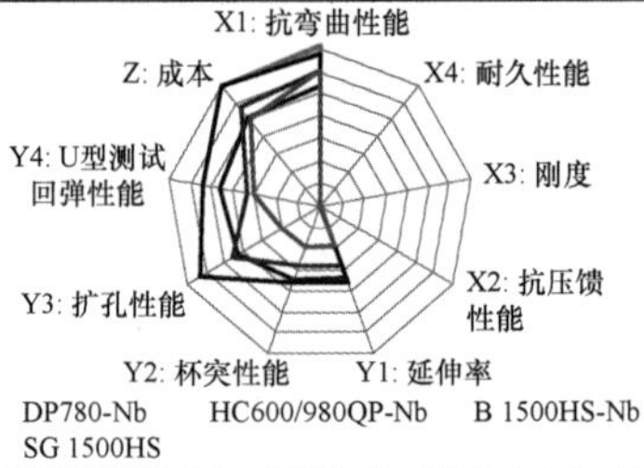 X1: 抗弯曲性能 X4: 耐久性能 X3: 刚度 X2: 抗压馈性能 Y1: 延伸率 Y2: 杯突性能 Y3: 扩孔性能 Y4: U型测试回弹性能 Z: 成本 DP780-Nb　HC600/980QP-Nb　B 1500HS-Nb SG 1500HS
5	A 柱加强板本体/前门环	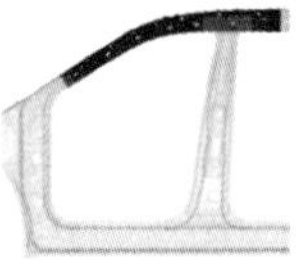	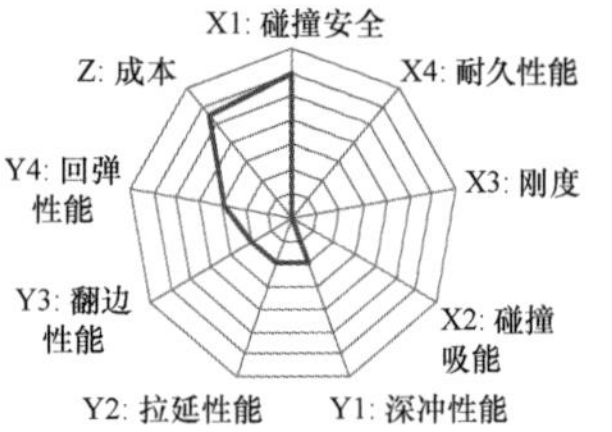 X1: 碰撞安全 X4: 耐久性能 X3: 刚度 X2: 碰撞吸能 Y1: 深冲性能 Y2: 拉延性能 Y3: 翻边性能 Y4: 回弹性能 Z: 成本	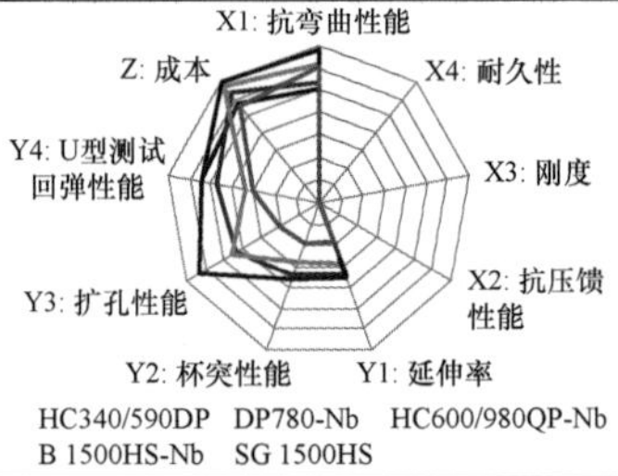 X1: 抗弯曲性能 X4: 耐久性 X3: 刚度 X2: 抗压馈性能 Y1: 延伸率 Y2: 杯突性能 Y3: 扩孔性能 Y4: U型测试回弹性能 Z: 成本 HC340/590DP　DP780-Nb　HC600/980QP-Nb B 1500HS-Nb　SG 1500HS
6	铰链柱加强板本体/前门环		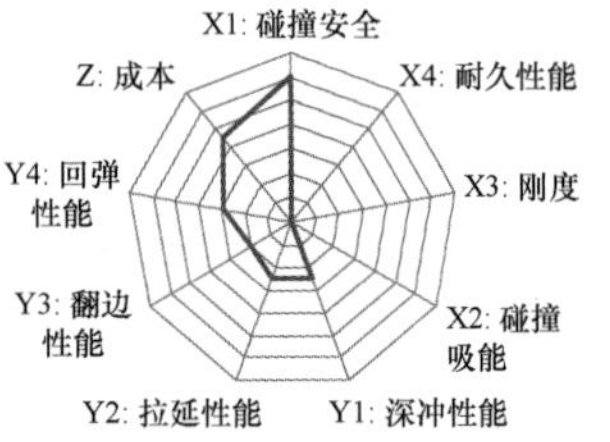 X1: 碰撞安全 X4: 耐久性能 X3: 刚度 X2: 碰撞吸能 Y1: 深冲性能 Y2: 拉延性能 Y3: 翻边性能 Y4: 回弹性能 Z: 成本	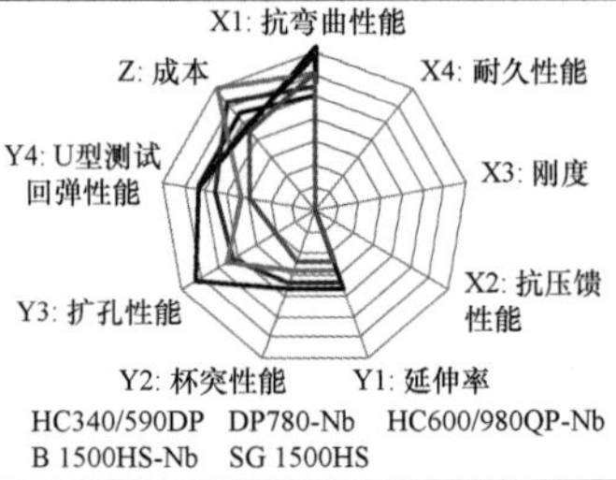 X1: 抗弯曲性能 X4: 耐久性能 X3: 刚度 X2: 抗压馈性能 Y1: 延伸率 Y2: 杯突性能 Y3: 扩孔性能 Y4: U型测试回弹性能 Z: 成本 HC340/590DP　DP780-Nb　HC600/980QP-Nb B 1500HS-Nb　SG 1500HS

续表

序号	零件名称/所属总成及环状结构	示意图	零件需求雷达图	热成形材料与零件需求匹配雷达图
7	铰链柱内板/前门环		X1: 碰撞安全 X4: 耐久性能 X3: 刚度 X2: 碰撞吸能 Y1: 深冲性能 Y2: 拉延性能 Y3: 翻边性能 Y4: 回弹性能 Z: 成本	X1: 抗弯曲性能 X4: 耐久性能 X3: 刚度 X2: 抗压馈性能 Y1: 延伸率 Y2: 杯突性能 Y3: 扩孔性能 Y4: U型测试回弹性能 Z: 成本 HC340/590DP　DP780-Nb　HC600/980QP-Nb B 1500HS-Nb　SG 1500HS
8	门槛加强板本体/前门环		X1: 碰撞安全 X4: 耐久性能 X3: 刚度 X2: 碰撞吸能 Y1: 深冲性能 Y2: 拉延性能 Y3: 翻边性能 Y4: 回弹性能 Z: 成本	X1: 抗弯曲性能 X4: 耐久性能 X3: 刚度 X2: 抗压馈性能 Y1: 延伸率 Y2: 杯突性能 Y3: 扩孔性能 Y4: U型测试回弹性能 Z: 成本 HC820/1180DP　HC820/1180QP-Nb　B 1500HS-Nb SG 1500HS
9	门槛加强板内板/前门环		X1: 碰撞安全 X4: 耐久性能 X3: 刚度 X2: 碰撞吸能 Y1: 深冲性能 Y2: 拉延性能 Y3: 翻边性能 Y4: 回弹性能 Z: 成本	X1: 抗弯曲性能 X3: 刚度 X2: 抗压馈性能 X4: 耐久性能 Y1: 延伸率 Y2: 杯突性能 Y3: 扩孔性能 Y4: U型测试回弹性能 Z: 成本 HC820/1180DP　HC820/1180QP-Nb　B 1500HS-Nb SG 1500HS
10	前防撞梁本体/前吸能环		X1: 碰撞安全 X3: 刚度 X2: 碰撞吸能 X4: 耐久性能 Y1: 深冲性能 Y2: 拉延性能 Y3: 翻边性能 Y4: 回弹性能 Z: 成本	X1: 抗弯曲性能 X3: 刚度 X2: 抗压馈性能 X4: 耐久性能 Y1: 延伸率 Y2: 杯突性能 Y3: 扩孔性能 Y4: U型测试回弹性能 Z: 成本 HC420/780DP　DP780-Nb　HC700/980DP HC820/1180DP　HC600/980QP-Nb　HC820/1180QP-Nb B 1500HS-Nb　SG 1500HS
11	减速器本体加强板/前地板环		X1: 碰撞安全 X3: 刚度 X2: 碰撞吸能 X4: 耐久性能 Y1: 深冲性能 Y2: 拉延性能 Y3: 翻边性能 Y4: 回弹性能 Z: 成本	X1: 抗弯曲性能 X3: 刚度 X2: 抗压馈性能 X4: 耐久性能 Y1: 延伸率 Y2: 杯突性能 Y3: 扩孔性能 Y4: U型测试回弹性能 Z: 成本 HC340/590DP　DP780-Nb　HC600/980QP-Nb B 1500HS-Nb　SG 1500HS
12	减速器雪橇板/前地板环		X1: 碰撞安全 X3: 刚度 X2: 碰撞吸能 X4: 耐久性能 Y1: 深冲性能 Y2: 拉延性能 Y3: 翻边性能 Y4: 回弹性能 Z: 成本	X1: 抗弯曲性能 X3: 刚度 X2: 抗压馈性能 X4: 耐久性能 Y1: 延伸率 Y2: 杯突性能 Y3: 扩孔性能 Y4: U型测试回弹性能 Z: 成本 HC780-Nb　HC600/980QP-Nb　HC820/1180QP-Nb B 1500HS-Nb　SG 1500HS

续表

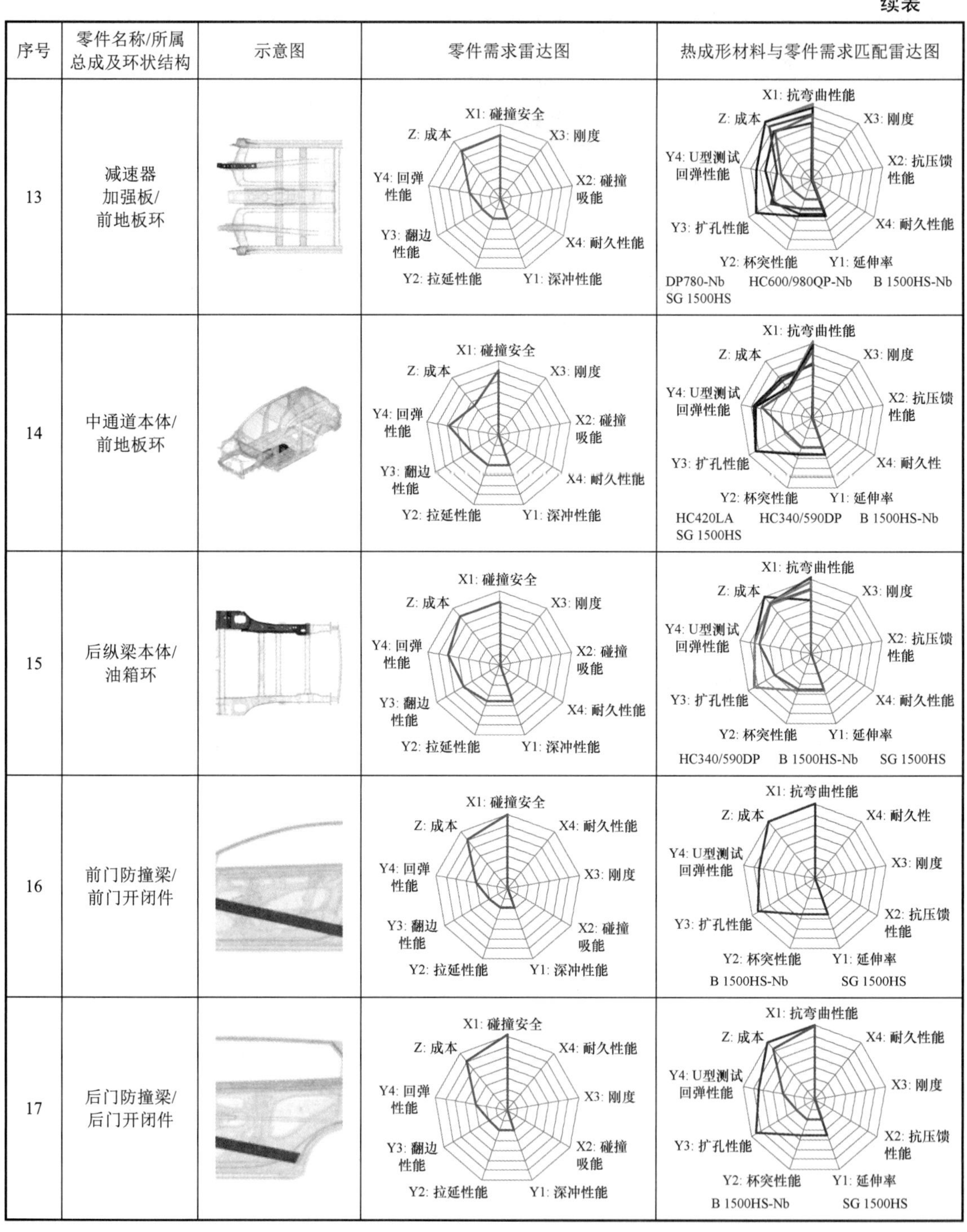

序号	零件名称/所属总成及环状结构	示意图	零件需求雷达图	热成形材料与零件需求匹配雷达图
13	减速器加强板/前地板环		X1: 碰撞安全；X3: 刚度；X2: 碰撞吸能；X4: 耐久性能；Y1: 深冲性能；Y2: 拉延性能；Y3: 翻边性能；Y4: 回弹性能；Z: 成本	X1: 抗弯曲性能；X3: 刚度；X2: 抗压馈性能；X4: 耐久性能；Y1: 延伸率；Y2: 杯突性能；Y3: 扩孔性能；Y4: U型测试回弹性能；Z: 成本 DP780-Nb　HC600/980QP-Nb　B 1500HS-Nb　SG 1500HS
14	中通道本体/前地板环		X1: 碰撞安全；X3: 刚度；X2: 碰撞吸能；X4: 耐久性能；Y1: 深冲性能；Y2: 拉延性能；Y3: 翻边性能；Y4: 回弹性能；Z: 成本	X1: 抗弯曲性能；X3: 刚度；X2: 抗压馈性能；X4: 耐久性；Y1: 延伸率；Y2: 杯突性能；Y3: 扩孔性能；Y4: U型测试回弹性能；Z: 成本 HC420LA　HC340/590DP　B 1500HS-Nb　SG 1500HS
15	后纵梁本体/油箱环		X1: 碰撞安全；X3: 刚度；X2: 碰撞吸能；X4: 耐久性能；Y1: 深冲性能；Y2: 拉延性能；Y3: 翻边性能；Y4: 回弹性能；Z: 成本	X1: 抗弯曲性能；X3: 刚度；X2: 抗压馈性能；X4: 耐久性能；Y1: 延伸率；Y2: 杯突性能；Y3: 扩孔性能；Y4: U型测试回弹性能；Z: 成本 HC340/590DP　B 1500HS-Nb　SG 1500HS
16	前门防撞梁/前门开闭件		X1: 碰撞安全；X4: 耐久性能；X3: 刚度；X2: 碰撞吸能；Y1: 深冲性能；Y2: 拉延性能；Y3: 翻边性能；Y4: 回弹性能；Z: 成本	X1: 抗弯曲性能；X4: 耐久性；X3: 刚度；X2: 抗压馈性能；Y1: 延伸率；Y2: 杯突性能；Y3: 扩孔性能；Y4: U型测试回弹性能；Z: 成本 B 1500HS-Nb　SG 1500HS
17	后门防撞梁/后门开闭件		X1: 碰撞安全；X4: 耐久性能；X3: 刚度；X2: 碰撞吸能；Y1: 深冲性能；Y2: 拉延性能；Y3: 翻边性能；Y4: 回弹性能；Z: 成本	X1: 抗弯曲性能；X4: 耐久性能；X3: 刚度；X2: 抗压馈性能；Y1: 延伸率；Y2: 杯突性能；Y3: 扩孔性能；Y4: U型测试回弹性能；Z: 成本 B 1500HS-Nb　SG 1500HS

如表 4.3 所示，最适合采用热成形钢以及热冲压成形工艺的零部件主要是涉及安全性能需求的零件，与采用典型帽型梁的三点弯曲仿真对材料的抗侵入性能相对应，抗侵入能力越强的材料越适合这 17 个零件，同时上述 17 个零件在当前多数车型上采用热成形工艺。当然，除了上述零件外，一体化热成形门环等也得到了大批量的应用。

4.2　热冲压成形模具

4.2.1　模具设计

4.2.1.1　热成形模具的功能与要求

热成形模具需在单一冲次完成坯料成形过程的同时确保零件尺寸精度，并实现快速淬火冷却以保证零件性能达标，其结构相比冷冲压模具更为复杂。此外热成形模具工作在冷热交替的环境下，对模具材料的选择要求也更为严格。通常热成形模具需满足以下要求：

（1）良好的成形能力。能够稳定地批量生产型面尺寸精度达标和表面质量合格的制件。

（2）优异的冷却能力。具有较高的冷却效率，能够在连续热冲压过程中避免热点的出现，实现零件各区域的均匀冷却。

（3）可靠的密封性。防止模具内部用于输送冷却介质的管路系统出现泄漏。

（4）较高的安全性能。模具各个部件需满足长时正常服役的强度要求，杜绝事故的发生。

（5）准确的板坯定位支撑结构。最大限度地避免热态坯料在冲压之前过早与模具表面接触以减小温降。

（6）简单、紧凑的模具结构。合理安排和设计模具的结构，便于生产中的操作过程和模具保养维护。

（7）满足热冲压生产线的快速换模要求。能够快速匹配生产线参数、模具定位与架模机构、上下料机械手、水路系统和油路系统等。

4.2.1.2　工艺仿真与结构设计

模具设计前期需协同主机厂进行 CAE 仿真，在满足车身匹配需求的前提下，以保证零件成形质量稳定性为目标，结合成形性仿真分析结果对零件几何特征进行优化完善，确定最佳成形方案，批量稳定生产合格的热压件。

目前，行业内进行热冲压零件成形性仿真通常采用 Autoform、Pamstamp 或 Dynaform 等专用冲压仿真工具。仿真过程中，最佳冲压方向的设置应当避免小于 90° 的成形负角出现，并尽可能使拉延变形或成形深度最小化，同时确保零件两侧成形角度基本一致，以利于坯料定位和获得最优料片宽度。对于成形性仿真分析结果，主要从零件的减薄率和起皱率两个方面进行评价。当减薄率低于 −15%（图 4.11）和起皱率不超过 5%（图 4.12）时，表明成形性较好，反之则需要通过优化工艺方案、工艺参数或产品造型来改善成形性。

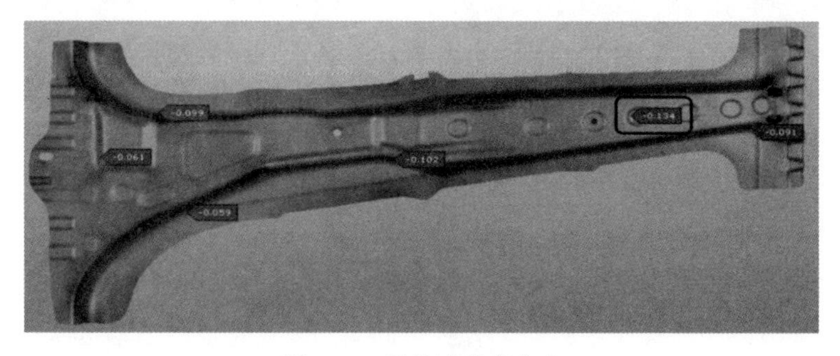

图 4.11　零件减薄率分布

图 4.12　零件起皱率分布

通过工艺仿真完成零件结构和工艺优化后，进一步完成热冲压模具结构设计。如图 4.13 所示，总体模具结构由模座系统、成形镶块冷却系统、定位系统、卸料系统和管路系统组成。其中，模座系统包括上下模座，通过导腿上的导滑板与模座上的导滑面配合导向；成形镶块冷却系统的模具型面用于成形零件，且镶块内部冷却管道通有循环流动的冷却介质对零件进行冷却；定位系统安装在各成形镶块或模座上，用于对放入模具内的高温坯料进行定位；卸料系统分别安装于上下模座，使成形后的零件与模面分离。热冲压成形过程中，模具结构中各系统的工作过程如下：高温坯料由上料机械手平放至下模的定位系统上，压机带动上模快速下行并在导滑板和导滑面配合下导正，镶块系统使坯料成形直至上模下行至下止点；保压期间冷却镶块系统使零件组织由奥氏体充分转变为高强马氏体；保压结束后，上模上行，卸料系统使零件与模面分离并保留在下模，由下料机械手取出零件。

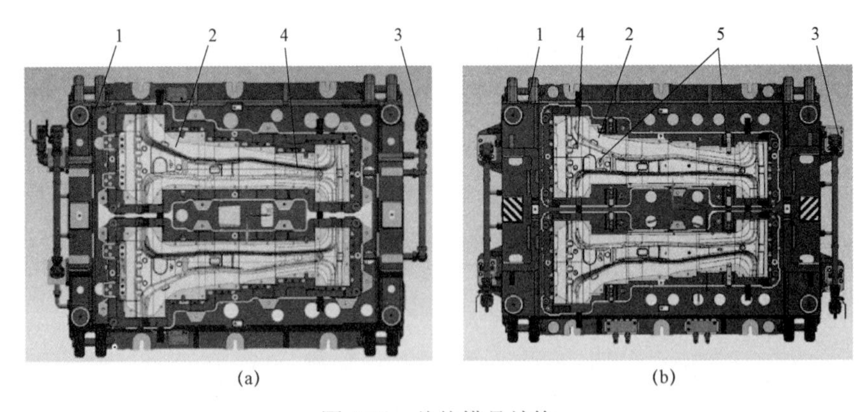

图 4.13　总体模具结构

（a）上模部分；（b）下模部分

1—模座系统；2—成形镶块冷却系统；3—管道系统；4—卸料系统；5—定位系统

4.2.1.3　模具成形镶块冷却系统

完整的模具冷却系统主要包括进出水管道、集水块、过水管和冷却镶块等部分，如图 4.14 所示。其中，冷却镶块内部加工有圆形截面的冷却管道用于输送冷却介质，集水块则将镶块内冷却管道与进出水管道相连接。镶块之间采用密封圈作为端口密封的走水模式，镶块与镶块之间通过水管实现贯通，并使用密封圈进行密封，同时采用侧锁紧固螺丝进行固定（图 4.15）。为确保冷却系统具有较好的冷却效果，在冷却系统管道设计阶段，通常结合计算流体动力学分析工具对冷却系统内的流动状态进行仿真，并根据仿真结果改进管道系统排布，避免镶块冷却管道内出现流动静止区和流速过慢区。

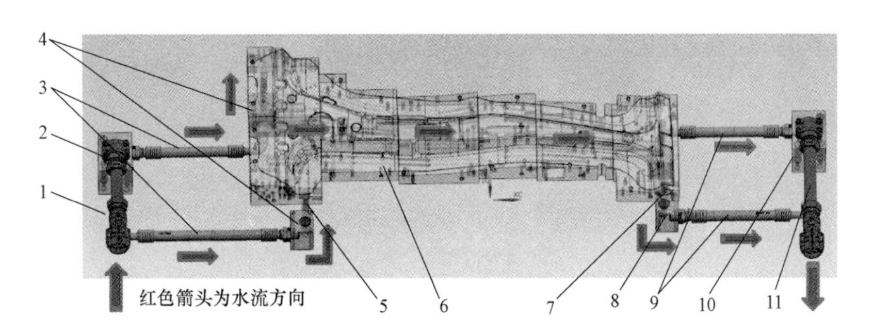

图 4.14　热成形模具冷却系统装配图（见彩插）

1—进水管道；2，4，8，10—集水块；3，5，7，9—过水管；6—冷却镶块；11—出水管道

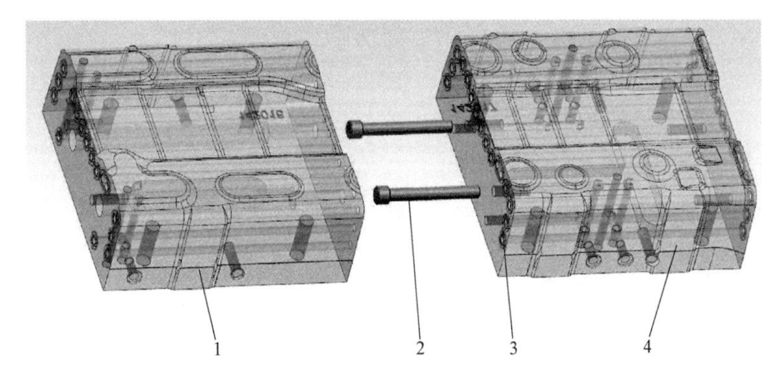

图 4.15　相邻拼接镶块分解图

1，4—镶块；2—侧锁紧固螺丝；3—密封圈

为保证镶块拼接处的冷却效果，上下镶块拼接处应当错开排布，镶块之间若采用密封圈走水模式，上下镶块拼接处 K 值需错开至少 10 mm，如图 4.16（a）所示；若镶块单独走水，上下镶块拼接处 K 值则应错开 40 mm 以上。

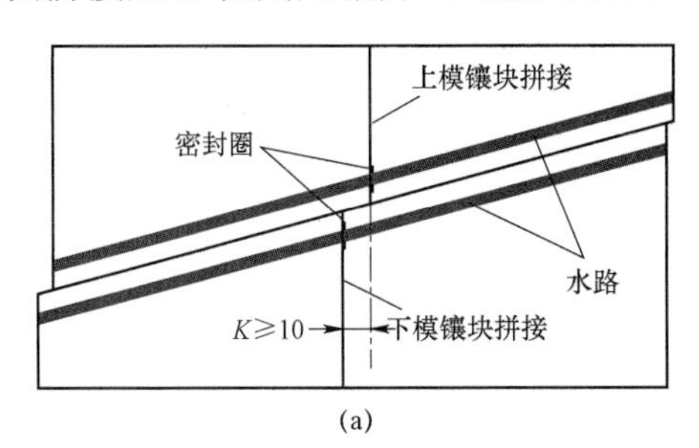

(a)

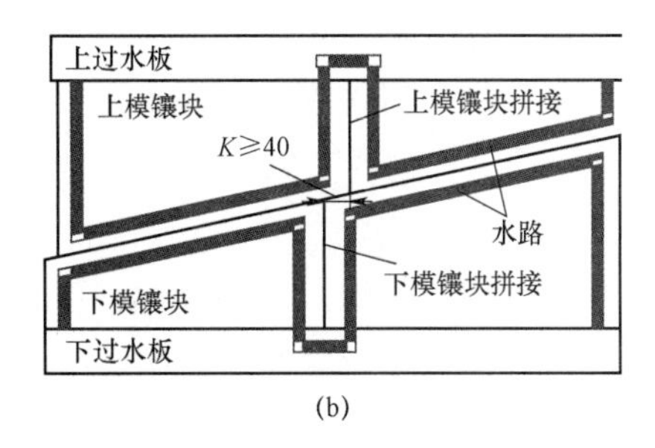

(b)

图 4.16　镶块间距示意图

（a）密封圈走水镶块间距；（b）单独走水镶块间距

图 4.17 所示为镶块内冷却管道分布示意图，推荐按照如下原则进行内部冷却管道排布：

（1）采用 $d8$ 或 $d10$ 管径水道时，管壁与型腔间的距离 x 选取 10 mm；管道壁之间的距离 s 选取 8 mm；管道壁与镶块侧壁的距离 $a \geqslant 8$ mm。

（2）管径 d 优先采用 $d8$ 或 $d10$，其次可选择 $d12$、$d16$、$d18$ 或 $d20$，且优先采用统一直径规格的管道。

（3）多条水路交汇为一条水路时，依照截面积相等原则，设计分支管道直径和汇总管道直径。

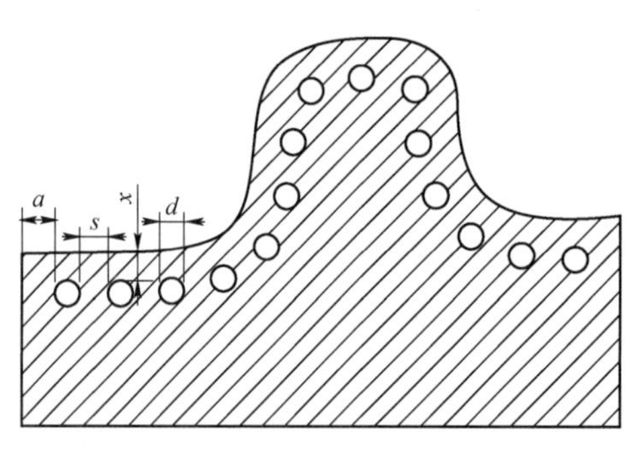

图 4.17　镶块内冷却管道分布示意图

4.2.2　模具材料

1. 常规材料要求

由于热冲压模具需要承受较大的冲击力，并且要保证零件的尺寸精度与结构精度，同时还需在冷热交替环境下实现零件快速淬火，因此，对于热冲压模具材料的要求较为严格，除了模具通常所需的高强度与硬度、较好的切削加工性能以外，还需满足以下性能：

（1）良好的导热性。绝大部分热量是通过模具传给冷却管道系统后输送至外界的，模具材料良好的导热性可以确保零件马氏体相变的顺利进行。

（2）良好的高温韧性。用于批量化生产的热冲压模具需经受成千上万次反复冲击，良好的高温韧性可以防止模具过早出现开裂等缺陷。

（3）抗机械疲劳和热疲劳性能。避免在生产过程中出现疲劳点蚀甚至断裂，影响零件的表面精度和模具的使用寿命。

（4）高红硬性。确保模具在高温下具有足够的强度和硬度，保证零件的尺寸精度。

（5）良好的高温耐磨性。尽可能使冲压过程中脱落的氧化皮对模具工作表面的磨损最小化，保证模具工作面精度。

（6）一定的耐腐蚀性。避免冷却介质对模具产生锈蚀。

在实际生产过程中，除考虑上述材料的性能要求外，还需综合考虑模具设计寿命、零件成形深度、热成形材料类型（有无镀层）、生产设备和加工成本的限制等多个方面，对模具材料择优选取。

2. 特殊热冲压模具材料选择

1）补丁板或 TRB 零件模具材料

对于补丁区域和 TRB 零件的大厚度区域（2.5～4.0 mm），为保证零件的冷却均匀性，需考虑优化水路设计或采用更高热导率的模具材料（热导率@200 ℃≥30 W·m^{-1}·K^{-1}）。

2）软区零件模具材料

由于零件软区部分的模具需在 500 ℃左右温度持续工作，为防止模具发生软化，需要模具材料具有良好的抗回火性能，且通常在模具材料回火热处理时需要进行三次回火。表 4.4 所示为瑞典 ASSAB 公司的热作模具钢成分以及相应的各个标准牌号。

表 4.4　瑞典 ASSAB 公司常用热作模具钢一览表

牌号	化学成分/（wt.%）							供货硬度～HB（布氏硬度）	参考标准			特性
	C	Mn	Cr	Mo	V	W	其他		AISI	WNR	JIS	
ALVAR 14	0.55	0.7	1.1	0.5	0.1	—	Ni1.7	250	—	1.271 4	—	通用的热作模具钢，具有高的韧性和优良的抵抗热张力的性能
VIDAR SUPERIOR	0.36	0.3	5.0	1.3	0.5	—	—	180	（H11）	（1.234 3）	SKD6	H11 型的改良型热作钢，具有较高的韧性和热疲劳强度
8407 2 M	0.39	0.4	5.3	1.4	0.9	—	Si1.0	185	H13	1.234 4	SKD61	热作模具钢，具有优良的延展性、韧性、耐磨性、淬硬性和机加工性能
8407 SUPREME	0.39	0.4	5.3	1.4	0.9	—	Si1.0 S－Max 0.003	180	H13	1.234 4	SKD 61	优质 H13 模具钢，具有非常优良的抗热龟裂性能。8407 SUPREME 符合北美压铸协会 NADCA207－2003 优质压铸模具钢材标准
DIEVAR	0.35	0.5	5.0	2.3	0.5	—	—	160	AISI	WNR	JIS	高性能热作模具钢，具有非常好的抵抗热龟裂、开裂、热磨损和塑性变形的性能
HOTVAR	0.55	0.75	2.6	2.25	0.85	—	Si1.0	210	AISI	WNR	JIS	具有非常优良的高温性能和高温耐磨性的钢材，用于温锻和挤出
QRO 90 SUPREME	0.38	0.75	2.6	2.25	0.9	—	Si0.3	180	专利	WNR	JIS	最高的高温强度和优良的抗热疲劳性能

4.3 热冲压成形工艺

4.3.1 加热

加热是热冲压成形零件生产的关键工序之一，也是热成形的基础。其目的在于将钢板加热到一个合适的温度，使钢板完全奥氏体化。热成形钢常温下的强度为 500～600 MPa，钢板强度高，塑性差，不利于复杂零件的冲压成形。经加热奥氏体化后的热成形钢，强度降低但塑性提高，冲压成形性能可达到无间隙原子钢（IF 钢）的超深冲级别。成形后的零件再经模具内快速冷却（淬火），将奥氏体转变为马氏体，使冲压件得到硬化，进而得到超高强度（1 500 MPa 以上）。

1. 常用加热技术及特点

目前市场上热成形生产线常用的加热技术主要采用箱式加热炉和辊底式加热炉两种，如图 4.18、图 4.19 所示。箱式加热炉适用于小批量多品类的生产，辊底式加热炉适用于大批量小品类的连续生产，不同加热技术的特点见表 4.5。

图 4.18　箱式加热炉

图 4.19　辊底式加热炉

表 4.5　不同加热技术的特点

加热技术	箱式加热炉	辊底式加热炉
特点	① 造价低，占地小，综合能耗低； ② 炉子检修方便，维护成本低； ③ 每台箱式炉可设置 5～7 层，每层的气氛和加热可单独控制，任意一层发生故障不影响生产； ④ 生产灵活，可根据产量进行多台箱式炉的组合； ⑤ 生产节拍较慢，连续生产能力较弱； ⑥ 不利于铝硅镀层板实现控制升温速率的逐步升温； ⑦ 炉内温度控制均匀性，炉内气氛控制、炉门开启/闭合对炉内温度气氛影响较大	① 造价高，占地大，综合能耗高； ② 炉辊易结瘤、易破碎，更换不便，炉辊维护成本高； ③ 采用炉辊运送钢板，钢板在运送过程中被加热，生产工序顺畅，出料转移到压机的时间较短； ④ 炉口容易密封，炉口散热少，炉内气氛易控制； ⑤ 板料在炉内易跑偏，会影响出炉后的快速取料； ⑥ 生产节拍较快，连续生产能力强

2. 加热工艺的选择

相对于冷成形加工，热成形加工的最大特点是先将钢板进行加热，然后再送入模具进行冲压及淬火。因此，要求保证加热温度在奥氏体化温度（A_{c3}）以上，完全奥氏体化后淬火可获得全马氏体组织，以提高零件的强硬度；要求加热阶段材料晶粒不显著长大，保证淬火后材料的力学性能；要求加热工艺在材料变形抗力处于较低阶段内，以降低材料冲压成形压力，提高材料成形性能；加热温度需要保证在后续转移和冲压前为全奥氏体组只，且表面氧化层、脱碳层厚度满足相关标准及顾客规范。基于以上考虑，确定并选择合理的热成形加热工艺。

1）加热温度对成形性能的影响

温度对金属的塑性有重大影响。根据金属热变形理论，成形温度高，金属原子动能急剧增加，会发生回复和再结晶。再结晶可消除材料的硬化现象，显著降低金属的变形抗力，提高金属的塑性，从而可减少冲压成形所需的压力。因此随着变形温度的升高，材料的变形抵抗力降低，塑性提高，成形性能提高。热成形钢也正是基于该原理而出现的。

图 4.20 所示为热成形钢板在不同变形温度条件下的成形极限图（FLD）。从图中可知，热成形钢变形温度在 650 ℃时，其材料成形极限（FLC）最低点应变高于 40%，已达到 IF 钢成形性能。而随着变形温度的提高，其材料成形极限逐渐增加，当变形温度为 880 ℃时，材料成形极限超过 55%，材料成形性能显著提高。

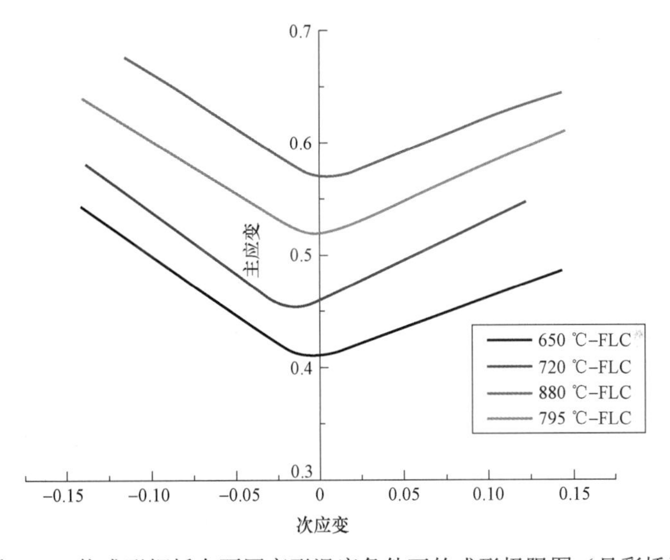

图 4.20　热成形钢板在不同变形温度条件下的成形极限图（见彩插）

在实际生产中，材料的成形温度并不等同于加热温度。热成形钢在成形前还要经过从加热炉到模具之间的转移，在钢板转移过程中会有温度损失。因此在满足零件良好的塑性流动性、成形前仍处于 A_{c3} 以上温度的同时，还要加上钢板转移过程的温度损失才是钢板在加热炉内的加热温度。

2）加热温度和时间对组织及性能的影响

实验钢采用罩式退火生产的无镀层冷轧钢板，厚度为 1.5 mm。图 4.21 所示为 720 ℃、770 ℃、820 ℃、870 ℃、920 ℃、970 ℃不同加热温度，保温 300 s，炉模转移时间 2～3 s 的试验条件下（冷却速率一般为 15 ℃/s），淬火板组织、性能随加热温度变化的曲线。从图 4.21 可以看出，随着加热温度的升高，钢板屈服强度先上升再下降，且 720 ℃和 770 ℃两组试验温度下的强度非常低，不到 400 MPa。而 820 ℃以上钢板屈服强度均大于 950 MPa，但随着温度升高呈下降趋势。对照组织分析结果可知，720 ℃加热条件下钢板的淬火组织为铁素体+渗碳体组织，并未奥氏体化；而 770 ℃加热条件下钢板的淬火组织为铁素体+马氏体组织，发生部分奥氏体化；当加热温度大于 820 ℃时钢板的淬火组织为全马氏体组织，发生全奥氏体化。在此加热温度区间内，对比钢板淬火组织，随着温度的升高，其晶粒尺寸逐渐变大，且马氏体板条束（block）的宽度也逐渐变大。根据文献［5］，以 block 宽度作为强度的组织控制单元，其宽度越大，强度就越低。

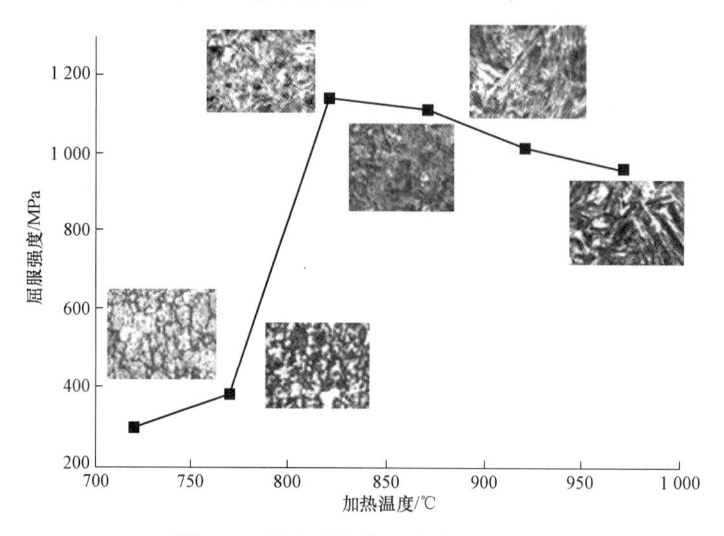

图 4.21　性能随加热温度变化的曲线

据已有研究结果，钢板淬火开始温度不能低于 780 ℃。考虑钢板从加热炉到模具转移温度降（按 15 ℃/s，时间 7 s），钢板加热温度不能低于 885 ℃。而钢板加热温度太高，由于组织粗化强度降低，不但无法满足热成形钢强度要求，同时也增加加热能耗，提高成本。但实际上如本书第 2 章所述，8～11 s 以及 12～15 s 的转移时间在实际量产产线很常见，因此，热成形钢加热温度控制在 900～950 ℃区间较合理，目前大多数企业选择的加热温度为 930 ℃。对于转移时间在 6 s 或 7 s 以内的新产线和新装置，奥氏体化温度可以进一步降低。如果选择 950 ℃或者更高的加热温度，需要优化材料成分抑制晶粒长大，如本章 4.6 节介绍的铌微合金化对热冲压工艺窗口的影响。

谷诤巍等人对奥氏体化时间与晶粒尺寸和试样宏观硬度的关系做了相关研究，实验钢为无镀层冷轧板，厚度为 2.0 mm，研究结果如图 4.22 和表 4.6 所示。2 min 条件下钢板晶粒尺寸最小，硬度最大，但晶粒大小不均匀；5 min 和 10 min 条件下钢板晶粒尺寸随时间延长逐渐长大，硬度逐渐下降，晶粒大小均匀。

3）加热温度和时间对脱碳的影响

无镀层热成形钢在高温无保护气氛条件下会产生钢板表面氧化脱碳现象，其会导致钢板强度降低。郑亚菲就加热温度及加热时间对脱碳影响开展了一系列试验，其结果如图 4.23 所示。相同温度条件下，钢板脱碳层厚度随着保温时间的延长而增加。相同保温时间条件下，钢板脱碳层厚度随着保温温度的升高而增加。且其在 850 ℃保温 1 min 时，钢板脱碳层厚度已经大于 50 μm，而相关标准要求脱碳层厚度不能大于 50 μm。很显然，在无保护气氛加热条件下，钢板脱碳层厚度无法满足相关标准要求。因此，无论哪种方式的加热炉，都必须采取保护气氛的措施以控制钢板脱碳程度。

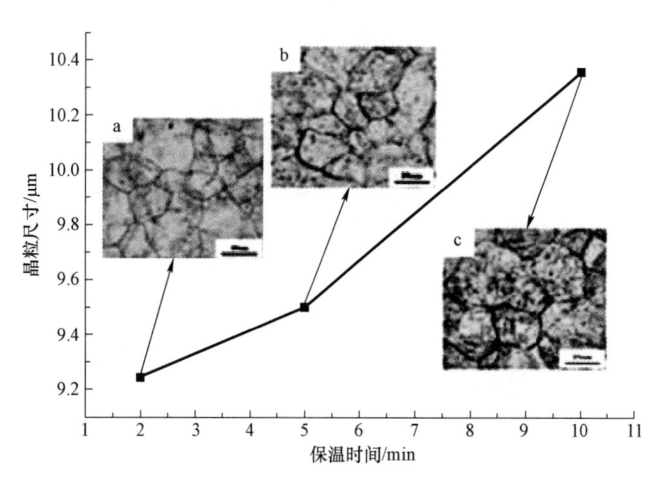

图 4.22　950 ℃下保温时间对晶粒尺寸的影响

表 4.6　950 ℃不同保温时间下的洛氏硬度

加热时间/min	硬度/HRC				平均值/HRC
2	52.0	52.0	53.0	52.5	52.375
5	52.0	52.0	53.0	52.0	52.250
10	51.5	52.0	51.5	52.0	51.750

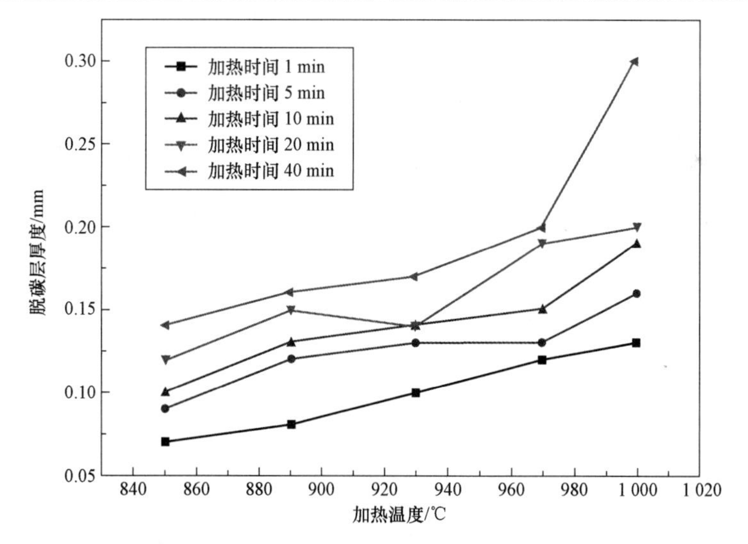

图 4.23　不同加热温度和不同加热时间条件下钢板脱碳层厚度（见彩插）

4）奥氏体晶粒尺寸对马氏体相变的影响

奥氏体淬火形成马氏体时，母相奥氏体会形成三类马氏体的子结构：马氏体条（martensite lath）、马氏体块（martensite block）和马氏体包（martensite packet），其结构如图 4.24 所示。马氏体包沿着母相奥氏体惯习面生长，其包括多个相互平行的马氏体块，而马氏体块内包含多条取向相同或相近的马氏体条。马氏体块可进一步划分为马氏体子块，后者包含取向相同的马氏体条。马氏体与奥氏体呈 Kurjumov－Sachs（K－S）关系，即{111}γ//{011}α，<110>γ//<111>α，每个奥氏体形成 24 种马氏体取向。

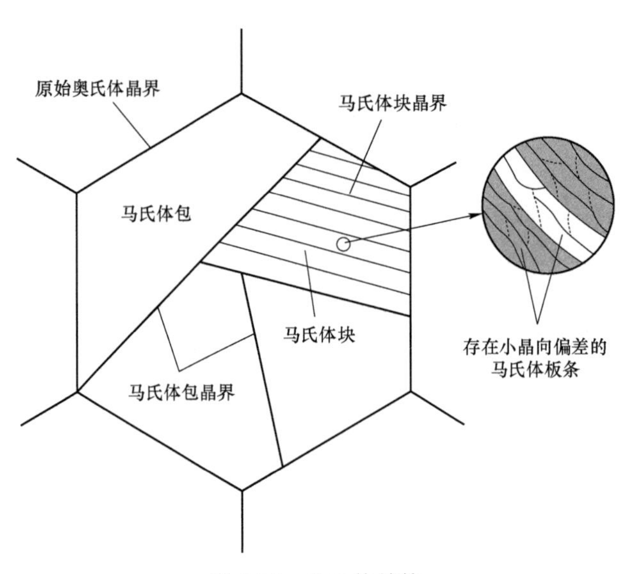

图 4.24　马氏体结构

热成形钢奥氏体化的时间与温度决定了其奥氏体晶粒大小，而奥氏体晶粒尺寸与成形后的材料强度、韧性等力学性能有直接关系。宋磊峰将 1.5 mm 无镀层热成形钢 22MnB5 在 880～970 ℃温度下进行奥氏体化处理，处理时间为 5 min，人工快速转移，然后平板模具淬火均为马氏体，得到各样品的力学性能及微观组织参数，如表 4.7 所示。

表 4.7　不同奥氏体化温度下材料的力学性能

加热温度/℃	屈服强度/MPa	抗拉强度/MPa	延伸率/%（A80 试样）	平均晶粒尺寸/μm	VDA 弯曲角/（°）	吸能值/J
880	1 085	1 620	8.50	11.5	58.3	185
910	1 045	1 560	5.00	15.5	52.5	100
930	1 025	1 550	6.50	24.0	49.4	121
950	977	1 440	6.25	34.0	48.6	96
970	970	1 475	5.75	45.0	36.5	85

由表 4.7 看出，从单纯力学性能来看，奥氏体化温度为 880 ℃时，有更高的抗拉强度和延伸率，VDA 弯曲角达到 58.3°，这主要是组织细化带来的强韧性提升，由力–位移曲线包围的面积估算其吸能值为 185 J。在实际生产中，奥氏体化温度在 930 ℃这一折中的温度，主要是考虑到从加热炉转移到模具的温降，如果奥氏体化温度为 880 ℃，材料在入模时温度会低于 A_{r3}，生成部分铁素体。反之，如果加热温度在 950～970 ℃，虽然能够保证入模前是奥氏体，但是奥氏体晶粒尺寸将增加至 30 μm 以上，淬火后粗大的马氏体组织无法保证其强韧性，因此工业上传统非微合金化热成形钢的加热温度一般定在 930 ℃。

赵岩对以上不同奥氏体化温度的 22MnB5 进行了动态（多应变速率）吸能估算，提出以下公式：

$$J = A_0 L_0 \int \sigma(\varepsilon, \dot{\varepsilon}) \mathrm{d}\varepsilon \tag{4.1}$$

式中，A_0 为试样原始横截面积；L_0 为试样原始长度；$\sigma(\varepsilon,\dot{\varepsilon})$ 为真实应力，是应变 ε 和应变速率 $\dot{\varepsilon}$ 的函数。

采用材料黏塑性常用本构模型 Cowper－Symonds 方程计算 $\sigma(\varepsilon,\dot{\varepsilon})$：

$$\sigma(\varepsilon,\dot{\varepsilon}) = K\varepsilon^n\left(1+\frac{\dot{\varepsilon}}{C}\right)^p \tag{4.2}$$

式中，K、n、C、p 为材料系数。

由前面两个公式推导得到材料动态吸能的计算如下：

$$J = A_0L_0\int K\varepsilon^n\left(1+\frac{\dot{\varepsilon}}{C}\right)^p \mathrm{d}\varepsilon = A_0L_0\left(1+\frac{\dot{\varepsilon}}{C}\right)^p\left(\frac{1}{n+1}\varepsilon^{n+1}\right) \tag{4.3}$$

参照淬火态 22MnB5 高速拉伸试验得到 C=6 114，p=1.12，由上式计算得到 22MnB5 不同应变速率下的吸能，如图 4.25 所示。由于高应变速率一般对钢是起到强化作用的，材料的吸能与应变速率呈正相关关系，加热温度为 880 ℃和应变速率为 1 000/s 时，材料吸能量在 200 J 以上，而其他加热温度、相同应变速率时，材料吸能明显较低，以上模型是评价材料动态吸能的一种有效方式，可用于汽车设计的正向选材。当然这是在 880 ℃加热温度

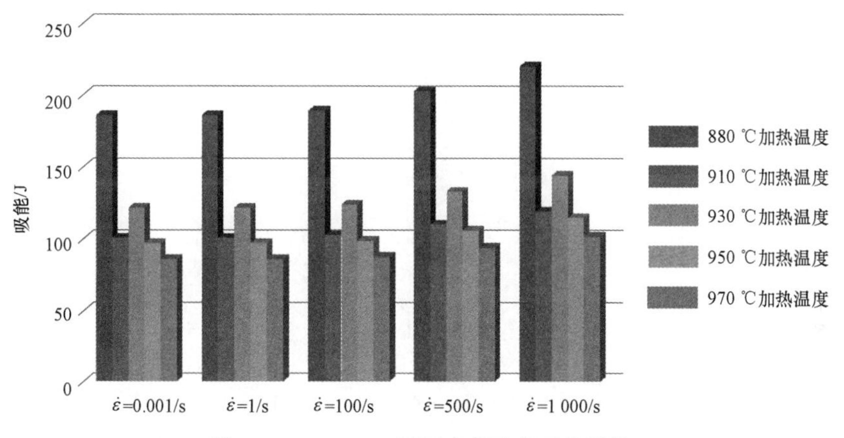

图 4.25　22MnB5 不同应变速率下的吸能

所得到的最终组织几乎是全马氏体的前提下。

Wang J F 等人基于夏比摆锤试验方法研究了不同加热温度下热成形钢的低温韧性。采用 4 片热成形板铆接成块的方式制备了夏比摆锤测试试样，如图 4.26 所示，其尺寸设计详见文献[11]。其对热成形钢加热的试验条件设为 Min/Min（880 ℃/300 s）、Nom/Nom（930 ℃/390 s）和 Max/Max（950 ℃/ 540 s）。1.5 GPa 热成形钢 Min/Min、Nom/Nom 和 Max/Max 对应的奥氏体晶粒尺寸分别为 18 μm、

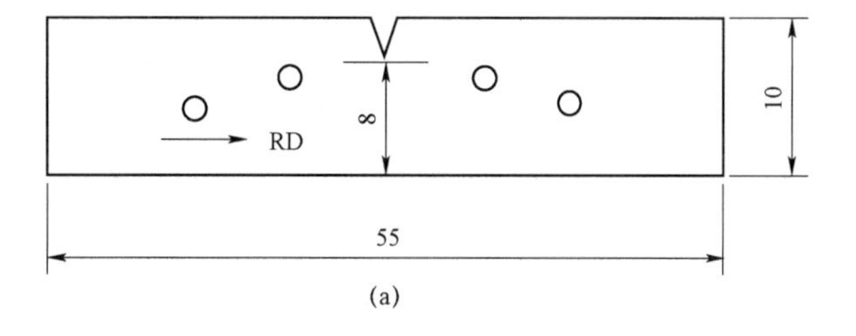

(a)

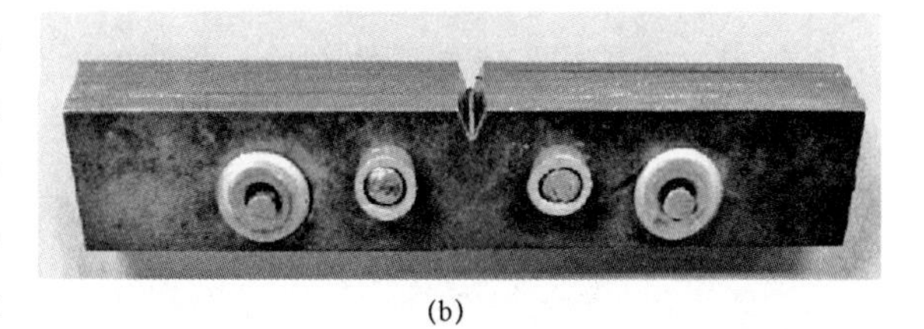

(b)

图 4.26　热成形钢叠片式冲击试样

31 μm 和 38 μm。

图 4.27 所示为在不同加热工艺和测试温度条件下的材料韧性测试结果，发现在低温区域（−50 ℃以下）更高的奥氏体化温度和更长的保温时间下材料的韧性越低，但在 0 ℃以上 Nom/Nom 和 Max/Max 工艺材料韧性相近，略高于 Min/Min。1.5 GPa 热成形钢 Min/Min 工艺晶粒尺寸最小而韧性低于其他试样的原因，可能是 880 ℃奥氏体化后转移及淬火出现了一定量的铁素体组织。1.8 GPa Nom/Nom 工艺韧性明显高于 1.5 GPa 各工艺下的韧性，主要是其添加了 Nb 元素进行了晶粒细化。

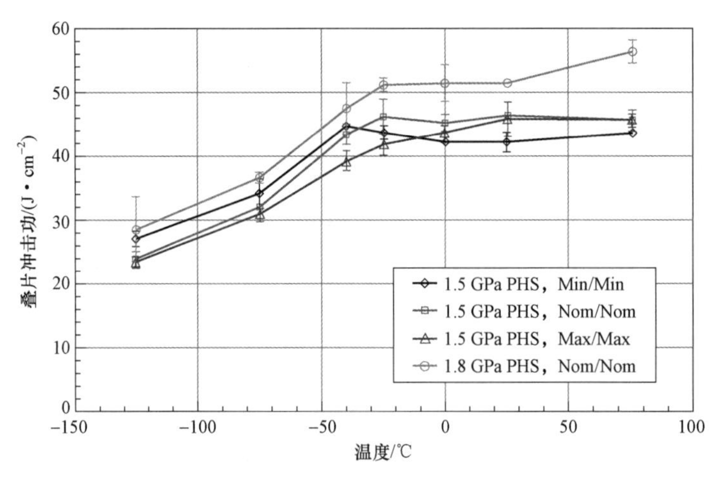

图 4.27　热成形钢韧性测试结果

Celada−Casero C 等人从试验和热力学理论方面较深入地研究了奥氏体晶粒尺寸对马氏体转变的影响。首先，他们通过测试 6～185 μm 的母相奥氏体晶粒尺寸（prior austenite grain size，PAGS）热成形钢的热膨胀曲线，并进行了一定数据处理，得到如图 4.28 所示的结果。由图 4.28（a）看出，在反应初期（过冷度 0～50 ℃之间），总体趋势呈现随着 PAGS 的降低马氏体转化速率增高，但 PAGS 为 14 μm 时达到峰值，若 PAGS 继续降低，转化速率呈下降趋势。当过冷度继续增加至 50 ℃以上时，大 PAGS 的马氏体转化速率高于小 PAGS。从图 4.28（b）看出，直至生成 60%马氏体时，小 PAGS 的转化率一直是较高的，之后逐渐被大 PAGS 超过，各 PAGS 的转化率峰值基本在 30%马氏体生成时。其主要原因是，小的 PAGS 晶界面积更大，为马氏体形核提供了更多区域，马氏体在奥氏体内形核，不仅增加了界面能，而且马氏体−奥氏体的错配增加了位错密度，因此弹性应变能也是增加的。为了降低这些能量，板条马氏体在马奥界面的形核被激发，Olson G B 和 Cohen M 称之为 “autocatalytic effect”（自动催化效应）。更多的形核和“autocatalytic effect”导致小的 PAGS 在奥氏体−马氏体转变初期有更高的转化率。

马氏体一旦在奥氏体晶界上形核，就开始对奥氏体进行“切分”，如图 4.29 所示。第一个马氏体板条贯穿整个奥氏体，后生长的板条马氏体高度依赖于其周边弹性能的分布和存储的塑性变形能。根据 Yeddu 建立的马氏体相变的相场模型可知，1 μm 的奥氏体晶粒弹性应变能梯度平行于板条马氏体束，而更大些的 PAGS 弹性能梯度则是垂直方向的。因此，小 PAGS 容易形成更多取向相近的马氏体条，而大 PAGS 则更倾向于形成交叉的、复杂取向的马氏体条。奥氏体生成各类马氏体子结构引起的塑性变形会使奥氏体产生塑性硬化，称之为

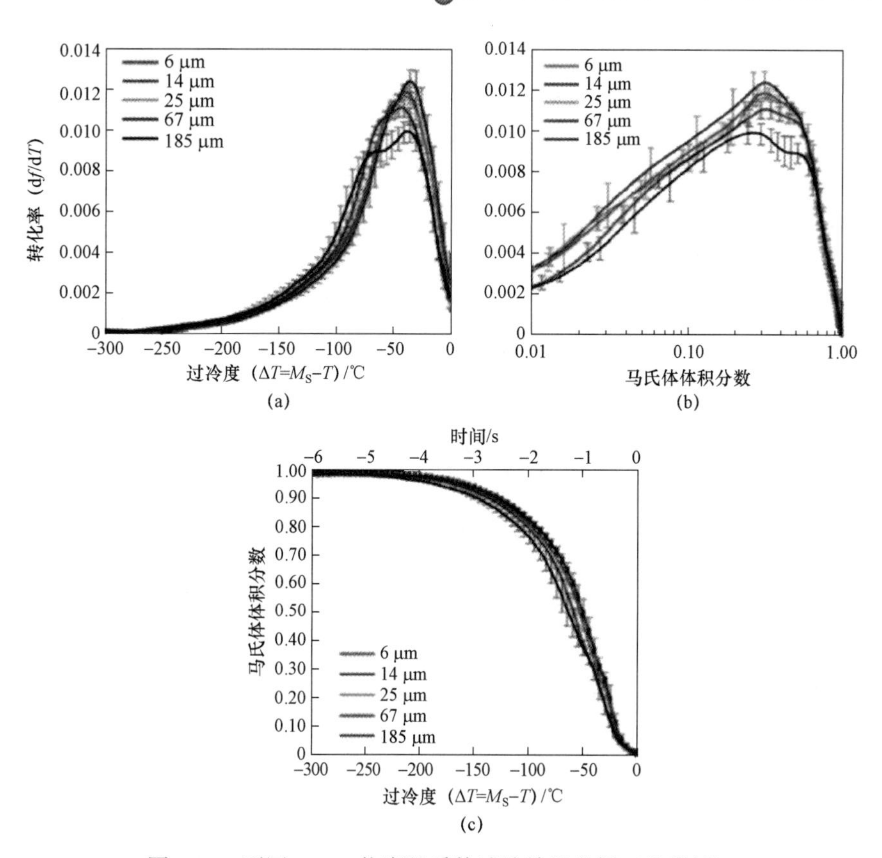

图 4.28　不同 PAGS 热膨胀系数试验结果分析（见彩插）

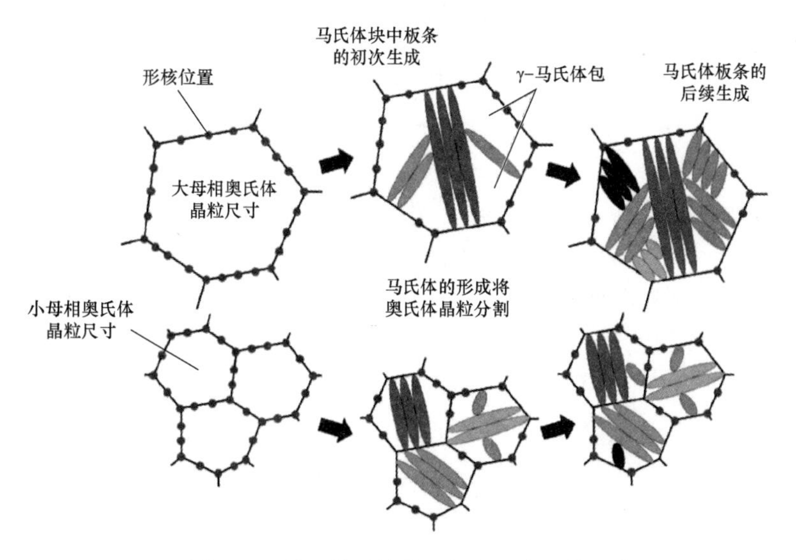

图 4.29　马氏体子结构“切分”奥氏体示意

奥氏体的力学稳定性（mechanical stabilisation）。另外，奥氏体力学稳定性抑制了马氏体沿更多的取向生长，也使塑性变形难以回复，这就导致小 PAGS 的弹性应变能比大 PAGS 下降得更快，而弹性应变能的释放是马氏体形核的驱动力，因此小 PAGS 的马氏体形核率是逐渐下降的，其相变速率也随之逐渐下降。总而言之，当形成一定量（文献为 30%左右）的马氏体后，小 PAGS 奥氏体的力学稳定性或者马氏体包周围累积的塑性变形将成为相变的阻力，导致马氏体相变速率下降，由于小 PAGS 奥氏体力学稳定性更强，其下降速率比大 PAGS 更大。

4.3.2 成形与淬火

1. 热成形马氏体相变

1）马氏体相变热力学

奥氏体－马氏体相变过程的驱动力主要由化学驱动力 $\Delta G^{\gamma\to\alpha}$ 提供。$\Delta G^{\gamma\to\alpha}$ 是在某一温度下奥氏体和铁素体两相的吉布斯自由能差值。随着温度的降低，$\Delta G^{\gamma\to\alpha}$ 由正值转为负值，如图 4.30 所示。当 $\Delta G^{\gamma\to\alpha}=0$ 时，所对应的温度定义为 T_0。但是在此温度下马氏体相变不能发生，因为发生马氏体相变需要克服一系列能垒，包括弹性应变能、界面能、塑性变形存储能等。只有当温度降低，体系的化学驱动力达到某一临界值 $\Delta G_{\text{critical}}$ 时马氏体相变才能发生。$\Delta G_{\text{critical}}$ 称为发生马氏体相变的临界相变驱动力，此处所对应的温度即马氏体相变开始温度 M_s。可以通过式（4.4）求得任意成分钢的马氏体相变开始温度 M_s。

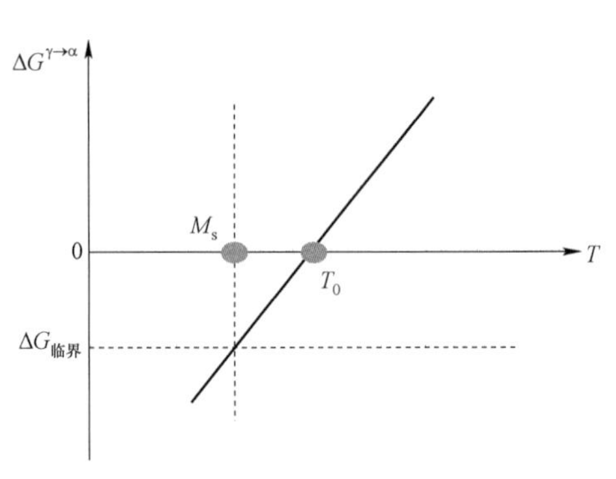

图 4.30　γ→M 相变开始温度 M_s 示意图

$$\Delta G^{\gamma\to\alpha}(M_s)=\Delta G_{\text{critical}} \tag{4.4}$$

式中，$\Delta G^{\gamma\to\alpha}$ 是成分和温度的函数，可以通过热力学软件或经验公式计算。$\Delta G_{\text{critical}}$ 也可以通过经验公式计算获得。此外，也有很多经验公式直接建立了马氏体相变开始的温度 M_s 和钢成分之间的关系。Celada－Casero 等人将上式进一步展开如下：

$$\Delta G^{\gamma\to\alpha}(x_i,M_s)=W_\gamma(x_i,E^{\text{str}},\sigma,E^{\text{stored}},d^\gamma) \tag{4.5}$$

式中，x_i 为合金成分，E^{str} 为弹性应变能，σ 为界面能，E^{stored} 为塑性变形存储能，d^γ 为奥氏体晶粒尺寸。

2）马氏体相变动力学

马氏体相变属于非扩散型相变，即相变过程中只有晶体结构的改变而没有成分的改变，K－M 方程（Koistinen 和 Marburger，1959）是描述马氏体相变动力学经典方程，奥氏体转变为马氏体的体积分数为

$$X_m=X_\gamma*\{1-\exp[-\alpha(M_s-T_q)]\} \tag{4.6}$$

式中，X_m 为在淬火至某一温度 T_q（$T_q<M_s$）下形成的马氏体体积分数；X_γ 为转化成马氏体的奥氏体体积分数；M_s 为马氏体相变开始温度；α为速率常数，一般取 0.011。

变温马氏体相变过程中马氏体体积分数随温度的变化关系曲线呈“乙”形，如图 4.31 所示。在非常靠近 M_s 点的温度区间内淬火时能迅速（淬火过程中马氏体的生长速度接近于声音在金属中传播的速率）产生大量的块状马氏体，当淬火温度低于该区间时，马氏体转变进入另一个特征区，在该区间马氏体转变速度明显变慢，存在一个较宽的马氏体转变区间。在这一温度区间内，剩余未转变的奥氏体晶粒由于被分割而变小，而且这部分奥氏体中的位错密度很高，导致新生成的马氏体板条长大受到限制。因此，在该淬火温度区间形成的马氏体尺寸远小于在较高淬火温度区间形成的尺寸。

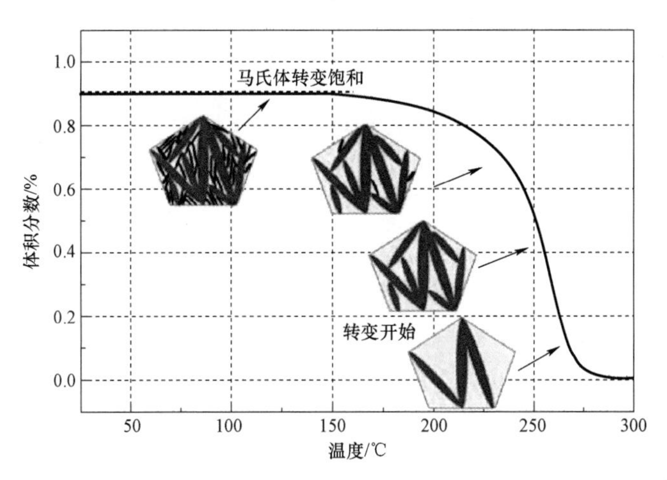

图 4.31　马氏体转变动力学曲线及不同阶段转变得到的马氏体形貌

3）奥氏体变形对马氏体相变的影响

热冲压成形的相变比淬火热处理的相变更为复杂，是变形、温度和相变的耦合过程，其相变驱动力由应变能、吉布斯自由能和界面能组成，而且奥氏体的变形也改变了贝氏体、珠光体、铁素体等组织的相变动力学条件。Umemoto M 等人曾通过热力学模型详细研究了变形奥氏体对各相的形核和生长的影响。对于铁素体，变形奥氏体晶粒的伸长增加了其晶界面积，形成了更多的铁素体形核位置，Umemoto 等人估算当应变达到 1 时，晶界面积能够达到原来的 1.5 倍。另外，变形形成的位错、孪晶晶界等也是铁素体形核的有利位置。变形奥氏体晶界形成的"台阶"或者滑动位错与奥氏体晶界的交界处形核的激活能比平面形核小得多，也促进了铁素体形核。例如，铁素体在变形奥氏体产生的位错上形核自由能为

$$\Delta G_{\mathrm{d}}=\frac{4}{3}\pi r^{3}\Delta G_{\mathrm{F}}+4\pi r^{2}\sigma-E(r) \tag{4.7}$$

式中，ΔG_{F} 为体积自由能，σ 为界面能，$E(r)$ 为半径为 r 的球形区域内位错的弹性能。因此，铁素体在变形奥氏体内形核自由能要低得多，将某条件参数代入后均质形核与位错形核自由能比较如图 4.32 所示。

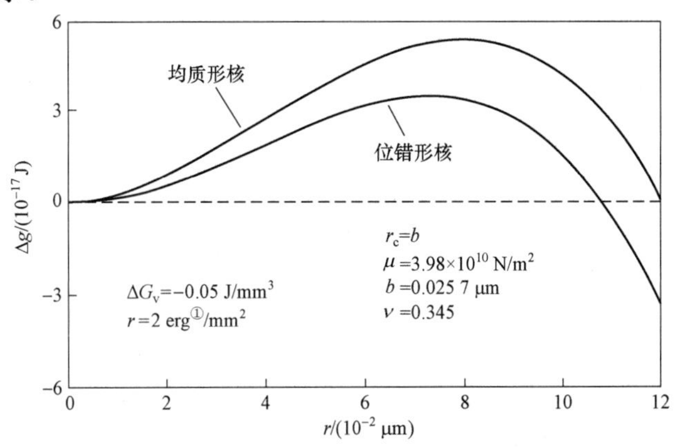

图 4.32　均质形核与位错形核吉布斯自由能比较

① 1 erg = 10^{-7} J。

与未变形的奥氏体相比，变形奥氏体内部存储部分应变能使其处于更高能量状态，能够进一步促进铁素体的生长，变形前后奥氏体的自由能对比如图 4.33 所示。Xiao N 等人建立了蒙特卡洛和晶体塑性有限元耦合模型，也得出变形奥氏体内有利于形成铁素体的结论，认为高应变能区域和延展的奥氏体晶界有利于铁素体的形核，塑性变形促进了碳原子的长程扩散，有利于铁素体的长大。

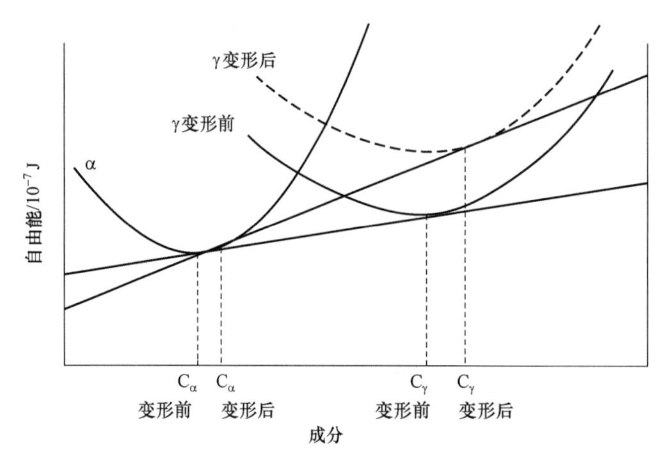

图 4.33　变形前后奥氏体的吉布斯自由能比较

据 Umemoto M 等人的研究，变形奥氏体也促进了珠光体在奥氏体晶界、孪晶晶界和位错等位置的形核，与铁素体形核机制相似，但未发现促进珠光体晶粒生长的证据。对于贝氏体，奥氏体变形温度低于 500 ℃时，贝氏体随着奥氏体变形温度的降低而增加，但高于 700 ℃时影响不大。

变形奥氏体对马氏体相变的影响较为复杂，一般认为奥氏体变形较小时促进马氏体形成，导致 M_s 升高；变形较大时则抑制马氏体形成，M_s 温度降低。He B B 等人研究了 Fe–0.2C–1.5Mn–2Cr（wt.%）钢，发现应变小于 20%时，M_s 升高，反之 M_s 降低，如图 4.34（a）所示。他们认为，小应变时 M_s 升高的原因是马氏体晶胚首先在母相奥氏体位错线形成，随着应变的增加，位错线增高导致形核位置增高，当变形达到一定程度时，形核位置达到饱和，马氏体形核转移到内部子晶粒的晶界上，只有温度低于 M_s 时，此类形核才能实现，因此马氏体生成量减少。Maalekian M 等人也证实大变形降低了 M_s，他们认为奥氏体塑性变形产生的高密度缺陷增加了马奥界面移动的阻力，在 800～900 ℃时，对马氏体相变有明显的抑制作用，但在高温 1 100 ℃时由于动态再结晶作用，抑制并不显著，如图 4.34（b）所示。

由上述研究结果可知，热冲压成形由于变形的存在，奥氏体向马氏体转化率较低，零件变形大的位置很有可能存在铁素体、珠光体、贝氏体等组织，其强度并不高，同时，热冲压成形零件侧壁一般与模具贴合不是很好，影响该位置材料的冷却速率，也会导致其强度不高。因此，具体分析零件形变大的位置上强度偏低的位置需要综合考虑上述因素，有待行业更深入的研究。赵岩等人测量了某热成形 B 柱各部位的显微硬度，发现变形较大的侧壁部位（图 4.35 中 4#、7#、10#位置）均在 450 HV1 以下，证明这些位置的确不是全马氏体，其新开发的 22MnB5NbV 由于添加了部分 V 元素（以及可能残留的未析出的固溶铌），增强了材料的淬透性，使侧壁位置马氏体含量得到很大增幅，零件整体强度增加，这可以保证热成形 B 柱在侧碰过程中有更小的侵入量，能更好地保护乘客安全。

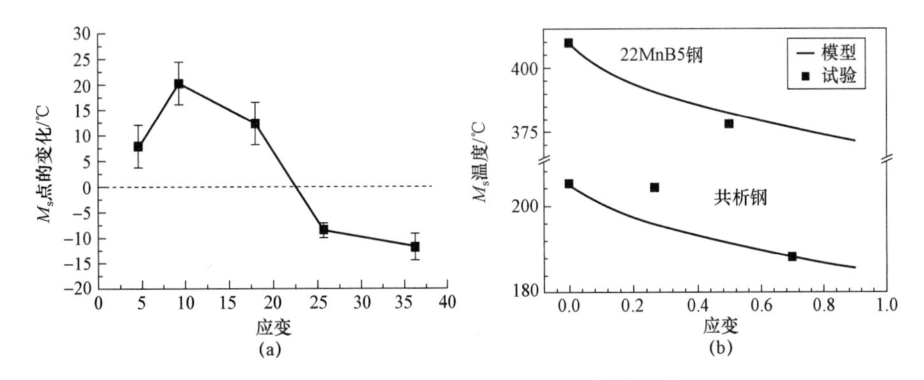

图 4.34　奥氏体应变对马氏体相变的影响

（a）He BB 等人的研究结果；（b）Maalekian M 等人的研究结果

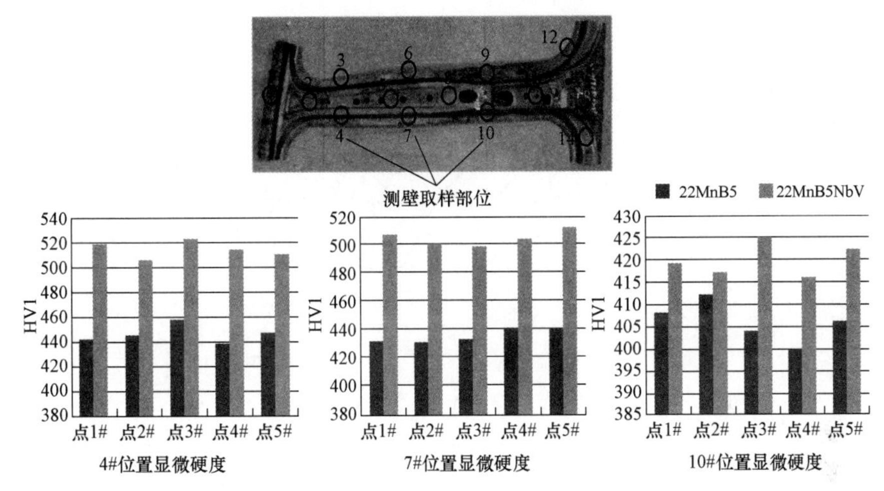

图 4.35　22MnB5 和 22MnB5NbV 热成形 B 柱侧壁位置显微硬度测试

2. 热冲压成形与淬火工艺

热冲压成形包括直接和间接两种方式：直接热冲压成形是指钢板加热奥氏体化—模具内成形和淬火；间接热冲压成形是指钢板冷成形—冷成形零件加热奥氏体化—模具内校形和淬火。目前直接热冲压成形应用更为广泛。首先，钢板在加热炉内 930～950 ℃奥氏体化 5 min 左右，出炉后通过机械手直接转移到模具里面进行冲压成形和淬火，为了避免成形前钢板温降过大，中间转移时间一般约为 7 s，入模温度保持在 800 ℃以上，以保证其全奥氏体组织，完全成形后零件的温度必须保证在 M_s 以上。为保证足够的冷却速率，热成形模具模面附近会设置循环水流通的水道，正常生产时通入循环水以保证对模具的连续冷却，进而保证零件的马氏体含量，热冲压成形设备与工艺流程如图 4.36 所示，发生成形和淬火的热成形模具如图 4.37 所示。

要使热冲压成形零件具备超高强度，马氏体组织是热成形的最终目标。要获得马氏体组织，需要将初始组织为铁素体与珠光体混合组织的基板完全奥氏体化，并通过快速冷却使其发生马氏体相变，其临界冷却速率通常由过冷奥氏体连续冷却转变曲线确定，图 4.38 所示为 22MnB5 钢的 CCT 曲线。由图 4.38 看出，对于传统的 22MnB5 热成形钢，如果冷却速率足够缓慢（低于 6 ℃/s），基板会发生完全扩散型相变，最终得到铁素体和珠光体组织；当冷却速率低于 30 ℃/s 时会发生贝氏体转变，因此要想得到全马氏体组织必须保证冷却速率高于 30 ℃/s，由于变形奥氏体对相变的影响，通常工业生产中模具对钢板的冷却速率高于 50 ℃/s。

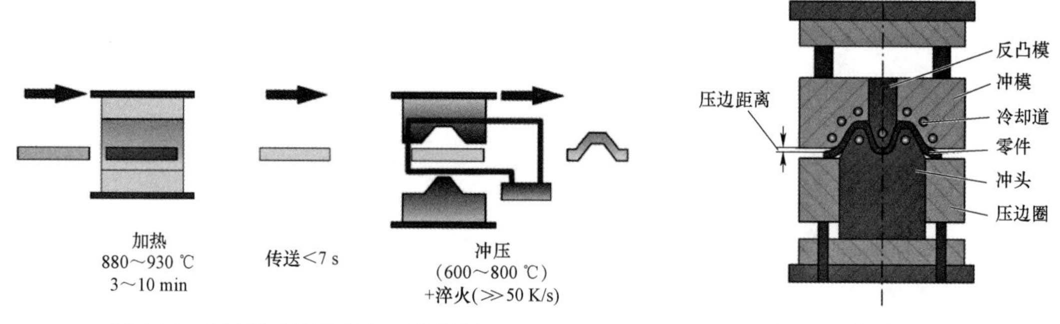

图 4.36　热冲压成形设备与工艺流程

图 4.37　热冲压成形模具

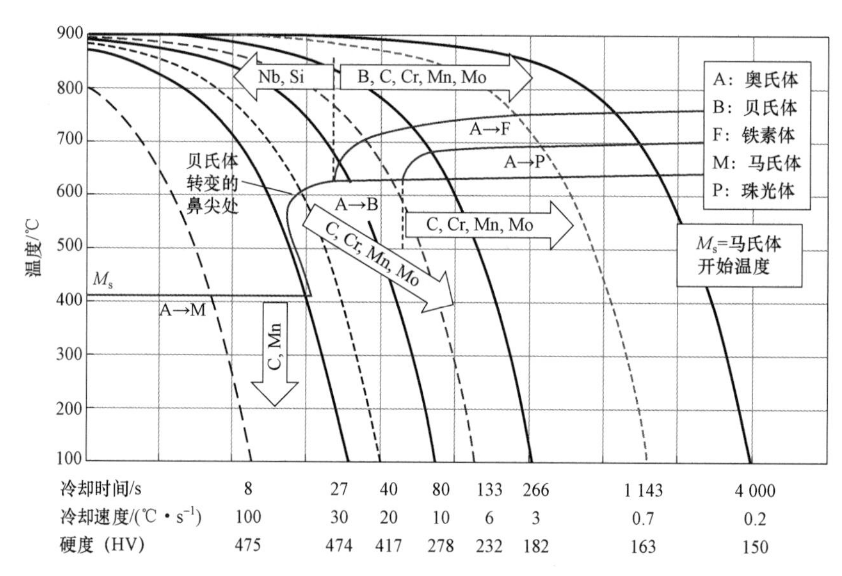

冷却时间/s	8	27	40	80	133	266	1 143	4 000
冷却速度/(℃·s^{-1})	100	30	20	10	6	3	0.7	0.2
硬度（HV）	475	474	417	278	232	182	163	150

图 4.38　22MnB5 钢的 CCT 曲线

为了提升模具的冷却效率或者提高生产节拍，在传统的模具–钢板冷却方式的基础上，有研究者辅以气、水、水雾等介质对钢板的冷却进行了探索。Neubauer I、Lindkvist G 等人分别用 600 bar（1 bar=10^5 Pa）的氮气和空气进行辅助冷却，如图 4.39 所示，采用气体冷却的好处是保证板料温度的均匀性，提高其成形质量。Maeno 等人通过在模具与板材之间通水的办法，保证了热成形件变形较大的位置实现全马氏体转变，此工艺使保压时间由 5 s 降低到 3 s，如图 4.40 所示。Behrens B A 等人在零件从模具内转移出来之后进行水雾冷却，保证了马氏体的转变，也缩短了保压时间，如图 4.41 所示。但模具表面与板材之间通水或者水雾冷却，会给工艺控制和制造

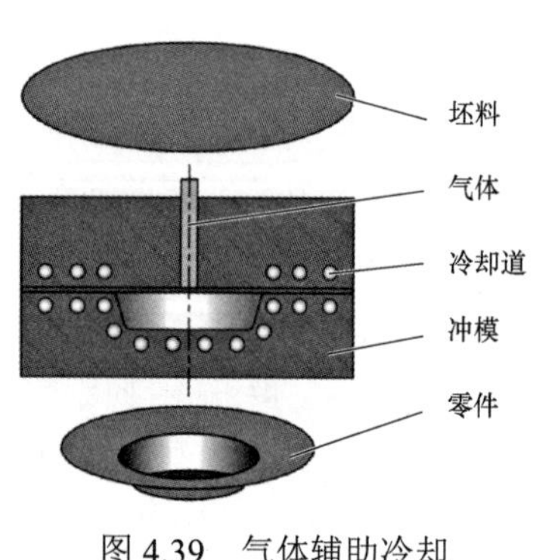

图 4.39　气体辅助冷却热成形装置

车间带来很多问题，关键会造成严重的氢脆问题。另外，采用导热性更好的模具材料，也可以保证热成形件的淬透性或者提高生产节拍，如 Casas B 等人开发的模具材料导热系数达到 66 W/mK，其保压时间由 10 s 降到 2 s。

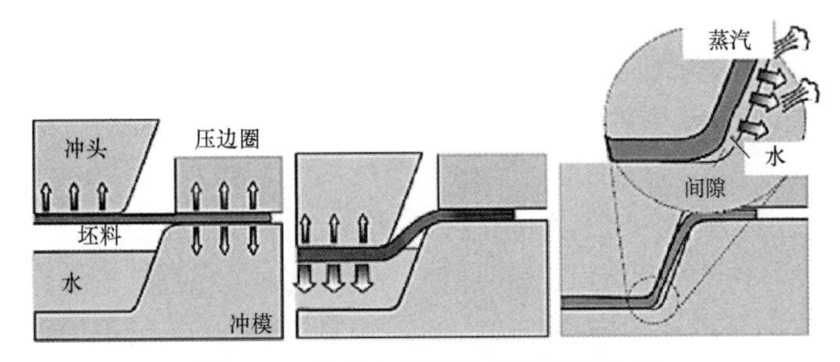

图 4.40　模具与板材之间的通水冷却

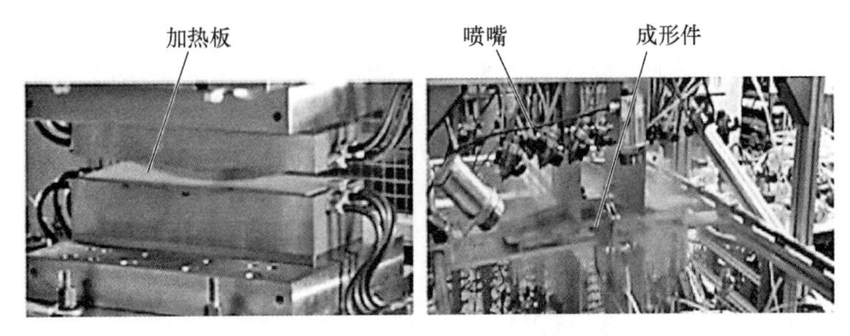

图 4.41　零件出模后的水雾冷却

3. 热冲压成形与淬火工艺的仿真分析

（1）热冲压成形与淬火工艺模型概述

热冲压成形是一个传热和受力的同步过程，即热－力耦合过程，其材料本构是以温度为变量的应力、应变方程，另外还需要考虑其高温黏性行为，即考虑应变速率对力学性能的影响，加载其传热与应力边界条件后进行求解，可得到整个零件的应力、应变分布。对于材料热成形实际物理过程而言，除了传热与应力的作用，还存在奥氏体分解为马氏体、铁素体、珠光体、贝氏体的相变，相变引起的潜热释放、体积膨胀、热物性和高温力学性能参数的变化等关键问题需要详细考虑，如图 4.42 所示。因此，从科学角度来讲需要建立热－力－相变

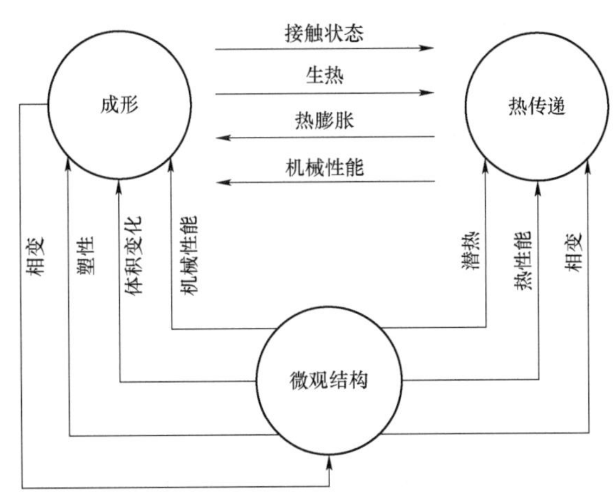

图 4.42　热成形的热－力－相变耦合机制

耦合模型才能准确描述热成形的物理过程，可以更准确地预测零件的应力、应变分布，更准确地指导工艺和模具的设计。热–力耦合与热–力–相变耦合两类模型各有优缺点，热–力耦合模型的优点是简单易用，且可以通过热模拟试验机（Gleeble）等设备准确测试得到其输入参数，但是其缺点是单纯的热膨胀系数无法量化实际相变引起的应力、应变及温度的变化；热–力–相变耦合模型更能准确描述材料热成形的物理过程，能克服热力耦合模型的以上缺点，但其需要测试的参数较多、测试难度也较大。

有限元法是仿真分析的主要手段，其仿真的准确度和精度主要取决于材料的本构模型，本构模型属于唯象模型，即通过宏观试验数据的统计或者公式化表征其物理属性，对于热成形来讲，如何准确描述材料不同温度下的弹性、塑性、卸载等各类力学行为尤为关键，通常表征以上行为的参量包括弹性模量、泊松比、屈服准则、硬化准则等，如何通过科学的试验方法测试、拟合和计算以上参量是决定仿真模型准确度最关键的环节；其次，边界条件是影响仿真模型准确度的第二要素，如材料与环境的换热、与模具的接触条件，等等；第三，单元类型、空间和时间步长的划分，这与有限元算法的求解精度直接相关，也会影响仿真模型的计算结果。以下将重点介绍热成形材料的本构模型。

2）热冲压成形过程中的热传导

温度是热冲压成形过程中材料性能、应力及相变演化的先决条件，模拟热冲压成形过程第一步应计算其温度场。首先是热传导系数 h，它被用来表征板料的冷却效果，该系数受到许多因素的影响，如接触压力、板料温度和板料状态（板厚、粗糙度、镀层厚度等）。对热成形钢来说，其机械性能受温度的影响很大，因此温度参数在热成形有限元模型中非常重要。

为了确定热传导系数 h，Hoff 开发了淬火模具。即将高温下的板材通过两块冷模板淬火，冷模板通水冷却，两冷模板之间设定一个固定压力。试验过程中记录板材和冷模板的温度，在此基础上结合牛顿的冷却规律确定接触条件，从而得出热传导系数。

$$T(t)=(T_0-T_\infty)\mathrm{e}^{\left(-h\frac{A}{c_p\rho V}t\right)}+T_\infty \tag{4.8}$$

式中，A 为接触面积；c_p 为比热容；h 为热传导系数；V 为体积；t 为时间；T_0 为初始温度；T_∞为环境温度；ρ为密度。

工件与模具之间的接触压力对热传导的影响很大，如图 4.43 所示。增加接触压力，就增加了工件与模具之间的有效接触面积，热传导系数增加，传热速度加快。

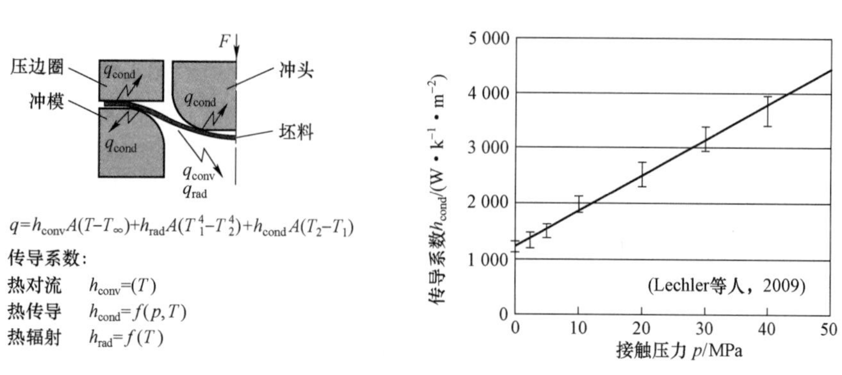

图 4.43 热板冲压成形的热传导系数

Paul A 等人认为热成形过程是复杂的热力相变耦合过程，温度场对整个热成形过程起着非常重要的作用，认为在各向同性固体中热传导公式如下：

$$\rho c_p \frac{\partial T}{\partial t} = (kT, j),_j + \dot{q} \tag{4.9}$$

式中，ρ为质量密度；c_p为比热容；T为温度；k为导热系数；$\dot{q}$为单位体积的内热产生率，同时它也包括类似塑性变形产生和转变的热的外热源。

在热成形过程中，工件的表面会因氧化而发生变化，工件与模具之间的传热受到正压力、滑动摩擦力及表面状态等因素的影响。更为具体地讲，工件与模具之间存在缝隙，气体和点接触等几种情况。当以缝隙接触时，热传导主要以辐射的方式进行。文献［39］建立了两个不同数学模型用来描述接触界面的热传导行为。第一个模型中，认为工件与模具之间在高压的情况下接触，两者之间没有缝隙，因此工件和模具表面的温度值是一样的。这种假设在大多数情况下导致模拟的模具的温度高于实际值。第二个模型考虑了内表面热阻力的影响，定义 P_{eff} 与工件和模具表面温度的差值成比例：

$$p_{\mathrm{eff}} = h_{\mathrm{c}}(T_{\mathrm{w}} - T_{\mathrm{t}}) \tag{4.10}$$

式中，h_{c}［W/（$\mathrm{m}^2 \cdot \mathrm{K}$）］为内界面有效热传导系数；$T_{\mathrm{w}}$ 和 T_{t} 为工件和模具的表面温度。有效热传导系数 h_{c} 的值是通过计算值与试验值不断调整最后得到的。Paul A 等人在模拟分析中选用的 h_{c}［W/（$\mathrm{m}^2 \cdot \mathrm{K}$）］的值为 6 500～7 000［W/（$\mathrm{m}^2 \cdot \mathrm{K}$）］，在许多商用的有限元代码中，只是设定热传导系数为一个常数值，而这个值的准确性有待考察。

当工件与模具之间距离较远时，热传导主要是以工件向周围气体以对流和辐射的方式进行，P_{r} 被定义如下：

$$P_{\mathrm{r}} = \varepsilon \sigma_{\mathrm{s}} \left(T_{\mathrm{w}}^4 - T_{\mathrm{t}}^4 \right) \tag{4.11}$$

式中，ε 为辐射率；σ_{s} 为斯蒂芬–玻尔兹曼常数；T_{w}、T_{t} 为工件和模具的表面温度。

ε 受工件的表面状态影响很大，如果工件表面受到氧化，ε 的值增大。式（4.11）中没有考虑辐射的影响。当周围存在多个这种表面时，就需考虑辐射传热的情况，辐射传热主要受到表面几何形状和方向的影响。于是引入了 F_{ij} 的概念，它被定义为远离 i 表面的辐射被 j 表面拦截的百分数，如式（4.12）所示：

$$F_{ij} = \frac{1}{A_i} \int A_i \int A_j \frac{\cos\theta_i \cos\theta_j}{\pi R^2} \mathrm{d}A_j \mathrm{d}A_i \tag{4.12}$$

在考虑辐射的情况下，从 i 表面到 j 表面（冷面）的发射能可由下式表示：

$$P_{ij} = \varepsilon_{\mathrm{eff}} \sigma_{\mathrm{s}} F_{ij} A_i \left(T_i^4 - T_j^4 \right) \tag{4.13}$$

式中，$\varepsilon_{\mathrm{eff}}$ 为有效辐射率。

单位区域的热对流能可运用式（4.2）表示，这种情况下的热传导系数比工件与模具接触且模具温度与空气对流的情况要低很多，以后的工作需考虑热传导系数与表面状态的函数关系。

王立影等人建立了热成形模具冷却系统临界水速的解析模型，图 4.44 所示为该冷却系统中支撑柱纵剖面。

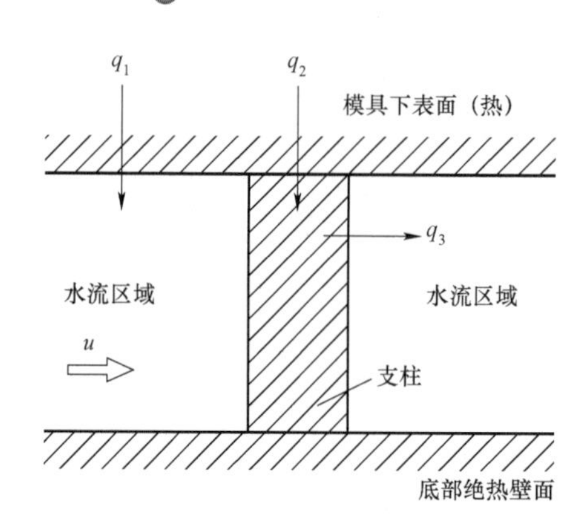

图 4.44　模具冷却系统中支撑柱纵剖面

研究者假设模具的热量一部分传给水流，一部分传给支撑柱，再由支撑柱传给水流，平均传热密度分别为 q_1 和 q_2，当 $q_1 = q_2$ 时，认为此时的水流密度为临界水流密度。同时还假设支撑柱横截面上各点温度相同，则支撑柱的温度可以简化为沿高度方向上的一维分布；从整体角度分析传热，忽略水流速度变化引起的冷却系统中各处传热不均现象，忽略传热较高的迎流处与传热较低的背流处差异；使用准静态传热现象进行研究；模具下表面温度均匀一致，即模具下表面与水和支柱的接触温度均相同。模具向水传热的热流密度表达式为

$$q_1 = \alpha(T_w - T_f) = \frac{f(Re)\left(\dfrac{v\rho c_p}{\lambda_f}\right)}{L}(T_w - T_f) \tag{4.14}$$

式中，$f(Re) = \begin{cases} 0.664Re^{1/2}, Re < 5\times10^5, \text{层流} \\ 0.037Re^{0.8} - 870, \quad Re \geqslant 5\times10^5, \text{湍流} \end{cases}$

u 为截面平均水流速度；L 为支撑柱水流方向长度；Re 为雷诺数；v 为水的运动黏性系数；λ_f 为水的导热系数；ρ 为密度；c_p 为水的定压比热容；α 为水的导温系数；T_w 为模具下表面温度；T_f 为流体入口温度。

考虑模具下表面向支撑柱传热的整体效应，在计算模具下表面向支撑柱的传热时，采用准静态散热的理想状态来分析，同时将支撑柱的传热简化为沿高度方向的一维导热问题，采用一维圆形肋片的传热数学模型，而支撑柱与冷却水的换热作为内热源来考虑，则模具向支撑柱的传热热流密度可由下式表示：

$$q_2 = \sqrt{\alpha_2 U \lambda_s A}(T_w - T_f)\tan(mh) = \sqrt{\frac{Nu_2 \lambda_s}{d} U \lambda_s A}(T_w - T_f)\tan\left(\frac{Nu_2 U}{A} h\right) \tag{4.15}$$

式中，$m = \sqrt{\dfrac{\alpha_2 U}{\lambda_s A}}$；$h$ 为支柱高度；d 为支柱直径；Nu_2 为具向支柱传热的努谢尔特数；λ_s 为金属支柱的导热系数；$\tan x$ 为正切函数；α_2 为支撑柱与冷却水之间的对流换热系数。

针对汽车用 U 形件热成形模具冷却系统，设定支撑柱高度为 10 mm，支柱半径为 10 mm，运用 Matlab 语言中的迭代方法对方程进行求解，得到汽车用 U 形件热成形模具冷却系统中临界水速的解析结果为 0.752 69 m/s。

同时研究者也通过选择基于湍流动能和扩散率的标准 $k-\varepsilon$ 模型对冷却系统进行分析。k 方程为湍流动能方程，ε 方程为扩散方程，其材料的热物理参数如表 4.8 所示。

表 4.8　材料热物理参数值

材料	水	模具
密度 ρ / （$kg \cdot m^{-3}$）	988	7 800
比热容 C / （$J \cdot kg^{-1} \cdot K^{-1}$）	4 174	470
导热系数 λ / （$W \cdot m^{-1} K^{-1}$）	0.55	49.8
运动黏度（$m^2 \cdot s^{-1}$）	100 600	/
导温系数 W（$m \cdot mK^{-1}$）	14 300 300	/

林建平等人建立的热成形淬火成形的解析模型，将传热过程分为三个阶段：与空气传热、与模具传热以及与空气和模具混合传热。

结合热成形过程中钢板能量流动的特点，以钢板为研究对象，建立热成形过程中能量的流动平衡方程：

$$\rho c V \frac{\mathrm{d}t}{\mathrm{d}\tau} = -\int_A q n \mathrm{d}A + \int_V q_V n \mathrm{d}V \tag{4.16}$$

式中，A 为钢板的表面积；V 为钢板的体积；τ 为时间；q 为钢板边界面的热流密度；n 为边界面的单位外法向向量；q_V 为钢板内热源的发热率；$\int_A qn\mathrm{d}A$ 为整个边界面与钢板的换热量 Q，$\int_V q_V n\mathrm{d}V$ 为内热源产生的热量 Q_V。而且，在热平衡分析中不考虑内部热源，即 $q_V = 0$。因此，流动平衡方程可以简化为

$$\rho c V \frac{\mathrm{d}t}{\mathrm{d}\tau} = -\int_A q \cdot n \mathrm{d}A \tag{4.17}$$

该式表明，在热成形过程中，钢板温度的变化主要与钢板表面的热流密度 q 有关，而 q 是由钢板与外界的传热状态所决定的。因此，在不同的成形阶段，钢板将呈现不同的温度变化特性。

钢板从加热炉中取出到达模具实行固体淬火前，钢板冷却主要为空气对流散热和辐射换热。此时有 $q = \alpha(t - t_B)$。式中，t_B 为环境温度；α 为钢板边界上平均换热系数，包括空气对流系数和辐射换热系数，根据传热平衡方程可得以下公式：

$$\rho c V \frac{\mathrm{d}t}{\mathrm{d}\tau} = -\alpha A(t - t_B) \tag{4.18}$$

假设周围环境温度 t_B 为一个常量，定义过余温度 $\theta = t - t_B$，通过确定初始条件进行积分可得

$$\theta(\tau) = \theta_0 \exp\left(-\frac{\alpha A}{\rho c V}\tau\right) + C(\text{常数}) \tag{4.19}$$

可以看出，钢板从加热炉中取出，到达模具之前的传递过程中，钢板的温度呈指数变化。通过该理论模型可计算板料传递过程中的温降，确定板料成形的初始温度，从而为保证板料在奥氏体状态下成形提供理论指导。

在计算保压过程的温度模型时，林建平等人认为固体淬火与水冷淬火的热流密度一致，引入一个等效换热系数的概念，根据傅里叶导热定律得出保压过程的等效换热系数为$\alpha_{固}=\dfrac{1}{R_j A}$，可得

$$\rho c V\frac{\mathrm{d}t}{\mathrm{d}\tau}=-\alpha_{固}A(t-t_{\mathrm{B}}) \tag{4.20}$$

求解过程和前面的一样，得到热成形保压过程的温度为

$$t=t_0-(t_0-t_{\mathrm{B}})\left[1-\exp\left(-\frac{\alpha_{固}A}{\rho c V}\tau\right)\right] \tag{4.21}$$

可见，钢板保压固体淬火阶段中，钢板温度随时间的变化主要由钢板与模具间的热阻及接触面积决定。通过改变模具系统中冷却水流的速度来调节钢板与模具和水冷系统之间的换热系数，从而通过上式可以确定板料在固体淬火阶段的温度变化率，预测板料在模具中的冷却速度。

同理可得热成形过程的空气与固体混合冷却的换热系数为混合换热系数，可表示为

$$\alpha_{混}=\frac{1}{R_j A}(固体淬火)+\alpha_{\mathrm{c}}(热对流)+\alpha_{\mathrm{r}}(辐射) \tag{4.22}$$

由此得到混合冷却时钢板的温度为

$$t=t_0-(t_0-t_{\mathrm{B}})\left[1-\exp\left(-\frac{\alpha_{混}A}{\rho c V}\tau\right)\right] \tag{4.23}$$

式（4.23）表明，固体淬火和对流换热综合条件下，钢板温度变化主要由钢板与模具间的热阻和接触面积以及钢板与周围空气的对流换热和辐射换热系数决定，钢板温度仍然随时间成指数曲线关系变化。这一阶段板料主要进行成形并淬火，根据该解析模型得到的温度变化情况与材料的连续冷却曲线相对比，可估计板料成形过程中的组织转变情况，从而预测部件的最终性能，解析法计算时选用的相关材料参数如表 4.9 所示。

表 4.9　解析法相关材料参数

材料参数	数值	材料参数	数值
面积 A/m^2	0.042	导热系数λ/（$\mathrm{W\cdot m^{-1}K^{-1}}$）	49.8
密度ρ/（$\mathrm{kg\cdot m^{-3}}$）	7 800	环境温度 t_{B}/K	300
特征尺度 δ	0.85	钢板初始时刻温度 t_0/K	1 200
比热容 C/（$\mathrm{J\cdot kg^{-1}\cdot K^{-1}}$）	470	—	—

3. 热冲压成形材料本构模型

热成形材料的本构模型研究较多，应用比较广泛的有 Zener–Holloman、Johnson–Cook

等模型，Zener–Holloman 模型认为材料在高温塑性变形时应变速率受热激活过程控制，应变速率与应力、温度呈以下关系：

$$\dot{\varepsilon} = A[\sinh(\alpha\sigma)]^n \exp\left(-\frac{Q}{RT}\right) \tag{4.24}$$

式中，$\dot{\varepsilon}$ 为应变速率，σ 为流变应力，A、α 和 n 为材料系数，R 为气体摩尔常数［8.314 5 J/（mol·K）］，T 为绝对温度，Q 为热变形的激活能。其中，Q、α、n、A 等参数是真应变的函数。Zener–Holloman 模型由不同应变速率和温度下的应力–应变数据拟合得到。

Johnson–Cook 模型直接建立了应力与应变、应变速率和温度之间的函数关系，其表达式为

$$\sigma = (A + B\varepsilon^n)\left[1 + CIn\left(\frac{\dot{\varepsilon}}{\dot{\varepsilon}_0}\right)\right]\left[1 - \left(\frac{T - T_0}{T_{\mathrm{f}} - T_0}\right)^m\right] \tag{4.25}$$

式中，A、B、C、m、n 为材料系数，$\dot{\varepsilon}_0$ 为基准应变速率，T 为材料温度，T_0 为基准温度，T_{f} 为材料熔点。

Åkerström P 采用 Kirkaldy 的奥氏体相变模型针对 22MnB5 钢热成形热–力–相变耦合的实际物理过程进行了建模，其传热与应力分析与传统方法无异，此处重点介绍其相变模型，奥氏体–铁素体/铁素体/贝氏体相变动力学表达式如下：

$$\frac{\mathrm{d}X_i}{\mathrm{d}t} = f(G)f(C)f(T)f(X_i) \tag{4.26}$$

式中，$f(G)$ 为奥氏体晶粒度影响函数，$f(C)$ 为合金成分影响函数，$f(T)$ 为温度影响函数，$f(X_i)$ 为当前生成相影响函数，其对应的模型如式（4.27）～式（4.29）所示。

$$f(G) = 2^{(G-1)/2} \tag{4.27}$$

$$f(T) = (T_{\mathrm{cr}} - T)^n \exp\left(-\frac{Q}{RT}\right) \tag{4.28}$$

$$f(X_i) = \frac{(X_i)^{2(1-X_i)/3}(1 - X_i)^{2X_i/3}}{Y} \tag{4.29}$$

式中，G 为 ASTM 晶粒度，T_{cr} 为 A_{e1}、A_{e3}、B_{s} 等相变临界温度，X_i 为已形成的相含量。对于铁素体和珠光体，$Y = 1$；对于贝氏体，$Y = \mathrm{e}^{C_{\mathrm{r}}X_i^2}$。奥氏体向马氏体转变的非扩散相变动力学方程则由前述公式（4.6）进行计算。

Akerstrom 考虑 B 元素的影响，对传统模型进行了修正，得到 $f(C)$ 表达式如下：

$$f(C) = (59.6\mathrm{Mn} + 1.45\mathrm{Ni} + 67.7\mathrm{Cr} + 244\mathrm{Mo} + K_{\mathrm{f}}\mathrm{B})^{-1} \text{（铁素体）} \tag{4.30}$$

$$f(C) = [1.79 + 5.42(\mathrm{Cr} + \mathrm{Mo} + 4\mathrm{MoNi}K_{\mathrm{p}}\mathrm{B})]^{-1} \text{（珠光体）} \tag{4.31}$$

$$f(C) = [(2.34 + 10.1\mathrm{C} + 3.8\mathrm{Cr} + 19\mathrm{Mo})10^{-4}]^{-1} \text{（贝氏体）} \tag{4.32}$$

式中，K_{f} 和 K_{p} 分别取 1.9×10^5 和 3.1×10^3。

然后，Paul A 等人对其开发的模型进行了试验验证，得到了较好的预测结果，图 4.45 所示为试验材料相同位置处各相的试验与计算结果对比。模型对铁素体含量的预测准确度很高，与试验结果几乎无差异，对于珠光体、贝氏体相的预测局部数据有所差异，有可能是未

考虑温度与变形对原子扩散的影响所致，珠光体与贝氏体相的结果差异也影响了马氏体的预测，但总体来讲，该模型已经处于热成形工艺仿真分析的领先水平。

Åkerström 模型已经在 LS-DYNA 中开发为*MAT_UHS_STEEL 材料卡片，专门用于热成形的仿真分析。图 4.46 所示为梁宾、赵岩等人模拟的热成形 B 柱组织与硬度分布。由图 4.46 可见，22MnB5 在热成形时由于压下力、保压时间、模具接触等问题，只在 B 柱中段接触条件比较好的位置生成马氏体组织，其余位置为其他相的混合组织，新开发的 22MnB5 NbV 热成形 B 柱由于固溶的 V、Nb 的存在淬透性更好，同等成形条件下马氏体含量要高得多，与图 4.45 的测试结果得到了较好的吻合。

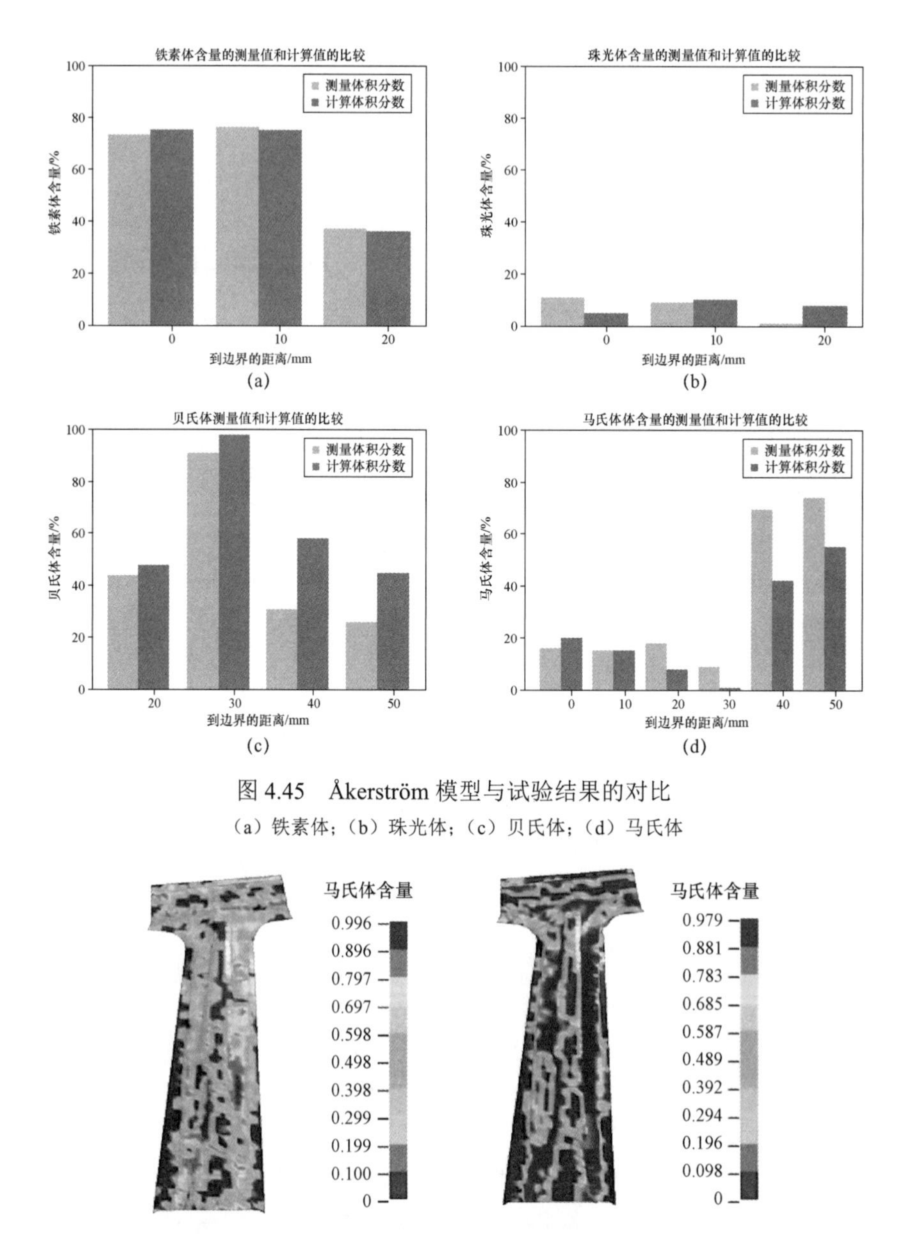

图 4.45　Åkerström 模型与试验结果的对比

（a）铁素体；（b）珠光体；（c）贝氏体；（d）马氏体

图 4.46　22MnB5 和 22MnB5 NbV 热成形 B 柱微观组织预测（见彩插）

4. 热冲压成形工艺最新研究进展

Q&P 工艺通过采用残余奥氏体的 TRIP 效应，可以明显地提高钢的强塑积，该工艺已经较为成熟，Q&P 钢已经实现在中国宝武集团的量产，也在许多车型上得以广泛的应用。将该工艺与热成形工艺结合起来，可以向热冲压成形零件中引入亚稳奥氏体，进而改善热成形件的综合性能，如韧性和塑性等。将 Q&P 工艺与热成形工艺结合的关键技术难题是如何通过模具在线实现钢板的成形和 Q&P 处理。接下来将介绍最新的研究进展。

1）HS&QP 工艺

近年来，Zhu B 和 Han X H 等人分别设计了不同类型的可加热控温模具，利用新设计的模具可以实现 Q&P 处理和热冲压成形的一体化。

图 4.47 所示为朱彬等人设计的可加热控温模具示意图和实物。该模具内部有加热棒和监测温度的热电偶，因此可以根据实际需要调节模具的温度。这样就可以通过模具实现对 Q&P 工艺中淬火温度的控制。在该温度下保温一定时间就可以实现马氏体中碳原子向奥氏体中的配分，从而使奥氏体中富碳，当热成形件最终冷却至室温后亚稳奥氏体能够稳定存在。如果想提高碳从马氏体向奥氏体中富集的效率，可以在高于模具温度的温度下配分。Zhu B 等还设计了相应的热风配分设备，如图 4.48 所示。当在控温模具中完成淬火后迅速将成形件转移至热风配分箱中进行配分处理。

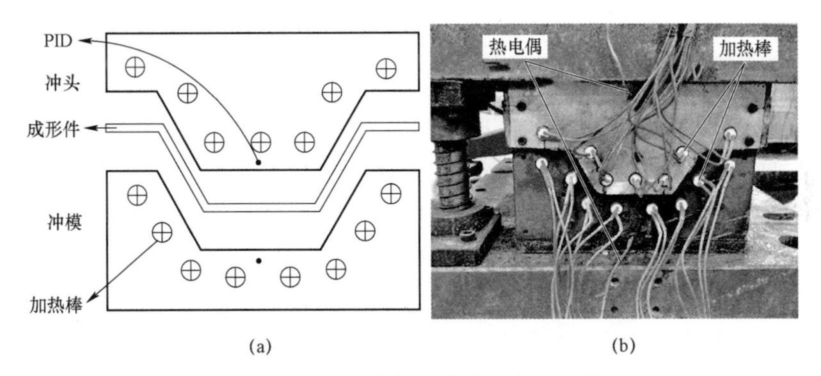

(a)　　(b)

图 4.47　可加热控温模具示意及实物

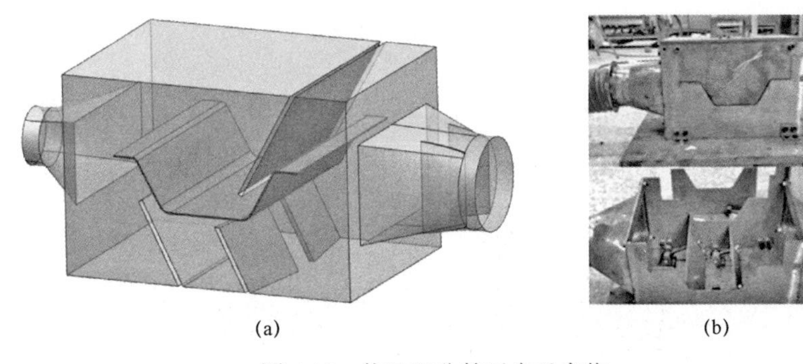

(a)　　(b)

图 4.48　热风配分箱示意及实物

2）Q&FP 工艺

才贺龙等人提出淬火–闪速配分（quenching and flash partitioning，Q&FP）工艺，利用马氏体开始转变温度 M_s 附近自回火碳化物析出的特点，添加硅元素抑制碳原子在板条马氏体晶界与铁原子形成渗碳体，这样就会保证更多的碳原子向奥氏体扩散，为了增强碳原子的扩散能力，将 M_s 提升至 410 ℃左右，在板条马氏体晶界生成几十纳米厚度的残余奥氏体，形成时间约为 3 s，故称为闪速配分。Q&FP 工艺可使热成形钢抗拉强度为 1 660 MPa 时延伸率达到 10.5%。

上述工艺目前还处于实验室研究阶段，未得到大规模生产及应用。由于目前热成形 Q&P 处理时一般需要额外设备，如加热炉，或改进热成形冷却系统，因此增加额外成本且降低生产节拍。鉴于此，下一步热成形 Q&P 工艺的研究方向应是热成形+非等温配分或动态配分工艺，这样可以在原有生产线上直接进行热成形 Q&P 处理。另外，如果能够将材料的高强塑积与整车碰撞安全性能的量化关系计算出来，将有利于新热成形工艺未来的推广应用。

4.3.3 热冲压成形过程中的微观组织演化

热成形钢的热冲压成形及其后续热处理过程（即热机械处理过程）决定了热成形后零件的组织及其再变形性能。高温变形后不同的冷却速率下，22MnB5 钢可能发生铁素体、贝氏体和马氏体相变。因此，22MnB5 钢高温变形及后续冷却过程对铁素体、贝氏体和马氏体相变的影响及其机理是热冲压成形技术中零件微观组织控制及其使用性能控制（即“控性”）的关键理论基础。

1. 热冲压成形条件下的 22MnB5 钢铁素体相变

本书作者团队对此进行了研究。试验设备选用 Gleeble3800 热模拟试验机。先将试件以 15 K/s 加热至 1 173 K，保温 5 min 以获得均匀的奥氏体组织。用氮气喷嘴将试件以 30 K/s 降温至试验温度（1 173～693 K），30 K/s 的降温速率可确保 22MnB5 钢在变形之前处于全奥氏体状态，没有铁素体产生。然后以 5 mm/s 或 25 mm/s 的拉伸速度进行高温单拉试验。当试件拉伸至所需拉伸量时，停止加载，然后再以 30 K/s 或 90 K/s 降至室温。图 4.49～图 4.52 所示为 22MnB5 钢试样经不同变形温度、降温速率、应变和应变速率等工艺参数下的光学金相组织。图 4.49 中试样的变形温度为 1 173 K，变形后的降温速率为 30 K/s，应变为 0.129 和 0.495，应变速率为 0.1/s；图 4.50 中试样的变形温度为 873～1 073 K，变形后降温速率

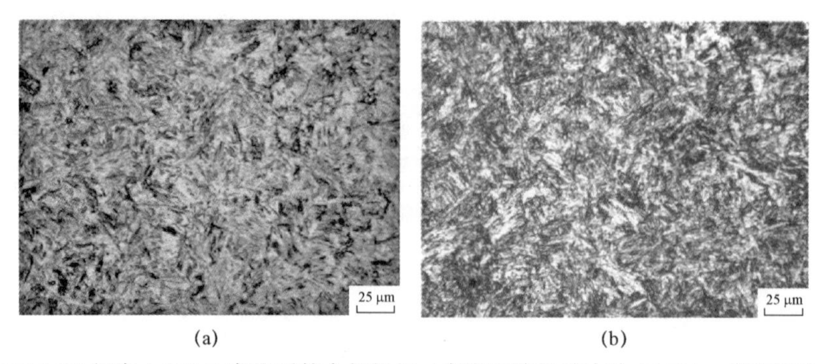

图 4.49　22MnB5 钢在 1 173 K 变形后的金相组织（变形后降温速率为 30 K/s，变形速率为 0.1/s）

（a）试样应变为 0.129；（b）试样应变为 0.495

为 30 K/s，应变为 0.10～0.25，应变速率为 0.5/s；图 4.51 中试样的变形温度为 873～1 073 K，变形后降温速率为 90 K/s，应变为 0.10～0.30，应变速率为 0.5/s；图 4.52 所示为利用面积法测得的试样中铁素体的体积分数与硬度。

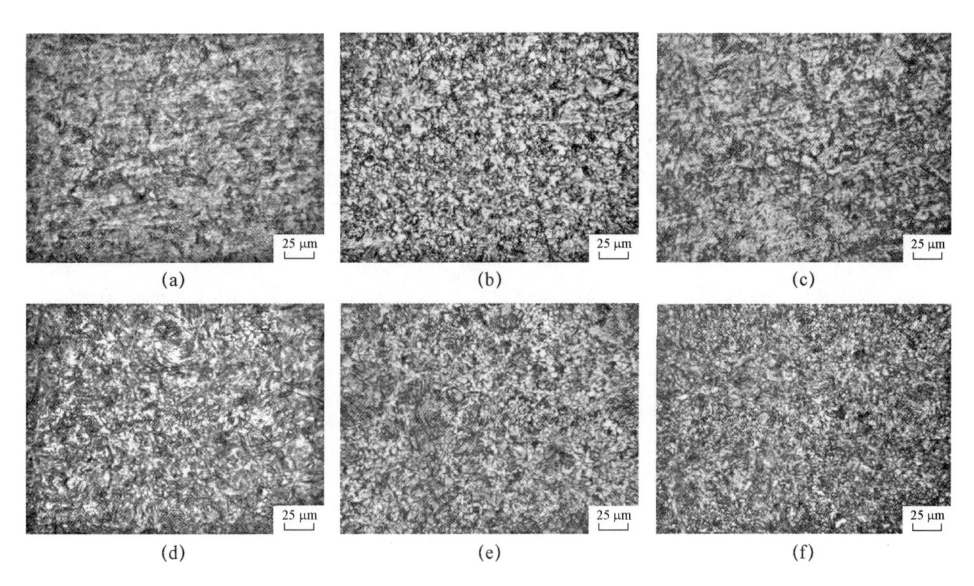

图 4.50　22MnB5 钢高温变形后金相组织（变形后降温速率为 30 K/s，变形速率为 0.5/s）
（a）变形温度 1 073 K，应变 0.099；（b）变形温度 973 K，应变 0.092；（c）变形温度 873 K，应变 0.087；（d）变形温度 1 073 K，应变 0.278；（e）变形温度 973 K，应变 0.242；（f）变形温度 873 K，应变 0.226

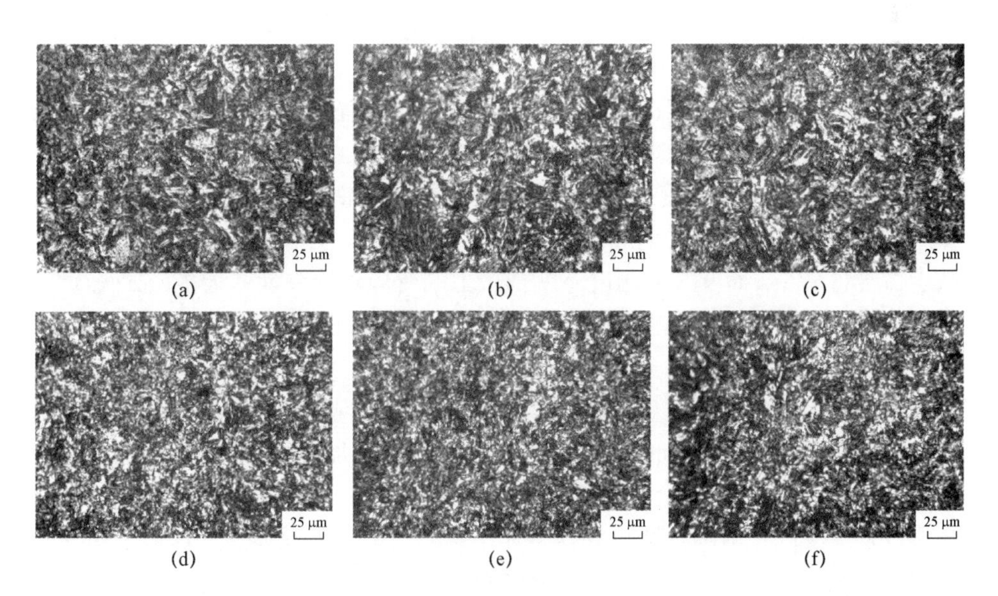

图 4.51　22MnB5 钢高温变形后金相组织（变形后降温速率为 90 K/s，变形速率为 0.5/s）
（a）变形温度 1 073 K，应变 0.101；（b）变形温度 973 K，应变 0.095；（c）变形温度 873 K，应变 0.091；（d）变形温度 1 073 K，应变 0.273；（e）变形温度 973 K，应变 0.253；（f）变形温度 873 K，应变 0.235

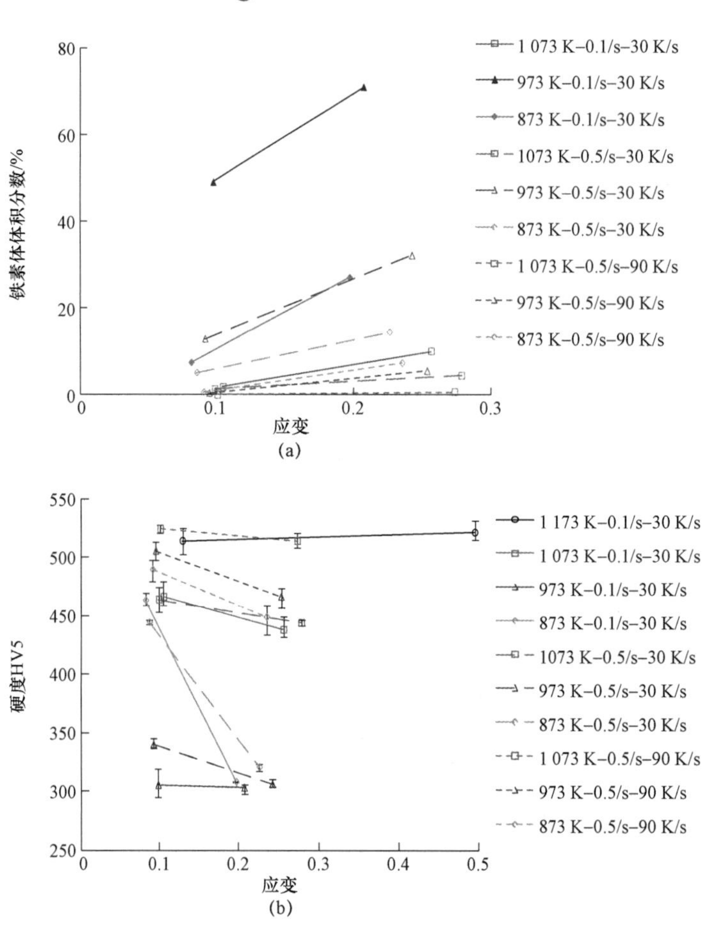

图 4.52　不同高温变形条件的试样

（a）铁素体体积分数；（b）硬度

如图 4.49 所示，22MnB5 钢在 1 173 K 变形时（此温度高于奥氏体/铁素体平衡温度，约为 1 093 K），试样组织为全马氏体，硬度值在 510HV5 以上。由图 4.50 可知，22MnB5 钢试样在 873～1 073 K 变形（此温度范围低于平衡相浓度，在铁素体相变温度区），均有变形诱导铁素体产生，且随着应变增大变形诱导铁素体含量增多。变形温度为 1 073 K 时产生的变形诱导铁素体含量最少，而 973 K 温度下变形产生的变形诱导铁素体最多。在铁素体含量较少的图 4.50（a）、图 4.50（c）和图 4.51（d）中，由于变形诱导铁素体优先在奥氏体晶界处形核，细小的铁素体颗粒呈网状分布。

变形温度对 22MnB5 钢变形诱导铁素体相变的影响体现在以下两个方面：第一，相同应变速率和相同应变量条件下，变形温度降低，相变驱动力增加，且 22MnB5 钢流动应力升高，奥氏体中引入了更多的变形储能以及变形延展的晶界面积，提高变形诱导铁素体的形核密度，在变形过程中生成更多的形变诱导铁素体；第二，由于奥氏体变形增加了相变驱动力，并大大缩短了铁素体相变的孕育时间，变形过程中便开始了铁素体相变，如前所述，变形后的奥氏体在降温过程中很容易继续产生铁素体，铁素体又是扩散型相变，在时间允许的前提下，铁素体继续形核或者长大。变形温度较高时碳原子具有更高的扩散速率，同时在降温速率相同时，从变形结束后开始降温至铁素体相变结束温度便有更多时间，从而可生成更多的铁素体。

图 4.51 中试件的变形条件与图 4.50 相比，应变速率由 0.1/s 提高至 0.5/s，而其他变形条件相同。试样中铁素体体积分数如图 4.52 中虚线所示。在其他相同变形条件下，应变速率较大时，生成的铁素体含量大幅度降低。

变形速率对形变诱导铁素体相变的影响同样体现在两个方面：一是应变速率的升高增大了流动应力，从而增加了变形储能，对变形诱导铁素体相变的促进作用增强，有利于生成更多的变形诱导铁素体；二是同等应变时，应变速率提高也使变形时间大大缩短，碳在奥氏体中的扩散速度有限，因而不利于变形诱导相变。说明应变大时，变形速率对变形诱导铁素体变形的影响更大。

图 4.51 中试件的变形条件与图 4.49 中的相比，变形后的冷却速率由 30 K/s 升高至 90 K/s，而其他变形条件相同。试样中铁素体体积分数如图 4.52 中点线所示。由图 4.52 可知，变形后冷却速率的提高使试件中的铁素体含量进一步大幅降低。

变形后的冷却速率对 22MnB5 钢变形诱导铁素体相变的影响主要是冷却阶段的铁素体继续相变。冷却速率越大，单位时间形核率越高，但单位时间碳原子扩散更慢，抑制铁素体生成。

在小的应变（约 0.1）下，冷却速率为 90 K/s 时，由于变形时间和变形后留给铁素体继续相变的时间均较短，铁素体来不及更多地形核以及长大，以致在所有温度下变形的试样中仅有很少且细小的铁素体颗粒分布于原奥氏体晶界处；而在较大应变时（约 0.25），由于变形时间延长以及变形储能的增大，试样中的细小铁素体颗粒数量有所增加。应变量对 22MnB5 钢变形诱导铁素体相变的影响同样体现在两方面：一是变形储能及晶界面积随应变量的增加而增加，因而应变较大时，对变形诱导铁素体相变的促进作用越强；二是由于应变速率等其他变形条件相同，应变较大地促进了碳原子在奥氏体的长程扩散和晶界铁原子扩散，促进铁素体长大。

综上所述，22MnB5 钢加热至 1 173 K 奥氏体化后，在平衡相温度以上的 1 173 K 时变形，30 K/s 的冷却速率不至于产生变形诱导铁素体相变。在平衡相温度以下的 873～1 073 K 温度区间变形，由于温度降低以及奥氏体相中变形储能的引入，增加了铁素体相变驱动力，缩短了相变孕育期，促进了变形诱导铁素体在变形过程中快速形核，以及后续冷却过程中的继续形核与长大。由于变形诱导铁素体相变仍然属于扩散型相变，时间是一个关键因素。因此，在 22MnB5 钢的热冲压工艺中，冲压成形速率及冷却速率均是重要控制工艺参数，提高成形速率和冷却速率都有利于获得更高的马氏体含量，以致强度更高的热冲压零件。值得一提的是，无高温变形的 22MnB5 钢临界冷却速率约为 30 K/s，而这一冷却速率远不够抑制变形后的 22MnB5 钢继续发生变形诱导铁素体相变。

2. 热冲压成形条件下的 22MnB5 钢贝氏体相变

根据式（4.33）和式（4.34）可估算出 22MnB5 钢贝氏体相变开始温度（B_s）和马氏体相变开始温度（M_s）分别为 848 K 和 684 K。为使变形过程中不至于发生变形诱导铁素体相变和马氏体相变，变形温度定为 B_s 以下及 M_s 以上的 773 K 和 693 K。图 4.53 所示为 22MnB5 钢板试样在 773 K 和 693 K 变形后的光学金相试样，应变速率为 0.1/s，变形后降温速率为

30 K/s。

$$B_s(℃) = 656 - 58C - 35Mn - 75Si - 15Ni - 34Cr - 41Mo \quad (4.33)$$

$$M_s(℃) = 561 - 474C - 35Mn - 17Ni - 17Cr - 21Mo \quad (4.34)$$

根据 Zhang R Y 和 Boyd J D 最近关于低碳钢变形奥氏体中贝氏体相变的研究报道，所形成的不同贝氏体的特征区别主要在于形核是在原变形奥氏体的晶间或晶粒内部，并将前者定义为传统贝氏体（conventional bainite，CB），后者为针状铁素体（acicular ferrite，AF）。当然，变形奥氏体相以及未变形的奥氏体相均可产生 AF。CB 多以平行的铁素体板条组长大，而 AF 是以方向随机分布的铁素体板条长大，并通常伴有离散的 M/A（马氏体/奥氏体，martensite/austenite constituent）岛。由于 AF 是以切变机制（displacive mechanism）形成的，因此其也是一种贝氏体。

由于 AF 是以切变机制形成的，其形核与转变过程比 CB 快得多，奥氏体晶粒内部大量的位错胞（dislocation cell）为 AF 的形核提供了场所。变形后继续降温将提供更大的相变驱动力，促使 AF 的形核与长大。此外，根据图 4.53（a）、图 4.53（b）可知，在应变为 0.04 左右时，微观组织中并未发现贝氏体产生。22MnB5 钢试样在 773 K 形变至较小的应变（0.078）时，AF 板条杂乱均匀地分布于原奥氏体晶粒内部。随着试样应变量的增加，奥氏体晶内位错胞密度上升，为 AF 提供更多的形核位置，以致试样应变量为 0.436 时，试样内部几乎为全 AF 组织，也伴有少量的 M/A 岛组织，试样的硬度也达到最低。在贝氏体转变温度区，降低 22MnB5 钢变形温度对贝氏体相变的影响，主要体现在变形温度降低导致奥氏体晶内位错胞密度进一步上升，提供了更多的形核位置。

22MnB5 钢在 693 K 变形，应变量为 0.109 时，奥氏体晶内位错胞密度还不够大，AF 的转变速率还不够快，且距离 M_s 较 773 K 变形时近，试样组织成分为少量的 AF 以及大部分的马氏体，这一点从试样的硬度值同样可以看出。此试样的硬度为 470 HV5，而全马氏体的硬度为 510 HV5 左右。当应变增加至 0.206 时，奥氏体晶内位错胞密度增加，提供了足够多的形核位置，使 AF 的转变速率足够快，在变形及降温过程中迅速完成了 AF 的转变。因此，试样组织为大量 AF 板条和 M/A 岛组织。进一步增加应变，其结果是由于奥氏体相强度继续升高，细化了 AF 板条和增加了 M/A 岛数量，这一点可通过变形温度为 773 K 和 693 K 下相同应变的试样金相组织比较（图 4.53（c）、图 4.53（d）以及图 4.53（e）和图 4.53（f））更为明确地得知。

综上，22MnB5 钢在贝氏体相变温度区的变形促进了 AF 的产生，且由于 AF 的转变是以切变方式进行的，后续降温过程提供了更大的相变驱动力，相变速率很高。变形温度越低或应变越大，组织中 AF 含量越高，且 AF 板条越细小，M/A 岛越多。

3. 热冲压成形条件下的 22MnB5 钢马氏体相变

从马氏体形核功的角度来看，奥氏体经过变形后，马氏体形核需要更大的自由能变化。马氏体相变时晶体由一种结构切变转变为另一种结构，仍然是通过形核、长大的方式进行。为了便于分析，此处先讨论均匀形核的情况。

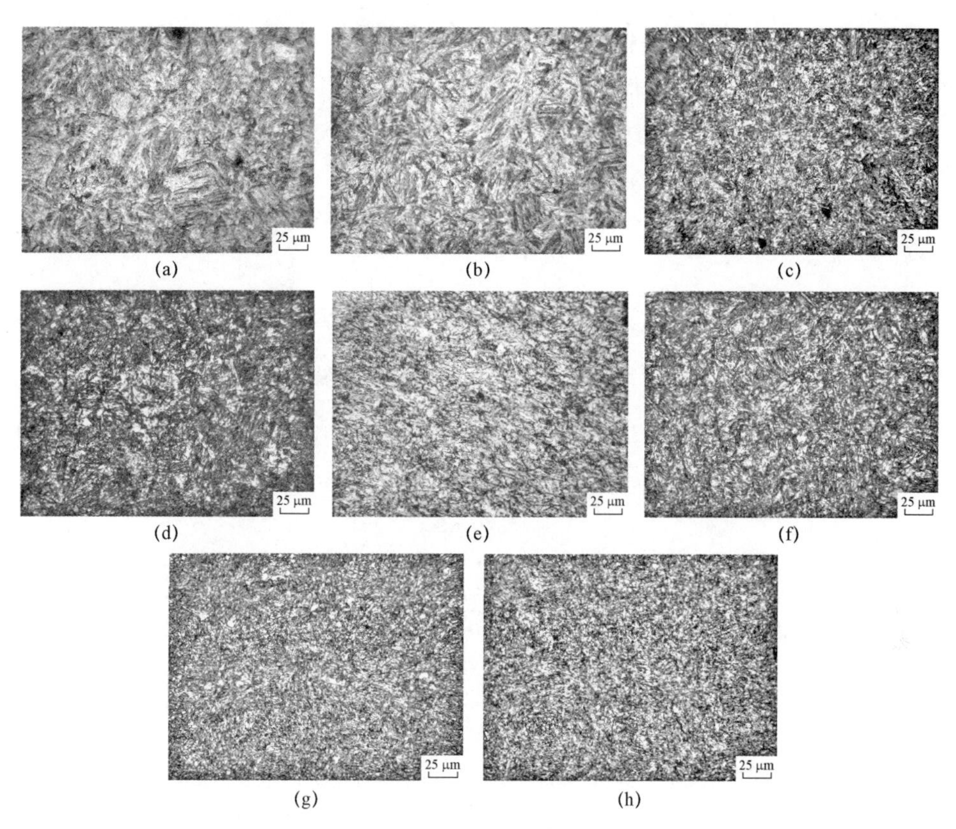

图 4.53　22MnB5 钢高温变形后金相组织（变形后降温速率为 30 K/s，变形速率为 0.1/s）

（a）变形温度 773 K，应变 0.039；（b）变形温度 693 K，应变 0.044；（c）变形温度 773 K，应变 0.078；（d）变形温度 693 K，应变 0.109；（e）变形温度 773 K，应变 0.204；（f）变形温度 693 K，应变 0.206；（g）变形温度 773 K，应变 0.436；（h）变形温度 693 K，应变 0.398

母相没有预变形时，根据 Kaufmann 和 Cohen 给出的形成一个椭球形马氏体核胚时自由能的变化如下：

$$\Delta G_{\text{nucl}} = \frac{4\pi r_1^2 c_1 \Delta g^{\text{A}\to\text{M}}}{3} + 2\pi r_1^2 \psi + \frac{4\pi r c^2}{3} A_1 \tag{4.35}$$

式中，r_1 和 c_1 分别为马氏体核胚的半径和厚度，$\Delta g^{\text{A}\to\text{M}}$ 为马氏体形核时马氏体与奥氏体的自由能差：

$$\Delta g^{\text{A}\to\text{M}} = g^{\text{M}} - g^{\text{A}} \tag{4.36}$$

ψ 为马氏体与奥氏体之间的比界面能，通常取值在 0.01～0.02 J/m^2，A_1 为弹性应变能因子，通常为 2×10^9 J/m^3。ΔG_{nucl} 随 r_1 和 c_1 的变化存在一个鞍点，此点对应着马氏体临界核胚尺寸，见式（4.37），由此可求出 c_1^*、r_1^* 及 ΔG_{nucl}。

$$\frac{\partial \Delta G_{\text{nucl}}}{\partial r} = \frac{\partial \Delta G_{\text{nucl}}}{\partial c} = 0 \tag{4.37}$$

母相经过预变形时，增加的储存能为

$$\Delta g_{\varepsilon} = k_2 \mu \rho b^2 \tag{4.38}$$

式中，ρ 为位错密度；μ 为剪切模量；b 为 Burgers 矢量；k_2 为常数，取 0.5。

母相经过变形后，尽管奥氏体组织内存在内应力，对形核有一定影响，但晶粒尺寸较大时可忽略不计，仅当晶粒尺寸小到亚微米级甚至纳米级时，内应力的作用才将明显，而 22MnB5 钢在奥氏体化后晶粒大小为 30 μm 左右。

若不考虑变形引起其他能量的变化，则变形后母相奥氏体的自由能以及相变后马氏体的自由能分别为

$$g_\varepsilon^{\mathrm{A}} = g^{\mathrm{A}} + \Delta g_\varepsilon = g^{\mathrm{A}} + k_2 \mu_{\mathrm{A}} \rho b_{\mathrm{A}}^2 V_{\mathrm{A}} \tag{4.39}$$

$$g_\varepsilon^{\mathrm{M}} = g^{\mathrm{M}} + \Delta g_\varepsilon = g^{\mathrm{M}} + k_2 \mu_{\mathrm{M}} \rho b_{\mathrm{M}}^2 V_{\mathrm{M}} \tag{4.40}$$

则变形后马氏体临界形核时的自由能变化为

$$\Delta G_{\mathrm{nucl},\varepsilon} = \frac{32\pi A_1^2 \psi^3}{3\left(\Delta g_\varepsilon^{\mathrm{A}\to\mathrm{M}}\right)^4} \tag{4.41}$$

根据 Melander M 的工作，可得奥氏体及马氏体弹性模量随温度变化的公式，然后由剪切模量与弹性模量的关系得

$$\mu = \frac{E}{2(1+\upsilon)} \tag{4.42}$$

式中，υ 为泊松比，可得高温下奥氏体及马氏体的剪切模量。根据 Luo H W 等人的研究，Burgers 矢量参数为

$$b_{\mathrm{A}} = \frac{\sqrt{2}}{2} \times 0.362\,0 \times [1 + 24.73 \times 10^{-6}(T - 1\,000)] \tag{4.43}$$

$$b_{\mathrm{M}} = \frac{\sqrt{2}}{2} \times 0.288\,63 \times [1 + 17.55 \times 10^{-6}(T - 800)] \tag{4.44}$$

如图 4.54 所示，22MnB5 钢在热冲压过程应力水平可达到 400 MPa 左右，可计算出奥氏体预变形对马氏体形核功的影响。

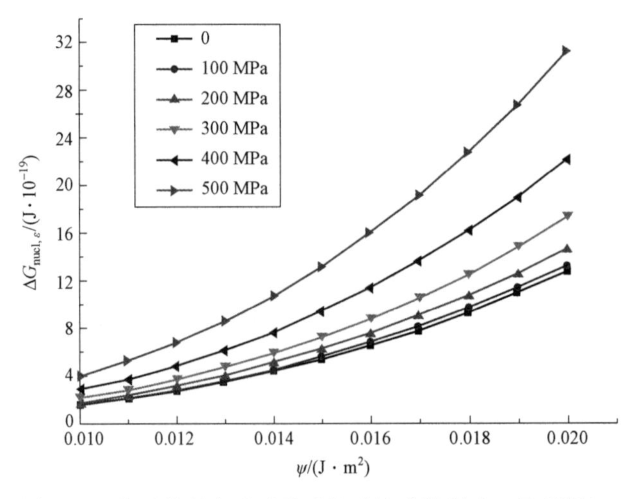

图 4.54　奥氏体预变形对马氏体形核功的影响（见彩插）

由图 4.54 可知，奥氏体的预变形使马氏体临界晶核的形核功增加，比界面能和奥氏体残余应力越大，形核功增加越快，因而需要更大的过冷度才能触发马氏体相变，最终造成马氏体相变的开始温度降低以及马氏体生成量减少。

Barcellona A 等人借助 Gleeble 1500 研究了变形温度（873～1 173 K）及应变（8%～17% 预应变）对 22MnB5 钢的 CCT 曲线的影响。其中，变形温度为 973 K 的试验工艺及 CCT 曲线分别如图 4.55 和图 4.56 所示。结果表明，在相同变形温度和冷却速率下，增加预应变，会使 CCT 曲线左移，需要更高的临界冷却速率以保证材料经热变形后全部转变为马氏体组织。因此，在热冲压过程中，更高的热变形需要更加严格控制冷却过程，保证足够的冷却速率，以保持良好的机械性能。

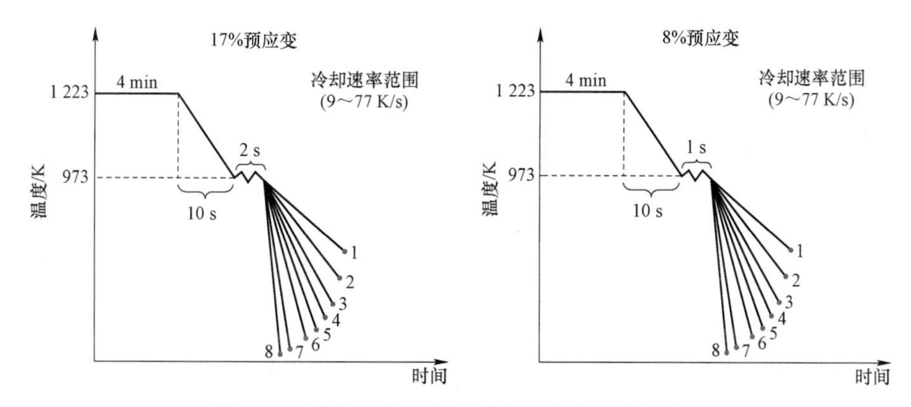

图 4.55　试验工艺：变形温度、应变及冷却速率

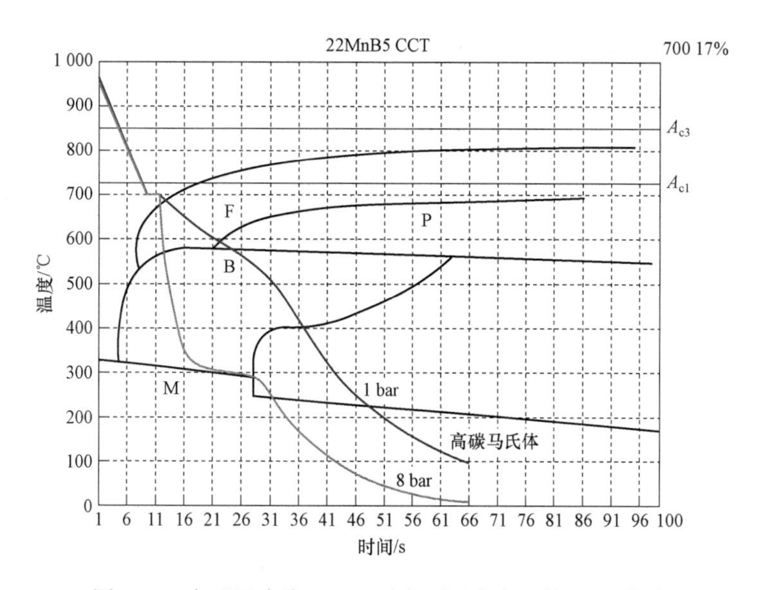

图 4.56　变形温度为 973 K 时在不同应变下的 CCT 曲线

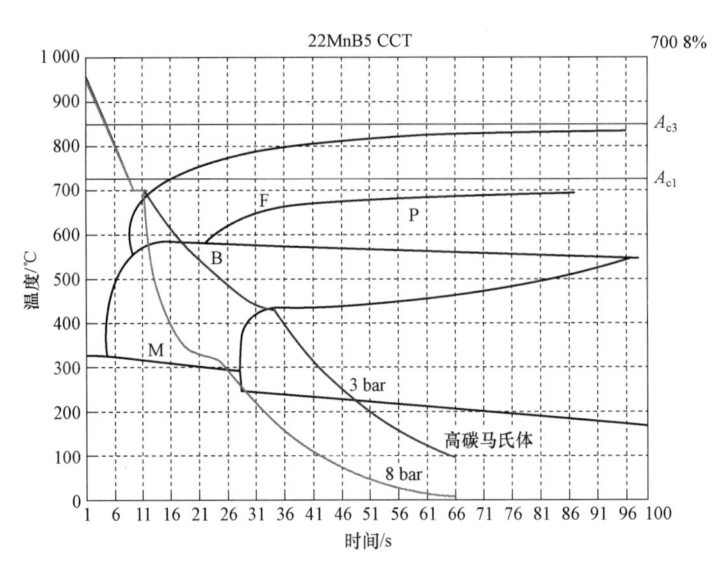

图 4.56 变形温度为 973 K 时在不同应变下的 CCT 曲线（续）

综上所述，为实现 22MnB5 钢热冲压成形工艺过程中的“控性”，本节进行了 22MnB5 钢的高温变形及热处理试验，研究了热冲压成形对 22MnB5 钢组织成分的影响及其机理，以及组织成分对热冲压成形后 22MnB5 钢的再变形性能的影响，得出具体结论如下：

（1）22MnB5 钢在高温变形时，流动应力和变形储能随应变量增加、应变速率增大以及温度降低而升高。温度下降和变形储能增加均提高了铁素体相变的驱动力，缩短了相变孕育期，促进了变形诱导铁素体在变形过程中快速形核，以及后续冷却过程中的继续形核与长大。

（2）22MnB5 钢在贝氏体相变温度区奥氏体相的变形促使 AF 的快速形核，后续冷却过程提高了更大的相变驱动力，使得 AF 迅速转变完成；且 AF 在原奥氏体晶内形核，以切变机制来形成。高温变形缩短了 AF 相变的孕育期。降低变形温度和增加变形量，提高了奥氏体相强度和原奥氏体晶内的位错胞密度，细化了 AF 板条和增加了组织中的 M/A 岛数量。

（3）热冲压成形后的马氏体与直接淬火获得的马氏体相比，由于组织更细小，因而强度和延伸率均较高。变形诱导铁素体的出现明显降低了热冲压成形后 22MnB5 钢试样的抗拉强度，但提高了其延伸率和强塑积，即提高了再变形能力和碰撞中的能量吸收能力。

4.4 热成形钢的焊接

超高强度热成形钢的抗拉强度普遍在 1 500 MPa 以上，在保证安全性能的前提下，通过减少车身厚度达到汽车轻量化的目的，效果十分显著。冷轧及镀层热成形钢焊接方法主要以点焊为主，更厚的热轧热成形钢零件可采用熔化极气体保护焊（gas metal arc welding，GMAW）和管状药芯焊丝电弧焊（flux cored arc welding，FCAW）及激光焊接。由于热成形钢的热导率比较大，所以其点焊接头的热影响区比一般钢板宽，距离熔核较远的热影响区会形成一些回火的软化组织，这些软化组织的区域会极大地降低焊接接头的强度。另外，由于热成形钢的高显微硬度、热导率和电阻率等因素，一般电阻点焊时都需要采用强规范的焊接工艺。且钢板表面镀有 Al-Si 镀层，焊接电极压力较大，所以对电极头的损伤比较大，严重地降低电极头的使用寿命。

点焊工艺是影响点焊焊接接头质量、接头组织的关键因素。在焊接设备、所使用的材料和电极形状、尺寸选定的情况下，焊接电流 I、焊接时间 t 和电极压力 F 三项是影响焊接接头质量的主要工艺参数，它们对于焊接质量并非单独发生影响，而是密切相互关联，能够在相互的联动变化中影响焊接接头的质量。当焊接电流 I 较小时，焊点处金属熔化量少，熔核直径小，熔核强度不足，从而发生“界面撕裂”失效；当焊接电流 I 过大时会导致熔核区金属过热，热输入量过大，会出现飞溅现象，形成缩孔，使熔核直径反而减小。研究发现，22MnB5 热成形钢的理想焊接电流 I 为 7.5～10.0 kA，由于热成形钢的硬度非常高，所以必须采用较大的电极压力才能使高强钢板产生足够的塑性变形而将两个焊接钢板压实，从而获得均匀的板间接触电阻。否则，会由于钢板间搭接面的电流密度分布不均而产生局部过热飞溅、虚焊、熔核小等缺陷。当焊接压力过大时，又会使形成的焊接熔核不能承受过大的热输入和太强的电流密度，从而使熔核破裂，产生飞溅。研究表明，22MnB5 热成形钢的理想电极压力 F 为 6.5～10.0 kN。当焊接时间较短时形成的熔核较小，而当焊接时间过长时会发生飞溅，且接头质量下降。同时，研究发现 22MnB5 热成形钢的理想焊接时间为 t=20～35 周波（1 周波=0.02 s）。22MnB5 热成形钢点焊焊接参数选取在理想范围内，都可以获得无飞溅且性能良好的点焊接头。但对于不同成分的热成形钢焊接最佳焊接参数和焊接性能略有不同，工业生产时需适当调整。

热成形钢板点焊后，接头显微组织主要分为 3 个区域（熔核区、HAZ、母材区）。熔核区的组织为粗大的板条马氏体，其硬度较高；母材区一般为细小致密的马氏体组织，其硬度最高；在熔核区与母材区之间的热影响区受焊接热输入影响较大，因此整个热影响区不同位置的组织呈现不同的特点，临界热影响区为铁素体（软化区）+马氏体双相组织，会导致硬度大幅度降低。软化区可以通过采用焊前预热和焊后回火工艺来改善，同时也可以采用大电流、短时间的焊接工艺来缩短热影响区的相变时间，从而减少软化区中铁素体的体积分数，提高软化区的强度和硬度。

除了采用点焊外，热成形钢还可以采用激光焊、搅拌摩擦焊和弧焊等。激光拼焊技术作为激光焊接应用于汽车制造业效益最明显的一项技术，可以将不同牌号、不同种类、不同厚度的钢板拼焊起来，使根据车身不同部位的性能要求所进行的优化设计得以实现，在拼焊后进行冲压成形，保证强度要求的同时减轻质量。当热成形钢采用 CO_2 激光对接焊后，焊接接头分为 7 个区域，即焊缝、熔合线、完全淬火区、不完全淬火区、高温回火区、中温回火区和低温回火区。焊缝的组织为板条状马氏体和针状贝氏体混合物；熔合线附近都以马氏体为主；完全淬火区组织主要是板条状马氏体和贝氏体；不完全淬火区微观组织为铁素体和马氏体，而铁素体的出现使其硬度降低；而高温、中温、低温回火区的微观组织都是马氏体，在高温回火区中发现马氏体分解现象，但并没有明显的碳化物析出。

带 Al-Si 镀层的 22MnB5 热成形钢激光拼焊时，工艺参数对于接头抗拉强度影响显著。强弱依次为焊接速度、激光功率、离焦量。对接头微观组织由 85%板条马氏体+15%铁素体组织构成，铁素体组织的出现导致焊缝中硬度由 450 HV 下降至 350 HV；接头的疲劳极限由 100 MPa 提升至 125 MPa，但铁素体降低了拼焊的杯突性能，承载能力为去镀层时的 65%。

Al-Si 镀层的存在能够为热成形钢提供良好的抗腐蚀性能，同时熔合线位置处出现 Al 元素的富集，Al 含量会影响焊缝和熔合线附近区域铁素体的形成，明显改变了焊缝的组织结构，对接头抗拉强度起到负面影响。由于热冲压过程冷却速度较慢，热冲压后进入焊缝中的 Al 元素作用更加显著，接头焊缝组织为 60%铁素体+40%马氏体组织，焊缝的硬度值下降至 300 HV，抗拉强度约为 1 150 MPa，为去镀层时的 85.2%，延伸率约为 2.1%。虽然采用激光焊接的接头性能较点焊差，但是激光焊接比电阻点焊有更高的效率、更少的材料消耗，是一种很有前途的焊接方法。

另外对于商用车热冲压成形挂车、货车上装以及商用车热成形车轮的热轧热成形钢（一般在 2～10 mm 厚）焊接，多采用弧焊，如上文提到的熔化极气体保护焊（GMAW）和管状药芯焊丝电弧焊（FCAW），其中熔化极气体保护焊也称作熔化极惰性气体保护焊（metal inert gas，MIG）和熔化极活性气体保护焊（metal active gas，MAG），与药皮焊丝焊接相比，MIG/MAG 的主要优势在于：高沉积速率和高焊具使用率，适用于更多类型的材料，且对焊工技术要求较低。管状焊丝的药芯焊丝电弧焊工艺基本上与 GMAW 相同，且使用相同的设备，可以是半自动化（焊工仅控制焊炬的位置和位移）或自动化（由机器控制焊炬的移动）工艺，优势在于高沉积速率和高绩效，从而获得高生产率和质量良好的焊缝。此外，采用管状焊丝焊接可以取得更为稳定的电弧。在使用实芯焊丝和管状焊丝的焊接中，存在一系列被认为能够或多或少影响到工艺输出（响应）的参数。应考虑的一些参数包括：金属过渡形式、电流、电压、工件接触点距离、保护气体、焊丝化学成分、焊丝直径、电感和焊接位置等。本书作者团队研究发现，采用现有的焊丝焊剂，如 ER110S-G、ER70S-6 和 E110C-GMH4 等，由于热影响区的软化，屈服强度只有 700～900 MPa，且低温冲击功低，一般-40 ℃ V 形缺口冲击不易达到 40 J，而商用车零件对冲击性能要求高，因而需要进一步优化热轧热成形钢厚板母材的成分以及厚板的焊接工艺和焊丝焊剂，由于研究尚在进行中，此处不做更多阐述。

4.5 热冲压成形零部件的定制化开发

4.5.1 激光拼焊板

1. 激光拼焊板特点

激光拼焊板是由两个或多个板料对焊而成的，板料可以是不同材料、不同厚度以及不同材料厚度的组合，从而实现零件不同的性能分布，制造出结构优化、质量轻、性能佳的零件。在发生侧面碰撞或正面碰撞时，碰撞相关零件使用定制的板料可以最大化吸收能量，从而保护驾驶室。例如，针对纵梁，采用强度低和薄规格板料来吸收能量，采用强度高、厚规格板料保护乘客舱。

TWB 能减少零件数量，降低零件装配复杂性，并降低零件质量，主要特点如下：

（1）不同厚度：结合零件不同位置承受的载荷，降低局部低承载材料的厚度实现减重。

（2）不同材料：实现同一个零件兼顾能量吸收和抗侵入功能（如汽车的 B 柱）。

（3）上述方案（1）和方案（2）的组合。

TWB 有助于减轻质量，还可以通过以下方式降低成本：

（1）减少分总成的零件数量（如加强件）。

（2）减少所需的加工工具的数量。

（3）更好的材料利用，减少废料。

近年来，国内外采用高塑性热冲压钢的 TWB 越来越广泛，如第二代沃尔沃 XC90，如图 4.57 所示。该车有 6 个 TWB 热冲压零件，包括前纵梁、后纵梁和 B 柱，TWB 由 Al–Si 镀层的 MBW500 和 MBW1500 钢拼焊而成。

2. TWB 热成形 B 柱开发

奥迪 A4/A5（SOP2007）是 TWB 的典型案例，TWB 板由 Thyssenkrupp 提供。针对 B 柱（图 4.58），相同厚度的 22MnB5 和 HSLA340 钢焊接在一起，主要目的是改进零件的能量吸收。B 柱底部韧性区能够吸收侧面碰撞的冲击能量，同时零件上半部分必须有足够的强度来防止其侵入乘客舱。

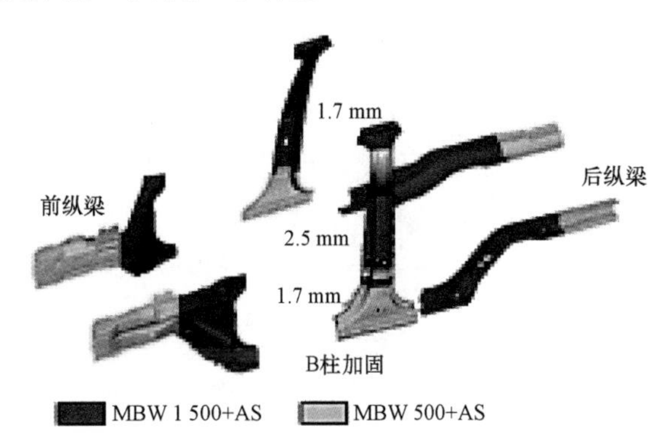

图 4.57　热冲压 TWB 在 2014 Volvo VC9 的应用

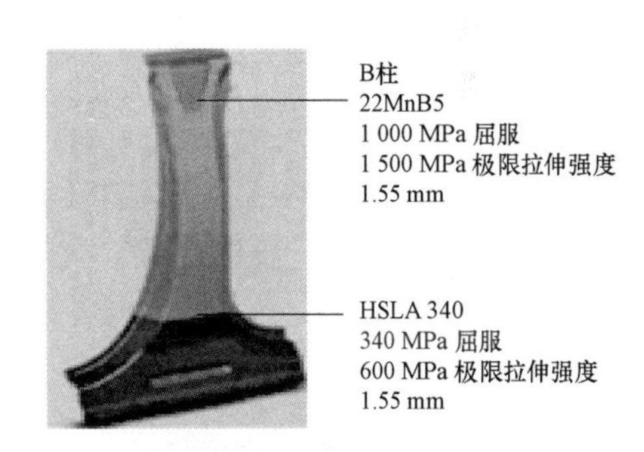

图 4.58　激光拼焊板在奥迪 A5（SOP 2007）B 柱的应用

3. TWB 后纵梁开发

最早使用 Ductibor500 激光拼焊板的零件是后纵梁，Ductibor500 与 Usibor1500（22MnB5）材料焊接。如图 4.59 所示，采用 HSS 材料冷冲压的零件，厚度为 2.0 mm，质量为 10.7 kg，而 TWB 热冲压零件质量为 6.6 kg，单车减重 4.1 kg，但是具有相同的碰撞性能。

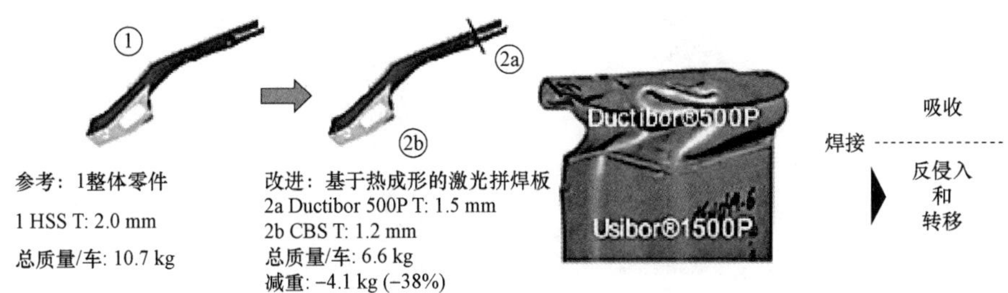

图 4.59　使用 DUCTIBOR500 和 USIBOR1500 拼焊板的后纵梁

4. TWB 热冲压门环开发

2013 年 5 月，本田第一次推出了带有热冲压门环的 Acura MDX 车型。门环由两种厚度（1.2 mm、1.6 mm）的相同材料拼焊在一起并一体热冲压成形（见图 4.60）。通过坯料排样优化，材料利用率从 53%提高至 63%，并实现单车减重 3.1 kg。

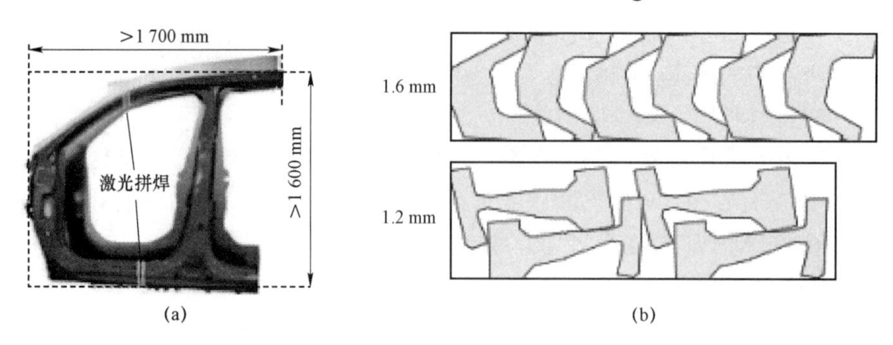

图 4.60　Acura MDX 门环

（a）采用两个厚度板料的门环；（b）板料排样优化

2018 年生产的 Acura RDX 是配置热冲压内外两个门环的车型。在这个设计中，内门环和外门环分别采用 5 块坯料和 4 块板料的 TWB，内外门环都包括门槛梁，如图 4.61 所示。通过使用热冲压门环，可以进一步降低零件厚度并减轻质量。

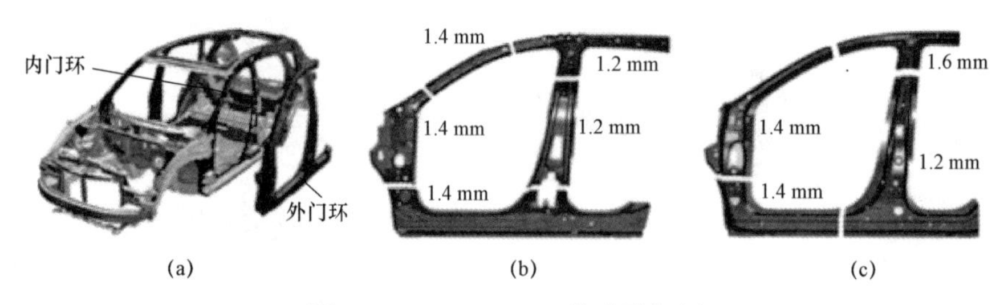

图 4.61　Acura RDX－热成形门环

（a）内外门环示意图；（b）内门环坯料；（c）外门环坯料

2019 年河钢邯钢采用热冲压材料 HF1500CS 钢成功开发出 TWB 热冲压门环，此门环由 5 块板料拼焊并一体热冲压成形，共涉及 1.0 mm、1.2 mm、1.4 mm 三个厚度，如图 4.62 所示。

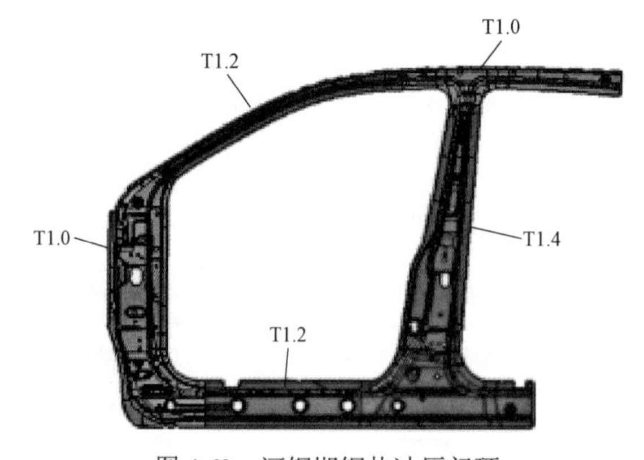

图 4.62　河钢邯钢热冲压门环

4.5.2　变厚度板

变厚度板是通过一种新的轧制工艺即柔性轧制技术获得的，即在轧制过程中，通过计算机实时调整轧辊的间距，从而轧制出在轧制方向上具有预定变截面形状的薄板。与TWB相比，TRB具有无焊缝、表面质量好、过渡区光滑连接且强度高和均匀性好等优点。TRB根据不同位置承载要求设计截面，既具备激光拼焊板的优点，又降低了质量，可实现汽车轻量化的目标。

热冲压TRB工艺是以TRB作为原材料的热成形工艺。该工艺首先可以实现复杂零件的成形，其次可以调整零件不同位置的厚度。综合变厚度板在轻量化方面的优势以及热冲压的特点，能够根据零件承载条件和碰撞负载分布，按需生产出满足要求的零部件，通过采用热冲压TRB，可以改善最终零件的局部刚度和碰撞性能。

TRB在2001年应用于冷冲压，2006年应用于热冲压，短短10年内，超过5 000万个零件采用了热冲压TRB，目前主要应用在B柱等零件上。表4.10列出了一些热冲压TRB在不同车型上的应用。

表4.10　热冲压TRB在不同车型上的应用

序号	量产时间	车型	热冲压TRB应用
1	2006	宝马X5	B柱，5个厚度水平：1.2～2.2 mm，减重4 kg
2	2006	道奇酷博	B柱，4个厚度水平：1.0～1.9 mm
3	2006	Jeep自由客和指南者	B柱，4个厚度水平：1.09～1.95 mm
4	2007	梅赛德斯C级	后保险杠，3个厚度水平：减重2 kg
5	2008	宝马 X6	B柱，4个厚度水平：1.2～2.2 mm，减重4 kg
6	2010	沃尔沃S60	上边梁，减重3 kg
7	2011	奥迪A6	后横梁，4个厚度水平：1.0～1.75 mm
8	2011	福特福克斯	B柱，8个厚度水平：1.35～2.7 mm，减重1.4 kg
9	2012	奥迪 A3	后横梁，7个厚度水平：0.95～1.7 mm，减重1.1 kg
10	2012	宝马3系	B柱，3个厚度水平：2.4～2.9 mm，减重1.3 kg
11	2012	大众高尔夫	B柱，3个厚度水平：减重4 kg
12	2013	福特锐际/翼虎	B柱，7个厚度水平：1.55～2.7 mm，减重1.2 kg
13	2014	雷诺 Twingo	B柱，减重1 kg
14	2014	沃尔沃 XC90	B柱，3个厚度水平：1.7～2.8 mm
15	2015	宝马 7	B柱，6个厚度水平：1.3～2.2 mm，减重2.8 kg
16	2017	本田雅阁	顶盖横梁，3个厚度水平：1.0～1.6 mm
17	2017	斯巴鲁 翼豹	B柱，8个厚度水平：1.4～2.75 mm
18	2018	奥迪A8	B柱，4个厚度水平：1.5～2.0 mm； 前横梁，3个厚度水平：1.3～1.8 mm

福特2011年在Focus车型，2013年在Kuga/Escape车型中使用TRB。对比同尺寸的C−Max车型B柱，Focus车型采用TRB减重1.4 kg/车，Kuga/Escape车型减重1.2 kg/车，如图4.63所示。

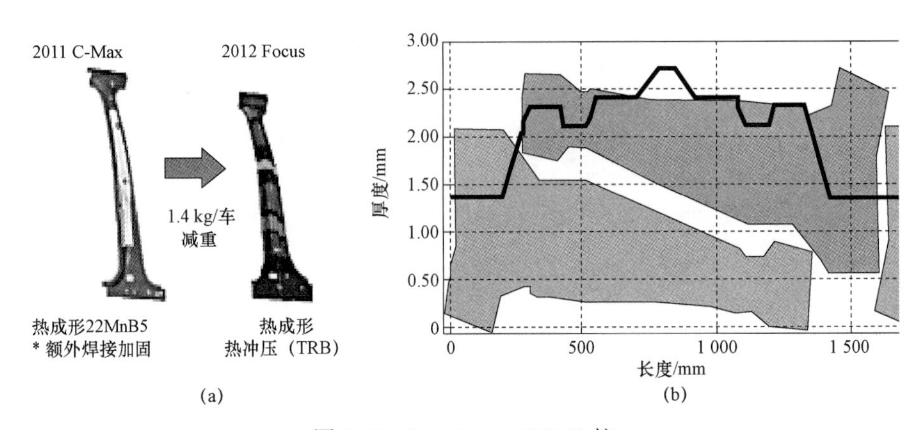

图 4.63 Ford Focus TRB B 柱

（a）对比 Ford C-Max，TRB 减重 1.4 kg/车；（b）TRB 排样布局

Mubea 开发了 TRB 的 B 柱，减少了补强板。但 B 柱和封板需要通过三层点焊连接到车身侧围板，而侧围板一般采用厚度为 0.6～0.7 mm 的低碳钢，在这种情况下，当 B 柱最厚的部位进行点焊时，因为厚度比太高会影响点焊质量。因此 Mubea 开发了一种法兰技术，在这种方法中 B 柱法兰被修剪，并通过激光焊接到封板，封板再通过点焊焊接到侧围板。通过去除 B 柱部分法兰，可以进一步减重。

4.5.3 变强度板

变强度板（tailor strength blank，TSB）。可变强度高强钢板料/零件是指构成的要素（包括组织成分、结构形态、几何尺寸）沿尺寸方向（横向、纵向、厚向）由一侧向另一侧呈梯度渐进变化，从而使其力学性能也呈梯度变化的新型板料/零件。按照路径不同，变强度板可分为两类，一类是通过额外增设工序的方法，实现零件性能梯度分布；另一类是改进传统热冲压成形工艺的加热和冷却过程，通过不同的工艺控制策略实现零件性能梯度分布。

1. 零件局部回火热冲压成形工艺

该工艺是对热冲压成形后具有全马氏体组织的零件进行局部回火处理，将该处的马氏体组织转化为塑性较好、强度较低的软质相。利用该工艺制造 B 柱的原理如图 4.64 所示。

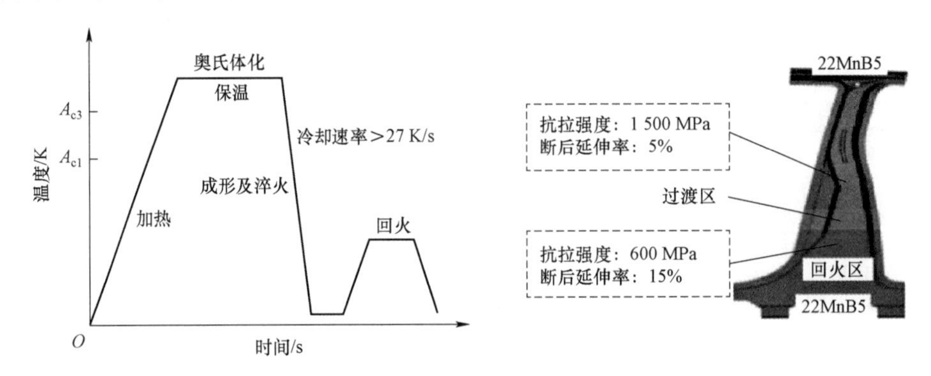

图 4.64 局部回火热冲压成形 B 柱

利用局部回火来调节热冲压成形零件的局部性能，方法比较灵活，不受零件上特征尺寸限制，具备一定的优势；但受回火处理工艺限制，一般需消耗过长工时，降低了生产效率，

且需在热冲压生产线上增设额外工序，增加了时间和设备的成本，也弱化了热冲压本身“一步成形”的优势。

2. 基于加热/冷却的热冲压成形工艺

1）分区冷却热冲压成形工艺

该工艺过程中板料在成形前已完全奥氏体化，通过改变淬火阶段板料的冷却条件得到不同的微观组织，进而实现零件性能梯度分布。利用该工艺制造 B 柱的原理如图 4.65 所示。

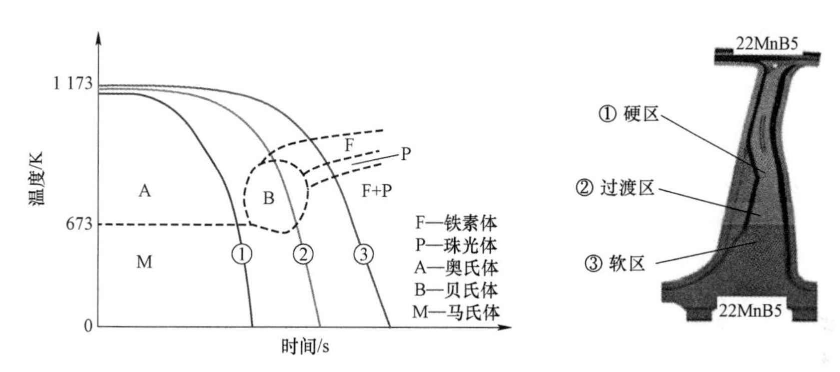

图 4.65　采用分区冷却热冲压成形工艺加工 B 柱的原理

从图 4.65 可以看出，在淬火阶段，区域①具有较高的冷却速率，从而生成全马氏体组织用于抵抗碰撞侵入；区域③具有较低的冷却速率，从而生成铁素体和珠光体组织用于变形吸能；而区域②作为区域①和区域③的过渡，具有适中的冷却速率，从而生成多相组织。分区冷却热冲压成形工艺的实现方式主要分为三类：改变模具不同区域的温度、改变模具不同区域的热导率和改变模具不同区域的接触表面状态，如图 4.66 所示。

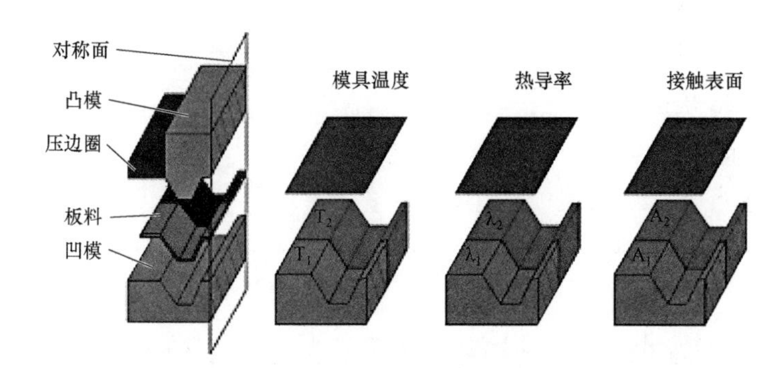

图 4.66　分区冷却热冲压成形工艺实现方法

2）分区加热热冲压成形工艺

该工艺通过改变热冲压成形过程中板料的加热条件来调整零件局部的力学性能。对于淬火后希望得到高强度马氏体组织的区域，其加热时的温度需高于 A_{c3} 点；对于淬火后希望得到低强度高延性原始组织的区域，其加热时的温度则需低于 A_{c1} 点，从而避免板料显微组织转变为奥氏体。利用该工艺制造 B 柱的原理如图 4.67 所示。

如图 4.67 所示，在加热阶段，区域①被加热至高于 A_{c3} 点的温度，经适当保温可获得全奥氏体组织；区域③被加热至低于 A_{c1} 点的温度，并未发生奥氏体相变，保持原始的铁素体

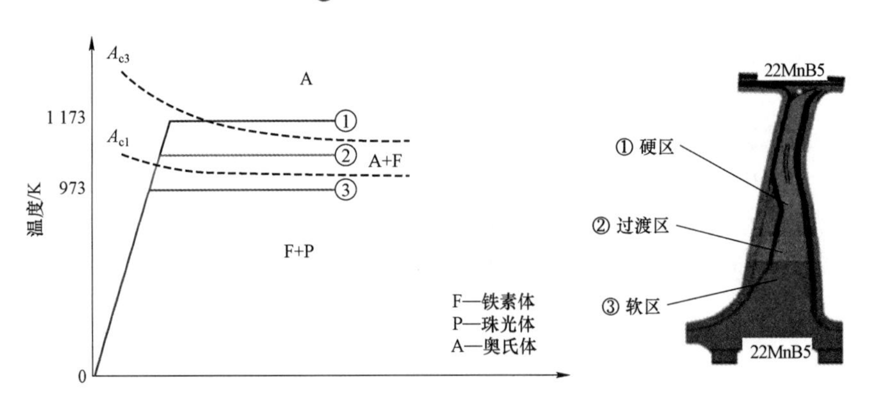

图 4.67 采用分区冷却热冲压成形工艺加工 B 柱的原理

和珠光体组织；区域②作为区域①和区域③的过渡，其加热温度介于 A_{c1} 和 A_{c3} 点之间，发生部分奥氏体相变，可获得奥氏体和铁素体组织。因此，当淬火阶段板料的冷却速率足够时，只会在原来的奥氏体区域产生马氏体，其他区域则维持原始组织不变，从而实现性能的梯度分布。从实现方式上，目前具有发展潜力的加热方法主要有三种：炉内分区加热、分流电阻加热和感应–接触加热方式。

热冲压成形工艺可通过不同的路径控制显微组织，实现软硬分区，衍生出分区冷却和分区加热两种热冲压成形工艺。相对于分区冷却热冲压成形工艺在理论、实践中的日趋成熟，分区加热热冲压成形工艺还有很大差距，从设备特点、软区性能、硬区性能、过渡区宽度和产品特点 5 个方面，对比两种工艺，结果如表 4.11 所示。

表 4.11 分区加热–分区冷却对比

工艺类别	设备特点	软区性能	硬区性能	过渡区宽度	产品特点
分区加热	加热炉直接实现分区加热	YS：370～550 MPa TS：550～750 MPa EL：≥13% HV：180～240 HV	YS：≥950 MPa TS：≥1 300 MPa EL：≥5% HV：≥400 HV	≥200 mm	① 产品整体冷却，型面较稳定； ② 过渡区域较宽，且不能生产有多个过渡区域的产品
分区冷却	压机旁增加电控柜控制模具镶块温度			40～60 mm	① 产品局部空冷，型面稳定性较差； ② 过渡区较窄，能生产有多个过渡区域的产品

4.6 铌微合金化对热冲压工艺窗口及性能的影响

作为最广泛使用的热成形钢，22MnB5 热成形后原奥氏体晶粒尺寸通常在 10～20 μm 之间。Nb 微合金化能通过形成纳米级碳化物阻碍晶粒在奥氏体化过程中长大，从而有效降低原奥氏体晶粒尺寸。图 4.68 显示 Nb 微合金化后原奥氏体晶粒尺寸大大降低，从 20 μm 降低到约 8 μm。

原奥氏体晶粒尺寸的降低可以有效增加材料的冷弯性能，如本书第 2 章的图 2.18 所示，Nb 微合金化热成形钢可比普通 22MnB5 热成形钢增加 5°～10°的冷弯角。除了冷弯角的增加，微合金化也可以提升材料的抗氢脆能力。Nb 微合金化使材料可以在更高的温度和更久的时间奥氏体化并且维持一个较小的原奥氏体晶粒尺寸，如图 4.69 所示，从而拓宽了材料的热处理窗口。当然由于材料晶粒尺寸降低，奥氏体晶粒更易于异常长大，从而降低材料韧性，这需要在实际应用中尽可能避免。

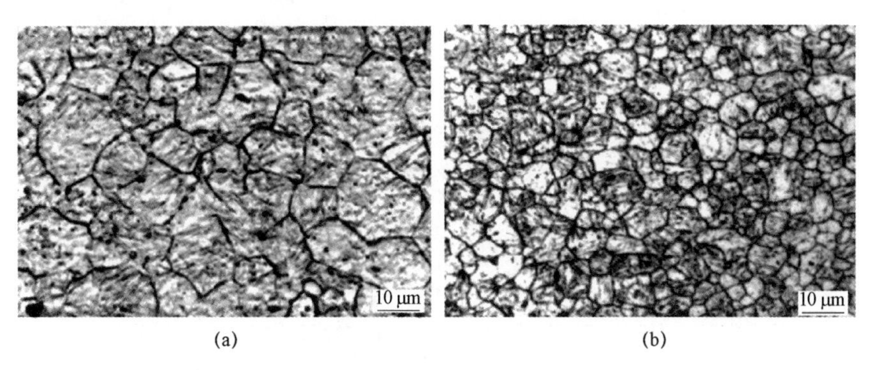

图 4.68　原奥氏体晶粒形貌

（a）22MnB5；（b）Nb 微合金化热成形钢

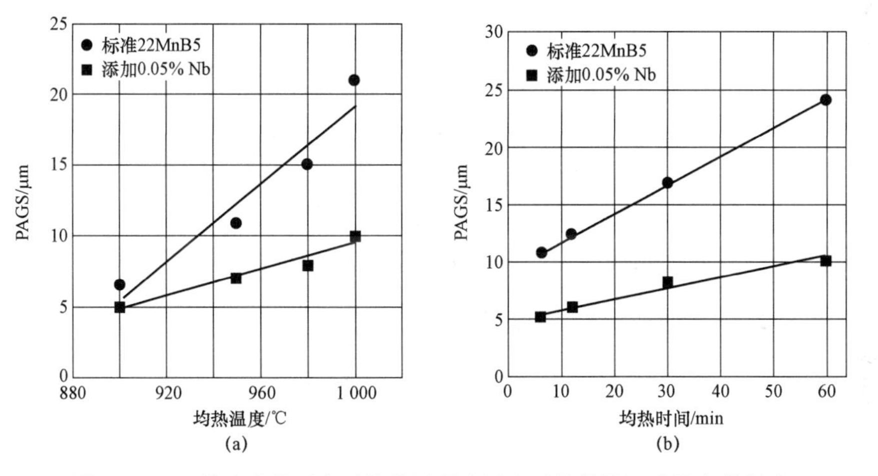

图 4.69　Nb 微合金化对奥氏体化过程中原奥氏体晶粒尺寸长大的影响

（a）奥氏体化温度的影响；（b）奥氏体化时间的影响

但是原奥氏体晶粒尺寸的降低也会带来一些问题。在冷却时，特别是从加热炉转移到模具那段时间，铁素体倾向于在奥氏体晶界处异质形核，晶界含量会随奥氏体晶粒尺寸减少而增加，从而增加了铁素体形成的可能性。根据 JmatPro®计算的不同原奥氏体晶粒 22MnB5 热成形钢的 CCT 曲线，如图 4.70 所示，原奥氏体晶粒尺寸的降低会使 CCT 曲线左移。因此，材料获得理想全马氏体组织的临界冷却速率会增加或实际生产零件转移所允许的最长时间会缩短，否则铁素体形成的可能性会大幅提升。铁素体的存在会导致热成形钢的韧性大幅下降。

为了验证计算结果，22MnB5 和铌钒微合金化热成形钢 22MnB5NbV 在相同热处理参数（900 ℃/360 s）后采用不同转移时间（离开热处理炉时间）后淬火。试验结果如图 4.71 所示，原奥氏体晶粒尺寸为 20 μm 的 22MnB5 在转移时间 12 s 和 16 s 都没有出现铁素体，而奥氏体晶粒尺寸为 8 μm 的铌钒微合金化 22MnB5NbV 在 12 s 和 16 s 都有铁素体形成，而且 16 s 时铁素体含量较高。铁素体的出现（一般含量小于 10%）会大幅降低材料的断裂韧性和冷弯角度，因此在原奥氏体晶粒较小的热成形钢中，需要注意材料是否获得全马氏体组织。为避免有害铁素体相的产生，应该提高奥氏体化温度或者降低零件转移到模具的时间，一般转移时间控制在 11 s 以内。

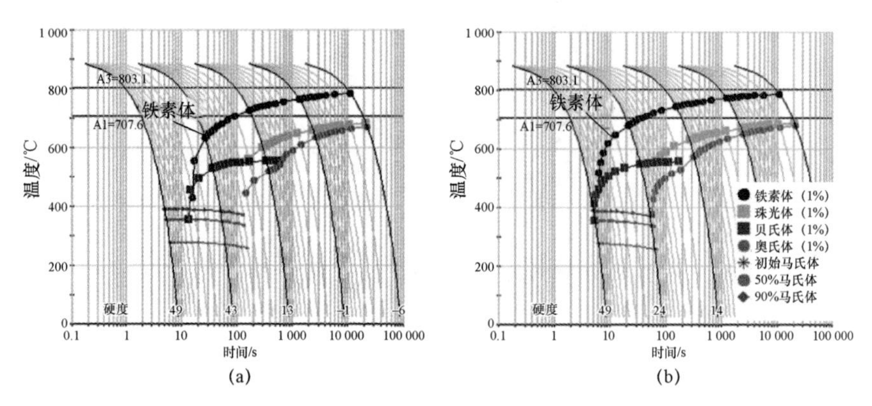

图 4.70　不同原奥氏体晶粒尺寸 22MnB5 热成形钢的计算 CCT 曲线

（a）20 μm；（b）8 μm

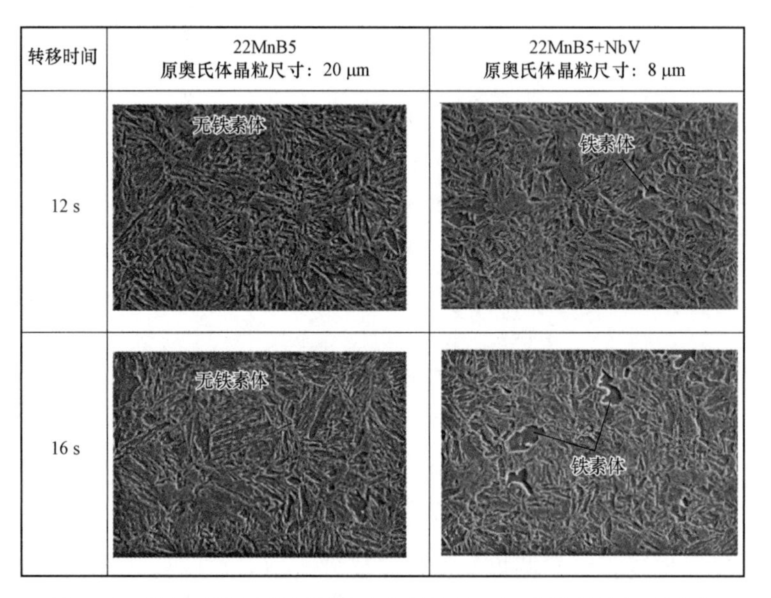

转移时间	22MnB5 原奥氏体晶粒尺寸：20 μm	22MnB5+NbV 原奥氏体晶粒尺寸：8 μm
12 s	无铁素体	铁素体
16 s	无铁素体	铁素体

图 4.71　转移时间对不同原奥氏体晶粒尺寸热成形钢的组织影响

（两种材料的奥氏体化温度均为 900 ℃/360 s）

4.7　小　　结

结构和工艺设计是热成形从材料转变为零件产品的两大关键环节，本章重点对这两方面进行了系统深入的介绍，具体如下：

（1）　对热冲压成形零件所涉翻边、拉深、工艺补充面、特征面、圆角、切边开孔等结构设计关键问题，从提升热成形质量的角度提出了一系列行业经验总结技术措施及关键点参考数据。

（2） 基于车身零件选材系统（MISS）所建立的囊括性能、成形和成本三大维度（下属9个子维度）选材评价体系，系统论述了热冲压成形零件开发涉及的合理选材关键性问题，为热成形主机厂、零件厂商进行热冲压成形零件开发选材提供了指导依据。

（3） 论述了热成形专用模具的使用要求、模具构成及其开发的一般流程，重点针对成形镶块冷却系统的模块式结构及冷却水道的设计要点进行了论述。从热成形工业化生产角度出发，系统论述了热成形模具对其用材的性能要求，为热成形模具厂商的产品合理选材提供了指导依据。

（4） 针对热冲压成形工艺过程中的“控性”行业共性需求，总结行业已有理论及实践成果，系统论述了热成形加热及成形淬火两大工艺过程中的组织性能演变规律，重点针对加热过程中奥氏体内在组织结构及其尺寸变化及铌对晶粒长大的抑制、成形淬火过程中基于热－力物理耦合机制作用的奥氏体→马氏体相变热力学和动力学过程及其对淬火马氏体的组织性能特性的影响机理进行了论述，并介绍了热成形工艺过程及其工艺－组织性能关系模拟的国内外研究现状，为热冲压成形零件厂家技术人员进行产品工艺优化提供了理论和工程实践指导依据。

（5） 介绍了热成形钢的焊接工艺特性，重点针对热成形钢焊缝分区组织性能特性、点焊工艺、Al－Si 镀层焊接等关键点进行了论述，并提出了相应的改善性措施建议以及厚度更大的热轧热成形钢焊接优化建议。

（6）介绍了热成形工艺方法的国内外最新发展成果及其在汽车工业中的典型应用案例，对比了不同工艺方法的应用优劣势和侧重点。

（7） 介绍了 Nb 微合金化对热成形工艺窗口及性能的影响，阐述了 Nb 通过细化奥氏体组织进而促进材料 CCT 曲线左移，抑制钢板中间转移诱导铁素体形成，最终形成细小且近全马氏体的微观机理及其对提升马氏体韧性的作用。

综上所述，在实际热冲压成形零件开发过程中，契合碰撞安全应用目标的零件合理选材，开展零件结构层面的系统优化，提升成形质量，抑制缺陷，选用高质量模具用材并设计合理的模具冷却水道路径结构，根据零件使用需求制定最优的热成形加热、成形淬火工艺方法和焊接工艺方法，是实现热冲压成形零件“控形”“控性”的关键技术点。近年来，国内外在传统热冲压成形零件开发技术体系基础上不断推陈出新，研发出了大量更加先进的技术手段，变革性的工艺路径、热成形微观－宏观一体化组织性能模拟方法、Nb 微合金化等先进技术的集成应用，正不断推进热冲压成形零件产业链的快速发展。

参 考 文 献

［1］路洪洲，肖锋，魏星，等．汽车 EVI 及高强度钢氢致延迟断裂技术发展［M］．北京：北京理工大学出版社，2019.

［2］XIAO F，GAO X. The Ring-shaped route body structure design and evaluation method［C］// SAE－China，FISITA（eds）. Proceedings of the FISITA 2012 World Automotive Congress. Berlin：Springer，2012：447－461.

［3］《世界汽车车身技术及轻量化技术发展跟踪研究》编委会．世界汽车车身技术及轻量化

技术发展跟踪研究［M］. 北京：北京理工大学出版社，2018.
［4］鄂大辛. 成形工艺与模具设计［M］. 北京：北京理工大学出版社，2007.
［5］谷诤巍，孟佳，李欣，等. 超高强钢热成形奥氏体化加热参数的优化［J］. 吉林大学学报（工学版），2011，41：194-197.
［6］郑亚菲. 车用高强度钢板的氧化脱碳研究［D］. 长春：吉林大学，2012.
［7］BHADESHIA H，HONEYCOMBE R. Steels：Microstructure and Properties［M］. Oxford：Butterworth-Heinemann，2017.
［8］LI L，LI B，ZHU G，et al. Effect of niobium precipitation behavior on microstructure and hydrogen induced cracking of press hardening steel 22MnB5［J］. Materials Science and Engineering：A，2018，721：38-46.
［9］MORITO S，TANAKA H，KONISHI R，et al. The morphology and crystallography of lath martensite in Fe-C alloys［J］. Acta Materialia，2003，51：1789-1799.
［10］赵岩. 高弯曲性能及耐氢致延迟断裂的热成形零部件开发及应用［R］. 北京：中信金属项目技术报告，2018.
［11］WANG J F，ENLOE C，SINGH J，et al. Effect of prior austenite grain size on impact toughness of press hardened steel［J］. SAE International Journal of Materials and Manufacturing，2016，9：488-493.
［12］CELADA-CASERO C，SIETSMA J，SANTOFIMIA M J. The role of the austenite grain size in the martensitic transformation in low carbon steels［J］. Materials & Design，2019，167：107625.
［13］OLSON G B，COHEN M. Kinetics of strain-induced martensitic nucleation［J］. Metallurgical Transactions A，1975，6：791-795.
［14］YEDDU H K. Phase-field modeling of austenite grain size effect on martensitic transformation in stainless steels［J］. Computational Materials Science，2018，154：75-83.
［15］CHATTERJEE S，WANG H S，YANG J R，et al. Mechanical stabilisation of austenite［J］. Materials Science and Technology，2006，22：641-644.
［16］TAKAKI S，FUKUNAGA K，SYARIF J，et al. Effect of grain refinement on thermal stability of metastable austenitic steel［J］. Materials Transactions，2004，45：2245-2251.
［17］FURUHARA T，KIKUMOTO K，SAITO H，et al. Phase transformation from fine-grained austenite［J］. ISIJ International，2008，48：1038-1045.
［18］PATEL J R，COHEN M. Criterion for the action of applied stress in the martensitic transformation［J］. Acta Metallurgica，1953，1：531-538.
［19］徐祖耀. 马氏体相变与马氏体［M］. 2 版. 北京：科学出版社，1999.
［20］KOISTINEN D P，MARBURGER R E. A general equation prescribing the extent of the austenite- martensite transformation in pure iron-carbon alloys and plain carbon steels［J］. Acta Metallurgica，1959，7：59-60.
［21］LIU L，HE B B，CHENG G J，et al. Optimum properties of quenching and partitioning steels achieved by balancing fraction and stability of retained austenite［J］. Scripta

Materialia，2018，150：1−6.

[22] UMEMOTO M，OHTSUKA H，TAMURA I. Transformation to Pearlite from Work-hardened Austenite [J]. Tetsu to Hagane，1984，70：238−245.

[23] XIAO N，TONG M，LAN Y，et al. Coupled simulation of the influence of austenite deformation on the subsequent isothermal austenite-ferrite transformation [J]. Acta Materialia，2006，54：1265−1278.

[24] UMEMOTO M，BANDO S，TAMURA I. Proc Icomat−86 [M]. Sendai：JIM，1986.

[25] HE B B，XU W，HUANG M X. Increase of martensite start temperature after small deformation of austenite [J]. Materials Science and Engineering：A，2014，609：141−146.

[26] MAALEKIAN M，KOZESCHNIK E. Modeling mechanical effects on promotion and retardation of martensitic transformation [J]. Materials Science and Engineering：A，2011，528：1318−1325.

[27] BILLUR E. Hot formed steels [J]. Automotive Steels，2017，12：387−411.

[28] KARBASIAN H，TEKKAYA A E. A review on hot stamping [J]. Journal of Materials Processing Technology，2010，210：2103−2118.

[29] NEUBAUER I，HÜBNER K，WICKE T. Thermo-mechanically coupled analysis：the next step in sheet metal forming simulation [C] //The 1st International Conference on Hot Metal Forming of High-Performance Steel. Kassel，Germany，2008：275−283.

[30] LINDKVIST G，HÄGGBLAD H Å，OLDENBURG M. Thermo-mechanical simulation of high temperature formblowing and hardening [C] //International Conference on Hot Sheet Metal Forming of High-Performance Steel. Luleå，Sweden，2009：247−254.

[31] MAENO T，MORI K I，FUJIMOTO M. Improvements in productivity and formability by water and die quenching in hot stamping of ultra-high strength steel parts [J]. CIRP Annals，2015，64：281−284.

[32] BEHRENS B A，BOUGUECHA A，GAEBEL C M，et al. Hot stamping of load adjusted structural parts [J]. Procedia Engineering，2014，81：1756−1761.

[33] CASAS B，LATRE D，RODRIGUEZ N，et al. Tailor made tool materials for the present and upcoming tooling solutions in hot sheet metal forming [C] //The 1st International Conference on Hot Sheet Metal Forming of High-Performance Steel. Kassel，Germany，2008：23−35.

[34] FORSTNER K，STROBICH S，BUCHMAYR B. Heat transfer during press hardening [J]. IDDRG. Győr，Hungary，2007：609−613.

[35] HOFF C. Untersuchung der Prozesseinflussgrößen beim Presshärten des höchstfesten Vergütungsstahls 22MnB5 [D]. Erlangen−Nuremberg：University of Erlangen-Nuremberg，2007.

[36] KARBASIAN H，KLIMMEK C H，BROSIUS A，et al. Identification of thermo-mechanical interaction during hot stamping by means of design of experiments for numerical process design [C] //Numisheet，Interlaken，Switzerland，2008：575−579.

[37] AKERSTROM P. Modelling and simulation of hot stamping [D]. Lulea：Lulea University of Technology，2006.

[38] LI Y H，SELLARS C M. Evaluation of interfacial heat transfer and friction conditions and their effect on hot forming processes [J] //Mechanical Working and Steel Processing，1995，33：385－393.

[39] ÅKERSTRÖM P. WIKMAN B，OLDENBURY. Material parameter estimation for boron steel from simultaneous cooling and compression experiments [J]. IOP Publishing Ltd. 2005：1291－1308.

[40] INCROPERA F P，DE WITT D P，BERGMAN T L，et al. Fundamentals of Heat and Mass Transfer [M]. New York：John Wiley & Sons，Inc.，2017.

[41] 王立影，等. 热成形模具冷却系统临界水流速度研究 [J]. 机械设计，2008，25（4）：15－17.

[42] 林建平，孙国华，朱巧红，等. 超高强度钢板热成形板料温度的解析模型研究 [J]. 锻压技术，2009，34（1）：20－23.

[43] LI H，HE L，ZHAO G，et al. Constitutive relationships of hot stamping boron steel B1500HS based on the modified Arrhenius and Johnson-Cook model [J]. Materials Science and Engineering：A，2013，580：330－348.

[44] JOHNSON M R，COOK W H. A constitutive model and data for metals subjected to large strains，high strain rates and high temperatures [C] //Proceedings of the 7th International Symposium on Ballistics. Hague，Netherlands，1983：541－547.

[45] ÅKERSTRÖM P，OLDENBURG M. Austenite decomposition during press hardening of a boron steel—Computer simulation and test [J]. Journal of Materials Processing Technology，2006，174：399－406.

[46] KIRKALDY J S. Prediction of microstructure and hardenability in low alloy steels [C] // Proceedings of the International Conference on Phase Transformation in Ferrous Alloys. Philadelphia, Pennsylvania，1983：125－148.

[47] ZHU B，ZHU J，WANG Y，et al. Combined hot stamping and Q&P processing with a hot air partitioning device [J]. Journal of Materials Processing Technology，2018，262：392－402.

[48] ZHU B，LIU Z，WANG Y，et al. Application of a model for quenching and partitioning in hot stamping of high-strength steel [J]. Metallurgicals and Material Transation A，2018，49：1304－1312.

[49] HAN X H，ZHONG Y，YANG K，et al. Application of hot stamping process by integrating quenching & partitioning heat treatment to improve mechanical properties [J]. Procedia Engineering，2014，81：1737－1743.

[50] HAN X H，ZHONG Y，TAN S，et al. Microstructure and performance evaluations on Q&P hot stamping parts of several UHSS sheet metals [J]. Science China Technological Science，2017，60：1692－1701.

[51] CAI H L，CHEN P，OH J K，et al. Quenching and flash-partitioning enables austenite stabilization during press-hardening processing[J]. Scripta Materialia，2020，178：77−81.
[52] JIN X，GONG Y，HAN X，et al. A review of current state and prospect of the manufacturing and application of advanced hot stamping automobile steels [J]. Acta Metallurgica Sinica，2020，56（4）：411−428.
[53] XIAO N M，TONG M M，LAN Y J，et al. Coupled simulation of the influence of austenite deformation on the subsequent isothermal austenite-ferrite transformation [J]. Acta Materialia，2006，54：1265−1278.
[54] MERKLEIN M，LECHLER J. Investigation of the thermo-mechanical properties of hot stamping steels [J]. Journal of Materials Processing Technology，2006，177：452−455.
[55] ZHANG R Y，BOYD J D. Bainite transformation in deformed austenite [J]. Metallurgical and Materials Transactions A，2010，41：1448−1459.
[56] FUJIWARA K，OKAGUCHI S，OHTANI H. Effect of hot deformation on bainite structure in low carbon steels [J]. ISIJ International，1995，35：1006−1012.
[57] KAUFMAN L，COHEN M. Thermodynamics and kinetics of martensitic transformations [J]. Progress in Metal Physics，1958，7：165−246.
[58] OLSON G B，COHEN M. A general mechanism of martensitic nucleation：Part I.General concepts and the FCC→HCP transformation [J]. Metallurgical Transactions A，1976，7：1897−1904.
[59] ZHAO X Q，LIU B X. Is homogeneous nucleation of martensitic transformation in iron-base alloys possible [J]. Scripta Materialia，1998，38：1137−1142.
[60] HAN B，XU Z. Martensitic transformation behavior of large strain deformed F−32%Ni alloy [J]. Materials and Science Engineering A，2006，31：109−113.
[61] NADERI M，BLECK W. Martensitic transformation during simultaneous high temperature forming and cooling experiments [J]. Steel Research International，2007，78：914−920.
[62] MELANDER M. A computational and experimental investigation of induction and laser hardening [D]. Linkoping：Linkoping University，1985.
[63] LUO H W，SIETSMA J，ZWAAG V D S. A novel observation of strain-induced ferrite-to-austenite retransformation after intercritical deformation of C−Mn steel [J]. Metallurgical and Materials Transactions A，2004，35：2789−2797.
[64] BARCELLONA A，PALMERI D. Effect of plastic hot deformation on the hardness and continuous cooling transformations of 22MnB5 microalloyed boron steel[J]. Metallurgical and Materials Transactions A，2009，40：1160−1174.
[65] 马鸣图. 先进汽车用钢 [M]. 北京：化学工业出版社，2007.
[66] MUKAI Y. The development of new high-strength steel sheets for automobiles[J]. Kobelco Technology Review，2005，55：26−31.
[67] MATSUOKA S，ASEGWA K，TANAKA Y. Newly-developed ultra-high tensile strength steels with excellent formability and weldability [J]. JFE Technical Report，2007（12）：

13－18.
[68] 田成达. DP780 高强钢动态力学行为研究 [D]. 上海：上海交通大学，2008.
[69] 余海燕，孙喆. 超高强度钢与镀锌双相钢电阻点焊接头强度试验 [J]. 焊接技术，2011，40（11）：6－9.
[70] 董磊. 22MnB5 热冲压成形用钢电阻点焊工艺与性能研究 [D]. 沈阳：东北大学，2014.
[71] 梁雪波. 热成形硼钢 22MnB5 与镀锌钢 HSLA350 焊点宏/微观结构、力学性能及相关机理研究 [D]. 重庆：重庆大学，2016.
[72] 陈树君，于洋，王超，等. 超高强马氏体钢中频、电伺服点焊技术 [J]. 电焊机，2010，40（5）：70－73.
[73] CHOI H S，PARK G H，LIM W S，et al. Evaluation of weldability for resistance spot welded single-lap joint between GA780DP and hot-stamped 22MnB5 steel sheets [J]. Journal of Mechanical science and Technology，2011，25（6）：1543.
[74] KIM C，KANG M J，PARK Y D. Laser welding of Al－Si coated hot stamping steel [J]. Procedia Engineering，2011，10（7）：2226－2231.
[75] 才贺龙，易红亮，吴迪. 22MnB5 热成形钢点焊接头组织演变与性能分析 [J]. 焊接学报，2019，40（3）：151－154.
[76] 郝帅，刘壮，康彦，等. 22MnB5 超高强度钢的焊接性能研究 [J]. 技术与市场，2019，26（1）：53－54.
[77] 李淑慧，林忠钦，倪军，等. 拼焊板在车身覆盖件冲压成形中的研究进展 [J]. 机械工程学报，2002，38（002），1－7.
[78] 刘霞. 车用超高强度热成形硼钢激光焊接组织性能研究 [D]. 石家庄：石家庄铁道大学，2015.
[79] 孙逸铭. 车用先进高强钢激光拼焊组织演变及力学行为研究 [D]. 哈尔滨：哈尔滨工业大学，2019.
[80] EHLING W，CRETTEUR L，PIC A，et al. Development of a laser decoating process for fully functional Al－Si coated press hardened steel laser welded blank solutions [C] // Proceeings of the 5th International WLT-Conference on Lasers in Manufacturing. Munich，Germany，2009：409－413.
[81] LJUNGQVIST H，AMUNDSSON K，LINDBLAD O. The all-new Volvo XC90 car body [J]. EuroCar Body，2014：21－23.
[82] LINDBERG H. Advanced high strength steel technologies in the 2016 volvo xc90[R]. Great Designs in Steel Seminar，2016.
[83] NADERI M，KETABCHI M，ABBASI M，et al. Analysis of microstructure and mechanical properties of different high strength carbon steels after hot stamping [J]. Journal of Materials Processing Technology，2011，211（6）：1117－1125.
[84] MÚNERA D D，PIC A，ABOU-KHALIL D，et al. Innovative press hardened steel based laser welded blanks solutions for weight savings and crash safety improvements [J]. SAE Int. J. Mater. Manf.，2008，1：472－479.

[85] PIC A，PINARD F. Usibor and ductibor：a “hot” combination for safer and lighter cars [J]. ArcelorMittal Update，2009，21：12–13.
[86] MALLEN R Z，RIGGSBY J. Development of a global first suv body construction [R]. Great Designs in Steel Semina，2013.
[87] RIGGSBY J. 2019 acura rdx world’s first inner & outer door ring system [R]. Great Designs in Steel Semina，2018.
[88] 王艳青，李军，陈云霞，等. 连续变截面薄板在汽车轻量化应用中的新进展 [J]. 现代零部件，2013（12）：43–45.
[89] ZOERNACK M. Material related design with tailor rolled products [J]. Great Designs in Steel，2016.
[90] 李云凯，王勇，钟家湘. 功能梯度材料 [J]. 材料导报，2002，16（10）：9–11.
[91] 韩杰才，徐丽，王保林，等. 梯度功能材料的研究进展及展望 [J]. 固体火箭技术，2004，27（3）：207–215.
[92] 朱季平，张福豹. 梯度功能材料的应用研究及发展趋势 [J]. 装备制造技术，2011，9：135–138.
[93] HEIN P，WILSIUS J. Status and innovation trends in hot stamping of USIBOR 1500P [J]. Steel Research International，2008，79（2）：85–91.
[94] 桂中祥，张宜生，王子健. 汽车超高强钢热冲压成形新工艺——选择性冷却 [J]. 热加工工艺，2013，42（1）：108–113.
[95] 于皖东. 热成形钢局部淬火硬化工艺的可行性与车身应用仿真研究 [D]. 长春：吉林大学，2013.
[96] LEI C，XING Z，FU H. Effect of dies temperature on mechanical properties of hot stamping square-cup part for ultra high strength steel [J]. Advanced Materials Research，2010，129（131）：390–394.
[97] SHAPIRO A. Finite element modeling of hot stamping [J]. Steel Research International，2009，80（9）：658–664.
[98] OLSSON T. An LS–DYNA material model for simulations of hot stamping processes of ultra-high strength steels [C] //Proceedings of the 7th European LS–DYNA Conference，Stuttgart，Germany，2009：1–6.
[99] KARBASIAN H，TEKKAYA A E. A review on hot stamping [J]. Journal of Materials Processing Technology，2010，210（15）：2103–2118.
[100] MORI K，OKUDA Y. Tailor die quenching in hot stamping for producing ultra-high strength steel formed parts having strength distribution [J]. CIRP Annals-Manufacturing Technology，2010，59（1）：291–294.
[101] BARDELCIK A. High strain rate behavior of hot formed boron steel with tailored properties [D]. Waterloo：University of Waterloo，2012.
[102] LIN L，LI B –S，ZHU G M，et al. Effect of niobium precipitation behavior on microstructure and hydrogen induced cracking of press hardening steel 22MnB5 [J].

Materials Science and Engineering: A, 2018, 721: 38-46.

[103] JIAN B, WANG L, MOHRBACHER H, et al. Development of niobium alloyed press hardening steel with improved properties for crash performance [J]. Advanced Materials Research, Trans Tech Publ, 2015: 7-20.

[104] CHEN Y S, LU H, LIANG J, et al. Observation of hydrogen trapping at dislocations, grain boundaries, and precipitates [J]. Science, 2020, 367 (6474): 171-175.

[105] ESMAILIAN M. The effect of cooling rate and austenite grain size on the austenite to ferrite transformation temperature and different ferrite morphologies in microalloyed steels [J]. Iranian Journal of Materials Science and Engineeing, 2010, 7 (1): 7-14.

[106] JO M C, PARK J, SOHN S S, et al. Effects of untransformed ferrite on Charpy impact toughness in 1.8-GPa-grade hot-press-forming steel sheets [J]. Materials Science and Engineering: A, 2017, 707: 65-72.

第 5 章

热成形钢及其零部件的性能要求及评价

5.1 概　述

近 10 年来，热冲压成形技术发展迅猛，来自欧洲车身会议和中国轻量化车身会议上的公开资料显示，每年参展的白车身使用热成形件的比例也在逐步上升。

与其他新材料或用新技术改造传统材料相似，热成形钢的研发工作大体分为 4 个方面：

（1）材料研发工作者研究材料的成分、工艺、组织与性能的关系，根据所需性能进行模拟与试验研究，并将获得的最优研发成果提交钢铁制造企业。

（2）钢铁制造企业根据材料研发工作者的研发成果制定出冶金试制工艺，采用经济有效的工艺路线试制出性能良好、性价比合适且满足用户需求的新材料。

（3）交付终端用户开展新材料试应用所涉及的使用性能评价，零件试制。

（4）材料研发工作者、钢铁制造企业及终端用户将就材料试制零件的生产经济性、批量应用质量稳定性等进行评价，最终定型为工业化产品。

根据现代汽车工业化生产要求，材料运用过程中需要对大量的性能进行测试或评价。以普通深冲钢为例，通常应具有性能一致性（工业大批量生产基本要求）、准静态及动态拉伸性能、成形性、抗凹性、可焊性、烘烤硬化性、耐腐蚀性、油漆的兼容性、翻边延性、油漆表面的光鲜性等。针对某些特殊钢种，如深冲钢中的含磷钢、无间隙原子钢还需考虑二次加工脆性，涉及胶接的则还需考虑胶粘性，近年来材料的疲劳性能也日益受到重视和关注。如上述性能均能满足要求，则表明原材料的使用性能良好，后续仍然需要进一步对零件的使用性能开展试验及评价。不同零件有不同的使用性能要求，有些是疲劳性能主导，有些关注压溃吸能性能，有些需满足碰撞法规要求。如零件通过各项使用性能试验验证，各项使用性能达到要求，则至此材料开发的 4 个方面才告完成。由此可以看出，材料开发的全过程包含：

① 合金成分、工艺、组织和性能的研究；② 材料的冶金工艺性能研究和材料试制；③ 材料应用使用性能研究及零件试制；④ 材料制成零部件后使用性能研究。这一过程的示意图见图 5.1。

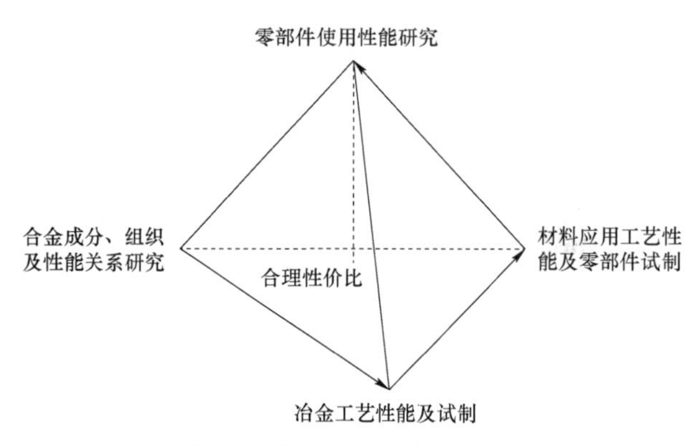

图 5.1　材料研发全过程示意图

长期以来，材料力学性能如屈服强度、抗拉强度、延伸率、断面收缩率和一次冲击 a_k 值五大指标作为汽车产品设计选材的主要依据，同期大量的案例和数据被总结归纳为一系列本构模型和经验方程，如某些材料的疲劳强度可以用抗拉强度和断面收缩率的乘积来估算，同时所制成零件的功能与以材料常规力学性能指标作为设计依据基本一致。但应该说明，在材料的常规力学性能指标中，还有一些不完全准确的概念、理解和认识。如抗拉强度是单向拉伸式变形模式下一个塑性失稳的概念和参量，并不是材料断裂的概念和表征参量。准确地说，抗拉强度是材料的加工硬化速率和材料的几何软化速率相平衡时材料的流变应力。

20 世纪 60 年代，为解释在零件基本力学性能合格的情况下使用时出现突然断裂这一现象，出现了断裂力学这一学科，由此拓展了材料性能——断裂韧性 K_{1c} 和 J_{1c} 等指标，并出现了一系列对应的试验方法。20 世纪 80 年代初，美国为应对日本轻量化汽车产品的竞争，以及应对石油输出国组织提高油价而引发的两次石油危机，加上汽车工业轻量化需要轻量化的零部件，特别是高强度冲压件，一种具备高成形性、高强度的冲压用钢迅速被开发出来并得到应用。为准确评价高强度材料的成形性，新的评价表征参量和测试方法已成为材料科学和工程研究的新课题。除了应用普通力学性能指标外，还引入了加工硬化指数（n 值）（加工硬化指数可分为均匀应变指数 n_u、给定应变范围下的应变硬化指数以及瞬时应变下的应变硬化指数）和塑性应变比（r 值）。并应用了 Keeler 推出的成形极限曲线（FLC 或 FLD——成形极限曲线或成形极限图），这类曲线是以主应变和次主应变为坐标系的成形图，在该图中包含了纯剪切、拉伸和三轴应力下材料的成形性能，以及双轴应变和等双轴应变下的各种应力和变形模式。因此，更准确、更全面地反映了板材的成形性能，并可根据 FLC 曲线或 FLD 图对冲压件的成形性进行预测。由于 n 值、r 值以及 FLC 曲线或 FLD 图对板材成形性评价的重要性，目前在一些企业的板材性能规范或标准中都引入了相关的 n 值、r 值和 FLC 曲线或 FLD 图作为板材性能的重要评价参量。考虑到复杂形状零部件在冲压加工过程中材料表面受到延伸、压缩或弯曲的复合变形，金属材料薄板和薄带引入了 EI 值（埃里克森杯突试验）、极限拉深力 F_{pt}、极限拉深比 LDR 作为金属材料薄板和薄带可加工性评价参量。

随着计算机和有限元技术的发展，板材成形性可通过 AutoForm、DynaForm、

PAM－STAMP 等商业仿真软件进行虚拟分析，零部件的使用寿命可采用材料的随机疲劳特性或恒幅疲劳特性通过 NCODE、ABAQUS 等有限元软件进行预测。在设计和计算循环应力、应变状态下零件疲劳性能时，对材料疲劳性能要求方面特别提出了循环应变疲劳曲线的要求，以预测零件在给定循环应变模式下的疲劳寿命。应力比 $R=-1$ 时的循环应力疲劳寿命。其中应力比 $R=0.1$ 时的循环应力疲劳所测量的材料疲劳性能有很大差别，比较而言，前者更为严格且安全。当零件承受低应力的载荷、高周次循环作用时，为避免带来过高设计成本，多采用应力疲劳性能数据中存活率为 50%时的中值疲劳极限并辅以相应的安全系数限制作为设计准则和疲劳模拟输入。

轻量化技术的发展使材料的设计应力大幅度提升，特别是对一些高性能、轻量化弹性元件，如气门弹簧、悬架弹簧，其设计准静态下的许用应力已接近材料的弹性极限，在这样高的循环应力下工作的零件，承受恒定载荷的零件应变会增加，或者在恒定的应变下零件承受载荷的能力会下降，这种现象称为应力松弛。因此对于许多弹性材料或零件，均提出了松弛抗力要求，并提出了松弛应力的相关评价参量和试验方法。

汽车产品性能的提升和功能需求的增加，对汽车零部件材料提出了各种各样的要求，处在腐蚀环境中的零件要求高的腐蚀抗力；处于高速运行中的齿轮需要高的单齿弯曲疲劳和高的接触疲劳抗力；作为汽车高强度安全件，需要有特殊高应变速率下的响应特性；长期高温下工作的进、排气门材料应具有良好的蠕变抗力和耐磨性，对这些不同零件的性能要求导致了不同的试验方法和表征参量的开发和应用。

与其他材料类似，热成形钢也必须通过诸多性能的测试评价，才能最终批量化应用于汽车上。当用于相同零部件或部位时，可以采用相似的评价指标和测试方法评估热成形材料，如材料的基本力学性能、材料成分、油漆兼容性。但相对于传统材料，热成形钢的材料特性、制造工艺和服役环境不同，因此其认证性能和测试方法也存在一定的差异性。如对于传统的高强钢而言，抗拉强度小于 1 000 MPa，采用冷冲压的成形方式制备零件，在服役过程中氢脆开裂倾向小。采用热冲压成形方式制备的热成形零件强度可高达 1 500～2 000 MPa，强度高、内应力大、氢环境复杂，氢脆开裂倾向是评价其可靠性的关键因素之一。

本章根据热成形钢的生产、制造、服役特点及工艺过程，结合热成形钢及其零部件在设计、开发和验证阶段的需求，提出热成形钢及其零件的性能要求。从热成形钢原材料性能测试及评价、淬火态热成形钢的性能评价、典型热成形零部件的性能评价方面全面介绍热成形钢及其零部件的性能测试评价方法，并提供典型热成形材料及零部件的测试结果。

5.2　热成形钢及其零部件的性能要求

5.2.1　汽车碰撞安全法规

热冲压成形零件在汽车上的应用主要是为了解决轻量化和安全两个方面的性能诉求。研究数据表明，在每年各类事故的死亡人数中，交通事故造成的伤害居于首位，占到死亡人数的 80%左右。交通事故原因的统计分析表明，预防事故发生的汽车主动安全只能够避免 5%的交通事故发生，而事故发生后的汽车被动安全却能够更有效地守护乘员安全。因此，全球汽车碰撞法规的要求日益严苛。

汽车碰撞试验大致可分为两类：① 国家颁布的汽车安全技术法规：强制要求每一辆汽车在面向市场销售时所必须满足的法规，如美国 NHTSA 的系列、中国的 GB 11551—2014、GB 20071—2006、GB 20072—2006；② 新车评定规程：该规程又分为两个方面，一是主流的安全星级评定如欧洲的 E-NCAP、中国的 C-NCAP、日本的 J-NCAP 等，二是与保险关联的如美国的 IIHS 以及中国的 C-IASI（中国汽车保险安全指数）。其中，新车星级安全评定标准属自愿检测项目，其目的是将每一车型相对安全的水平等级公布给消费者。一般说来，汽车安全星级评定标准在测试要求、评价指标等方面比汽车安全技术法规更加严格。由于它能引导消费者选购安全性更佳的车型，故颇得企业重视。由此可见，虽然汽车安全星级评定标准在一定程度上可以刺激汽车安全水平的提升，但相比之下，汽车碰撞法规则是强制检验或评价汽车安全性能的技术规范，对制造商具有法律上的约束性，对汽车设计开发理念有着指导作用，更能够保障汽车被动安全性能的稳定持续提升。

目前，全球主流安全体系主要包含正面碰撞、侧面碰撞、倾翻-车顶静压试验、追尾碰撞等主要工况，如图 5.2～图 5.7 所示。

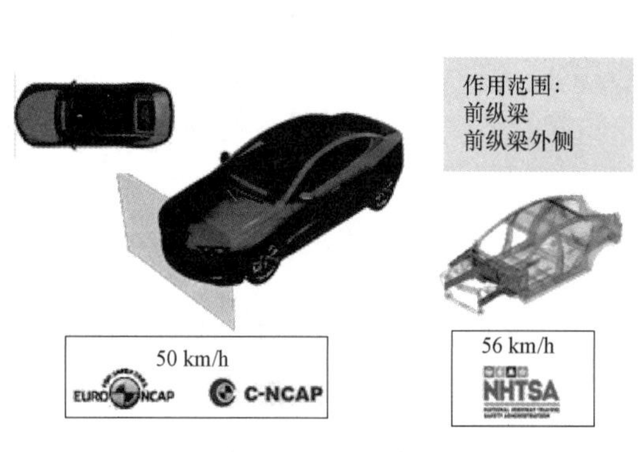

图 5.2　正面碰撞

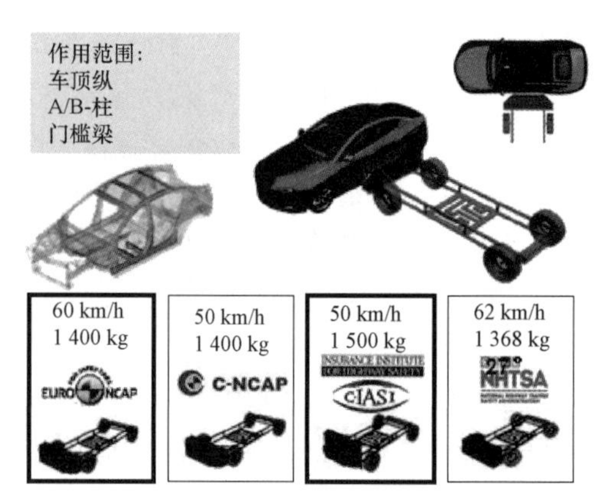

图 5.3　侧面碰撞

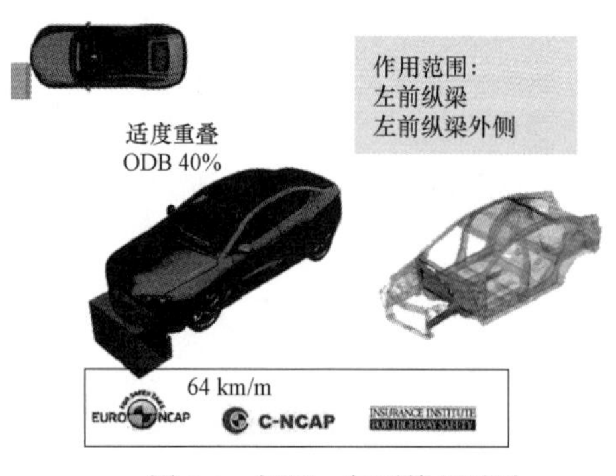

图 5.4　倾翻-车顶静压试验

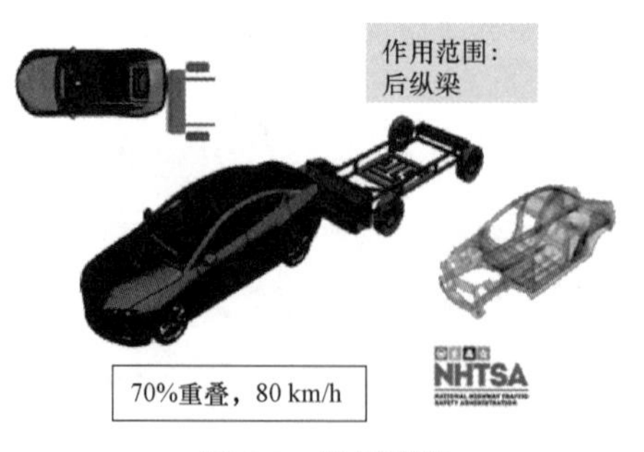

图 5.5　追尾碰撞

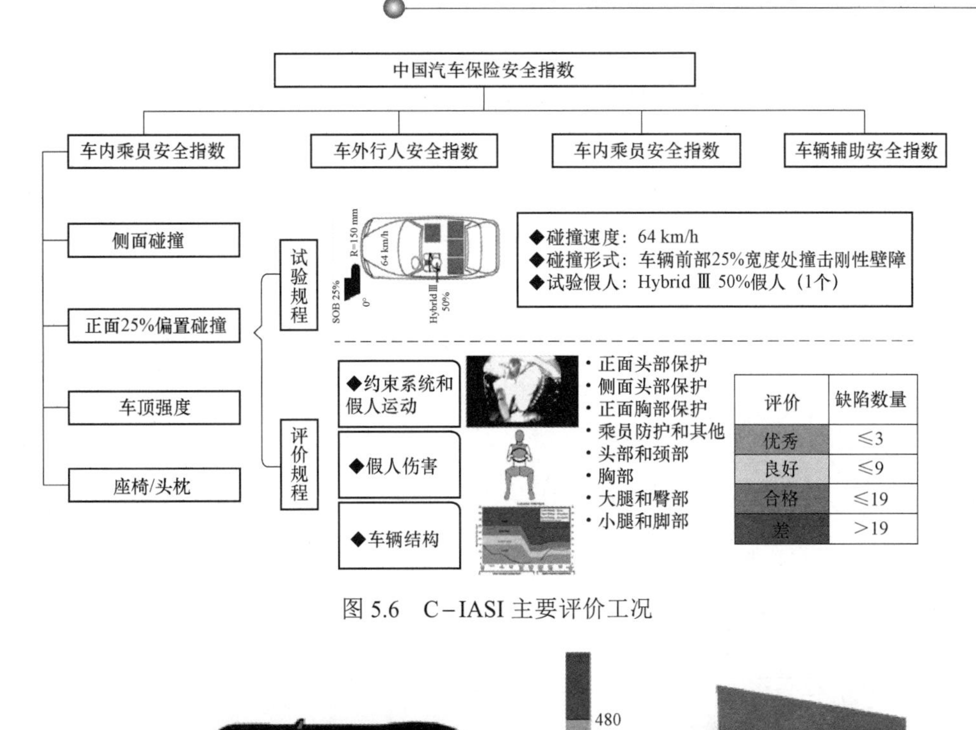

图 5.6　C-IASI 主要评价工况

图 5.7　正在进行的研究的车车相容性碰撞标准——MPDB（移动渐进可变形壁障）2020

未来的测试将通过观察可变形壁障上的入侵来评估对方车辆受到的伤害，包含重型商用车辆对小型乘用车。被动安全法规的完善和日益严苛，不断推动热成形技术和热成形钢在汽车上的广泛应用。

5.2.2　热成形钢的性能要求

热成形钢的性能要求主要针对热成形原材料和热成形淬火板的性能，具体的性能要求如表 5.1 所示。

表 5.1　热成形钢性能要求

类别	序号	试验项	试验标准
交货状态钢板材料的基本性能	1	化学成分	GB/T 223 系列、GB/T 4336—2016、GB/T 20123—2006、GB/T 20125—2006
	2	拉伸性能	GB/T 228.1—2021
	3	金相组织和夹杂物	GB/T 13299—2022、GB/T 10561—2005
	4	晶粒度	GB/T 6394—2017

续表

类别	序号	试验项	试验标准
材料的高温性能	5	CCT 曲线	—
	6	高温拉伸试验	GB/T 228.2—2015
热成形后材料的基础性能	7	化学成分	GB/T 223 系列、GB/T 4336 系列、GB/T 20123—2006、GB/T 20125—2006
	8	拉伸试验	GB/T 228.1—2021
	9	材料硬度	GB/T 4340.1—2009
	10	金相组织	GB/T 13298—2015、GB/T 13299—2022
	11	高速拉伸	ISO 26203—2018
	12	*R*5 缺口拉伸	—
	13	*R*20 缺口拉伸	—
	14	剪切试验	—
	15	拉剪试验	—
	16	杯突试验	—
	17	疲劳试验	GB/T 15248—2008、GB/T 26077—2021、GB/T 3075—2021、GB/T 24176—2009、SAE - China J3202—2013
	18	弯曲性能	VDA 238 - 100—2020、T/CSAE 154—2020
	19	低温冲击韧性	GB/T 229—2007
	20	氢致延迟开裂敏感性	T/CSAE 155—2020
热成形后材料的工艺性能	21	点焊工艺性能	GM4488M—2009
	22	胶粘性能	GMW 16549—2020
	23	涂装性能	GMW3011—2019、GMW14729—2012、GMW14829—2017、GMW14872—2013、GMW15282—2012、GMW3011—2018

可根据状态和用途，将热成形材料的性能需求分为 4 大类：

（1）交货状态钢板材料的基本性能。该性能主要包括材料的化学成分、拉伸性能、金相组织和夹杂物以及晶粒度。为保证热成形钢淬火后的性能可以达到设计要求，在原材料状态，需要对热成形钢中的合金元素（如 B）含量、组织及夹杂物以及晶粒度进行评价，形成热成形材料性能的第一轮评估。

（2）材料的高温性能。该性能主要包括材料的 CCT 曲线和高温力学性能，前者为淬火工艺的制定提供参考依据，后者为采用有限元仿真技术进行热成形工艺模拟提供材料数据。

（3）热成形后材料的基础性能。原材料的基本性能和高温性能是筛选合格的热成形材料的第一道闸门，热成形后的基础性能则是在此基础上的进一步评估。拉伸试验是最简单、最有效的评估方法；金相则是对拉伸的进一步确认；硬度试验是对拉伸试验的补充。缺口、剪切、拉剪、杯突、弯曲性能用于评价热成形材料的断裂特性；氢致延迟开裂用于评价热成形淬火板的氢脆开裂敏感性；高速拉伸、疲劳试验用于评价热成形材料的动态性能。

（4）热成形后材料的工艺性能。该性能主要涉及材料的连接和涂装性能。对于热成形材料的连接方式包括点焊和胶接，其工艺性能是否与产线匹配以及是否符合设计要求，需要进行评估。

5.2.3 典型热成形零部件的性能要求

热成形零部件的使用，主要是解决汽车轻量化和碰撞安全性，这两个已成为汽车制造业关注和亟待解决的焦点问题，但轻量化是以碰撞安全性的保证为前提的。热成形零部件主要用于汽车关键的结构件，在应对碰撞安全性要求时，热成形零部件需要有足够的抵抗碰撞入侵的能力，以确保构件在允许的范围内变形，防止乘员受伤，同时依靠良好的变形能力吸收碰撞带来的能量。目前典型热成形零部件在车身上的应用如图 5.8 所示。

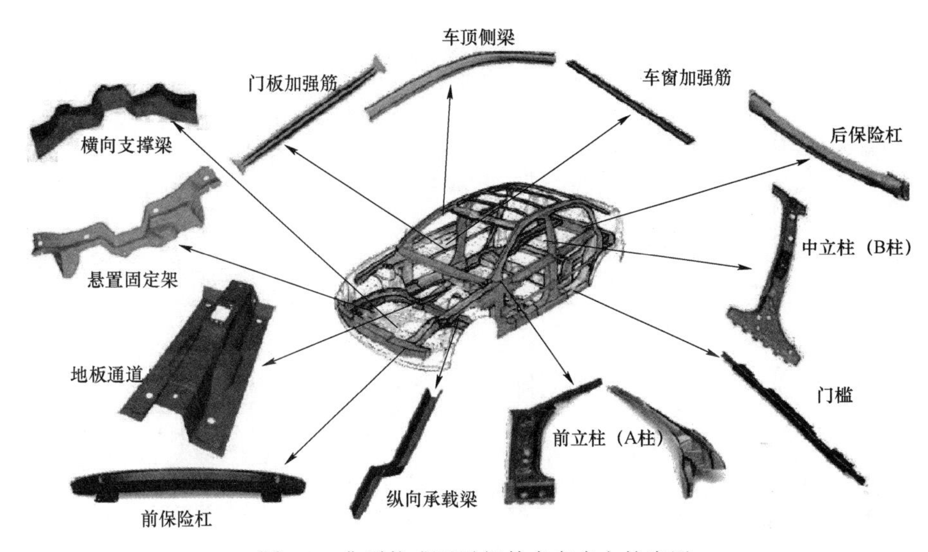

图 5.8 典型热成形零部件在车身上的应用

热成形零部件虽然可以有效提高整车的碰撞安全性能，但如果设计、用材、工艺控制不善，也会产生不可挽救的后果。如某整车安全碰撞试验后门槛出现较大翻转变形，B 柱根部凹陷，B 柱根部后门铰链区域翻边出现撕裂，如图 5.9 所示。B 柱根部出现撕裂，是一种功能性失效，不满足设计要求。B 柱加强板焊接翻边撕裂是从焊点处开始，符合热成形钢焊接后焊接区域的性能特性。B 柱焊接后翻边部位强度降低，冲击韧性下降，受到强烈撞击后焊点区域出现应力集中，仿真最大有效塑性应变超过了其许用应变，翻边从焊点处开始撕裂，导致试验车 B 柱根部区域侵入量很大，向车内凹陷，从而使零部件的碰撞性能无法满足要求。

热成形工艺可有效提高材料的强度，但同时伴随材料的塑性急剧下降。因此，为保证零部件的使用功能，尤其是满足零部件的碰撞安全性能，需要将不同的材料通过合适的工艺用在合适的位置，零部件在整车功能上面的实现需要重点关注原材料的性能及其成形后零部件的性能。不同汽车零部件所对应的不同材料性能要求如表 5.2 所示。

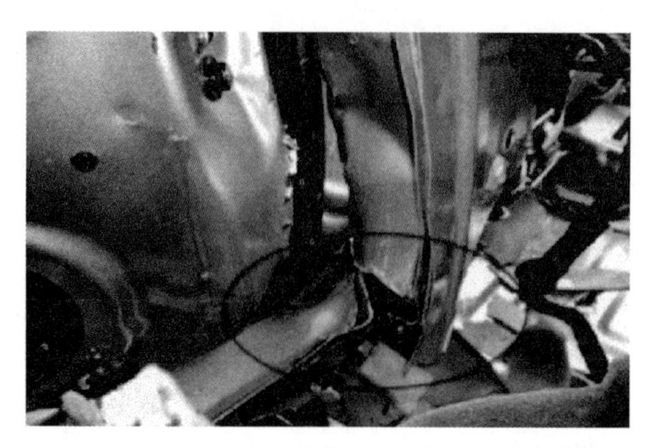

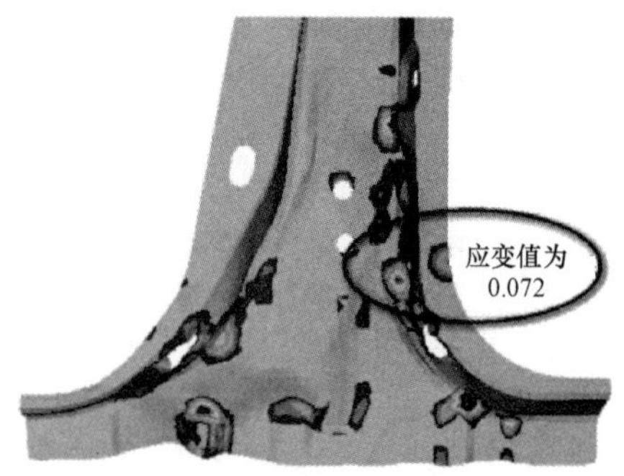

图 5.9　某车型 MDB 侧面碰撞热成形 B 柱撕裂

表 5.2　不同汽车零部件所对应的不同材料性能要求

部件服役过程中可能承受的应变	高强度钢零部件	所需材料&零部件的性能	板厚、强度和性能之间的关系
大的塑性变形	保险杠、加强板、门防冲柱	高的压溃强度	$P_s \propto t\sigma_b^n$；$n=\frac{1}{2}$
	边梁加强筋	高的碰撞性能	$A_E \propto t^2\sigma_b^{2n}$；$n=\frac{1}{2}$
小的塑性变形	行李箱盖板、油箱盖板	高的抗凹性能	$P_t \propto t\sigma_b^n$；$n=\frac{1}{2.5}$
非常小的弹性与塑性变形	车身边梁、横梁	高的模量	$P \propto t\sigma_D^n$；$\frac{1}{E_D}=\frac{1}{E}+\frac{1}{E_S}$
非常小的变形	边梁、车轮	高的疲劳性能	$\sigma_w \propto \sigma_b$
注：P_s 为压溃强度；A_E 为压溃吸能；P_t 为压痕抗力；P 为微变形抗力；σ_w 为疲劳强度；σ_b 为抗拉强度；t 为板厚；σ_b 为成形构件塑性变形时的流变应力；E_D 为动荷设计模量；E 为弹性模量；E_S 为正割模量；n 为常数			

针对目前的需求，大部分整车 OEM 厂商对热成形零部件的性能进行了要求，具体试验项及执行标准如表 5.3 所示。

表 5.3　典型 OEM 厂商对热成形材料及其零部件的性能要求

类别	序号	试验项	试验标准
零件性能测试	1	力学性能——准静态拉伸	GB/T 228.1—2021
	2	硬度	GB/T 4340.1—2009
	3	显微组织	GB/T 13298—2015、GB/T 13299—2022
	4	脱碳层（裸板）	GB/T 224—2019
	5	零件外形尺寸测量	GB/T 4249—2018
	6	零件不同部位厚度测量	GB/T 4249—2018
	7	零件的三点弯曲试验	YB/T 5349—2014、GB/T 232—2010
	8	零件的碰撞性能测试	SAE J 850—2000、GB 20071—2006

5.3　热成形钢原材料的性能评价

5.3.1　热成形钢原材料及其牌号的命名方法

近 20 年来，主要从以下三个方面开发热成形钢原材料：

（1）在常用热成形钢成分体系的基础上，通过调节 C 含量实现强度的提升，但会牺牲材料的韧性。

（2）在常用热成形钢成分体系中，适当调整合金成分，通过淬火工艺处理实现材料的高强韧性。

（3）优化常用热成形钢成分体系，通过添加 Nb、V 等微合金元素，向马氏体基体中引入弥散分布的纳米析出相，通过细化晶粒提高韧性，并借助于纳米碳化物作为氢陷阱，提高热成形件的抗氢脆性能。

常用的热成形钢成分体系是 Mn－B 系，它是应用时间最长、研究时间最久的热成形钢种体系。目前，国内宝武、马钢、鞍钢、莱钢、首钢所提供的商品化热成形用钢均是基于常用热成形钢成分体系 Mn－B 系开发而来的 22MnB5 钢。表 5.4～表 5.5 列出了国内外主要钢厂的商业化热成形钢的成分，由于统计的时效性以及测量误差，这些数据仅供参考，不代表各钢厂的实际成分。

表 5.4　国内外不同钢铁企业生产的 22MnB5 钢（裸板及镀层）的成分

材料牌号	生产企业	C	Si	Mn	Cr	B	Nb	V	Ti
USIBOR1500	ArcelorMittal	0.22	0.25	1.23	0.20	0.004 0	—	—	0.037
MBW1500	Thyssenkrupp	0.25	0.40	1.40	0.50	0.005 0	—	—	0.050
DocolBoron02	SSAB	0.20～0.25	0.20～0.35	1.00～1.30	0.14～0.26	0.005 0	—	—	—
HPF1470	POSCO	0.25	0.30	1.40	0.25	0.003 5	—	—	0.050
PH1500	日照钢铁	0.22	0.19	1.19	0.163	0.003 1	0.029 5	—	0.040
B1500HS（CSP）	宝钢	0.22	0.25	1.26	0.288 4	0.002 6	0.028 0	—	0.029
HC950/1300HS（B1500HS）	宝钢	0.21～0.25	≤0.40	1.00～1.40	≤0.035	≤0.005 0	—	—	≤0.080
22MnB5	攀钢	0.21～0.24	0.20～0.30	1.20～1.30	0.20～0.30	0.002 0～0.003 5	—	—	0.025～0.035
CR1500HF	山钢日照	0.23	0.25	1.30	0.035 0	0.003 2	0.035 0	—	—
AC1500HS/AH1500HS	鞍钢	0.23	0.25	1.30	0.15	0.002 2	0.025 0	—	0.035
22MnB5	马钢	0.22	0.25	1.20	0.17	0.003 0	—	—	0.035
M1500LW	马钢	0.22	0.25	1.20	0.17	0.003 0	0.040 0	0.04	0.035
T1500HS	河钢唐钢	0.22～0.25	0.22～0.32	1.25～1.35	0.18～0.30	0.002 0～0.005 0	0.026 0	—	0.003 2～0.005 0
HF1300HS	河钢邯钢	0.17～0.24	≤0.50	1.00～1.60	≤0.50	0.000 8～0.005 0	—	—	≤0.350
HF1500HS	河钢邯钢	0.20～0.25	≤0.50	1.00～1.60	≤0.50	0.000 8～0.005 0	—	—	≤0.350
PH1500	首钢	0.23	0.25	1.30	0.19	0.003 11	—	—	0.035
PHS1500	本钢	0.22～0.27	0.10～0.50	1.20～1.45	0.15～0.35	0.001 0～0.003 5	—	—	0.020～0.035

表 5.5　1 800 MPa 和 2 000 MPa 级别热成形钢（裸板及镀层）的成分

材料牌号	生产企业	C	Si	Mn	Cr	B	Nb	V	Ti
27MnCrB5	—	0.25	0.21	1.24	0.34	0.002 0	0.010	—	0.042
37MnB4	—	0.37	0.31	0.81	0.19	0.001 0	0.020	—	0.046
PT1900	TAGAL	0.33	0.61	1.74	0.24	0.002 2	0.035	0.15	0.006 5
USIBOR2000	VAMA	0.33	0.50	0.60	0.40	0.003 0	0.065	—	0.408
MBW	Thyssenkrupp	0.36	0.23	1.25	0.12	0.002 0	—	—	0.016
HC1100/1700HS	宝钢	0.28～0.35	≤0.50	1.00～1.80	≤0.035	≤0.005 0	—	—	≤0.080
HC1200/1800HS	宝钢	0.30～0.38	≤0.50	1.00～2.00	≤0.035	≤0.005 0	—	—	≤0.080
34MnB5	攀钢	0.33～0.36	0.20～0.30	2.00～2.20	0.20～0.30	0.002 0～0.003 5	0.035	0.12～0.15	0.025～0.035
AC1800HS/ AH1800HS	鞍钢	0.34	0.40	1.35	0.40	0.002 8	0.028	—	0.040
AC2000HS/ AH2000HS	鞍钢	0.37	0.40	1.55	0.45	0.003 0	0.033	—	0.042
M1800LW	马钢	0.32	0.25	1.00	0.20	—	0.040	—	—
T1800HS	河钢唐钢	0.34	0.24	1.40	0.19	0.002 2	0.050		0.054
CR1200/2000HS	河钢唐钢	0.32～0.40	≤0.050	≤0.15	≤0.005	≤0.005 0	—	—	≤0.006
HF1800HS	河钢邯钢	0.27～0.35	≤0.50	1.00～2.00	≤0.50	0.000 8～0.005 0	—	—	≤0.035
CR2000HS	首钢	0.36	0.25	1.40	0.20	0.002 85	0.055	—	0.05
PHS1800/PHS2000	本钢	0.29～0.35	0.05～0.50	1.40～1.80	—	0.001 0～0.004 0	—	0.10～0.20	0.020～0.030

通过表 5.4 和表 5.5 可以发现，Mn–B 系列热成形钢中所含元素基本相同，各主要元素的作用已在第 2 章中详述。钢板及钢带的牌号由热轧英文“hot-rolled”首字母“HR”或冷轧英文“cold rolled”首字母“CR”、规定的热成形后的最小屈服强度值/最小抗拉强度值、热成形英文“hot stamping”首字母“HS”组成。冷轧热浸镀铝硅产品牌号含镀层标识“–AS”，即Al、Si 首字母，如 CR950/1300HS–AS。国内外主要钢厂牌号近似对照如表 5.6 所示。

表 5.6　国内外主要钢厂牌号近似对照

本著作	宝钢	首钢	马钢	涟钢	Thyssen–krupp	VAMA	AK Steel	Nippon Steel
CR950/ 1300HS	HC950/ 1300HS （B1500HS）	CR950/ 1300HS	22MnB5	—	MBW–K 1500	—	—	—
HR950/ 1500HS	BR1500HS	HR950/ 1300HS	M1500 LW	LG 1500	MBW–W 1500	—	—	—
CR1200/ 1800HS	—	CR1200/ 1800HS	—	—	MBW–K 1900	—	—	—
CR950/ 1300HS–AS	—	CR950/ 1300HS+AS	—	—	MBW 1500	Usibor 1500P	Ultralume 1500	NSSQAS 1500
CR350/ 500HS–AS	—	—	—	—	MBW 500	—	—	—
CR370/ 550HS–AS	—	—	—	—	MBW 600	Ductibor 500	—	—
CR780/ 980HS–AS	—	—	—	—	MBW 1200	Ductibor 1000	—	—
CR1200/ 1800HS–AS	—	CR1200/ 1800HS+AS	M1800 LW	—	MBW 1900	Usibor 2000	—	—

5.3.2 热成形钢交货态的性能要求

热成形钢在交货态的主要技术要求包括 5 个方面：① 化学成分；② 交货状态；③ 力学性能；④ 金相组织；⑤ 表面结构状态。如大众 TL4225 标准中对热成形材料供货态的化学成分、交货状态、力学性能、金相、晶粒度、夹杂物级别等均进行了严格要求。

热成形钢板及钢带应按批验收，每个检验批通常由不大于 30 t 的同牌号、同规格、同加工状态的钢板及钢带组成。对于质量大于 30 t 的钢带，每个钢卷组成一个检验批。具体要求如表 5.7 所示。

表 5.7 热成形钢交货态检验项目、试样数量、取样方法和试验方法

检验项目	试样数量/件	取样方法	试验方法
化学分析	1/炉	GB/T 20066—2006	GB/T 223、GB/T 4336、GB/T 20123—2006、GB/T 20125—2006
拉伸试验	1/批	GB/T 2975—2018	GB/T 228.1—2021 方法 B
硬度	1/批	板宽 1/4 处	GB/T 230.1—2018、GB/T 4340.1—2009
表面粗糙度	—		GB/T 2523—2008

1）化学成分

常用的化学成分分析方法有：① 质量法；② 容量法；③ 吸光光度法；④ 气化法；⑤ 电量分析法等。针对常用的钢铁制品，定量的化学成分分析主要参照 GB/T 20123—2006、GB/T 20124—2006、GB/T 20125—2006 等标准进行。试验涉及的主要设备有碳硫分析仪、全谱 ICP 光谱仪及氧氮氢联测仪。部分 OEM 厂商对于热成形钢交货态化学成分要求见表 5.8。

表 5.8 部分 OEM 厂商对于热成形钢交货态化学成分要求

要求	化学成分[a]（质量分数）/%								
	C	Si	Mn	P	S	Al	Cr	B	Ti
TL4225	0.20～0.25	0.15～0.40	0.10～1.40	≤0.025	≤0.005	0.020～0.005	≤0.35	0.002～0.005	0.020～0.050
GMW14400	0.17～24	≤0.50	1.00～2.30	≤0.030	≤0.005	0.010	≤0.35	0.000 5～0.004 0	0.020～0.055
BQB 409	0.20～0.25	≤0.40	0.10～1.40	≤0.025	≤0.010	0.010～0.006	≤0.35	≤0.005	0.020～0.050
QJLY J7110072C	0.20～0.25	0.15～0.40	0.10～1.40	≤0.025	≤0.005	0.020～0.005	≤0.35	0.002～0.005	0.020～0.050
[a] 可添加 Nb、V、Ni 等其他微合金元素									

对于铝硅镀层热成形钢，推荐化学成分和表面的铝硅镀层化学成分要求见表 5.9～表 5.10。测量镀层质量优先采用溶解法，X 射线荧光法和金相法作为参考。

表 5.9 铝硅镀层化学成分要求

元素	化学成分（质量分数）/%
Al	85～95
Si	5～11

表 5.10 铝硅镀层质量

镀层代码[b]	单面镀层质量最小值/（g・m^{-2}）		单面镀层厚度理论值[a]/μm，供参考		镀层密度/（g・cm^{-3}）
	三点测试	单点测试	典型值	范围	
AS80	40	30	14	10～20	3.0
AS150	75	57.5	25	20～33	

[a] 理论的镀层厚度按镀层质量除以镀层密度计算得出；
[b] 双面等厚镀层

2）交货状态

对于冷轧表面交货的钢板及钢带，以冷轧、退火及平整后交货。

对于热轧酸洗表面交货的钢板及钢带，以热轧酸洗状态交货。

热浸镀铝硅钢板及钢带以冷轧、退火、热浸镀及光整后交货。

对于以冷轧表面交货的钢板及钢带，通常应进行涂油，所涂油膜应能用碱水溶液去除。在通常的包装、运输、装卸和储存条件下，供方应保证自制造完成之日起 6 个月内钢板及钢带表面不生锈。

对于以酸洗表面交货的钢板及钢带，通常应进行涂油，所涂油膜应能用碱水溶液去除。在通常的包装、运输、装卸和储存条件下，供方应保证自制造完成之日起 3 个月内钢板及钢带表面不生锈。

其他未尽事项以供应商技术条件为准，但不满足用户正常使用时，供应商应积极配合用户进行产品改善。

3）力学性能

热成形钢板及钢带供应商应保证原材料自出厂之日起 6 个月内，钢板及钢带在热成形前的力学性能符合表 5.11 的规定。

拉伸试验应按照 GB/T 228.1—2021 的方法 B 进行。为保证测量结果的再现性，推荐采用横梁位移控制方法，测屈服强度速率为 5% L_c/min，测抗拉强度速率为 40% L_c/min（L_c 为试样的平行长度）。力学性能试样可选取 GB/T 228.1—2021 中的 P6 试样（L_0=80 mm，b_0=20 mm）或 JIS Z 2241—2017 规定的 No.5 试样，试样方向为横向。拉伸测试过程中，屈服现象不明显时采用 $Rp_{0.2}$（非比例延伸率为 0.2%时的延伸强度），否则采用 R_{el}（下屈服强度）。

表 5.11 部分 OEM 厂商对于热成形钢在交货态力学性能要求

要求		力学性能		
		屈服强度/MPa	抗拉强度/MPa	断后伸长率 A_{50}/%
TL4225	冷轧退火	310～400	480～560	≥20
	热轧	≥320	≥500	≥10
	Al－Si 镀层	350～550	500～700	≥10
	无机/有机涂层	310～430	480～560	≥20
GMW14400	Al－Si 镀层	≥300	≥500	≥13
BQB 409	B1500HS\HC950/1300HS	280～450	≥450	≥19
QJLY J7110072C	HR950/1300HS	320～630	480～800	≥13
	CR950/1300HS	280～450	≥450	≥20
	CR950/1300HS－AS	350～550	500～700	≥10

4）金相组织

热成形用钢供货态取样金相试验位置依据标准 GB/T 13298—2015、GB/T 10561—2005 来确定，被检验面位于板材宽度 1/4 处的全厚度截面，试样经镶嵌抛光后检验非金属夹杂物，经 4%硝酸酒精侵蚀后观察显微组织。金相组织通常为铁素体加珠光体，以及碳化物颗粒，部分 OEM 厂商对于热成形用钢供货态的金相组织要求见表 5.12。无镀层热成形用钢金相组织如图 5.10 所示，Al-Si 镀层热成形用钢供货状态金相组织如图 5.11 所示。常见热成形钢交货态金相组织及夹杂物见表 5.13。

表 5.12　部分 OEM 厂商对于热成形用钢供货态金相组织

牌号	主要组织
CR350/500HS－AS	铁素体＋珠光体
CR370/550HS－AS	铁素体（VAMA）
CR780/980HS－AS	铁素体＋马氏体＋碳化物（VAMA） 铁素体＋珠光体＋碳化物（宝钢）
CR950/1300HS	铁素体＋珠光体（VAMA） 铁素体＋珠光体＋碳化物（宝钢）
HR950/1300HS	
CR950/1300HS－AS	
CR1200/1800HS	铁素体＋珠光体＋碳化物（VAMA）
CR1200/1800HS－AS	

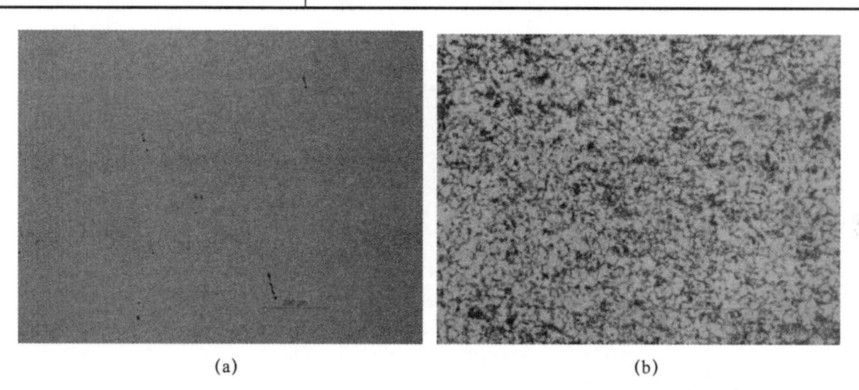

(a)　(b)

图 5.10　无镀层热成形用钢供货状态金相组织

（a）夹杂物（100 倍）；（b）金相组织（500 倍）

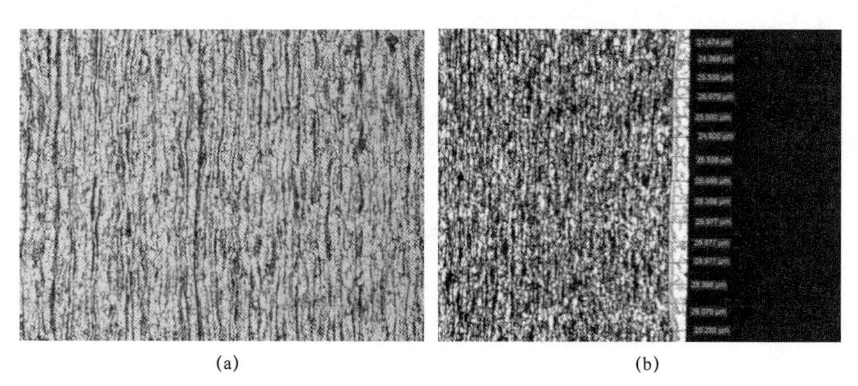

(a)　(b)

图 5.11　Al－Si 镀层热成形用钢供货状态金相组织

（a）晶粒度（400 倍）；（b）镀层厚度（200 倍）

表 5.13　常见热成形用钢交货态金相组织及夹杂物

材料牌号	表面组织	心部组织	非金属夹杂物	晶粒度级别
22MnB5	铁素体+珠光体	铁素体+珠光体	A0.5，B0.5，C0.5，D0.5，DS0.5	11
PCT1470H	铁素体+珠光体	铁素体+珠光体	A1.5，B0.5，C0.5，D0.5，DS0.5	11
USIBOR1500P	铁素体+珠光体	铁素体+珠光体	A0.5，B0.5，C0.5，D0.5，DS0.5	11

5）表面结构状态

钢板及钢带的表面质量分类和交货表面对应关系见表 5.14。

表 5.14　钢板及钢带的表面质量分类和交货表面对应关系

表面质量级别	代号	交货表面
普通级表面	FA	热轧酸洗表面
较高级表面	FB	热轧酸洗表面、冷轧表面、热浸镀铝硅表面
高级表面	FC	冷轧表面、热浸镀铝硅表面
麻面	D	热轧表面

5.3.3　热物理性能及其测试方法

热成形工艺合理制定的过程中，数值模拟技术是主要的研究手段和方法。数值模拟分析可以有效地预测和分析热成形过程中零件的温度场、应力场、减薄率及模具的温度场，预测零件的热成形性能、模具冷却系统设计的合理性，优化热成形工艺参数及生产节拍，避免热成形模具的设计缺陷，为热成形工艺和模具设计的制定提供参考。目前，对热成形工艺数值模拟的有限元软件有 LS－Dyna、ABAQUS、Dynaform、Autoform、Pam-stamp 等。准确、详实的材料热物性参数在实践中证明能够有效指导热成形工艺设计、模具冷却系统设计等工作。

1）密度

密度是材料的基础属性，采用流体静力学方法，即以阿基米德原理为基础，使用天平和相关的密度组件测得样品的质量和体积，然后根据室温时蒸馏水的密度修正和空气的密度补偿，最终得到样品的室温密度。计算公式如下：

$$\rho = \frac{A}{A-B}(\rho_0 - \rho_L) + \rho_L \tag{5.1}$$

式中，ρ 为样品在温度 T 条件下的密度（g/cm^3）；ρ_0 为水在温度 T 条件下的密度（g/cm^3）；ρ_L 为空气在温度 T 条件下的密度（g/cm^3）；A，B 为样品在空气和水中的质量（g）；密度测试的误差≤±1%。

2）热扩散率

热扩散率通常采用激光脉冲测试方法，对应相关计算公式如下：

$$D = \frac{W_{1/2} \cdot L^2}{\pi^2 \cdot t_{1/2}} \tag{5.2}$$

式中，D 为热扩散系数（m^2/s）；$W_{1/2}$ 为计算常数，约等于 1.38，当不满足绝热边界条件时，需对其进行修正；L 为样品厚度（m），其值在 0.001～0.004 m 之间变动；$t_{1/2}$ 为样品不受激光照射的一面最大温升一半时所需时间（s）。

根据式（5.2），热扩散率可由 L 和 $t_{1/2}$ 计算得出。

3）比热容

采用 Flashine™—5000 热物性参数测试仪，利用待测试样与参考样品比较的方法测量试样的比热容，计算方法如下：

$$C_p = \frac{C_{PR} \cdot m_R \cdot \Delta T_R}{m \cdot \Delta T} \tag{5.3}$$

式中，C_p，C_{PR} 为试样和参考样品的比热容（J/kg·℃）；m_R，m 为试样和参考样品的质量（kg）；ΔT_R，ΔT 为试样和参考样品在脉冲能量作用下的温度变化（℃）。

由式（5.3），测得 C_{PR}、m_R、m、ΔT_R、ΔT 等数据后，即可获得不同温度下的比热数据。

4）热导率

热导率采用非稳态法，计算方法如下：

$$K = D \cdot C_p \cdot \rho \tag{5.4}$$

式中，K 为热导率［W/（m·℃）］；D 为热扩散率（m^2/s）；C_p 为比热容［J/（kg·℃）］；ρ为室温密度（g/cm^3）；

根据式（5.4），结合式（5.1）、式（5.2）以及式（5.3）所得数据，通过计算，可得出材料的热导率。

针对常见的有限元分析软件，热物性参数测试结果包括不同温度条件下（20 ℃、100 ℃、200 ℃、400 ℃、600 ℃、800 ℃、1 000 ℃）的弹性模量 E、泊松比 γ、P 值、C 值，热导率 K、比热容 C_p 等参数。表 5.15 所示为典型 22MnB5 材料的热物性参数。

表 5.15　典型 22MnB5 材料热物性参数

T/℃	20	100	200	400	600	800	1 000
E/GPa	212	207	199	166	150	134	118
γ	0.284	0.286	0.289	0.298	0.31	0.325	0.343
K/（$W \cdot m^{-1} \cdot K^{-1}$）	30.7	31.1	30	21.7	23.6	25.6	27.6
C_p/（$J \cdot kg^{-1}$）	444	487	520	561	581	590	603

5）相变

相变测试可采用 LINSEIS RITA 淬火膨胀仪 L78。试验过程中，以 0.05 ℃/s 缓慢升温到 1 050 ℃后快速冷却到室温，测量其临界相变温度（奥氏体稳态转变开始点 A_{c1} 和结束点 A_{c3}，快速冷却时马氏体相变开始点 M_s 和结束点 M_f）；或者以 2 ℃/s 缓慢加热到 950 ℃，保温 15 min，然后迅速冷却到指定温度保温，待其充分相变后冷却到室温；或者待保温 15 min 后直接以不同的冷速（0.05～100 ℃/s）冷却到室温，测量试样随时间或者温度变化的膨胀过程，得到对应的等温或者连续等冷速相变的膨胀曲线。

进行 CCT 曲线测定主要是为了测量材料的临界转变速度，以及材料的 A_{c1} 和 A_{c3} 点。目前，测定材料 CCT 曲线的方法有很多，如金相法、膨胀法、磁性法、热分析法、末端淬火法等。目前采用热分析法（DSC）结合金相法验证是应用比较成熟、测定效果比较理想的一种方法。图 5.12 所示为基于热成形工艺连续冷却转变曲线。

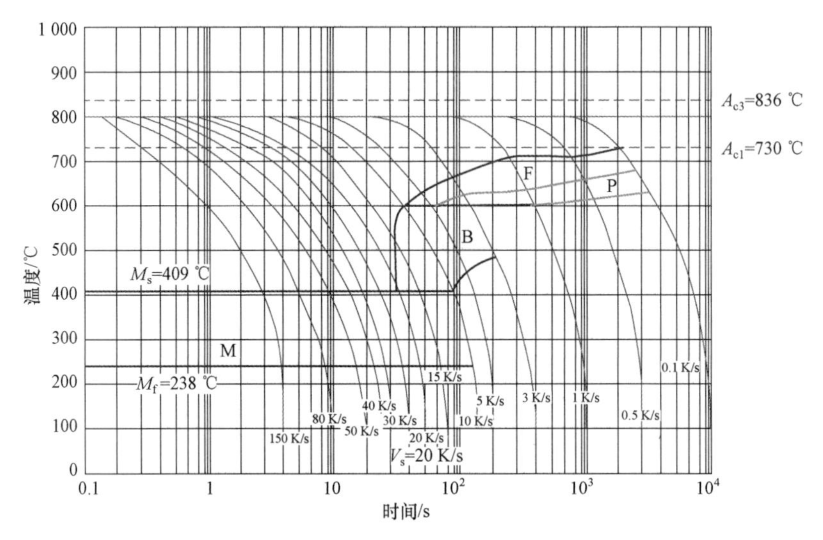

图 5.12　基于热成形工艺连续冷却转变曲线

6）热摩擦系数

金属材料无论是在冷加工还是在热加工过程中，材料与模具之间因接触而产生的摩擦力大小都是重点关注的对象，这除了与载荷力有关外，还与材料本身的摩擦系数值有关。尤其是在热成形过程中，材料的摩擦系数将随着温度的提高而有所提升，这将对成形质量产生不良影响。一般在实际生产过程中，在材料种类及其相关成形工艺参数（如载荷力）等方面确定的前提下，为更好地保证热成形质量，降低材料摩擦系数，只能在温度上进行调整。热成形钢板在不同温度条件下的摩擦系数对热成形工艺参数的制定、零件设计及模具设计和润滑介质的研发提供重要的参考依据，同时也为有限元仿真设计提供重要的基本参数。

图 5.13 所示为材料在高温条件下摩擦系数测试设备的基本原理。设备采用上下相同结构的夹头，对带材施加沿与其垂直方向的恒定压力，结构示意图见图 5.14。试验过程中将夹持带材一端，而大部分材料会先置于炉内加热至指定温度并保温，随后带材外夹持端以恒定的速度向外移动。利用摩擦库仑定律公式，可计算出摩擦系数 μ，式中 T_F 为拉拔力（N），P 为夹头正压力（N），计算如下：

$$\mu = \frac{T_F}{2P} \tag{5.5}$$

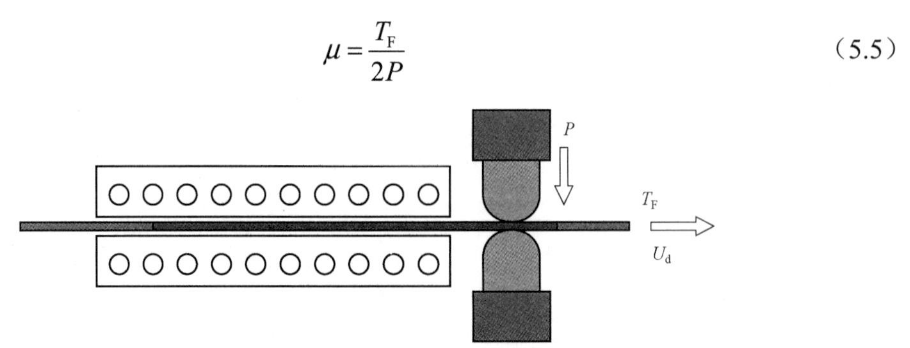

图 5.13　高温条件下摩擦系数测试设备的基本原理

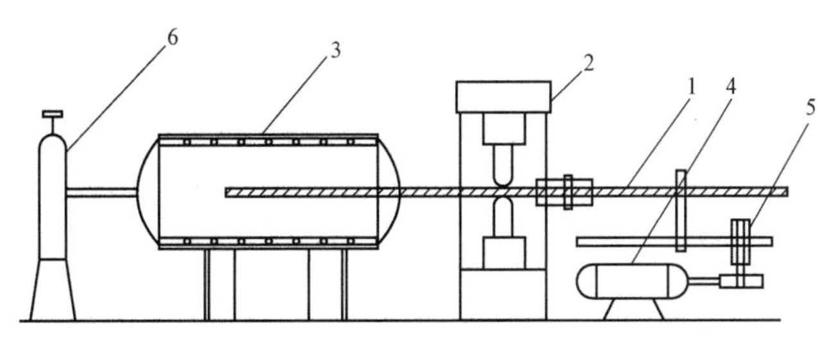

图 5.14　金属材料高/常温摩擦系数测定装置的结构示意图

1—动力丝杠；2—摩擦作用头；3—加热炉；4—空压机；5—传动系统；6—保护气体装置

试验系统是由中国汽车工程研究院制作的，如图 5.15 所示。测试温度条件分别选取室温、400 ℃、500 ℃、600 ℃、700 ℃、800 ℃；试样采用长条试样，先将试样加热到预定温度，保温 3～5 min，然后快速拉出，进行摩擦系数测试试验。试验采用一种摩擦副：2：H13。摩擦副由块状试样组成，试样尺寸为 1 200 mm×20 mm，如图 5.15 所示。样品加工时保证试样的表面粗糙度小于 *Ra*3.2 μm。试验前，试样表面保持清洁，试验中不使用任何润滑剂。样品出炉速度为 100 mm/s，试验速度为 10 mm/s，试验过程中摩擦副压强保持为 20 MPa。

图 5.15　摩擦系数试验系统及试样

图 5.16 所示为摩擦系数随温度的变化，随着温度的升高，材料的摩擦系数增加。需要注意的是，随着温度的升高，板料将发生软化、塑性增强，在压头的作用下，可能出现的压坑也相应增大，压头与板料在相对运动时阻力增大，热摩擦系数测试结果增大。

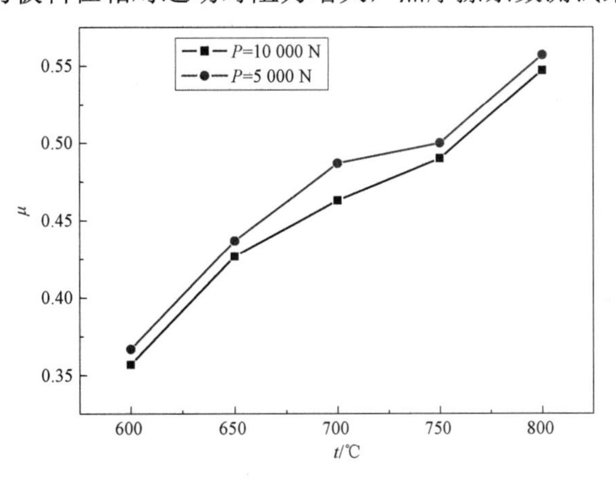

图 5.16　摩擦系数随温度的变化

5.4　淬火态热成形钢的性能评价

5.4.1　热成形钢的基础性能

热成形钢板及钢带经过典型热成形工艺条件后，组织应为典型的马氏体，力学性能应符合表 5.16 中的要求，但如钢板及钢带按指定零件供货时，供需双方可商定一个满足该零件加工需求的力学性能范围作为验收基准，此时，表 5.16 规定的力学性能可不再作为交货和验收的依据。

表 5.16　热冲压成形零件的材料力学性能要求

要求			力学性能			硬度	
			屈服强度/MPa	抗拉强度/MPa	断后伸长率 A_{50}/%	HV10/HV30	HRC
TL4225	板材零部件		1 000～1 250	1 300～1 650	≥5	400～520	≥40
	管材零部件		1 100～1 400	1 400～1 900	≥7	435～575	≥40
GMW14400	板材零部件		950～1 250	1 300～1 600	≥5	400～510	41～50
BQB 409	B1500HS\HC950/1300HS		950～1 250	1 300～1 700	≥5	≥400	≥40
QJLY J7110072C	HR950/1300HS CR950/1300HS CR950/1300HS－AS	t≤1.0	950～1 250	1 300～1 650	≥4	400～550	≥40
		t>1.0			≥5		≥40
		t>1.25			≥5		≥40

如评价钢种性能时，考虑热冲压零部件各部位的性能会因加热、合模、冷却等条件的影响出现不均匀性，推荐热成形钢热处理后的性能测试采用平模淬火试样，如 $A_{80\ mm}$（L_0=80 mm，b_0=20 mm）试样；如评价零部件性能时，推荐从热冲压成形零件上取样时，采用 $A_{50\ mm}$（L_0=50 mm，b_0=12.5 mm）试样（如无法取 $A_{50\ mm}$ 试样时，推荐采用 $A_{5.65}$ 试样）。热成形钢热处理后的典型金相组织如图 5.17 所示。

图 5.17　热成形钢热处理后的典型金相组织

5.4.2　热成形钢的涂装性能

随着汽车工业的发展，人们对汽车耐腐蚀性能要求越来越高。热成形钢零部件应用于车身需要进行涂装以获得良好的外观和耐蚀性，涂装性能是热成形钢重要的性能指标之一。

试样涂装工艺流程：脱脂→纯水洗→磷化、硅烷、锆系薄膜处理→电泳→烘干。以下为某公司的涂装工艺验证规范要求：

（1）磷化膜重 m_1 测试步骤：① 记录面板双面的总面积 A（m^2）；② 采用分析天平称量磷化试片的质量 m_2（g），精确至 0.000 1 g；③ 将面板浸入温度为 70～80 ℃的 20%（质量分数）铬酸铵的剥离溶液 5 min；④ 用蒸馏水冲洗；⑤ 在（95±2）℃ 下烘烤面板 15 min；⑥ 将面板放置在干燥器中，直至达到室温；⑦ 称量面板并记录最终质量（如质量值不稳，需反复干燥、称量，直至质量值稳定），记录质量 m_3（g）；⑧ 计算单位面积上的磷化膜质量 $m_1=（m_2-m_3）/A$。

（2）磷化膜表面形貌：采用扫描电镜观察磷化膜表面形貌，结晶膜应均匀、致密、连续，表面无锈蚀、流痕、花斑、条纹，无大的磷化渣附着，无严重挂灰等。

（3）测量磷化膜结晶尺寸和含 P 比，应满足规定要求。

（4）使用循环腐蚀试验评估电泳板的耐蚀性，试验方法：8 h 常温［（23±2）℃，其间喷淋盐溶液 4 次（每次 3 min）。盐溶液组成（质量分数）为：0.9%NaCl，0.1%$CaCl_2$；0.075%$NaHCO_3$］；8 h 湿热［（49±2）℃，100%RH］；8 h 干燥［（60±2）℃，＜30%RH］；共计（26±3）个循环。划痕腐蚀的评估采用最大单侧腐蚀扩展宽度计算：选取腐蚀宽度最大处用直尺测量总宽度 M、划痕宽度 S，最大单侧腐蚀扩展宽度＝（$M-S$）/2。

（5）热成形钢淬火态涂装性能要求见表 5.17。

表 5.17　热成形钢淬火态涂装性能要求

项目	参照标准	性能要求
表面粗糙度	企业标准	λ_C＝0.8 mm，Ra≤0.15 μm；λ_C＝2.5 mm，Ra≤0.20 μm
附着力	GB/T 9286—2021	0 级
耐石击性	企业标准	剥落面积等级≤2 级；露底等级≤B
耐冲击性	GB/T 1732—2020	≥50 kg · cm
漆膜硬度	企业标准	≥H
漆膜厚度	企业标准	≥18 μm
耐酸性	企业标准	48 h，0.05 mol/L H_2SO_4，（23±2）℃，目视无起泡、生锈等缺陷
耐碱性	企业标准	48 h，0.1 mol/L NaOH，（23±2）℃，目视无起泡、生锈等缺陷
耐挥发油性	企业标准	224 h，（23±2）℃，目视无褶皱、起泡、剥落、变色等
耐水性	企业标准	500 h，（40±1）℃，目视无起泡、生锈、变色、脱落等，自然晾干 24 h 后，附着力 0 级或 1 级
结晶形貌	企业标准	结晶颗粒细小、致密、均匀，粒径＜10 μm
磷化膜重	企业标准	1.5～2.5 g/m^2
循环腐蚀	企业标准	试验后漆膜不起泡，划线处最大腐蚀宽度不大于 2 mm

5.4.3 热成形钢的氢致延迟断裂敏感性测试及评价

氢致延迟断裂是材料在低于抗拉强度应力载荷和酸性环境双重作用下发生的一种滞后断裂行为。超高强度热成形钢氢致延迟断裂敏感性的测试评价方法一直是汽车用钢应用领域的热点和难点，国内外对此已开展了大量研究，相继提出了多种测评方法，代表性方法如恒载荷法、慢应变速率法、准静态拉伸法、氢渗透试验法、断裂力学试验法等。典型氢脆试验方法和标准如表 5.18 所示。

表 5.18 典型氢脆试验方法和标准

序号	试验方法	外加载荷			充氢					备注
		外加应力	外加应变	应变速率	电化学充氢	高压氢气	酸溶液	碱溶液	H_2S 溶液	
1	恒应力	恒定应力	/	/	P	P	P	P	P	可预充氢
2	恒应变	/	恒应变	/	P	P	P	P	P	可预充氢
3	慢应变速率	渐增应力	/	低	P	P	P	P	P	可预充氢
4	准静态试验	渐增应力	/	准静态	P	P	P	P	P	可预充氢
5	氢渗透试验	/	/	/	P	/	/	/	/	
6	充氢试验	/	/	/	P	P	P	P	P	
7	断裂力学试验	渐增应力	/	低	P	P	P	P	P	
8	冲杯试验	/	恒定应变	/	/	/	P	P	P	
9	应力浸泡试验	恒定应力	/	/	/	/	P	P	P	

参见 T/CSAE 155—2020，采用 U 形弯梁开展延迟断裂试验的方法如下：

1）试样准备

可采用剪切边、线切割、激光切割等方式进行样品加工，试样加工后应对试样进行边缘去毛刺（线切割、激光切割不用）、45° 倒角等处理，倒角宽度推荐不大于 0.5 mm，对于边缘存在可见裂纹的试样应视为废品样。试验前需清除试样表面的油污、锈迹、氧化皮等，脱碳层或各类镀层可由试验双方协商确定保留或去除，若保留则应在试验报告中记录表面脱碳层或镀层厚度值。

2）试样装夹

采用材料性能试验机或专用弯曲工装夹具，对图 5.18 和图 5.19 所示结构试样进行预弯曲加载。针对图 5.18 所示结构试样，其装夹流程为将试样置于夹具中部，通过旋拧夹具两端螺母，推动夹具上的滑块向中部移动，使试样片发生弯曲变形，直至样品的弯曲跨距大小达到既定指标值，实现弯曲应力加载；针对图 5.19 所示结构试样，装夹流程为将试样置于特制模具中，利用力学加载试验机对试样进行弯曲，然后采用螺杆及螺母等配件紧固试样，实现弯曲应力加载。

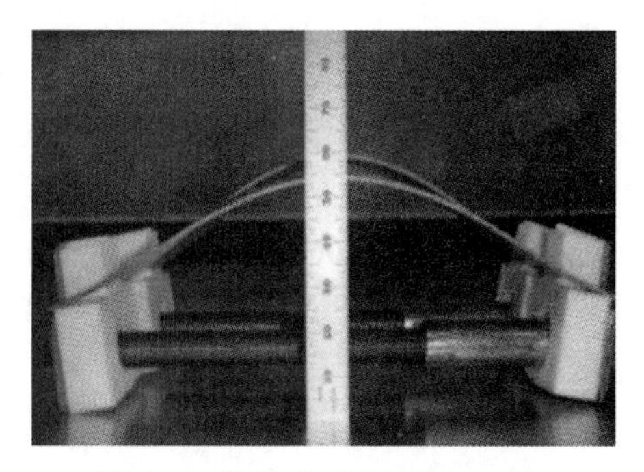

图 5.18　预弯曲过程示例（I 型）

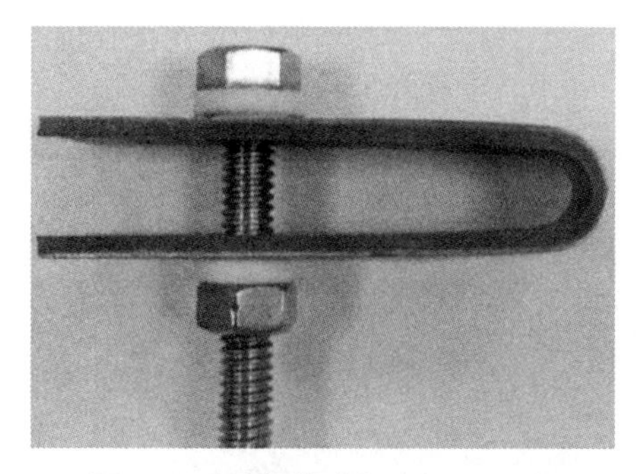

图 5.19　预弯曲过程示例（Ⅱ型）

3）应变测量

弯曲过程中可采用应变测试仪［图 5.20（a）］实时检测试样最小弯曲半径部位的应变量；为提高应变测量的量程和准确度，推荐采用 DIC 进行弯曲应变测试。利用该方法代替传统的引伸计或应变片等方法，不仅能更加精确地对局部微小区域内的应变值进行实时测量，而且能有效避免环境因素对测量过程的干扰（如腐蚀介质对应变片等检测器件的损坏），还能解决应变量过大时应变片易脱落的问题。若采用 DIC 方式测试弯曲应变［图 5.20（b）］，相关操作流程及要求按 DIC 厂商要求执行。

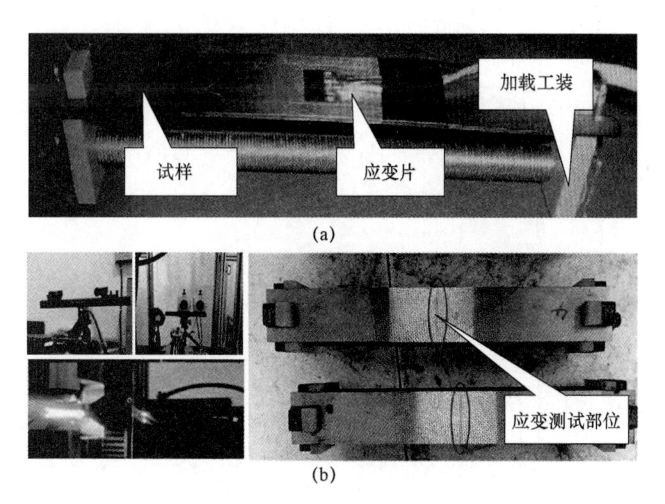

图 5.20　预弯曲过程中的接触式/非接触式应变测量示例

（a）应变片测量；（b）非接触式应变测量（DIC）

4）应力标定

选取同材质试样参照 GB/T 228.1—2021 技术要求，进行准静态拉伸试验，获得相应的工程应力–应变曲线数据，在应力–应变数据对中找到每个弯曲试样实测应变量对应的应力值，近似作为试样最小弯曲半径部位的应力值，用于标定氢致延迟断裂的临界应力值。

5）应力范围设定

推荐材料抗拉强度的 0.3～0.9 作为弯曲应力的选取范围。相同弯曲应力的试样为一组，推荐每个应力条件下重复试样≥3 件，试验组数≥5。

6）浸泡试验

推荐选用 0.1 mol/L HCl 水溶液作为材料氢致延迟断裂敏感性评价的环境介质。若仅做材料性能对比试验，也可选用 0.5 mol/L HCl 水溶液做加速试验。若有特殊需求也可选其他含氢介质，介质类别推荐参照 ISO 16573—2022 标准要求选取。为保证试验结果的可靠性，试验过程中应定期检测溶液 pH 值，实时进行溶液更新，保证溶液浓度稳定。

图 5.21　试验后开裂试样外观示例

将预弯曲后的试样置于上述相关含氢介质中进行静置处理。从试样静置于含氢介质中起，实时监测试样表面裂纹产生情况并进行记录（检查试样表面裂纹时用毛刷刷掉覆盖在试样表面的腐蚀产物，然后用放大镜观察是否有裂纹并做记录，量化裂纹大小如肉眼观察到的头发粗细的裂纹）。记录发生开裂试样对应的时间及加载应力值（图 5.21），并绘制关系曲线。

7）结果记录

若选用 0.1 mol/L HCl 水溶液，推荐 300 h 为浸泡上限时间，若在此时间段内试样不发生开裂，则认定试样合格；若希望延长静置时间进行验证，则推荐采用 700 h 和 1 000 h 两个时间评价点，建议试样最长静置时间不宜超过 1 000 h。若在指定静置时间范围内出现试样开裂，则记录下断裂试样对应的弯曲应力值及静置时间，并绘制关系曲线。若选用加速试验工况（0.5 mol/L HCl 水溶液）或其他处理介质，则静置时间范围的选取由试验双方协商后确定；酸性溶液浸泡过程中，试样观察时间间隔不大于 2 h，推荐采用具备持续录像及存储功能的视频监控设备对试样进行不间断观测，以实现对试样开裂时间点的精确记录。

图 5.23 和表 5.19 所示为针对 22MnB5 与 22MnB5NbV 开展测试的结果。

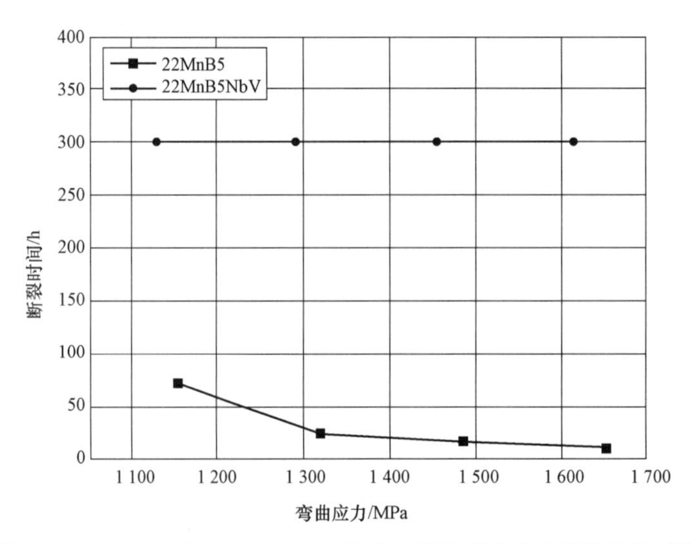

图 5.22　22MnB5 和 22MnB5NbV 基于 U 形恒弯曲载荷试验结果对比

表 5.19　针对 22MnB5 和 22MnB5NbV 的测试结果

牌号	弯曲应变/（mm・mm^{-1}）	弯曲应力/MPa	开裂（是/否）	开裂时间/h
22MnB5	0.018	1 155	是	72
	0.029	1 320	是	24
	0.054	1 485	是	16
	0.060	1 650	是	12
22MnB5NbV	0.019	1 131	否	300（不开裂）
	0.025	1 292	否	300（不开裂）
	0.052	1 454	否	300（不开裂）
	0.062	1 616	否	300（不开裂）

热成形钢的 U 形恒弯曲载荷开裂时间的推荐要求见本书第 7 章。

5.4.4　热成形钢的弯曲性能

在实际车辆碰撞过程中，不仅要求安全件具有足够高的强度，还要求其具有良好的韧性，以防止碰撞时发生脆性断裂，进而达到保障车内驾乘人员安全的目的。车辆安全事故中，零件碰撞后多为凹陷或折叠变形，变形（特别是折叠变形）最大部位为裂纹高发位置，此时材料一般呈平面应变状态，极限尖冷弯试验是在辊间距很小的支撑条件下，使用半径很小的压头对材料做弯曲试验，材料为平面应变变形，因此极限尖冷弯角可作为材料平面应变状态断裂韧性的等效量化表征手段，可作为汽车材料安全服役断裂韧性的表征参量。随车身用钢板材强度级别提高，一般其韧塑性降低，在碰撞中更容易发生脆断。因此，针对各类超高强度汽车用钢板及其零件，建立平面极限尖冷弯性能的测评规范，通过材料级试验量化评价零件级安全服役性能，对车身设计、选材及加工制造等具有重要的指导意义。

2020 年，中国汽研牵头制定了 T/CSAE 154—2020《超高强度汽车钢板极限尖冷弯性能试验方法》，该方法推荐通过极限尖冷弯试验方法评估钢板安全服役断裂韧性，适用于抗拉强度≥780 MPa 的各类超高强度汽车用钢板。

当前，宝马汽车的材料标准 WS 01007 要求材料最大载荷下所对应的弯曲角 α_{max}（VDA238-100）≥60°，而通用汽车材料标准 GMW1440—2019 要求普通 1 500 MPa 级的 Al-Si 镀层板在烘烤后的 α_{max}≥50°，而针对增韧型的 1 500 MPa 级别的 Al-Si 镀层板要求在烘烤后 α_{max}≥60°（即 1 500-IB，IB 代表 improved bendability）。极限尖冷弯的具体试验如下：

1）试验设备

试验推荐在电液伺服万能试验机或其他具备力加载功能的设备上完成，设备精确度应确保≤1 级（加载力示值相对误差≤±1%）。试验工装应确保试验用加载压头的棱边长度大于 60 mm，且应大于试样宽度 b，推荐压头结构如图 5.23 所示。

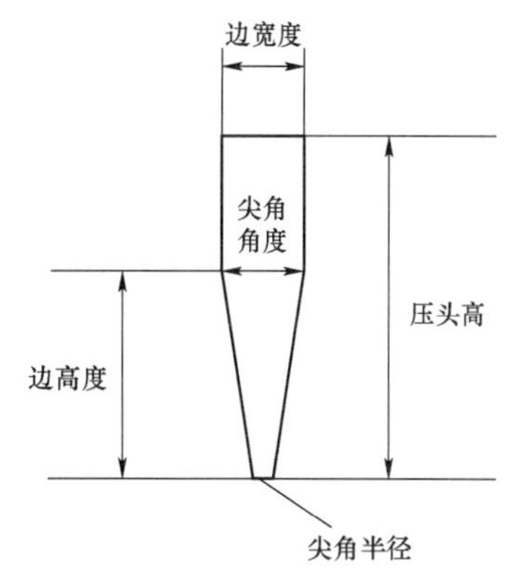

图 5.23　弯曲加载压头结构尺寸推荐示例

压头尺寸规格选择如表 5.20 所示。

表 5.20　压头尺寸规格选择示例

示意图	序号	项目	规格
边宽度；尖角角度；压头高；边高度；尖角半径	1	尖角角度	8°±1°
	2	边宽度	2 mm±0.1 mm
	3	尖角半径 r	0.4 mm±0.1 mm
	4	边高度	10 mm
	5	压头高度	55 mm

2）样品要求

（1）原材料推荐采用以下尺寸规格：

a 类：长（l_t）290 mm×宽（w）（70±1）mm；

b 类：长（l_t）360 mm×宽（w）（70±1）mm。

备注：可根据试样数量、尺寸规格、加工便利性等选择 a 或 b 类取样方式。

（2）材料预拉伸推荐采用以下尺寸规格：

—标距长度（l_e）：100 mm；

—自由夹持长度（l_f）：160 mm（a 类），230 mm（b 类）；

—预拉伸应变量：10%；

—预拉伸应变速率：0.002 5/s。

预拉伸变形示意见图 5.24。

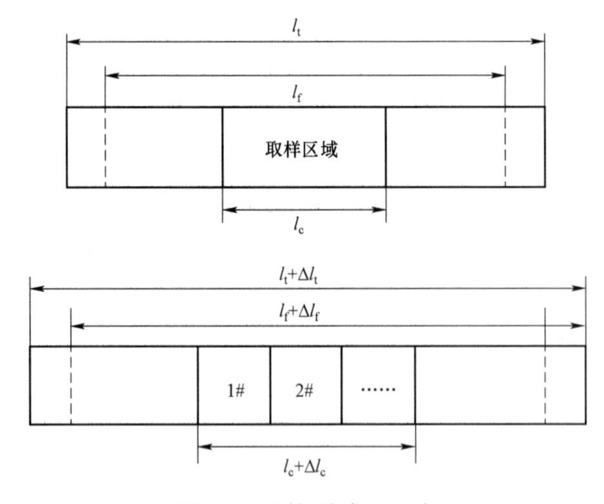

图 5.24　预拉伸变形示意

（3）零件上取样。零部件上取样无须按（1）～（2）流程实施，可直接按照长 60 mm×宽 60 mm 取样；若受板料或零件尺寸限制，难以按指定尺寸规格要求进行取样，试样宽度 b 可按取样部位基体厚度的 20 倍取样。

（4）试样表面处理。应去除试样表面各类污垢及锈迹；针对存在表面氧化层的试样，应采用砂纸研磨或喷砂等方式去除表面氧化层直至完全显现光亮的基体面，重新标注出轧向及

1/2 长度线，并测量出此时试样的实际厚度 t_0（去除氧化层过程中应尽量确保试样各部位厚度均匀）；针对表面脱碳层或镀层，根据试验要求确定去除或保留，若保留需记录其厚度值。

（5）试样放置。将试样置于两端支撑辊轮上，使试样轧向与压头加载棱边之间呈垂直或平行状态。启动压头向下运动至加载棱边刚好与试样表面接触，再微调试样位置，使试样 1/2 长度线与压头加载棱边呈完全重合状态。若试验前对试样有测试面要求，则应将该面置于与辊轮接触一侧；此外本规范若无特殊需求，则默认为试样轧向与加载压头棱边向平行（β=0°）或垂直（β=90°）（图 5.25），若为特殊方向取样试样（β=0°～90°），加载位向关系由试验双方协商确定。

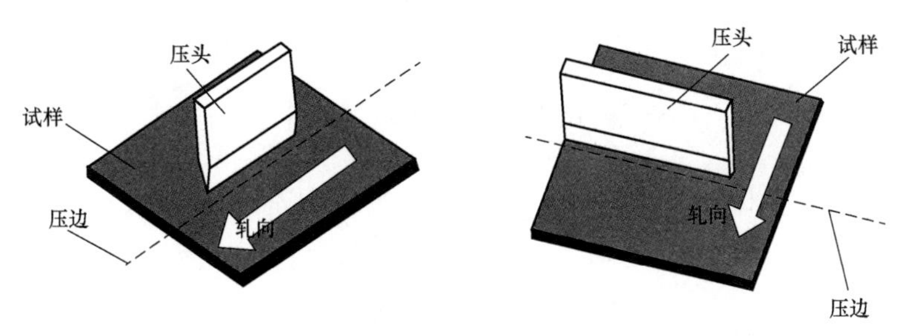

图 5.25　典型极限尖冷弯性能测试加载位向关系示例

（6）试样预加载力。调整好试样与工装之间的相对位置后，对试样施加 30 N 的预加载力。

3）试验过程

试验过程中，压头加载速率为 20 mm/min，实时采集加载部位的位移与加载力数据（位移量也可采用诸如挠度计等测量），同步生成载荷力－位移曲线；若用非接触式光学测量仪器测量试样加载部位位移或应变，相关操作流程及要求应参照相关仪器厂商产品使用说明执行；当试样弯曲载荷力－位移曲线上载荷力降低到峰值的 10%左右时或者试样出现可见裂纹，即可停止试验。

4）数据处理

（1）计算极限尖冷弯角 α_c。结合图 5.26，利用式（5.6）～式（5.10）计算求得极限尖冷弯角 α_c。汽车用钢板极限尖冷弯角测试全曲线如图 5.27 所示。

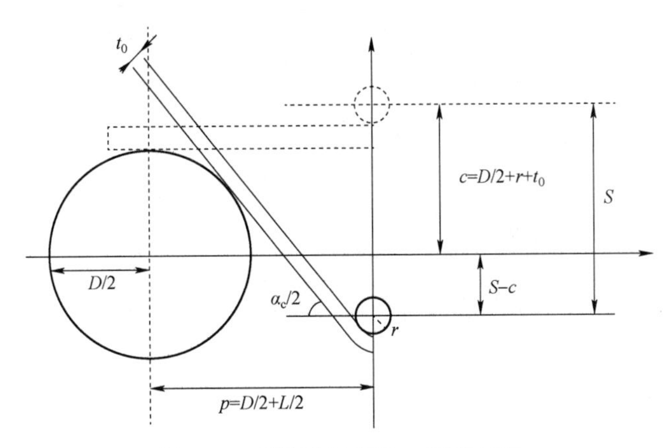

图 5.26　极限尖冷弯角 α_c 测量示意

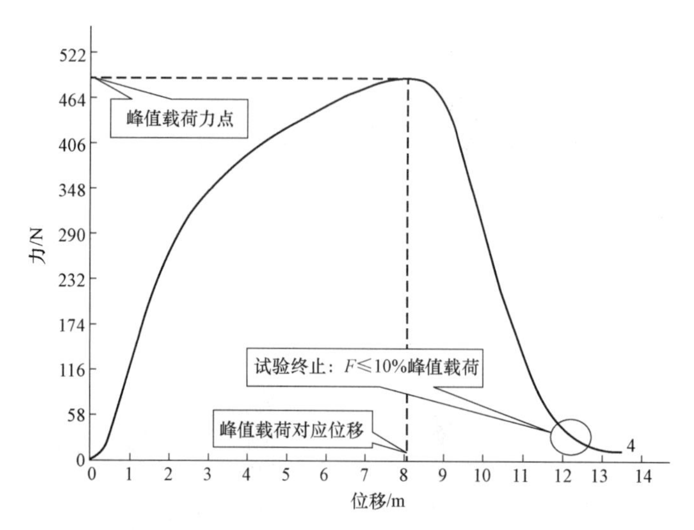

图 5.27　汽车用钢板极限尖冷弯角测试全曲线示例

$$\sin\frac{\alpha_c}{2}=\frac{p\times c+W\times(S-c)}{p^2+(S-c)^2} \tag{5.6}$$

$$\cos\frac{\alpha_c}{2}=\frac{W\times p+c\times(S-c)}{p^2+(S-c)^2} \tag{5.7}$$

$$W=\sqrt{p^2+(S-c)^2-c^2} \tag{5.8}$$

$$c=\frac{D}{2}+t_0+r \tag{5.9}$$

$$p=\frac{D}{2}+\frac{L}{2} \tag{5.10}$$

（2）机械测量极限尖冷弯角 α。试验结束后使压头回复至初始位置，从工装上取下试样，采用专业角度测量工具测试得到极限尖冷弯角 α（图 5.28）。

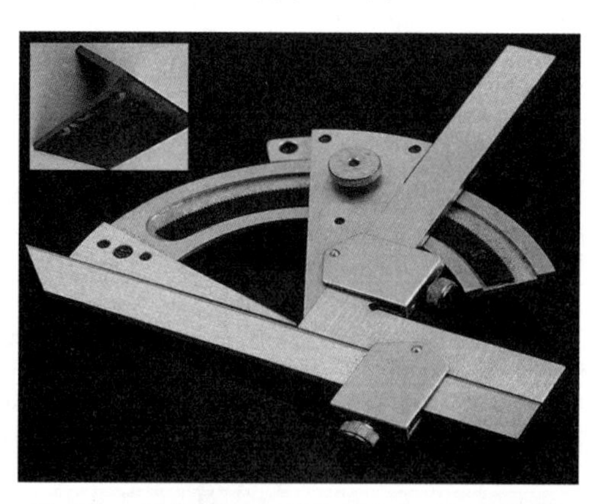

图 5.28　机械测量极限尖冷弯角 α 过程示例

（3）光学测量极限尖冷弯角 α_0。利用 DIC 实时监测试样弯曲变形的全过程，如图 5.29 所示。基于试样动态弯曲变形图像和散斑变化，得到全过程的冷弯角。通过 DIC 开放式接口与万能试验机之间的配合使用，可得到弯曲载荷力与弯曲角度之间的对应关系，峰值载荷力对应的弯曲角即极限尖冷弯角α_0。利用此类方式，还可测得加载部位的弯曲应变等物理量，可满足更为多样化的试验需求。

图 5.29　光学测量极限尖冷弯角α_0过程示例

热成形钢极限尖冷弯角度的推荐要求见本书第 6 章。

5.4.5　热成形钢的动态力学性能

近 30 年来，新车开发所需要的时间越来越短，新车开发的时间取决于原型车研制的时间，目前汽车的结构越来越复杂，复杂化的设计呼唤高效、可靠的虚拟开发工具。而虚拟开发离不开准确、全面的材料数据库。只有在准确、全面的数据库支撑下，虚拟设计才能有效表征实物的试验结果。汽车是一个运动构件，虚拟开发过程必须进行动态仿真。为了准确分析汽车碰撞中对各项安全法规的适应性，就必须有各种应变速率下的材料本构模型，需进行材料在高应变速率下的动态响应测试，以满足汽车虚拟设计和计算机模拟的需要。

1）应变速率

应变速率可以分为工程应变 率和真应力真应变速率。工程应变速率可以表示为

$$\dot{e}=\frac{\mathrm{d}e}{\mathrm{d}t}=\frac{1}{L_0}\times\frac{\mathrm{d}l}{\mathrm{d}t}=\frac{v}{L_0} \tag{5.11}$$

式中，e为工程应变，t为时间，L_0为拉伸试样的初始标距，l为瞬间的长度，v为拉伸速度。

真应变速率可以表示为

$$\dot{\varepsilon}=\frac{\mathrm{d}\varepsilon}{\mathrm{d}t}=\frac{\mathrm{d}[\ln(L/L_0)]}{\mathrm{d}t}=\frac{1}{2}\frac{\mathrm{d}L}{\mathrm{d}t}=\frac{v}{L} \tag{5.12}$$

或

$$\dot{\varepsilon}=\frac{\mathrm{d}\varepsilon}{\mathrm{d}t}=\frac{\mathrm{d}[2\ln(D_0/D_i)]}{\mathrm{d}t}=-\frac{2}{D_i}\frac{\mathrm{d}D_i}{\mathrm{d}t} \tag{5.13}$$

式中，ε为真应变，D_0为原始样品的直径，D_i为变形瞬间的直径，其他参量同前式。

真应变速率和工程应变速率的关系可表示为

$$\dot{\varepsilon}=\frac{v}{L}=\frac{\dot{e}}{1+e} \tag{5.14}$$

应变速率敏感性是材料的固有特性，通常用应变速率敏感指数 m 来表示。一般材料的流变应力和流变速率之间的关系可表征为

$$\sigma=C(\dot{\varepsilon})^{m}\Big|_{\varepsilon,T} \tag{5.15}$$

式中，C 为常数；m 为应变速率敏感系数，其值可用阶梯变速拉伸来测定：

$$m=\left.\frac{\partial\ln\sigma}{\partial\ln\dot{\varepsilon}}\right|_{\varepsilon,T}=\left.\frac{\Delta\ln\sigma}{\Delta\ln\dot{\varepsilon}}\right|_{\varepsilon,T}=\frac{\ln(\sigma_2/\sigma_1)}{\ln(\dot{\varepsilon}_2/\dot{\varepsilon}_1)} \tag{5.16}$$

在外力作用下，拉伸试样的宏观变形是微观上位错运动的结果，应变速率与可动位错的平均运动速度的关系为

$$\dot{\varepsilon}=ab\rho v \tag{5.17}$$

式中，ρ 为可动位错密度；a 为比例常数；b 为布氏矢量。

式（5.17）清楚地表明了应变速率的物理本质，同时也表明应变速率随可动位错密度的变化而变化，随可动位错的平均运动速度变化而变化。

2）动态拉伸试验设备

依据 GB/T 30069.2—2016、T/CSAE52—2011、SEP1230—2006、ISO26203-1—2018、ISO 26203-2—2018 的说明：准静态应变速率一般≤0.000 25/s，高应变速率一般≥10^{-2}/s。汽车碰撞时，不同部位的不同构件或同一构件的不同部位都会承受不同的碰撞速度或不同的应变速率。汽车前撞时，A、B、C 三点的应变速率的实际测试结果如图 5.30 所示。

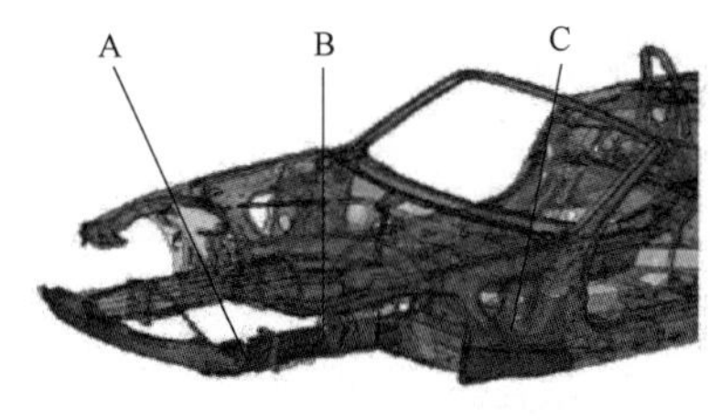

部位	$\dot{\varepsilon}_{max}/s^{-1}$
A	200
B	100
C	70

图 5.30　汽车前撞时典型部位的应变速率测试

依照应变速率的区域划分（图 5.31），日本鹭宫、德国 ZWICK、英国 INSTRON 等公司先后都针对中、高应变速率区域开发了电液伺服高速拉伸试验机。液压系统采用液压泵和多个储能器并行工作的加载方法，通常最大载荷为 50～65 kN，在加载时，当位移速率小于 1 m/s 时，采用闭环控制；加载速率大于 1 m/s 时，采用开环控制。载荷测量可用载荷包，或用夹具上贴应变片的力传感器，或在样品上贴应变片的力传感器进行测量。大部分液压伺服的加载框架可以实现应变速率的上限值（1.0～5.0）×10^2/s，在这样的应变速率下液压数据会被振荡所困扰，这些振荡就会叠加到载荷包的响应特性上。各液压设备的最大加载速度为 4～20 m/s，应变测量有激光引伸计、多普勒激光、位移传感器及应变片。应变速率测量范围从准静态～1 000/s。所需要得到的应变速率和应变量与试样标距的大小，设备最大位移的速度、应变以及应变测量方式、材料特性等因素有关，如采用应变片测量，通常测量的应变应在 10%以下，激光引伸计和动态光学引伸计则不受应变范围的影响。应用光学应变计可以进行全应变场的应变测量，这时应对试样喷涂散斑。典型的电液伺服高速拉伸试验机和全应变场的非接触应变测量系统见图 5.32。

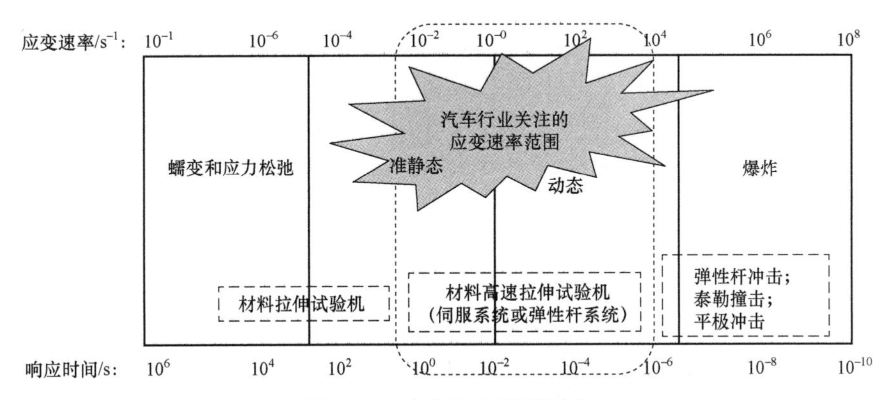

图 5.31　应变速率区域划分

图 5.32　HTM 5020 高速拉伸试验机及全应变场非接触应变测量系统

3）动态拉伸样品形状和尺寸

GB/T 30069.2—2016、T/CSAE52—2022、SEP1230—2006 和 ISO26203－2—2018 对金属板材高速拉伸试样所规定的形状和尺寸见图 5.33。

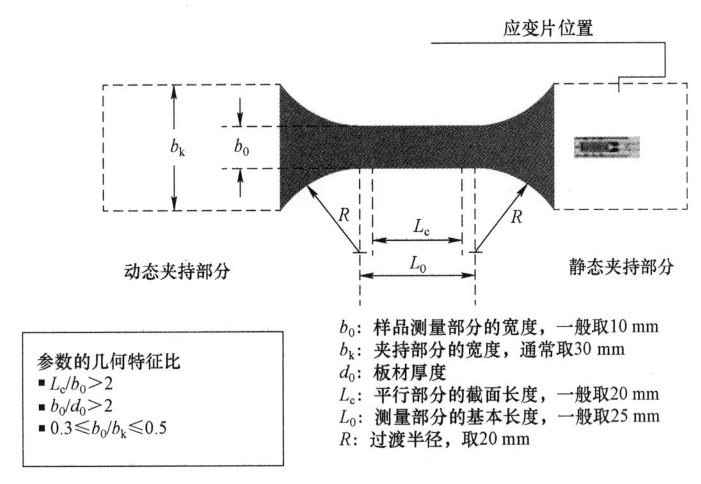

图 5.33　高速拉伸试样形状和尺寸

试样的标距长度与拉伸时位移速度、名义应变速率的关系见图 5.34。在高速拉伸试验时，拉伸位移速度、拉伸时间和线应变、标距长度之间的关系见图 5.34（光学引伸计的测量结果）。由图 5.34 可以看出，随着标距的缩短，拉伸位移速度增加，应变速率提升。图 5.35 表明，在同样的拉伸位移速度条件下，随着时间的增长，线应变增长，在达到一定拉伸变形时间后，随标距的缩短，线应变增长。

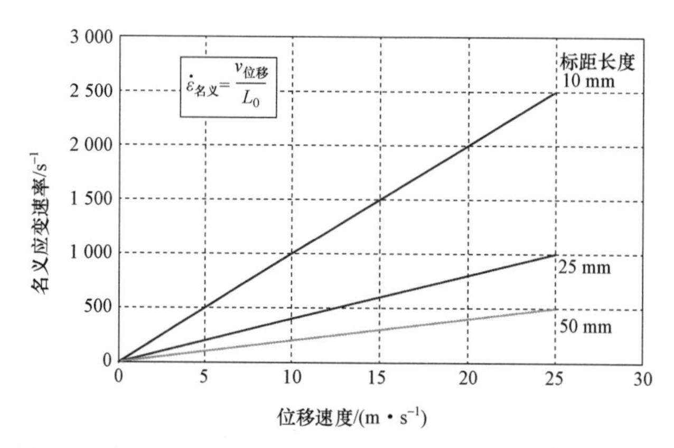

图 5.34 标距长度与拉伸时位移速度、名义应变速率的关系

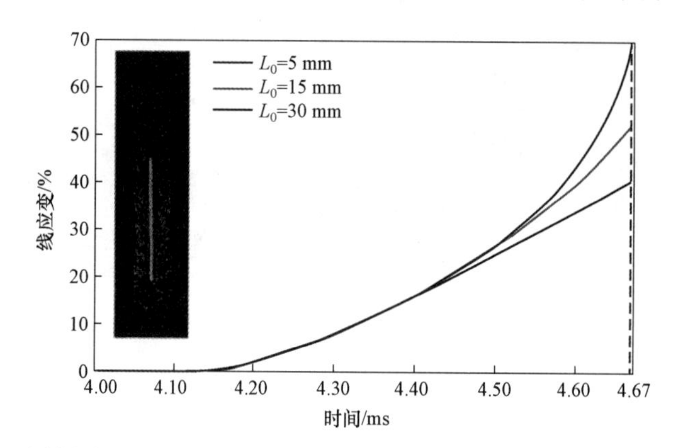

图 5.35 试样的标距长度与拉伸时位移速度、名义应变速率的关系（见彩插）

4）动态拉伸试验数据处理

按照 LS-DYNA 碰撞仿真数据格式的需要，材料动态力学性能测试数据处理的一般步骤如下：

（1）原始的工程应力-应变测试数据。

（2）由于 CAE 分析需要材料塑性变形阶段的数据，应变只需保留塑性变形阶段的应力-应变测试数据。

（3）真塑性应变-应力数据输入 CAE 软件应采用某种方式的平滑处理。

为避免动态拉伸试验数据处理人为因素的影响和提高数据处理效率，中国汽车工程研究院股份有限公司开发了专业的金属材料动态拉伸数据处理软件，如图 5.36 所示。该软件主要用于处理材料准静态拉伸力学性能数据及材料在动态条件下拉伸的力学性能数据，通过对数据处理可获得材料的屈服、抗拉、延伸率等材料参数，可计算获得材料的真塑性应变-真应力数据对，也可根据材料特性计算其本构模型、对材料数据进行延长以及数据可视化分析。

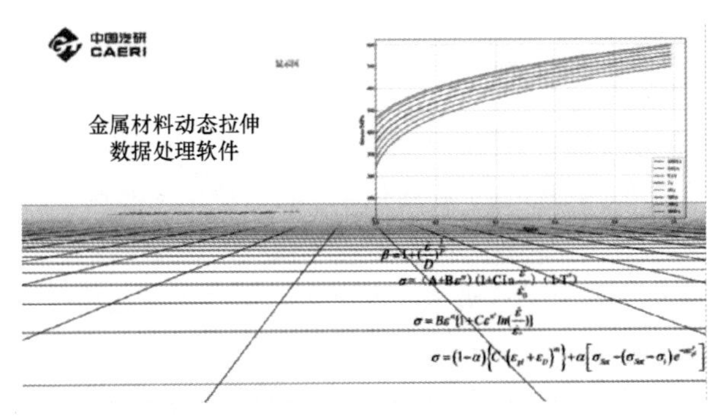

图 5.36　金属材料动态拉伸数据处理软件

5）典型热成形钢的动态拉伸性能

常见热成形钢 CR1500HS 和 CR1800HS 在不同应变速率下的力学性能曲线见图 5.37 和图 5.38。

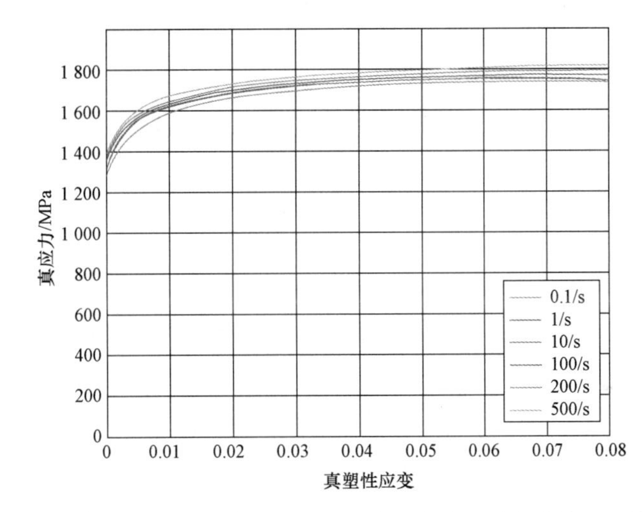

图 5.37　材料 CR1500HS 在不同应变速率下的力学性能曲线（见彩插）

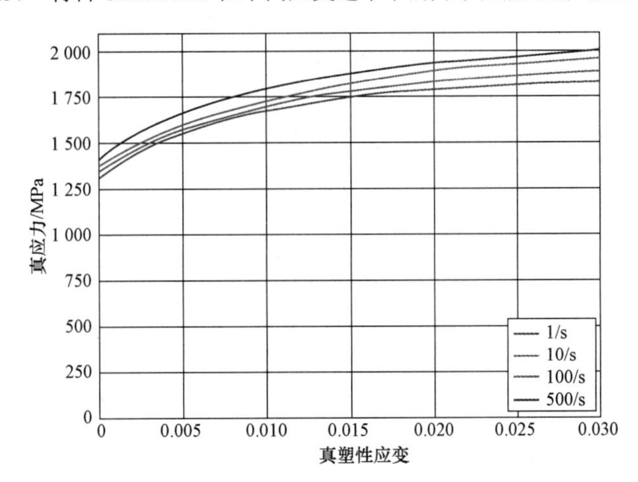

图 5.38　材料 CR1800HS 在不同应变速率下的力学性能曲线（见彩插）

5.4.6　热成形钢的疲劳性能

疲劳破坏是机械零件和工程构件最常见的失效形式，小至螺钉断裂大至商业客机解体发生的坠毁事故，都是由疲劳破坏造成的。工程构件中，疲劳破坏率高达 70%～90%。汽车作为人们出行必不可少的交通工具，每天在各种不同的工况下进行高速运转，作为车身重要结构安全件的热成形高强钢，承受较高的强度和疲劳要求，其疲劳性能也是其应用性能的重要指标。

结构疲劳问题的研究通常有两种方法：基于实体的试验研究和基于虚拟的数值模拟。试验研究是材料和结构疲劳性能研究最有效的方法，通过试验的手段可以获得疲劳极限，绘制 *S–N* 和 *E–N* 曲线，直接供工程应用。工程上疲劳分析流程如图 5.39 所示。

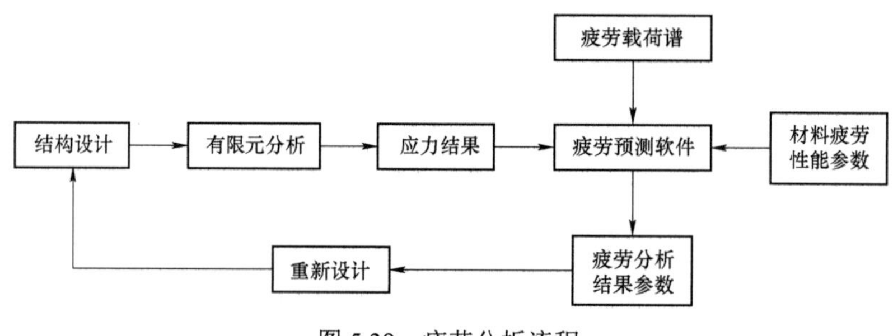

图 5.39　疲劳分析流程

1）疲劳的定义

在某点或某些点承受扰动应力，且在足够多的循环扰动作用之后形成裂纹或完全断裂的材料中所发生的局部永久结构变化的发展过程，称为疲劳（ASTM E1150）。

2）应力疲劳（*S–N* 曲线）

S–N 曲线是估算材料疲劳寿命并反映材料基本疲劳强度特性的曲线。材料的 *S–N* 曲线是根据标准试样的疲劳强度试验数据得出的应力 *S* 和疲劳寿命 *N* 的关系。曲线一般以单轴应力–循环次数的形式表示，应力随时间的变化也很有规律，如正弦波、方波或脉冲等。

疲劳寿命分布（成组试验法）：成组试验法是指定若干个应力水平，每个应力水平使用一组试样试验，测量中值疲劳寿命和安全疲劳寿命。适用于在指定的应力水平下，测得试样的寿命大多数在中、短寿命区的情况。疲劳寿命分布与置信度、存活率有关，一般选取 4～5 个应力水平，分布于 2×10^5～5×10^6，每个应力水平选取 5～7 个样本。

疲劳极限（升降法）：升降法用于在指定的“循环基础” N_0（如 $N_0=10^7$），测定“疲劳极限”，或在任意指定的寿命下测定疲劳强度。一般在指定循环数（如 10^7 次）寿命附近选择 3～4 个应力水平。解释性的研究最少需要 15 个试样估计疲劳强度的平均值和标准偏差，对于可靠性数据要求至少 30 个试样。

应力疲劳参照标准为 GB/T 24176—2009《金属材料疲劳试验数据统计方案与分析方法》、GB/T 3075—2021《金属材料疲劳试验轴向力控制方法》和 ISO12107：2012Metallic materials—Fatigue testing—Statistical planning and analysis of data。

3）应变疲劳（*E–N* 曲线）

材料、零件、构件在接近或超过其屈服强度的循环应力作用下，经小于 10^5 次塑性应变循环次数而产生的疲劳称为应变疲劳。

应变疲劳执行标准为 GB/T 26077—2021《金属材料疲劳试验轴向应变控制方法》、GB/T 15248—2008《金属材料　轴向等幅低循环疲劳试验方法》、ASTM E 606－92（1998）（Standard Practice for Strain-controlled Fatigue Testing）。

5.5　典型热成形零部件的性能评价

5.5.1　常见典型热成形零部件的缺陷

热成形零部件缺陷的产生与零件结构设计、模具设计（包含模面、结构、表面状态）、钢卷供货状态、钢板剪切加工、板料加热温度与加热时间、板料加热过程中的气氛保护、高温板料转移过程、高温板料快速定位、快速冲压合模（包含板料与模具的匹配）、淬火冷却保压（包含冷却水道设计带来的冷却时间和冷却速度）、零部件激光切割等方面均有密切的关系。

常见的热成形缺陷有开裂、孔位变形、漏切孔、叠料、压伤、压痕残留、刮擦、镀层脱落、镀层断裂、局部硬度不合格、回弹严重、零件表面有脱碳层、延迟开裂等几类问题。针对模具设计和结构因素造成的缺陷，可以通过合理的模具设计结构整改，模具表面的机械加工和精细研配，有效地控制和减少产生缺陷的频次与数量；针对热成形工艺如加热温度、加热时间、冷却时间、保护气氛等因素产生的缺陷，可通过调整优化和匹配工艺参数来进行调试修正，同时做好零件的复查和模具的保养维护，直至缺陷消除。

1）开裂、压痕及镀层失效

零件减薄开裂、零件压痕、零件压伤、刮擦、镀层脱落和涂镀层断开裂这几类在实际生产中出现的概率相对较高，如图 5.40～图 5.42 所示。这些缺陷产生的原因主要与模具表面存在摩擦力大、板料与模具之间点接触、残留碎屑碎片、杂质物、表面粗糙度不好等因素有关，可以通过零件与模具结构设计优化、提高模具镶块硬度、增加凹模间隙、增加反弹补偿、提高拔模角度、添加高温润滑剂等措施进行解决。如定期清理模具模腔，每次生产下线后对模具进行清擦和抛光，降低零件表面的粗糙度，保证热成形模具工作环境的清洁无尘等措施来减少或避免这类缺陷的产生频次，同时缩短模具的维护保养周期，生产过程中每生产约 200 套零件需要清洁一下模具，另外周计划也要显示每周的生产、维护保养计划，做到每周保养一次，时刻保持模具表面的清洁工作状态；此外加热炉内的滚轮经常受板料镀层熔化黏附表面的侵蚀，也需要每季度或每半年检查更换加热炉内的部分侵蚀滚轮。

图 5.40　零件压伤

图 5.41　镀层脱落黏附模具表面

图 5.42　镀层脱落

2）叠料、孔偏移变形

零件发生叠料、孔偏移变形等缺陷是由于热冲压成形零件在模具中成形过程中，未能按照设计的零件成形轨迹发生变形位移，而是在模具上局部产生了偏移所致的缺陷，如图 5.43 和图 5.44 所示。这一类缺陷常常存在于新工艺、新产品的调试阶段和量产初期阶段。产生的原因主要与零件放置不稳，零件在模具中定位设计不合理，收料线不均匀或者压料力不均匀有关。针对以上影响因素，可逐一排查，进行模具整改，消除和改善此类缺陷。

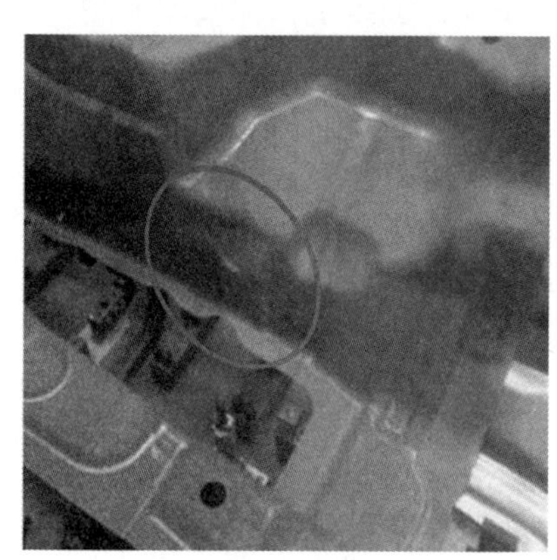

图 5.43　叠料

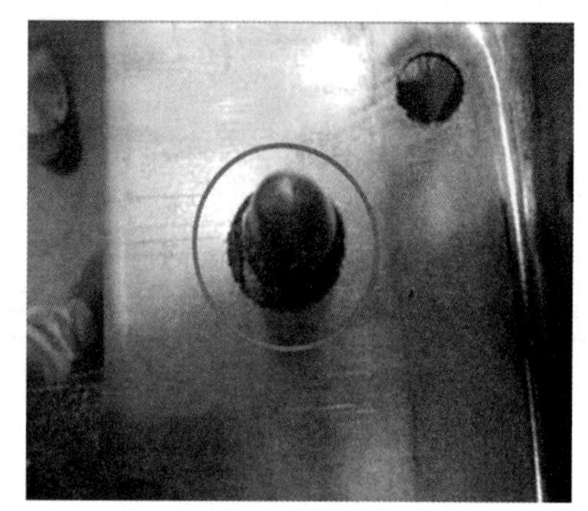

图 5.44　孔偏移变形

3）镀层外观和属性变化

零件镀层外观和属性变化与加热温度和加热时间密切相关，图 5.45 所示为某零件铝硅镀层外观颜色和属性受加热温度和加热时间影响变化。加热温度的高低和加热时间的长短都会对零件的铝硅镀层产生影响，因此对于热成形工艺加热温度、加热时间、炉内气氛等因素产生的缺陷，要合理调整和优化工艺参数来进行匹配修正，否则容易发生后续焊接缺陷问题。

如果加热温度和时间不同，零件外观和镀层就会随之发生变化，在后续焊接过程中，零件镀层的变化会导致电阻的变化，电阻的变化有可能影响后续的焊接参数，加热时间过长也会造成组织晶粒粗大，影响制件机械性能并降低生产效率。图 5.46 所示为某铝硅镀层后纵梁制件在 900 ℃加热温度下，镀层颜色随不同加热时间变化情况，其对后续焊接工艺参数的影响程度还需要进一步通过试验研究解析。

(a)

(b)

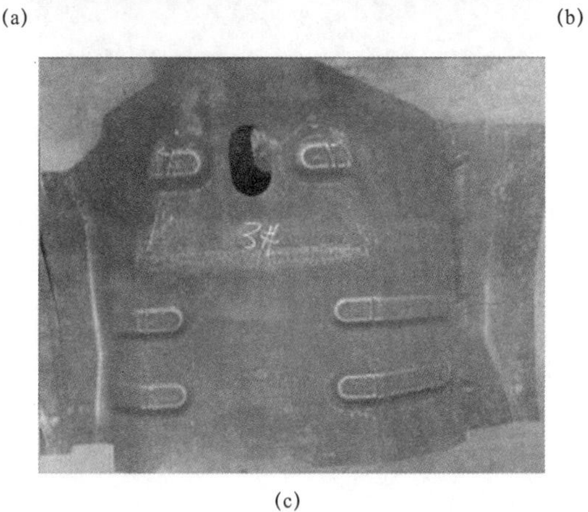

(c)

图 5.45　某零件铝硅镀层颜色和属性受加热温度和加热时间影响情况

（a）950 ℃/8 min；（b）900 ℃/8 min；（c）900 ℃/15 min

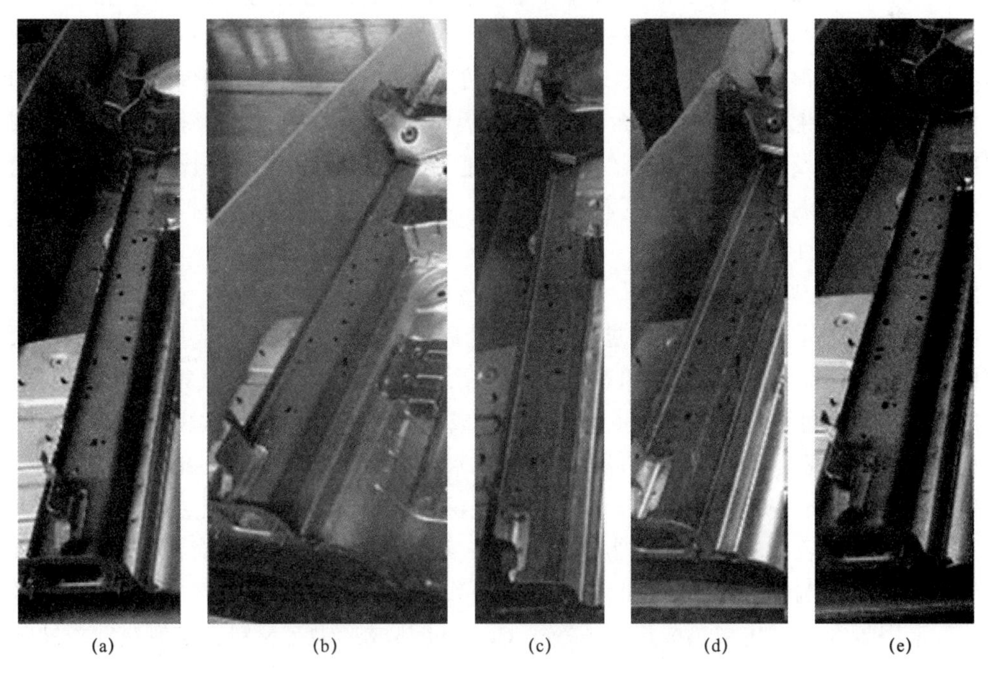

(a)　(b)　(c)　(d)　(e)

图 5.46　某后纵梁镀层颜色随加热时间变化情况

（a）30 min；（b）25 min；（c）20 min；（d）15 min；（e）10 min

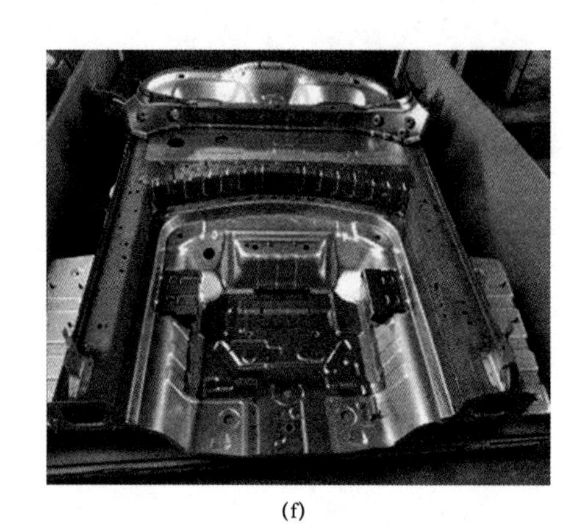

(f)

图 5.46　某后纵梁镀层颜色随加热时间变化情况（续）

（f）8 min

4）延迟开裂

延迟开裂是热冲压成形零件的一种常见失效形式，在热成形过程中，高强度钢在经过高温淬火和回火后的组织状态和高残余应力共同作用下，在某些部位萌生裂纹，并在应力作用下发生晶间或穿晶扩展，从而引起零件局部开裂失效。图 5.47 所示为某热冲压成形零件发生延迟开裂的情况。造成延迟开裂的主要原因是金属零件显微组织和残余内应力的综合作用，而残余内应力的大小是影响延迟开裂发生的关键因素。所以解决零件延迟开裂的问题还需要从导致延迟开裂的根本原因方面入手，重点需要关注热成形件金相组织状态和残余应力性能两项指标。通过调整和优化热成形过程中的淬火工艺和自回火工艺，保证高强钢在淬火成形后得到充分自回火，使零件硬度控制在技术要求范围内，以便降低和消除零件淬火成形后产生的残余内应力；同时原始板料显微组织是否均匀致密，没有夹杂和带状组织等缺陷，以及热成形后的零件显微组织能否呈现均匀致密的马氏体组织，这两方面都会对热成形件延迟开裂的发生概率产生影响，在实际生产中要严格把控各个生产检测环节，规避这种隐蔽性风险。

5）表面脱碳及其他

零件表面脱碳层主要是指在经过热成形工艺后零件表层存在的一层脱碳层，会降低零件的表面硬度。如图 5.48 所示，1 500 MPa 级热成形钢加热时由于保护气氛不足，板材在加热保温的过程中，表面与空气接触发生脱碳，在热成形工艺结束后零件次表层获得所需的强韧的马氏体组织，而表层则为硬度较低的脱碳层，依据标准 GB/T 224—2019《钢的脱碳层深度测定法》测定该零件脱碳层深度，完全脱碳层深度为 0.03 mm。脱碳层会造成零件表面硬度不足，影响零件表面质量。针对上述情况，在实际生产中，可以针对保护气氛、露点仪、含氧检测装置等影响因素，严格按照相应的参数和质检标准来进行把控，最大限度地减少此类缺陷。采用表面抗氧化型热成形钢或新型 Coating 热成形钢等材料也是解决此类缺陷的技术途径之一。

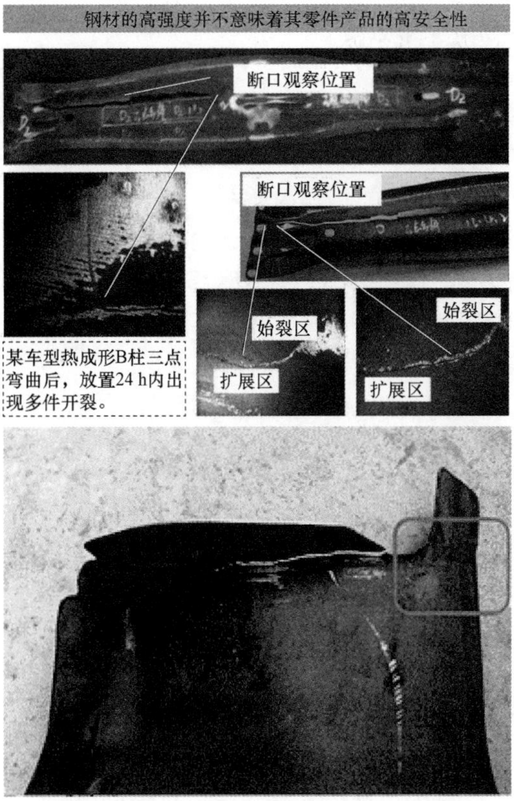

钢材的高强度并不意味着其零件产品的高安全性

断口观察位置

断口观察位置

始裂区

始裂区

扩展区

扩展区

某车型热成形B柱三点弯曲后，放置24 h内出现多件开裂。

图 5.47　热成形后零件延迟开裂的情况

热冲压成形零件局部硬度检测不合格也属于常见缺陷，零件局部硬度检测低于表面硬度技术要求下限，局部取样检测发现，该区域金相组织中马氏体含量较低，屈氏体和残余奥氏体含量较高，如图 5.49 所示，说明该问题区域的冷却速度较慢造成了缺陷的产生。通过分析判断得知，该区域模具镶块冷却效果不理想以及产品与模具接触率不高是产生局部冷却速度低的原因。基于上述原因，可以逐一进行针对性排查，制定改善措施，此类缺陷可较好得到避免或消除。

图 5.48　零件表层脱碳层组织

图 5.49　硬度偏低部位组织：马氏体＋屈氏体＋残余奥氏体

5.5.2 热成形零部件的动态性能

安全是汽车最主要的性能要求，汽车安全性分为主动安全性和被动安全性。主动安全性是指汽车能够识别潜在的危险因素自动减速，或当突发因素作用时，能够在驾驶员的操纵下避免发生碰撞事故的性能；被动安全性是指汽车发生不可避免的交通事故后，能够对车内乘员或车外行人进行保护，以免发生伤害或使伤害降低到最低限度的性能。汽车安全性研究也分为主动安全性研究和被动安全性研究，汽车被动安全性研究内容包括车身结构的耐撞性研究、人体碰撞生物力学研究、乘员约束系统以及安全驾驶室内饰组件的开发研究等，其中又以汽车结构耐撞性为当前汽车被动安全领域的研究重点。

从力学观点来看，车、船、飞机等交通工具都是运动的结构物，这种作用于运动结构物的碰撞或由运动结构物引起的碰撞，都对结构设计提出了一个特别的要求，即结构的耐撞性。在工程实际中，汽车结构耐撞性主要关系结构在碰撞中所吸收的总能量，同时还要研究结构在撞击下的特性细节，包括结构是如何控制碰撞减速度的，以及结构变形和破坏的具体模式，最终目的并不要求结构在撞击时毫无损伤，而是要求对它运载的人员和重要的结构部位加以保护。耐撞性指标见表 5.21。

冲击试验是材料学领域内比较广泛使用的一种分析手段。在航天、航空、兵器、电子、动力、车辆、包装等行业都具有重要地位。目前，汽车材料及零部件的冲击试验设备主要分为三类：① 摆锤试验系统，利用摆锤在一定高度下落过程中所具有的能量去冲击目标试件；② 落锤试验系统，利用锤体自由落体的能量去冲击目标试件；③ 台车碰撞试验系统，其主要组成部分包括台车和壁障，试验形式与整车碰撞基本一致。

本节将主要针对落锤和台车两种常用的材料及零部件冲击性能评价试验方法进行阐述。

1）动态落锤系统

动态落锤系统采用电机伺服控制方式，主要应用于测试材料结构在动态载荷下的力学性能，是系统研究和测试材料结构力学性能及变形行为的重要设备。系统设备实物如图 5.50、图 5.51 所示。

图 5.50　动态落锤系统

图 5.51　超高速光学采集系统

该设备主要参数及触发方式：试验最大高度为 15 m；最大速度为 17.3 m/s；锤头质量最大为 700 kg；桥压 5 V；应变仪增益为 300；红外线光栅触发。试验过程中的应变及变形采集和记录采用超高速光学采集系统。

汽车前保险杠系统是汽车前端重要的碰撞安全装置，主要包括保险杠蒙皮、缓冲泡沫、前防撞梁、吸能盒等零件，前防撞梁是其中的关键零件，在低速碰撞（速度通常小于 10 km/h）中，前防撞梁可用于保护翼子板、散热器、发动机罩等车身部件以节约维修成本；在中低速碰撞（速度通常为 10～20 km/h）中，前防撞梁可以吸收掉大部分碰撞能量，减小对车身和乘员的伤害；在中高速碰撞（速度通常大于 20 km/h）中，前防撞梁主要起能量吸收和力传导作用，是汽车发动机舱发生均匀稳定变形的关键。

前防撞梁碰撞试验工装的设计需要考虑试件的固定、安装与调试以及与试验机的相对位置（两者不能干涉），还要考虑试件在压缩过程中夹具的固定等问题。试件在压缩过程中，夹具需要固定。两边的支撑台Ⅰ和Ⅱ与刚性墙用 M30 的螺栓固定。刚性墙用 M30 的地脚螺栓固定在地面上。支撑台Ⅰ和Ⅱ上有两条长度为 120 mm 的 U 形槽，防撞梁试件通过 4 个 M10 的螺钉固定在支撑台上，实现试件的安装。三点弯曲试验的夹持与加载部位如图 5.52 所示。

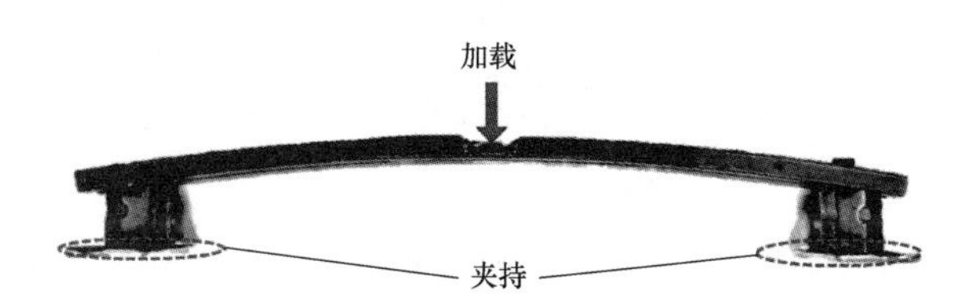

图 5.52　三点弯曲试验的夹持与加载部位

试验步骤如下：

（1）将轴向冲击限位夹具装在动态落锤系统的下方，锤头为直径为 110 mm 的圆柱形锤头，原质量为 25 kg，加上配重块后总质量为 55 kg。

（2）打开动态落锤系统以及软件。调节试验机，使锤头靠近试件上部盖板，设置此时的位置为零点。

（3）设置试验加载高度为 5 m，位移传感器与力传感器的采集速率设为 2×10^5 Hz。

（4）当锤头自由落体结束后，位移传感器与力传感器停止采集数据，位移与载荷数据被保存为 DIAdem 格式文件。

前防撞梁碰撞试件分别进行动态压缩，通过锤头位置处的力传感器可以测得加载点处的力信号（F），并通过加速度的多重积分分别得到速度（V）和变形（S）。

$$F = m\times a \tag{5.18}$$

$$V = \int a\times \mathrm{d}t \tag{5.19}$$

$$S = \iint a\times \mathrm{d}t \tag{5.20}$$

试验结束后，试件的变形模式、试件各部位的变形、连接部位的失效情况、断裂模式可通过局部的照片进行详细统计，如图 5.53 所示。

同时，可以通过超高速光学采集系统及传感器获取试验过程中试件的表现过程和试验曲线，如图 5.54 和图 5.55 所示。

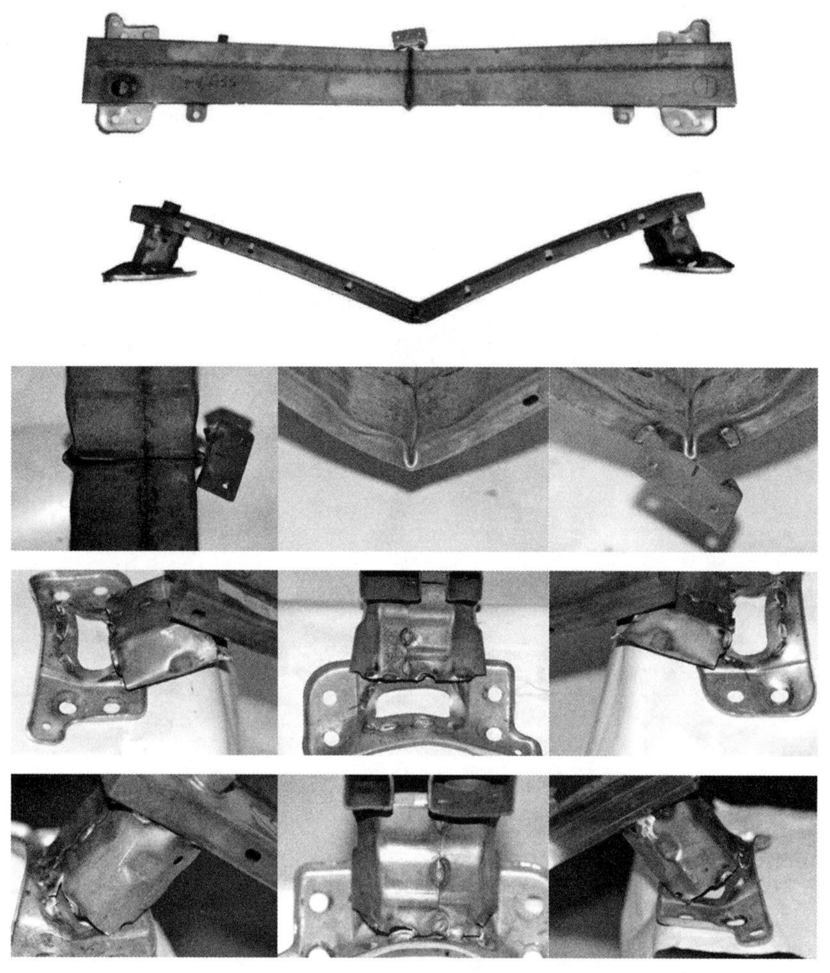

图 5.53　试件变形模式及局部细节

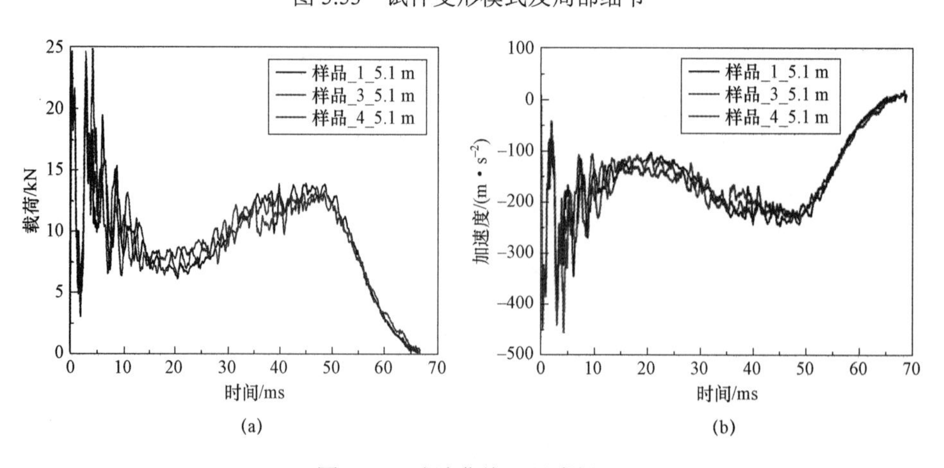

图 5.54　试验曲线（见彩插）

（a）力–时间曲线；（b）加速度–时间曲线

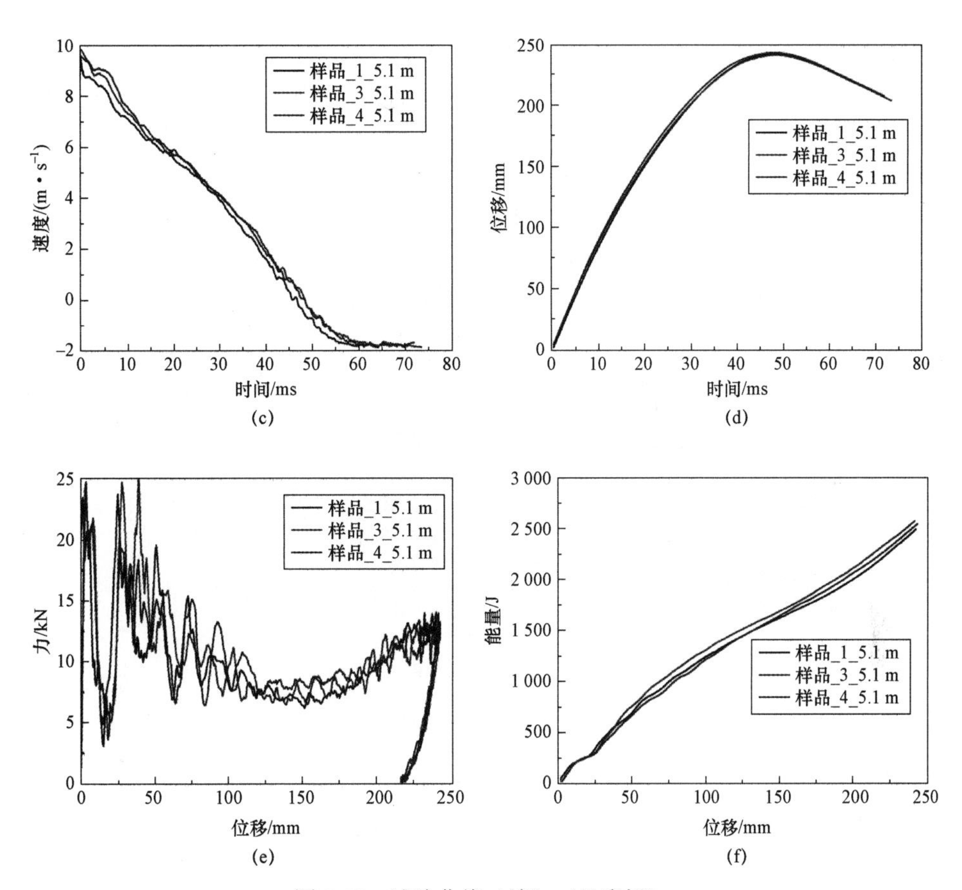

图 5.54　试验曲线（续）（见彩插）

（c）速度–时间曲线；（d）位移–时间曲线；（e）力–位移曲线；（f）能量–位移曲线

表 5.21　耐撞性指标

指标	力/kN	最大能量/J	最大加速度/（m·s^{-2}）	最大位移/mm
Hat1	23.64	2 671.42	420.87	240.13
Hat3	24.53	2 542.83	455.09	242.08
Hat4	24.68	2 491.73	446.42	241.08

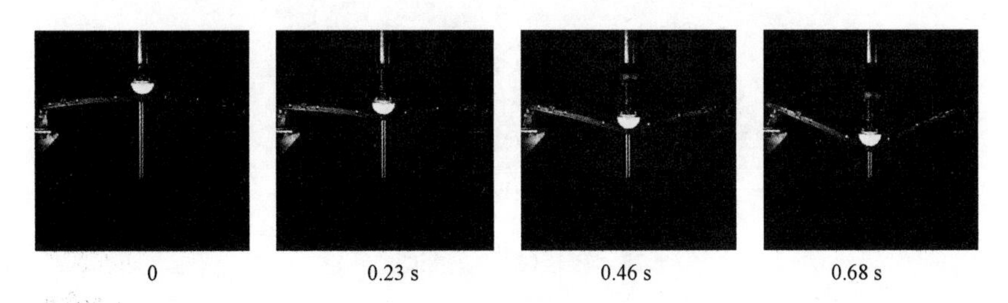

图 5.55　试件的动态冲击过程

2）台车碰撞系统

台车碰撞系统以 B 柱为例，在整车侧面碰撞过程中，主要功能是保护乘员舱的完整性，起到对驾乘人员的保护作用。

在 B 柱样件进行碰撞性能测试评价过程中，B 柱通过工装固定在刚性墙上，B 柱碰撞位置按照正常装车位置确定，上下端与安装板焊接后通过工装与碰撞试验刚性墙固定，如图 5.56、图 5.57 所示。

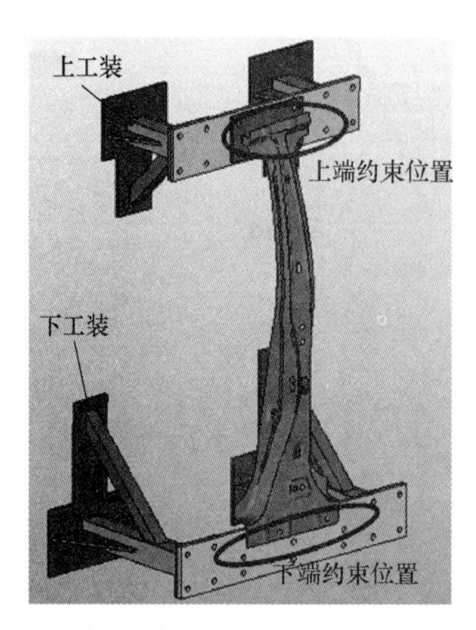

图 5.56 B 柱碰撞试验约束位置

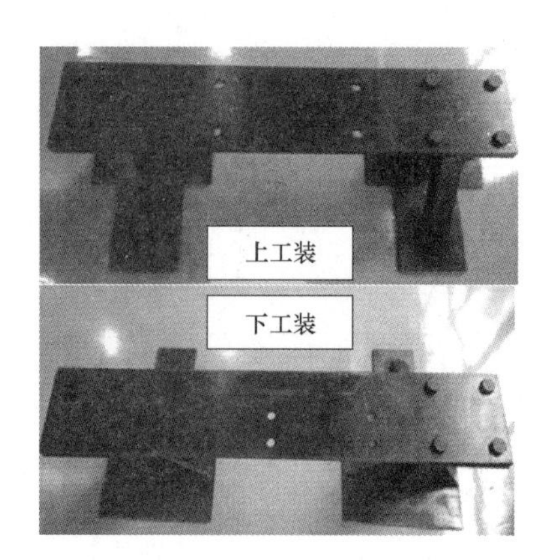

图 5.57 B 柱碰撞试验工装

B 柱侧面碰撞试验方案参考 GB 20071—2006《汽车侧面碰撞的乘员保护》，及 CNCAP 整车侧面碰撞试验方法。壁障为整车侧面碰撞试验所采用的标准壁障，台车和壁障总质量为 950 kg。台车和 B 柱相对碰撞位置与整车侧面碰撞中的保持一致。台车碰撞速度结合 CAE 仿真分析确定，碰撞速度为（11±0.5）km/h（图 5.58）。试验过程中，移动台车质量、碰撞速度以及 B 柱安装高度均满足设计要求，如表 5.22 所示。

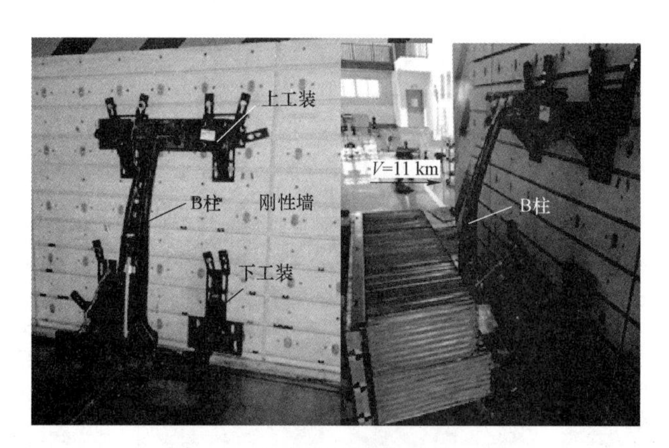

图 5.58 B 柱侧面碰撞试验工况

表 5.22 B 柱侧面碰撞试验条件

试验条件	试验顺序		要求值
	1	2	
台车质量/kg	950	950	950±20
试验速度/（km · h^{-1}）	11.27	11.25	11.0±0.5

侧碰台车和加速度传感器布置如图 5.59 所示。

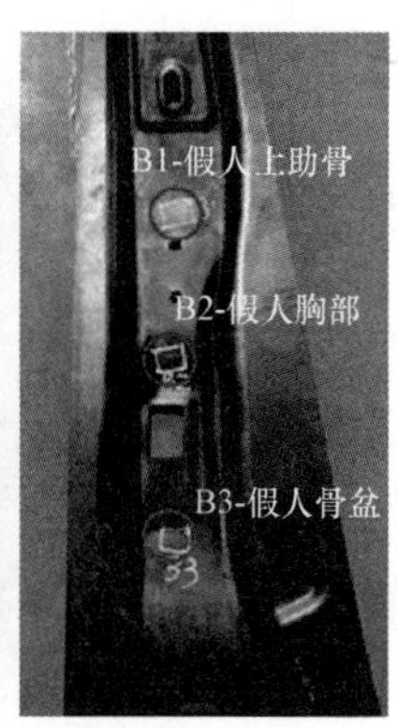

图 5.59　侧碰台车和加速度传感器布置

试验过程中 B 柱各测点的碰撞加速度采用 SAE60 滤波，滤波后如图 5.60 和图 5.61 所示。

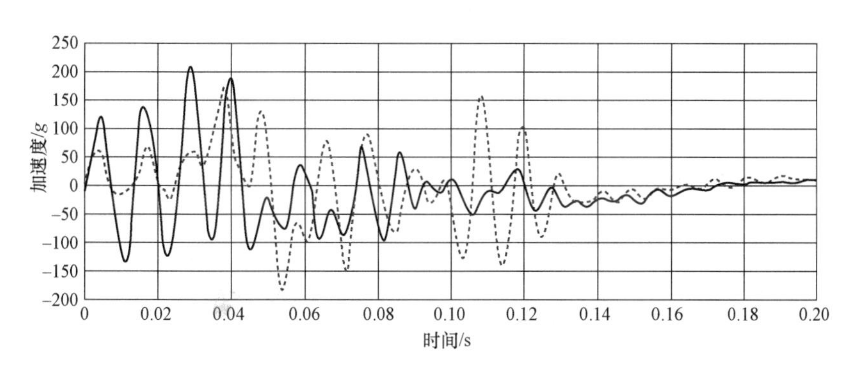

图 5.60　试验过程中 B 柱各测点的碰撞加速度提取

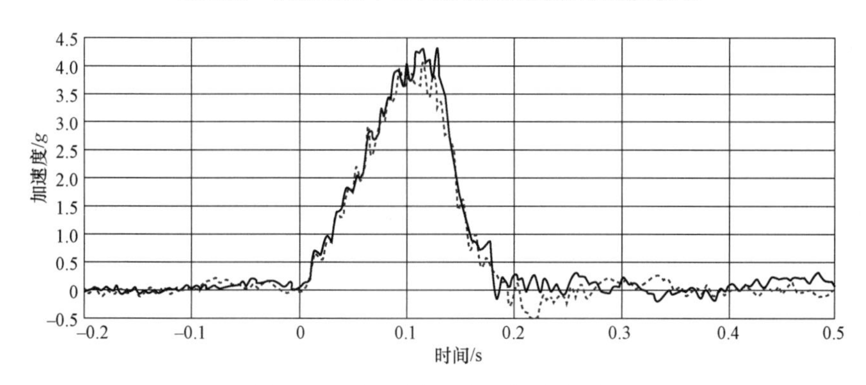

图 5.61　试验过程中台车加速度提取

5.6 小　结

材料的性能与零件的功能是两个不同的概念，材料性能是成分、组织、制造工艺等因素的综合反映，而零件的功能是材料性能、零件制造工艺、组织结构等因素的综合反映。

在一定的条件下，可以根据材料性能预测零件的功能，但必须考虑工艺因素和零件的结构形状的影响。大多数情况下，材料性能与根据其预测的零件功能有明显的区别。不同的零部件功能要求对应不同的原材料性能，从这个意义上说，目前正在改变以材料强度为基本设计依据的设计理念。本章系统总结了对热成形钢交货状态要求、淬火态要求、零部件性能及缺陷要求以及测试评价方法等，注重零件的服役性能，希望对上下游有所帮助。

参考文献

[1] 马鸣图，王国栋，王登峰. 汽车轻量化导论［M］. 北京：化学工业出版社，2021.
[2] 马鸣图. 论材料性能与零件功能的关系［J］. 热处理，2014，29（2）：1－13.
[3] 马鸣图，吴宝榕. 双相钢物理和力学冶金［M］. 2 版. 北京：冶金工业出版社，2010.
[4] 马鸣图. 先进汽车用钢［M］. 北京：化学工业出版社，2008.
[5] KNOTT J F. Fundamentals of Fracture Mechanics［M］. London：Btteworths，1973.
[6] BROCK D. Elementary Engineering Fracture Mechanics［M］. Noordhoff：International Publishing，1974.
[7] 陈篪，蔡其巩，王仁智，等. 工程断裂力学［M］. 北京：国防工业出版社，1977.
[8] 马鸣图，M F SHI. 先进高强度钢及其在汽车工业中的应用［J］. 钢铁，2004（7）：68－72.
[9] KEELER S P. Determination of forming limits in automotive stampings［J］. SAE International，1965，74：650535.
[10] 全国钢标准化技术委员会. 金属材料 薄板和薄带 埃里克森杯突试验：GB/T 4156—2007［S］. 北京：中国标准出版社，2007.
[11] 全国锻压标准化技术委员会. 金属薄板成形性能与试验方法 第 3 部分：拉深与拉深载荷试验：GB/T 15825.3—2008［S］. 北京：中国标准出版社，2008.
[12] GEMODA S. 金属的疲劳和断裂［M］. 上海：上海科技出版社，1983.
[13] 苏德达. 弹簧应力松弛及预防［M］. 天津：天津大学出版社，2002.
[14] Ma M T. A study on sag resistance of new steel 35SiMnB for suspension leaf spring［J］. SAE International，1993，102：931968.
[15] 马鸣图，段祝平，友田阳. 金属合金中的包辛格效应及其在工业中的应用［M］. 北京：机械工业出版社，1964.
[16] 黄建中. 汽车及其材料的腐蚀与对策［M］. 中国瑞典合作研究文集. 北京：冶金工业出版社，1998.
[17] SHIGERU W，MINURU N. Deformation corrosion resistance of several coated steel in two simulated model tests［J］. SAE International，1989，98（5）：657－66.
[18] DALE H B. Fundamentals of gear stress/strength relationships and materials selection，gear design［J］. SAE International，1984，93（4）：935－949.
[19] YAN BO，XU K. High strain rate behavior of advanced high strength steel for automotive applications［J］//Ironmaking and Steelmaking, 2003，30（6）：33－42.

［20］邓元，贾丽刚，黄凤英．某车型 MDB 侧面碰撞热成形 B 柱撕裂结构优化［J］．汽车零部件，2018，（12）：48－50.
［21］金学军，龚煜，韩先洪，等，先进热成形汽车钢制造与使用的研究现状与展望［J］．金属学报，2020，56（4）：411－428.
［22］SHI C，DAUN K J，WELLS M A. Evolution of the spectral emissivity and phase transformations of the Al－Si coating on Usibor® 1500P steel during austenitization［J］．Metallurgical. Materials Transaction，2016，47（6）：3301－3309.
［23］梁江涛．2 000 MPa 级热成形钢的强韧化机制及应用技术研究［D］．北京：北京科技大学，2019.
［24］HU P，YING L，HE B. Hot stamping advanced manufacturing technology of lightweight car body［M］．Singapore：Springer Singapore，2017.
［25］HAN X H，ZHONG Y Y，YANG K，et al. Application of hot stamping process by integrating quenching & partitioning heat treatment to improve mechanical properties［J］．Procedia Engineeving，2014，81：1737－1743.
［26］时晓光，董毅，韩斌，等．热成形工艺参数对 AC1500HS 钢板性能的影响［J］．鞍钢技术，2013（5）：24－28.
［27］易红亮，常智渊，才贺龙等．热冲压成形钢的强度与塑性及断裂应变［J］．金属学报，2020，56（4）：429－443.
［28］RANA R，SINGH S B. Automotive steels：design，metallurgy，processing and applications［M］．Sawston Cambridge：Woodhead Publishing，2017.
［29］KARBASIAN H，TEKKAYA A E. A review on hot stamping［J］．Journal of Material Processing. Technology.，2010，210：2103－2018.
［30］LINKE B M，GERBER T，HATSCHER A，et al. Impact of Si on micro-structure and mechanical properties of 22MnB5 hot stamping steel treated by quenching & partitioning（Q&P）［J］．Metallurgical and Materials Transaction，2018，49A：54－65.
［31］BANSAL G K，RAJINIKANTH V，GHOSH C，et al. Microstructure property correlation in low－Si steel processed through quenching and nonisothermal partitioning［J］．Metallurgical Material Transactions，2018，49：3501－3514.
［32］SUZUKI T，ONO Y，MIYAMOTO G，et al. Effects of Si and Cr on bainite microstructure of medium carbon steels［J］．ISIJ International，2010，96（6）：392－399.
［33］WEI X L，CHAI Z S，QI LU，et al. Cr－alloyed novel press-hardening steel with superior combination of strength and ductility［J］．Materials Science and Engineering A，2021，819（2）：141461.
［34］VOLKSWAGEN AG. Alloyed quenched and tempered steel 22MnB5 Uncoated or pre-coated：VW TL4225—2006［S］．Erfurt：Volkswagen AG，2006.
［35］全国钢标准化技术委员会．钢铁总碳硫含量的测定高频感应炉燃烧后红外吸收法（常规方法）：GB/T 20123—2006［S］．北京：中国标准出版社，2006.
［36］全国钢标准化技术委员会．钢铁氮含量的测定惰性气体熔融热导法（常规方法）：GB/T

20124—2006［S］. 北京：中国标准出版社，2006.
［37］全国钢标准化技术委员会. 低合金钢 多元素的测定 电感耦合等离子体发射光谱法：GB/T 20125—2006［S］. 北京：中国标准出版社，2006.
［38］周林，王辉，姜进京. 不同镀层热成形钢的涂装性能对比研究［J］. 材料保护，2021，54（3）：106－108.
［39］TAKAGI S，TOJI Y，YOSHINO M，et al. Hydrogen embrittlement resistance evaluation of ultra high strength steel sheets for automobiles［J］. ISIJ International，2012，52（2）：316－322.
［40］TOJI Y，TAKAGI S，YOSHINO M，et al. Evaluation of hydrogen embrittlement for high strength steel sheets［J］. material science Forum，2009，95（12）：887－894.
［41］AKIYAMA E，WANG M Q，LI S J，et al. Studies of evaluation of hydrogen embrittlement property of high-strength steels with consideration of the effect of atmospheric corrosion［J］. Metallurgical and Materials Transaction，2013，44（3）：1290－1300.
［42］CHIN K G，KANG C Y，SANG Y S，et al. Effects of Al addition on deformation and fracture mechanisms in two high manganese TWIP steels［J］. Materials Science Forum，2011，528（6）：2922－2928.
［43］张永健，周超，惠卫军，等. 一种低碳 Mn－B 系超高强度钢板的氢致延迟断裂行为［J］. 材料热处理学报，2013，34（10）：96－102.
［44］TORIBIO J，AYASO F J. Optimization of round-notched specimen for hydrogen embrittlement testing of materials［J］. Journal of Material Science，2004，39（14）：4675－4678.
［45］才贺龙，易红亮，吴迪，等. 热冲压成形钢点焊接头组织演变与性能分析［J］. 焊接学报，2019，40（3）：5.
［46］中国汽车工程学会. 超高强度汽车钢板氢致延迟断裂敏感性 U 形恒弯曲载荷试验方法：T/CSAE 155—2020［S］. 北京：中国标准出版社，2006.
［47］中国汽车工程学会. 超高强度汽车钢板极限尖冷弯性能试验方法：T/CSAE 154—2020［S］. 北京：中国标准出版社，2006.
［48］BMW AG. Materials for components made of hot-formed steels without coating：WS 01007［S］. BMW AG，2012.
［49］GENERAL MOTOR COMPANY. Pre-coated or uncoated heat-treatable sheet steel：GMW14400［S］. General Motor Company. 2019.
［50］全国钢标准化技术委员会. 金属材料 高应变速率拉伸试验 第 2 部分：液压伺服型与其他类型试验系统：GB/T 30069. 2—2016［S］. 北京：中国标准出版社，2016.
［51］中国汽车工程学会. 金属板材在高应变速率下的力学性能测试方法——液压伺服控制系统及其他控制系统：T/CSAE 52—2016［S］. 北京：中国标准出版社，2016.
［52］VS GMBH. The determination of the mechanical properties of sheet metal at high strain rates in high-speed tensile tests：SEP1230—［S］. Muchen：VS Gmbh，2016.
［53］ISO/TC 164/SC 1. Metallic materials — Tensile testing method at high strain rates —Part

1：Elastic-bar-type system：ISO26203－1－2018［S］. Geneva：ISO，2018.

［54］ISO/TC 164/SC 1. Metallic materials — Tensile testing method at high strain rates —Part 1：Elastic-bar-type system：ISO26203－3－2018［S］. Geneva：ISO，2018.

［55］ALEKSANDER, KOPRIVC. Composites testing requirements evolving to satisfyqutomative industry［J］. Advanced Materials & Process, 2013：15－17.

［56］刘义伦. 工程构件疲劳寿命预测理论与方法［M］. 长沙：湖南科学出版社，1997.

［57］徐灏. 疲劳强度［M］. 北京：高等教育出版社，1988.

［58］吴富民. 结构疲劳强度［M］. 西安：西北工业大学出版社，1985.

［59］ASTM. Definitions of terms relating to fatigue testing and the statistical analysis of fatigue data（Withdrawn 1988）：E1150－87［S］. New York：ASTM，1987.

［60］全国钢标准化技术委员会. 金属材料 疲劳试验 数据统计方案与分析方法：GB/T 24176—2009［S］. 北京：中国标准出版社，2009.

［61］全国钢标准化技术委员会. 金属材料疲劳试验轴向力控制方法：GB/T 3075—2008［S］. 北京：中国标准出版社，2008.

［62］全国钢标准化技术委员会. 金属材料疲劳试验轴向应变控制方法：GB/T 26077—2010［S］. 北京：中国标准出版社，2010.

［63］中国航空工业第一集团公司. 金属材料轴向等幅低循环疲劳试验方法：GB/T 15248—2008［S］. 北京：中国标准出版社，2008.

［64］全国钢标准化技术委员会. 金属材料轴向等幅低循环疲劳试验方法：GB/T 15248—2008［S］. 北京：中国标准出版社，2010.

［65］ASTM. Standard practice for strain-controlled fatigue testing：E 606－92［S］. New York：ASTM，2019.

［66］王达鹏，等. 汽车车身热冲压成形技术的应用和质量控制综述［J］. 汽车工艺与材料，2020（4）：36－44.

［67］KARBASIAN H，TEKKAYA A E. A review on hot stamping［J］. Journal of Materials Processing Technology，2010，210（15）：2103－2118.

［68］全国钢标准化技术委员会. 钢的脱碳层深度测定法：GB/T 224—2019［S］. 北京：中国标准出版社，2019.

［69］万鑫铭. 基于虚拟试验的汽车前碰撞安全气囊防护效率的研究［D］. 长沙：湖南大学，2006.

［70］钟志华. 汽车碰撞安全技术［M］. 北京：机械工业出版社，2003.

［71］顾力强. 轿车保险杠和金属缓冲吸能结构的耐撞性研究［D］. 上海：上海交通大学，2000.

［72］赵刘军. 保险杠的发展及应用［J］. 公路与汽运，2009，（4）：16－17.

［73］冯源，李晋. 汽车前保险杠横梁结构改进与优化［J］. 汽车实用技术，2012，（4）：10－13.

［74］DAVOODI M M，SAPUAN S M，AHMAD D. Concept selection of car bumper beam with developed hybrid bio-composite material［J］. Materials and Design，2011（32）：

4857－4865.

［75］ JAVAD M，MASOUD A，MAHDI SAEID KIASAT. Design and analysis of an automotive bumper beam in low-speed frontal crashes［J］. Thin-Walled Structures，2009（47）：902－911.

［76］ RAMIN H，MAHMOOD M. SHOKRIEH，et al. Parametric study of automotive composite bumper beams subjected to low-velocity impacts［J］. Composite Structures，2005（68）：419－427.

［77］ KIM K J，WON S T. Effect of structural variables on automotive body bumper impact beam［J］. International Journal of Automotive Technology，2008，9（6）：713－717.

［78］ GIOVANNI B，ALEM T B. Geometrical optimization of bumper beam profile made of pultruded composite by numerical simulation［J］. Composite Structures，2013，（102）：217－225.

［79］ 万银辉，王冠，刘志文，等. 6061 铝合金汽车保险杠横梁的碰撞性能［J］. 机械工程材料，2012，36（7）：67－71.

［80］ PARK D K. A development of simple analysis model on bumper barrier impact and new IIHS bumper impact using the dynamically equivalent beam approach［J］. Journal of Mechanical Science and Technology，2011：25（12）：3107－3114.

［81］ 卢晓薇，李书利，杜会军，等. 铝合金防撞梁结构优化的应用［J］. 汽车与配件，2014，（2）：72－73.

［82］ 朱传敏，王灿，陈珂. 某铝合金前保险杠系统的结构设计与性能仿真［J］. 汽车安全与节能学报，2013，4（4）：356－360.

第 6 章

热冲压成形零部件的碰撞开裂

6.1 热冲压成形零部件的断裂失效评价

6.1.1 热成形钢的本构模型及断裂失效模型

1. 本构模型

本构模型泛指应力张量与应变张量之间的关系，其作用主要是将连续介质的变形与内力联系起来，用以描述材料的弹塑性变形行为。对于热成形钢而言，常用 Von Mises 本构模型，对应 LS-DYNA 软件中的 MAT_24 材料模型（LS-DYNA970 Manual）。

MAT_24_PIECEWISE_LINEAR_PLASTICITY 是 Von Mises 各向同性材料本构模型，需要输入密度、屈服应力、杨氏模量、切线模量或真应力–塑性应变曲线、泊松比等参数。模型中可定义双线性或任意的真应力–塑性应变曲线，同时，可通过 Cowper-Symonds 方程或 Table 的形式考虑应变速率对材料真应力–塑性应变曲线的影响，其中 Table 形式为输入不同应变速率下的真应力–塑性应变曲线，Cowper–Symonds 方程如下：

$$\sigma_y\left(\varepsilon_{\text{eff}}^p,\dot{\varepsilon}_{\text{eff}}^p\right)=\sigma_y^s\left(\varepsilon_{\text{eff}}^p\right)\left[1+\left(\frac{\dot{\varepsilon}_{\text{eff}}^p}{C}\right)^{1/p}\right] \tag{6.1}$$

式中，$\varepsilon_{\text{eff}}^p$ 为等效塑性应变；$\dot{\varepsilon}_{\text{eff}}^p$ 为等效塑性应变速率（/s）；σ_y 为对应 $\dot{\varepsilon}_{\text{eff}}^p$ 应变速率的屈服应力（MPa）；σ_y^s 为准静态屈服应力（MPa）；C、p 为材料参数。

2. 断裂失效模型

材料的断裂机制主要分为脆性断裂和韧性断裂。脆性断裂一般指材料发生断裂前无明显的宏观变形，如玻璃、陶瓷等发生的断裂现象。韧性断裂一般指材料发生断裂前产生较大的塑性变形，金属材料的断裂常为韧性断裂。韧性断裂由金属内部微观孔洞成核、聚集和长大导致，即损伤累积的结果。研究指出，金属材料的韧性断裂与应力状态有关，在三维应力状态下，材料的应力状态常用应力三轴度η和 Lode 角参数ξ共同表征，在二维应力如平面应力状态下，由于第三主应力为零，材料的应力状态只需用一个参量如应力三轴度η或 Lode 角参数ξ表征。公式如下：

$$\eta = \frac{\sigma_{\mathrm{m}}}{\bar{\sigma}} = \frac{\frac{1}{3}(\sigma_1 + \sigma_2 + \sigma_3)}{\sqrt{\frac{1}{2}[(\sigma_1 - \sigma_2)^2 + (\sigma_2 - \sigma_3)^2 + (\sigma_3 - \sigma_1)^2]}} = \frac{\frac{1}{3}I_1}{\sqrt{3J_2}} \tag{6.2}$$

$$\xi = \frac{27}{2}\frac{J_3}{\bar{\sigma}^3} = \frac{3\sqrt{3}}{2}\frac{J_3}{J_2^{3/2}}s \tag{6.3}$$

式中，σ_{m}为平均应力；$\bar{\sigma}$为 Von Mises 等效应力；σ_1、σ_2、σ_3为第一、第二、第三主应力；I_1为第一应力不变量；J_2为第二偏应力张量不变量；J_3为第三偏应力张量不变量。

热成形钢在发生断裂之前就产生了明显的塑性变形，这种断裂失效行为属于韧性断裂。在有限元仿真中，常用断裂失效模型对热成形钢的韧性断裂进行预测。目前，常用的断裂失效模型包含常应变断裂失效模型、Johnson-Cook 断裂失效模型、Gissmo（State Dependent Damage Model）断裂失效模型和 MMC 模型，其中 Johnson-Cook 断裂失效、Gissmo 和 MMC 断裂失效模型基于损伤理论发展起来，模型中考虑了应力状态对材料断裂性能的影响，广泛地应用于热成形钢断裂失效行为的有限元分析预测中。

1）常应变断裂失效模型

常应变断裂失效模型一般是以单向拉伸应力状态的临界断裂应变（等效失效塑性应变）作为判断材料发生韧性断裂的阈值，一旦等效塑性应变达到该阈值，材料即发生韧性断裂，公式如下：

$$\varepsilon_{\mathrm{eff}}^{p} = \varepsilon_{\mathrm{f}} \tag{6.4}$$

式中，ε_{f}为单向拉伸应力状态对应的等效失效塑性应变。

常应变模型作为最早使用的断裂失效模型，在汽车碰撞仿真分析中使用最为广泛，具有简单、易实现的优点。然而，由于材料在不同应力状态下的等效失效塑性应变是不相同的，常应变断裂失效模型仅适用于单向拉伸应力状态，且对其他应力状态下的断裂失效行为预测精度较低。

2）Johnson−Cook 断裂失效模型

Johnson−Cook 断裂失效模型是基于孔洞增长理论提出的，模型中考虑了应力三轴度、应变速率和温度对材料断裂性能的影响，公式如下：

$$\varepsilon_{\mathrm{f}}(\eta, \dot{\varepsilon}, T) = [D_1 + D_2 \exp(D_3\eta)](1 + D_4 \ln \dot{\varepsilon}^*)(1 + D_5 T^*) \tag{6.5}$$

式中，D_1、D_2、D_3、D_4、D_5为材料参数；$\dot{\varepsilon}^* = \dot{\varepsilon} / \dot{\varepsilon}_0$为量纲为 1 的塑性应变速率；$\dot{\varepsilon}$为应变速率；$\dot{\varepsilon}_0$为参考应变速率；$T^* = (T - T_{\mathrm{r}}) / (T - T_{\mathrm{m}})$为量纲为 1 的温度；$T_{\mathrm{r}}$为参考温度；$T_{\mathrm{m}}$为材料的熔化温度；$\varepsilon_{\mathrm{f}}(\eta, \dot{\varepsilon}, T)$为不同应力状态、应变速率和温度下材料的等效失效塑性应变。

Johnson−Cook 断裂失效模型中采用损伤因子D判定失效时刻，损伤因子D的计算如下：

$$D=\int\frac{\mathrm{d}\varepsilon_{\mathrm{p}}}{\varepsilon_{\mathrm{f}}(\eta,\dot{\varepsilon},T)} \tag{6.6}$$

式中，$\mathrm{d}\varepsilon_{\mathrm{p}}$ 为塑性应变增量。

当 $D=1$ 时，材料失效，裂纹产生。Johnson-Cook 断裂失效模型可以同时考虑应力状态、应变速率和温度对材料断裂性能的影响，在高应力三轴度区有较高的预测精度。目前，Johnson－Cook 断裂失效模型在汽车碰撞中具有较大的适用性。

3）Gissmo 断裂失效模型

Gissmo 断裂失效模型是一种唯象损伤力学模型，以非线性损伤累积的方式描述材料从变形到断裂失效的整个过程，而不追究损伤的物理背景和材料内部的微观结构变化。Gissmo 断裂失效模型基于 Johnson-Cook 断裂失效模型发展起来，主要包含路径相关断裂准则和不稳定性准则，能预测材料在不同应力状态下的断裂失效行为。

Gissmo 路径相关断裂准则中，允许任意路径的裂纹产生，裂纹的产生与否由损伤因子 D 决定，如下所示：

$$\Delta D=\frac{n'}{\varepsilon_{\mathrm{f}}(\eta,\xi)}D^{\left(1-\frac{1}{n'}\right)}\Delta\varepsilon_{\mathrm{p}} \tag{6.7}$$

式中，n' 为损伤积累指数；$\Delta\varepsilon_{\mathrm{p}}$ 为塑性应变增量；$\varepsilon_{\mathrm{f}}(\eta,\xi)$ 为不同应力状态下材料的等效失效塑性应变。

当 $D=1$ 时，材料失效，裂纹产生。Gissmo 路径相关不稳定性准则用于确定材料发生不稳定性变形的时刻。以准静态标准拉伸试验为例，拉伸过程中，材料发生塑性变形后，继续加载时，材料将发生不稳定性变形（颈缩），进而产生断裂失效。材料的不稳定性变形由不稳定性因子 F 决定，如下所示：

$$\Delta F=\frac{n'}{\varepsilon_{\mathrm{p,loc}}}F^{\left(1-\frac{1}{n'}\right)}\Delta\varepsilon_{\mathrm{p}} \tag{6.8}$$

式中，$\varepsilon_{\mathrm{p,loc}}$ 为不同应力状态下材料发生不稳定性变形时的等效塑性应变。

当 $F=1$ 时，材料开始发生不稳定性变形。此外，Gissmo 断裂失效模型中，材料发生不稳定性变形后，引入式（6.9）对材料的真应力进行修正，修正后的真应力逐渐衰减，直到产生断裂失效，材料失效时，真应力衰减为零。

$$\sigma^{*}=\sigma\left[1-\left(\frac{D-D_{\mathrm{c}}}{1-D_{\mathrm{c}}}\right)^{m}\right],\quad D\geqslant D_{\mathrm{c}} \tag{6.9}$$

式中，σ 为修正前的真应力；σ^{*} 为修正后的真应力；D_{c} 为 $F=1$ 时对应的损伤因子值；m 为应力衰减指数。

应力衰减指数 m 取不同值时，材料的应力衰减幅度不同，如图 6.1 所示。

4）MMC 断裂失效模型

2007 年，Bai Y 和 Wierzbicki T 基于 Mohr－Coulomb 断裂机理，采用应力三轴度和 Lode 角替换 Mohr－Coulomb 模型中的相关参数，得到 MMC 断裂失效模型如下：

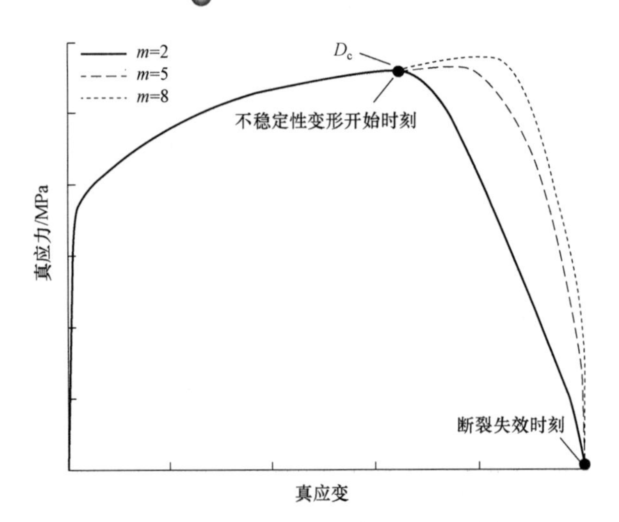

图 6.1　Gissmo 失效模型应力衰减曲线

$$\varepsilon_{\rm f}(\eta,\xi)=\left\{\frac{K}{C}\left[C_\theta^s+\frac{\sqrt{3}}{2-\sqrt{3}}(1-C_\theta^s)\left(\sec\left(\frac{\pi\bar{\theta}}{6}\right)-1\right)\right]\left[\sqrt{\frac{1+f^2}{3}}\cos\left(\frac{\pi\bar{\theta}}{6}\right)+f\left(\eta+\frac{1}{3}\sin\left(\frac{\pi\bar{\theta}}{6}\right)\right)\right]\right\}^{-\frac{1}{n}}$$

（6.10）

$$\bar{\theta}=1-\frac{2}{\pi}\arccos\xi \tag{6.11}$$

式中，$\varepsilon_{\rm f}(\eta,\xi)$ 为不同应力状态下材料的等效失效塑性应变；$\bar{\theta}$ 为归一化 Lode 角参数；K、C、C_θ^s、f、n 为材料参数。

在 MMC 断裂失效模型中，假设损伤按照线性进行积累，定义的损伤指数 D 如下：

$$D=\int\frac{{\rm d}\varepsilon_{\rm p}}{\varepsilon_{\rm f}(\eta,\xi)} \tag{6.12}$$

当 D=1 时，材料失效，裂纹产生。

6.1.2　热冲压成形零部件的碰撞变形及断裂失效模拟

用热冲压成形工艺生产的汽车零部件主要有 A 柱、B 柱、车门防撞梁、前防撞梁等关键结构件。在汽车碰撞过程中，汽车零部件应变速率变化大，最大达到 500 mm/s，且应力状态复杂，不再是简单的拉应力或剪应力状态。而热冲压成形零部件作为主要受力体，容易产生大变形，甚至断裂。目前，针对热冲压成形零部件的变形及断裂失效行为，常采用 LS−DYNA 商用软件进行仿真模拟，用本构模型表征热冲压成形零部件的断裂失效行为。热冲压成形零部件厚度常小于 3 mm，在仿真中常用壳单元（平面应力单元）进行模拟，其应力状态常采用应力三轴度 η 进行表征。

1. 热冲压成形零部件本构模型参数

以某热成形钢为例，依据 GB/T 228.1 2010 和 ISO 26203—2018 标准，沿轧制方向取准静态标准拉伸和高速拉伸试样，如图 6.2 所示。参考汽车碰撞过程中零部件应变速率的变化范围，分别进行 0.001 mm/s、0.1 mm/s、10 mm /s、100 mm/s、200 mm/s、500 mm/s 六种应变速率下材料力学性能测试。通过试验测试，获得不同应变速率下的真应力–真应变曲线，如图 6.3 所示。从图中可知，在不同应变速率下，该热成形钢的真应力–真应变曲线之间存在重合和交叉现象，并且不成规律，说明其力学性能对应变速率敏感性不高。针对有此类特点的热成形材料，在热冲压成形零部件本构模型中，不考虑应变速率的影响，以准静态条件下的真应力–真应变曲线表征热成形钢的变形。

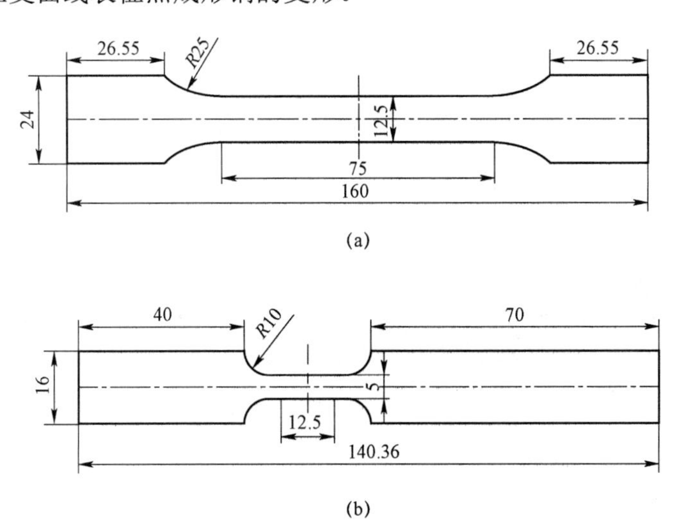

图 6.2　某热成形钢力学性能测试试样（尺寸单位：mm）

（a）准静态标准拉伸试验试样；（b）高速拉伸试验试样

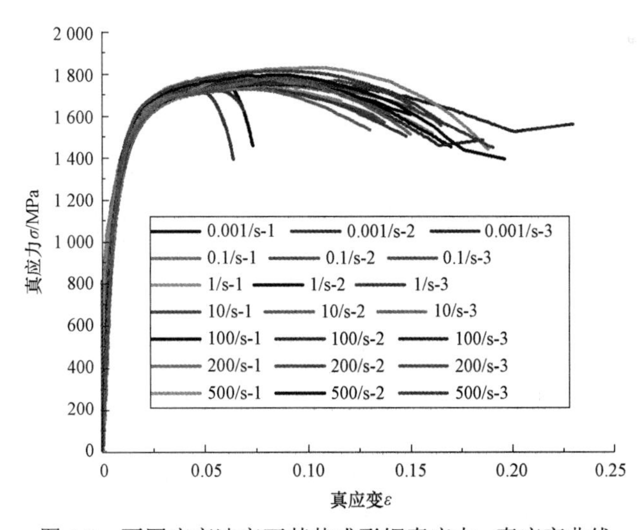

图 6.3　不同应变速率下某热成形钢真应力–真应变曲线

在碰撞过程中，热冲压成形零部件常发生大变形，常用外延的真应力–塑性应变曲线描述这种大变形行为。目前，常用 Swift–Hockett–Sherby 混合硬化模型对真应力–塑性应变曲线进行拟合外延（LS–DYNA Keyword User’s Manual），如下所示：

$$\sigma=\alpha\left\{K\cdot(\varepsilon_{\mathrm{p}}+\varepsilon_{0})^{n}\right\}+(1-\alpha)\left(a-b\mathrm{e}^{-c\varepsilon_{\mathrm{p}}^{d}}\right) \tag{6.13}$$

式中，α、K、n、a、b、c、d、ε_0为待拟合系数；σ为真应力；ε_p为塑性应变。

硬化模型中，通过以下几种方法获取各参数。基于准静态标准拉伸试验所得均匀变形段内的真应力–塑性应变曲线，拟合得到式（6.13）中的K、n、a、b、c、d、ε_0参数值。基于准静态标准拉伸试验，建立数值模型，采用仿真对标的方式，对标试验与仿真结果中力–位移曲线的吻合度，两者吻合度较高时（≥95%），得到α值，进而加权得到某热成形钢在高应变下的应力参数值。建立的数值模型如图6.4所示，图中两白色点间距表示初始引伸长度。对标结果及得到的某热成形钢外延真应力–塑性应变曲线如图6.5所示，该外延的真应力–塑性应变曲线被MAT_24（Von Mises各向同性本构模型）直接调用，作为热成形钢的本构模型参数。

图6.4　某热成形钢准静态标准拉伸数值模型

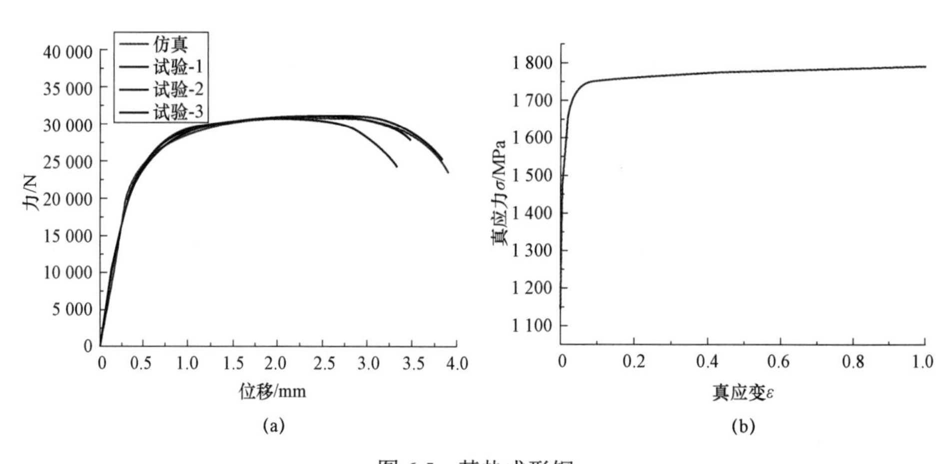

图6.5　某热成形钢

（a）力–变形曲线对标结果；（b）外延真应力–真应变曲线

2. 热冲压成形零部件断裂失效模型参数

热冲压成形零部件的断裂失效行为与应力状态有关，对于金属板材而言，常不考虑应力三轴度<0时的受压失效，只考虑应力三轴度≥0时的断裂失效。在汽车碰撞过程中，在热冲压成形零部件应力状态的变化范围内，常设计剪切、拉剪、单向拉伸、中心孔拉伸、$R20-W5$缺口拉伸（缺口处宽度W为5 mm）、$R10-W5$缺口拉伸、$R5-W5$、$R5-W10$（缺口处宽度W为10 mm）缺口拉伸、杯突等试样，进行断裂性能测试，试样如图6.6所示。在断裂性能测试中，采用DIC进行应变追踪，以试样断裂前一张图片对应的等效塑性应变作为临界断裂应变值。

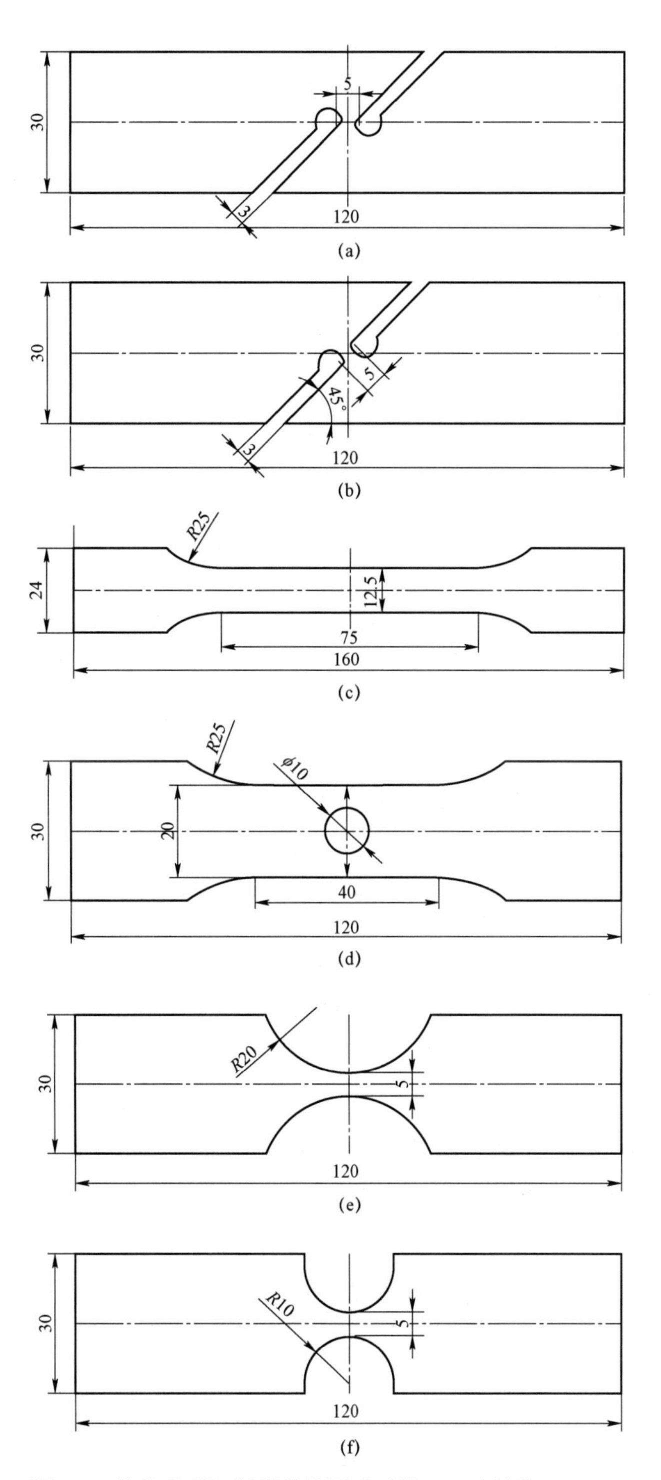

图 6.6　某热成形钢断裂性能测试试样（尺寸单位：mm）

（a）剪切试样；（b）拉剪试样；（c）单向拉伸试样；（d）中心孔拉伸试样；

（e）*R*20 – *W*5 缺口拉伸试样；（f）*R*10 – *W*5 缺口拉伸试样

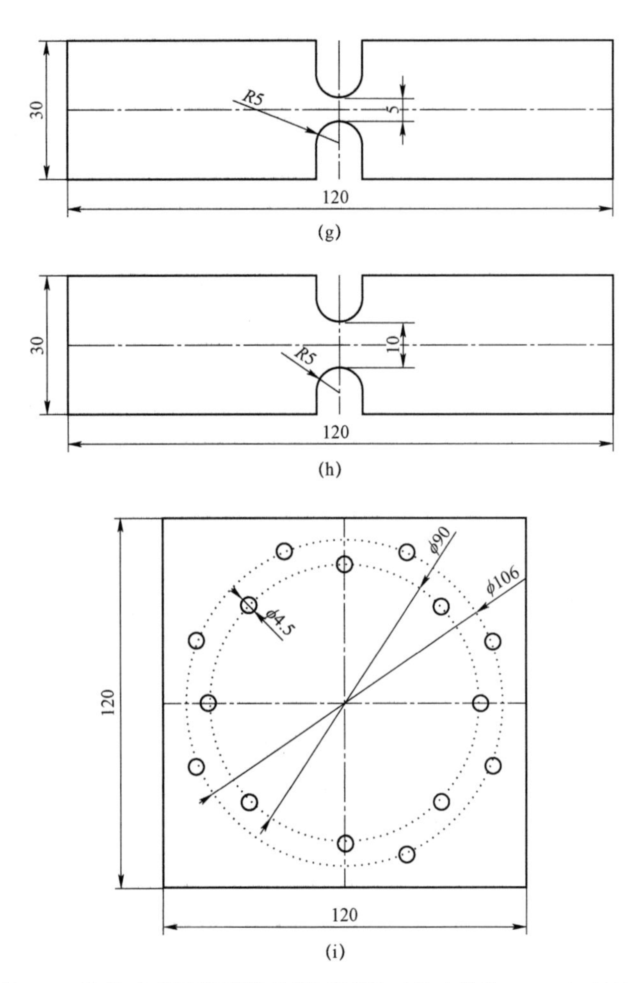

图 6.6　某热成形钢断裂性能测试试样（尺寸单位：mm）（续）

（g）*R*5－*W*5 缺口拉伸试样；（h）*R*5－*W* 10 缺口拉伸试样；（i）杯突试样

选取剪切、单向拉伸、*R*20－*W*5 缺口拉伸、*R*5－*W*5 缺口拉伸及杯突试样进行测试，各试样对应的应力三轴度及等效失效塑性应变（断裂应变）如表 6.1 所示。基于表中数据，采用 MMC 断裂失效模型进行拟合，获得 MMC 断裂失效模型参数如表 6.2 所示，对应的 MMC 断裂失效曲面如图 6.7 所示。

表 6.1　不同应力状态下某热成形钢临界断裂应变值

试验	剪切试验	单向拉伸试验	*R*20－*W*5 缺口拉伸试验	*R*5－*W*5 缺口拉伸试验	杯突试验
应力三轴度	0	0.333	0.387	0.431	0.666
断裂应变	0.316	0.203	0.359	0.358	0.752

表 6.2　某热成形钢 MMC 断裂失效模型参数

MMC 参数	K	C	C_θ^s	f	n
某热成形钢	2 338.500	1 135.900	0.900	0.100	0.100

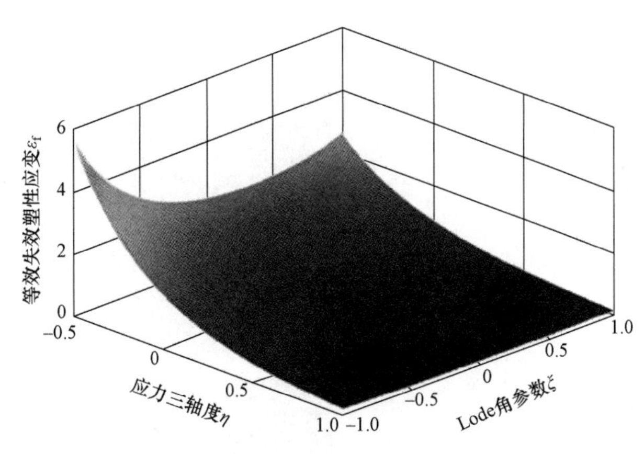

图 6.7　某热成形钢 MMC 失效曲面

基于获得的本构模型及 MMC 断裂失效模型参数，用于预测某热成形钢在 5 种应力状态下的变形及断裂失效行为，预测结果如图 6.8 所示。从预测结果可知，各断裂试验中，力–位移曲线变化趋势一致，断裂时刻吻合，表明获得的本构模型及 MMC 断裂失效模型参数具有较高的准确性。

3. 热冲压成形 B 柱碰撞变形及断裂失效行为模拟

建立热冲压成形 B 柱的三点弯曲数值模型如图 6.9 所示，其两端固定在工装上。仿真过程中，将两端工装进行约束，压头以 1.85 m/s 的速度向下压 B 柱，压头行程为 100 mm，整个下压过程为 0.054 s。压头及工装选择 LS–DYNA 中的 MAT_20 号刚体材料本构模型，B 柱选择 MAT_24 号各向同性材料本构模型，不考虑应变速率的影响，通过 MAT_ADD_EROSION 输入 MMC 断裂失效曲面。仿真过程中，B 柱网格选择自适应重新划分，最小网格尺寸定义为 0.5 mm。

通过仿真计算，获得热冲压成形 B 柱的变形如图 6.10 所示。从图中可知，三点弯曲后，B 柱与压头接触的区域变形最大，如图中椭圆线框（左）所示。同时，在 B 柱变形最大位置，有少许单元删除，出现微裂纹，如图中椭圆线框（右）所示。

按照上述 B 柱三点弯曲数值模型，选择热冲压成形 B 柱进行实际三点弯曲试验，如图 6.11 所示。试验过程中，B 柱为实际整车装车状态，其上下端与安装板焊接后通过工装与试验台固定，上下端全约束。试验过程中，采用压头对 B 柱中部门铰链安装位置进行准静态加载，压头下压速度为 2 mm/s，压头下压位移为 100 mm。

三点弯曲试验后，B 柱的变形如图 6.12 所示。从图中可知，试验后，B 柱在与压头接触的位置变形较大，如图中椭圆线框（左）所示；同时，B 柱在变形最大区域出现了微裂纹，如图中椭圆线框（右）所示。

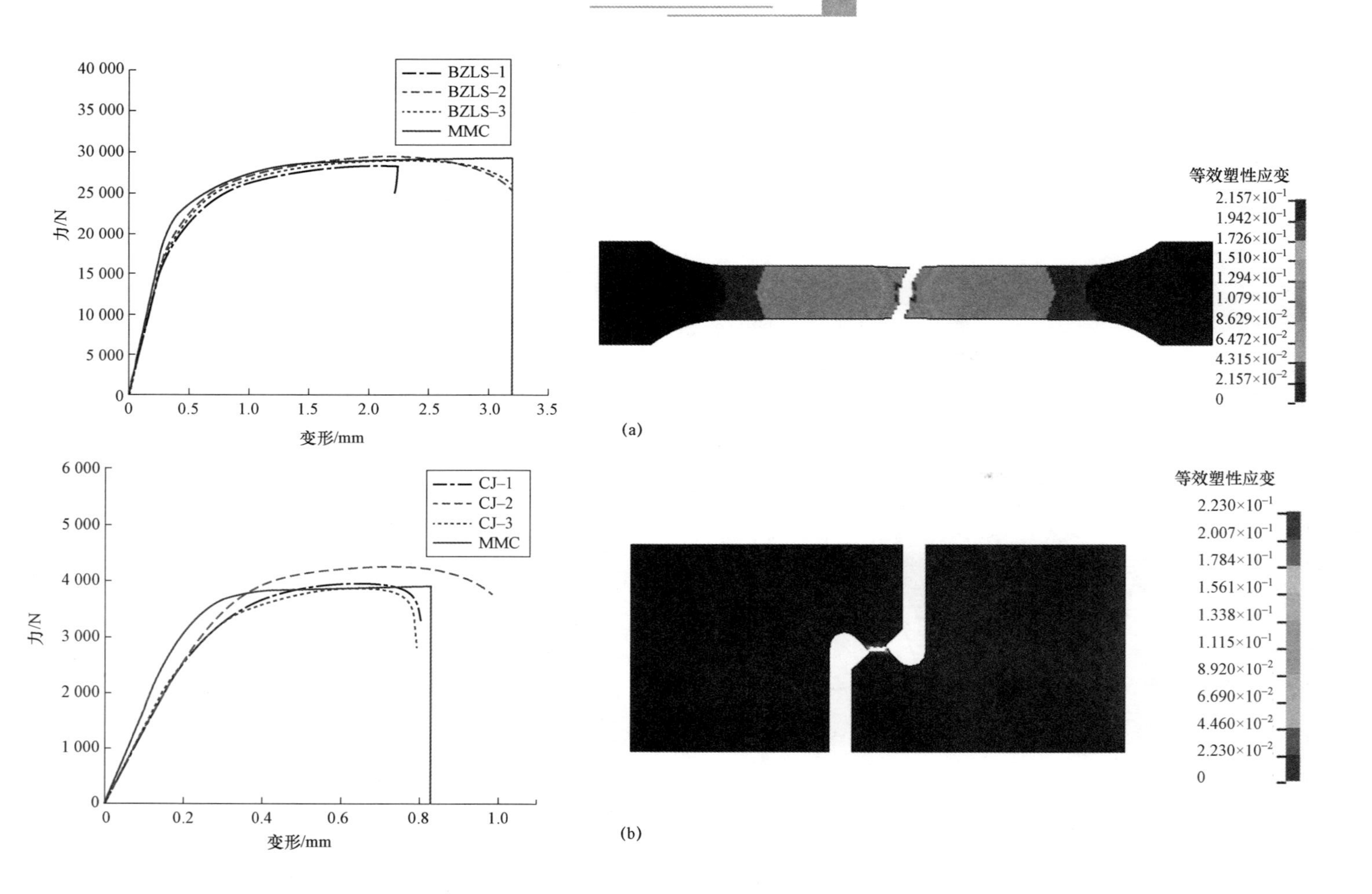

图 6.8　某热成形钢在 5 种应力状态下的变形及断裂失效行为预测

（a）准静态单向拉伸试验对标；（b）纯剪切拉伸试验对标

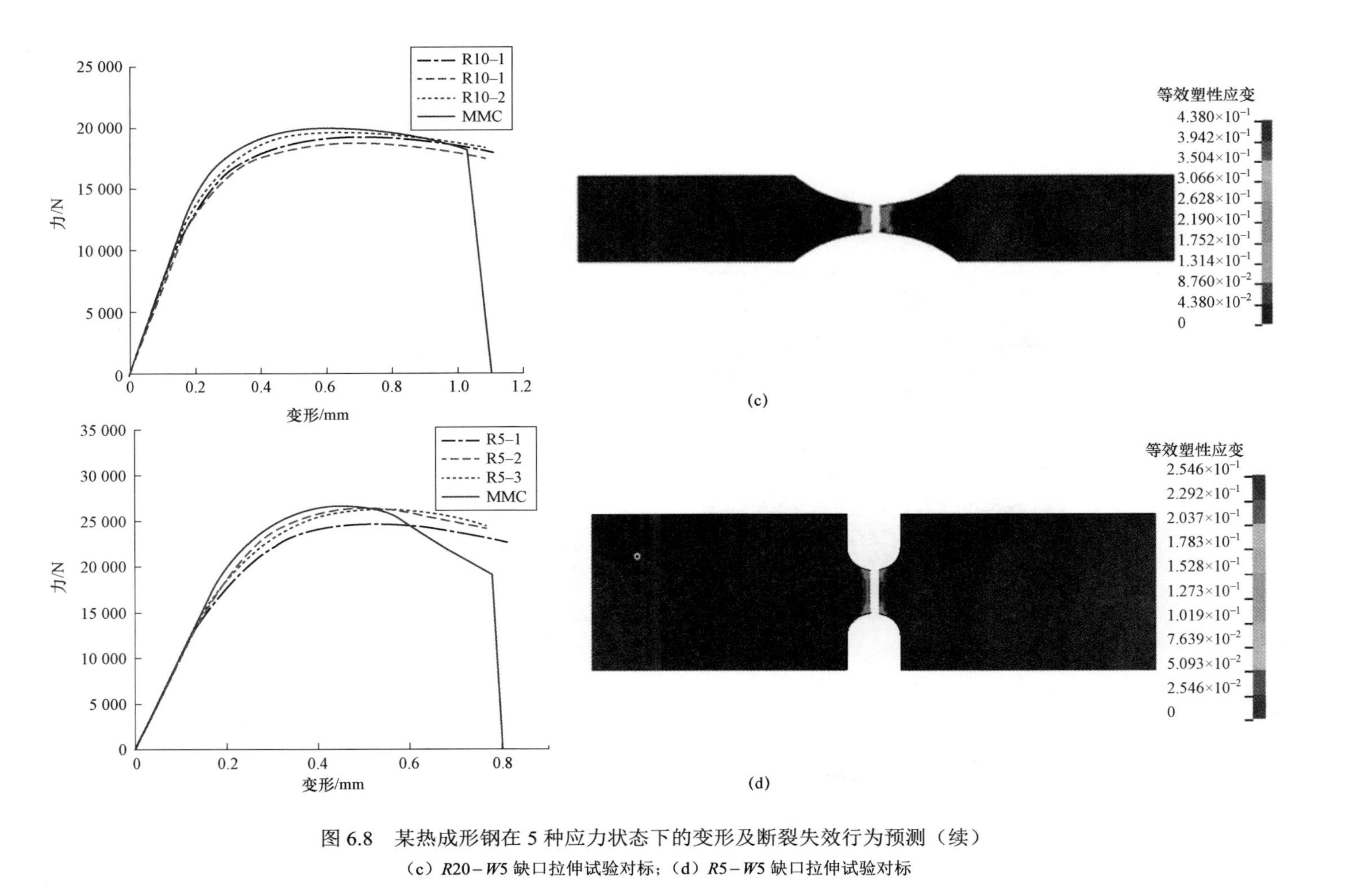

图 6.8　某热成形钢在 5 种应力状态下的变形及断裂失效行为预测（续）

（c）*R*20-*W*5 缺口拉伸试验对标；（d）*R*5-*W*5 缺口拉伸试验对标

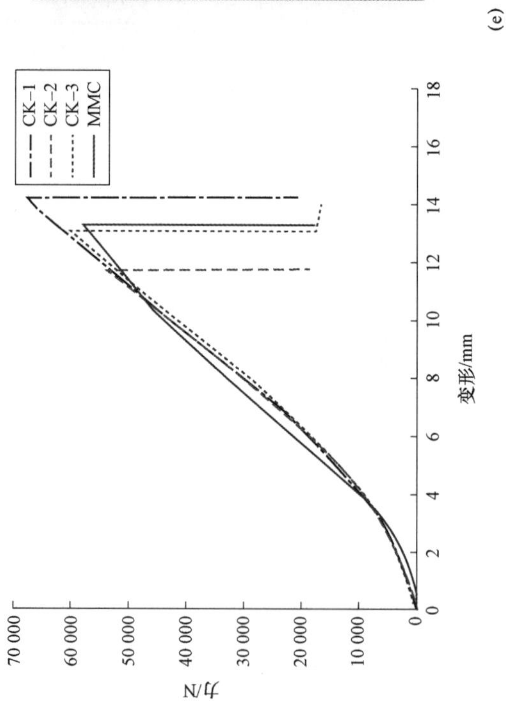

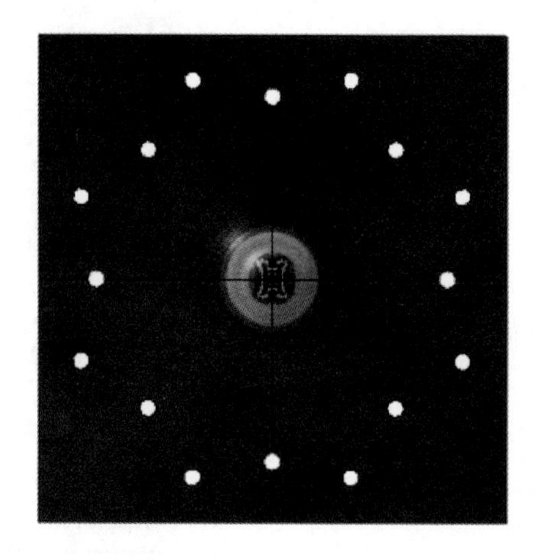

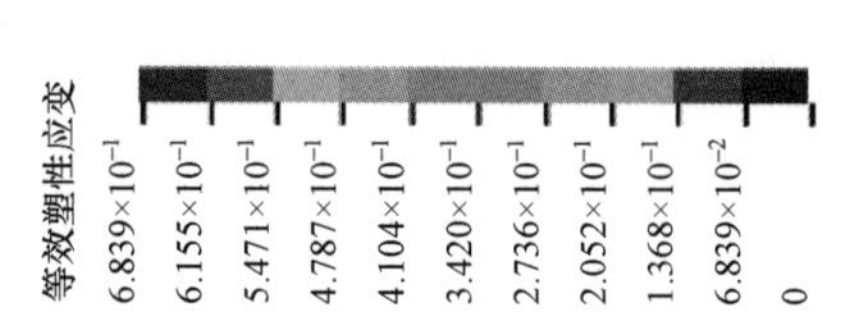

(e)

图 6.8　某热成形钢在 5 种应力状态下的变形及断裂失效行为预测（续）

（e）杯突试验对标

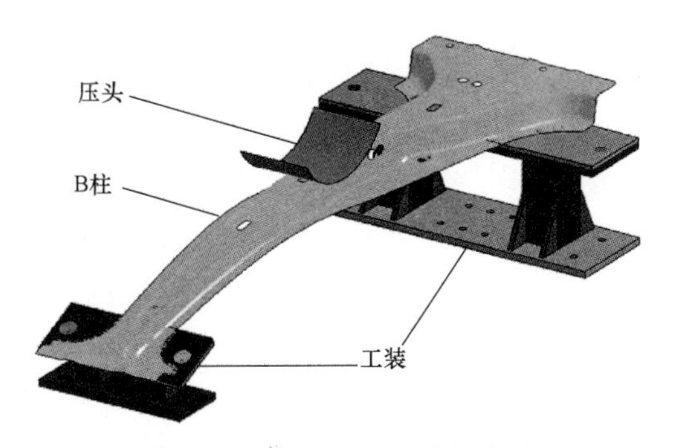

图 6.9　B 柱三点弯曲数值模型

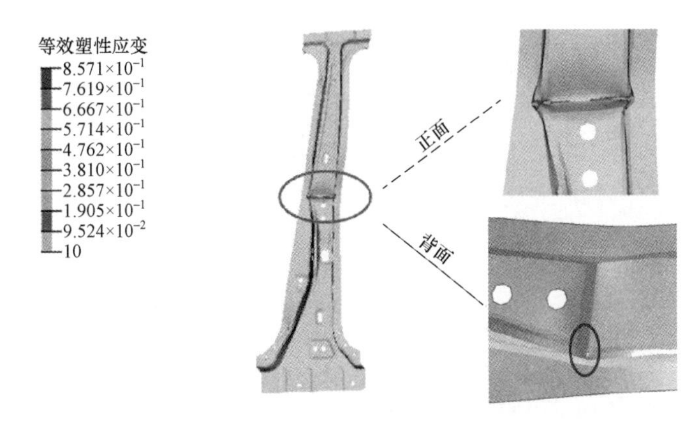

图 6.10　B 柱三点弯曲变形仿真计算结果

图 6.11　B 柱三点弯曲试验

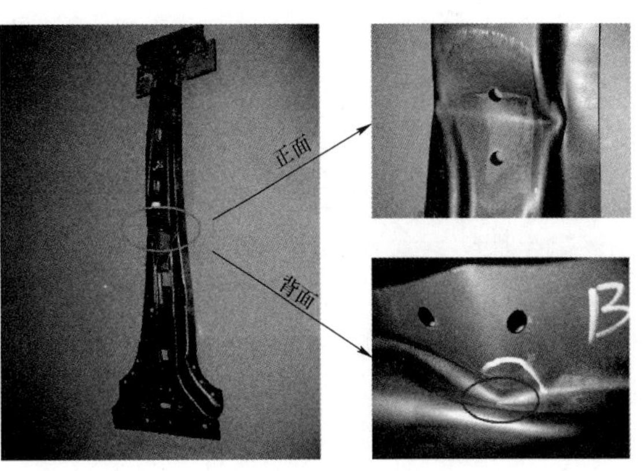

图 6.12　B 柱三点弯变形试验结果

将热冲压成形 B 柱三点弯曲数值模拟及试验结果进行对比，如图 6.13 所示。从图中可知，弯曲后，B 柱试验与仿真分析结果均在相同位置发生大变形，如图中椭圆线框（左）所示，且均在相同位置有微裂纹产生，如图中椭圆线框（右）所示。数值模拟结果与试验结果吻合度较高，表明 Von Mises 本构模型及 MMC 断裂失效模型能准确预测热冲压成形 B 柱的变形和断裂失效行为。

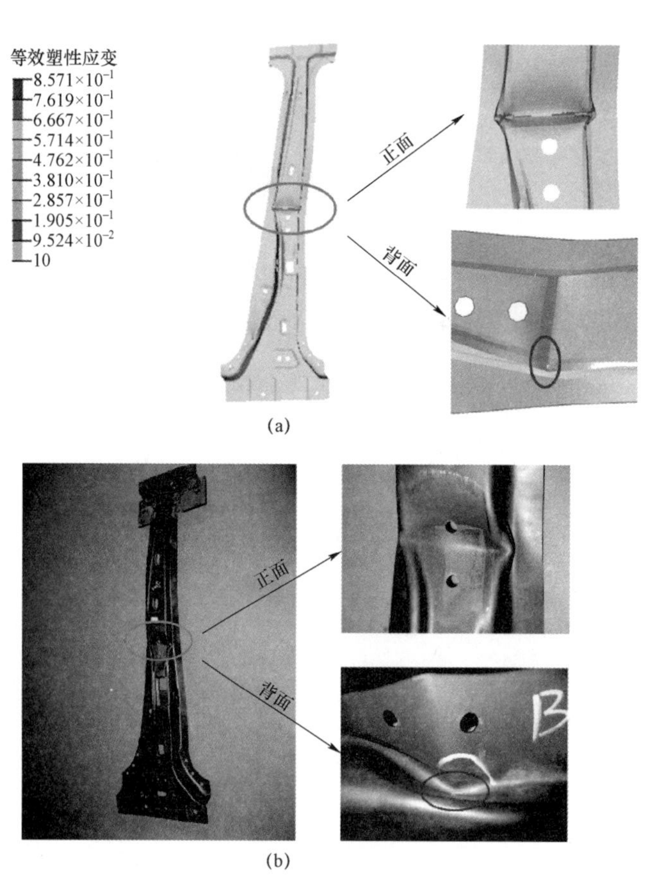

图 6.13　热冲压成形 B 柱三点弯曲数值模拟及试验结果对比（见彩插）

（a）数值模拟结果；（b）试验结果

6.1.3　热冲压成形零部件的碰撞评价

1. 汽车碰撞安全对零部件抗侵入性能及吸能性能的要求及评价

汽车被动安全试验对车身零部件及总成的总体要求是抗侵入和吸能，这主要通过结构设计、合适的材料和工艺选择实现，如沃尔沃汽车的安全笼（safety cage）设计理念，实质上，安全笼结构就是指围成乘员舱的 5 个关键环状结构，且采用抗侵入能力较强的热成形钢，见图 6.14 及图 6.15。

而本田汽车的承载式车身结构（advanced compatibility engineering，ACE）耐撞性设计理念，是前端压溃区 4 个相关的环状结构设计并结合采用吸能性能较好的材料，见图 6.16。其目的主要是，在两车碰撞时，提升自身的自我保护设计，同时降低对对方的伤害。图 6.16 所示为本田 ACE 车身前端设计，前纵梁（A 位置）采用多边形结构，碰撞压溃时能有效吸能；B 位置的设计可以在偏置碰时避免错位，而起到抵抗和大面积接触；C 位置采用封闭结构能有效吸能。路洪洲主编的《世界汽车车身技术及轻量化技术发展研究》对安全笼设计和 ACE 做过详细的分析，此处不再赘述。

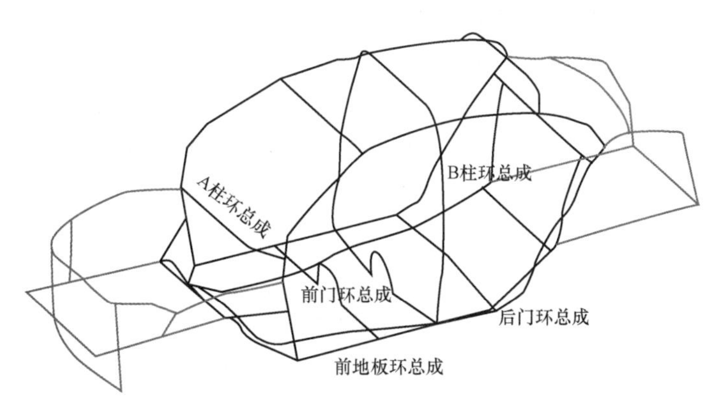

图 6.14　安全笼车身设计示意图

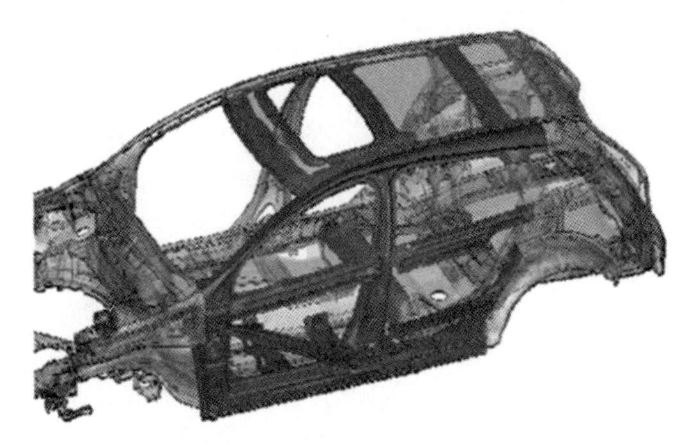

图 6.15　沃尔沃汽车的安全笼车身设计

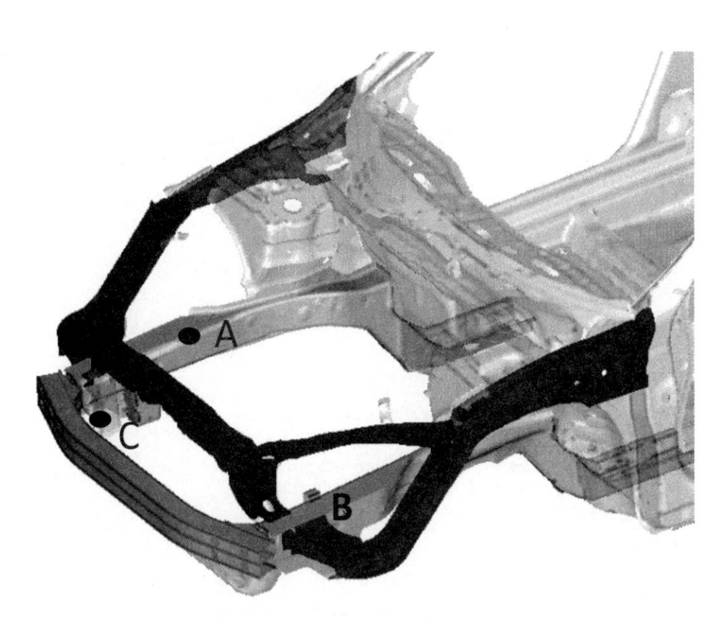

图 6.16　本田 ACE 车身前端设计

乘用车乘员舱主要承受撞击载荷，如侧碰、40%ODB 偏置碰、25%小偏置碰及车顶抗压，其设计目的是在承受撞击载荷的过程中，必须保持结构相对完整以保证足够的乘员生存空间。因此，在结构上，B 柱环总成（B-ring）、前门环总成（front door-ring）和前地板环总成（front floor-ring）是乘员舱的核心环状结构，在结构设计上必须保证环状结构的连通性和连续性要求，需要选择具有最优抗侵入（抗弯）性能的材料。例如，B 柱加强板是 B 柱环总成上的核心零件，一般优选热成形钢，A 柱加强板是前门环总成上的核心零件，同样一般优选热成形钢。

前端吸能区主要承受压溃载荷，如刚性墙正碰、40%ODB 偏置碰、25%小偏置碰，其设计目的是在承受压溃载荷的过程中，吸收更多的碰撞能量以降低加速度对乘员的伤害。因此，在结构上，前吸能环总成（front energy-ring）和上纵梁环总成（shotgun-ring）是前端吸能区的核心环状结构，在结构设计上必须保证环状结构的连通性和连续性要求。例如，为了设计上纵梁环总成，需要将上纵梁环与前纵梁或前保险杠进行强连接，可有效均布碰撞载荷，特别是在 25%小偏置碰时有奇效。按照车身耐撞性设计思想，针对前端吸能区结构上的核心零件需要选择具有最优吸能性能的材料，如前纵梁是前吸能环总成上的核心零件，应该采用在压溃过程中可以产生较高压溃载荷，但在压溃变形过程中不易失效的先进高强钢材料，如 HC340\590DP，甚至 HC980QP。而前保险杠加强梁是为前纵梁的稳定压溃提供支撑，需要具有优异的抗侵入（抗弯）性能的材料。

为了比较不同材料的抗侵入（抗弯）性能，采用典型帽型梁的三点弯曲仿真对材料的抗侵入性能进行比较，如本书第 4 章的图 4.9 所示。帽型梁的三点弯曲仿真模型及三点弯曲的力–位移曲线结果，如图 6.17 的载荷–位移曲线，载荷越高，说明材料的抗拉强度越高，其抗侵入（抗弯）能力越强，抗侵入能力从高到低分别是 1 500 MPa 级热成形钢＞1 180 MPa 级 Q&P 钢＞980 MPa 级 Q&P 钢＞980 MPa 级 DP 钢＞780 MPa 级 DP 钢＞590 MPa 级 DP 钢＞450 MPa 级 DP 钢。

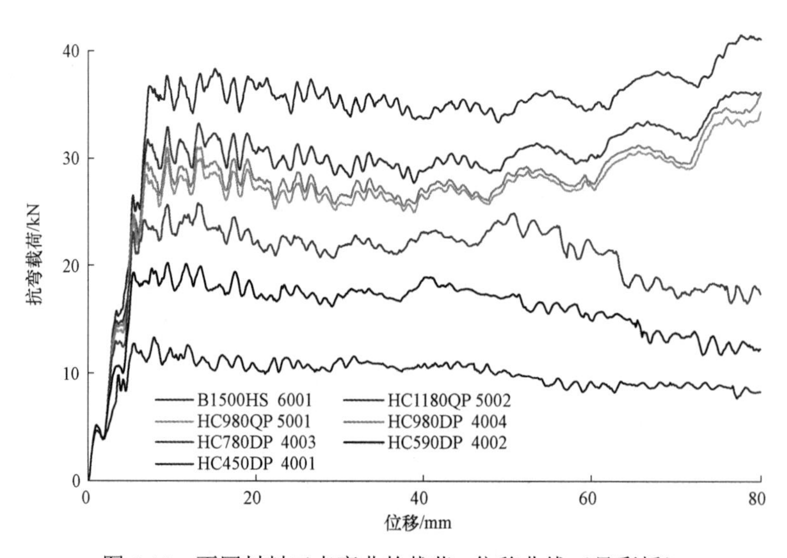

图 6.17　不同材料三点弯曲的载荷–位移曲线（见彩插）

为了比较不同材料的抗压溃性能（吸能能力），在相同冲击能量条件下，采用典型帽型梁的落锤压溃仿真对材料的抗压溃性能进行比较，如第 4 章的图 4.10 所示。零件厚度为 1.8 mm，帽型梁的落锤压溃仿真模型及压溃力–位移曲线（典型材料）结果，如图 6.18 的载荷–位移曲线。通过对所有车身常用的材料进行压溃模拟分析，按照压溃载荷进行排序，其中，需要处理的是：给定整车可压溃载荷是 120 kN，若在落锤压溃模型中压溃载荷大于 120 kN 的材料，按压溃载荷为 120 kN 处理，如 B1500HS、HC1180QP、HC980DP、HC980QP 和 HC780DP 的均大于 120 kN。同时，材料在压溃吸能时，必须满足在压溃过程中不开裂或开裂的程度在工程上是可以接受的。评价材料断裂的参数是断裂应变，材料的断裂应变均来自复杂应力状态下的断裂应变测试。B1500HS、HC1180QP 和 HC980DP 的断裂应变不满足要求，HC980QP 和 HC780DP 满足要求有一定难度，但可以实现，HC590DP 及以下材料均可以满足要求。

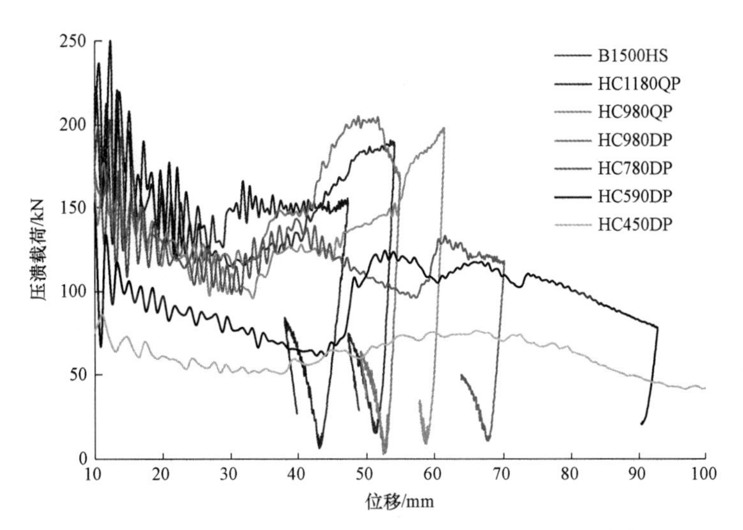

图 6.18 不同材料制造的帽型件纵向压溃吸能的载荷–位移曲线（见彩插）

2. 汽车碰撞安全对零部件抗断裂性能的要求及评价

前述的零部件抗侵入（抗弯）性能要求及评价，以及抗压溃性能（吸能能力）及评价，均有一个前提，即零部件或典型帽型梁的三点弯曲或三点冲击过程不发生断裂，以及帽型件纵向压溃吸能过程不发生断裂，即汽车碰撞安全存在对零部件抗断裂性能的要求。

日本和奥钢联的研究人员采用水平碰撞冲击试验设备进行了热冲压成形零部件的三点弯曲试验。作为载荷的冲击锤头质量为 86 kg，半径为 127 mm，碰撞速度调整为 25～30 km/h，支撑跨距为 700 mm，零部件最大弯曲位移约 211 mm，且至少达到 150 mm，如图 6.19 所示。图 6.20 所示为试验零部件的横截面规格，其中 U 形件为热成形材料，零部件长度为 900 mm，长度方向垂直于原材料轧制方向。热冲压成形 U 形件与 1.5 mm 厚的 HC340LAD 底板通过点焊连接成空腔结构。通过水平碰撞冲击试验得到零部件的裂纹，然后进行损伤评估。

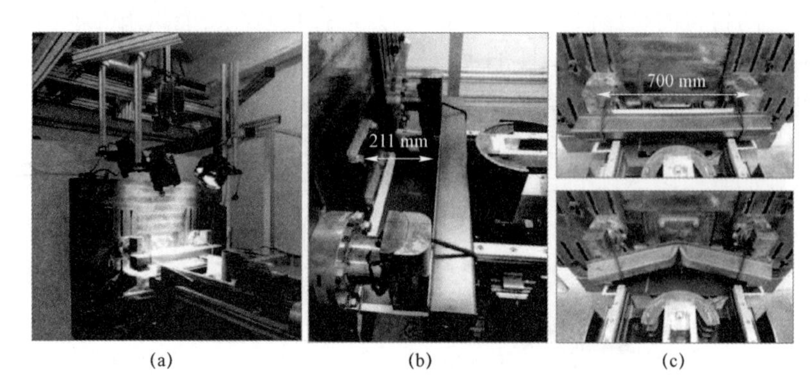

(a) (b) (c)

图 6.19 热冲压成形零部件的水平碰撞试验装置

（a）试验前；（b）试验中；（c）试验后

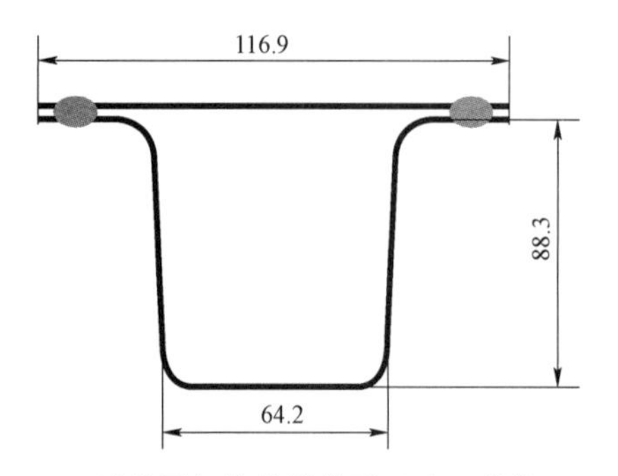

图 6.20 试验零部件的横截面尺寸（单位：mm）

为定量评估热冲压成形零部件的开裂程度，定义了一个称为“碰撞断裂指数（crash index）”的指标，该指数分别考虑板表面小裂纹（small crack）和贯穿厚度方向大裂纹（big crack）的影响。从零部件的横截面尺寸图 6.20 及碰撞后的变形情况图 6.21 可知，零部件的最大预计裂纹长度约为 250 mm，假定小裂纹对大裂纹的影响为 20%，碰撞断裂指数定义为

$$\text{crash index}=\left(0.2\times\left(1-\frac{L_S}{250}\right)+1.0\times\left(1-\frac{L_B}{250}\right)-0.2\right)\times 100 \tag{6.14}$$

式中，L_S 为板表面的小裂纹（mm）；L_B 为贯穿板较厚方向的大裂纹（mm）。

试验结束后，测量零部件上出现的肉眼可视的裂缝长度，得到上述大小裂纹的数值。

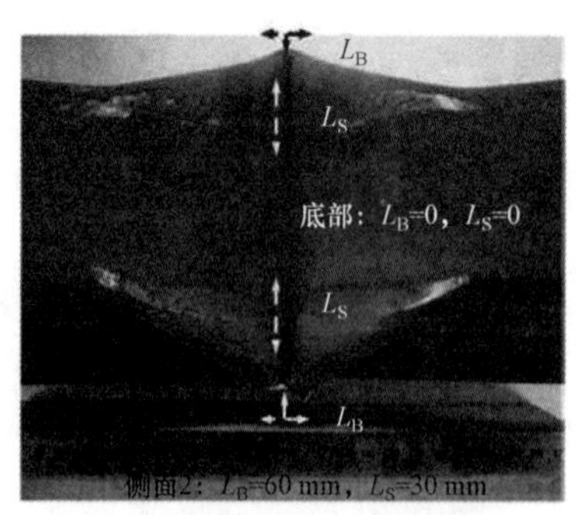

(a) (b)

图 6.21 热冲压成形零部件裂纹长度

（a）碰撞最佳情况；（b）碰撞裂纹测量

另外，水平碰撞冲击试验是基于零部件最大弯曲位移量 150 mm 实施的，但是实际位移量会发生偏差，因此进行了校正处理，如图 6.22 所示，使当位移为 150 mm 时，评估当前碰撞断裂指数为碰撞断裂指数 150，即 CI_{150}。

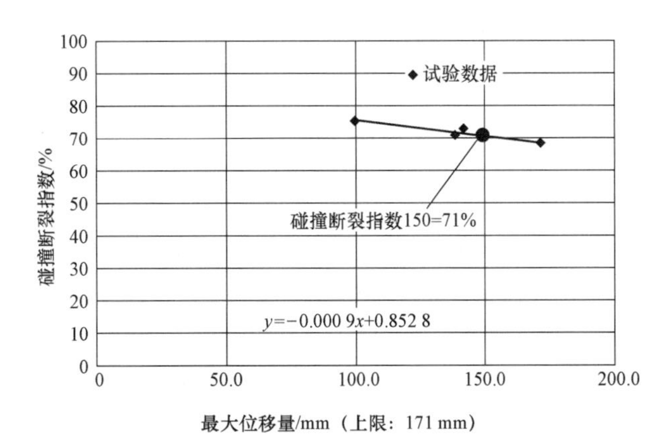

图 6.22　碰撞断裂指数与最大弯曲位移量的关系

裂纹从法兰区域的弯曲褶皱侧开始，然后在弯曲褶皱底部延展，延展程度取决于材料的抗折弯破坏能力。裂纹图案通常是不对称的，但裂纹图案对于碰撞断裂指数的计算无关紧要，因为仅考量整体裂纹长度。测试后，可以采用手动方式快捷地确定零部件的外表面裂纹长度，精度达到±5 mm。零部件固有的随机裂纹最终导致碰撞断裂指数值出现±（5～10）的散射。这仍然允许对至少重复 5 次水平碰撞冲击试验的碰撞断裂指数进行精确的定量评估。

水平碰撞冲击试验过程中，每次零部件回弹前的最大弯曲位移采用高速视频记录确定，如图 6.23 所示。从图 6.19 及加载状态得知，零部件可弯曲的最大位移为 211 mm，零部件的最大弯曲挠度为最大弯曲位移和视频记录回弹前至底部的最小剩余距离的差。碰撞过程中，零部件和冲击锤头早期接触（图 6.23）。当零部件的内折半径小于冲击锤头半径时，会出现间隙，类似于大角度下的极限尖冷弯角度试验（图 6.23）。图 6.24 显示了在水平碰撞冲击试验回弹之后测得的零部件弯折角，弯折角的定义方法与极限尖冷弯试验（VDA238－100）相同。

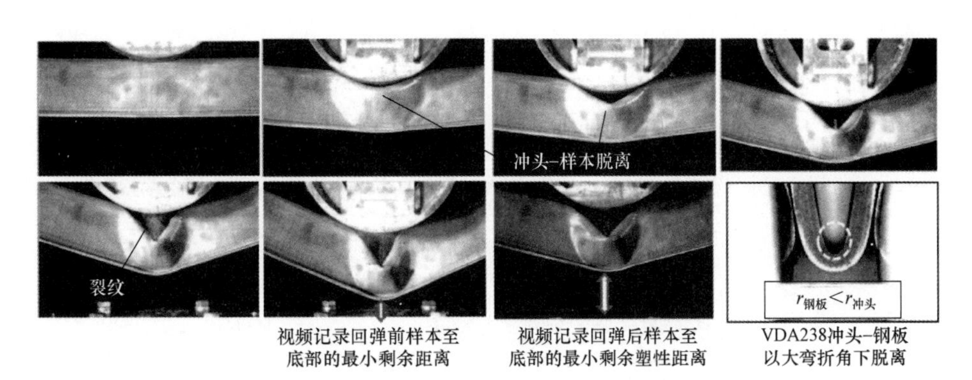

图 6.23　热冲压成形零部件水平碰撞冲击试验的每个阶段
（与冲头正下方脱离、失效、回弹）

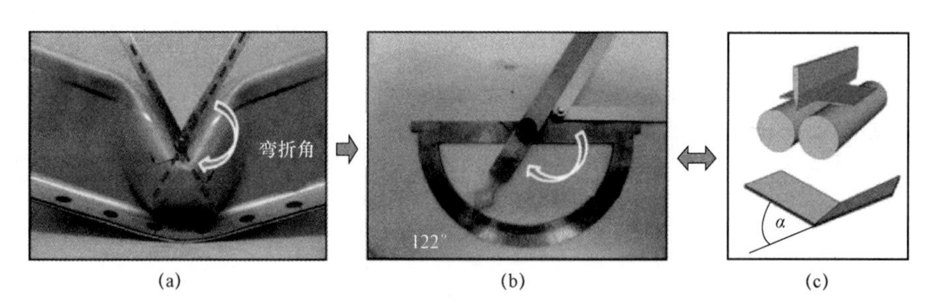

图 6.24 热冲压成形零部件水平碰撞冲击回弹后的弯折角度测量方法

（a）在崩溃弯曲褶皱中间捕获的弯折角；（b）用弯折角规测量的弯折角；（c）VDA 238 弯折角α

绘制碰撞断裂指数与视频记录中最大弯曲挠度 δ 的关系图［图 6.25（a）］，所得到的碰撞断裂指数–位移曲线在最大弯曲位移 150 mm 处进行内插（$CI_{\delta=150\ mm}$）。确定碰撞断裂指数为 100%时的弯曲位移（$\delta_{CI=100\%}$）。如图 6.25（b）所示，绘制碰撞断裂指数与弯折角的关系图，并插入裂纹初起时的弯折角（碰撞断裂指数 CI=100%）。

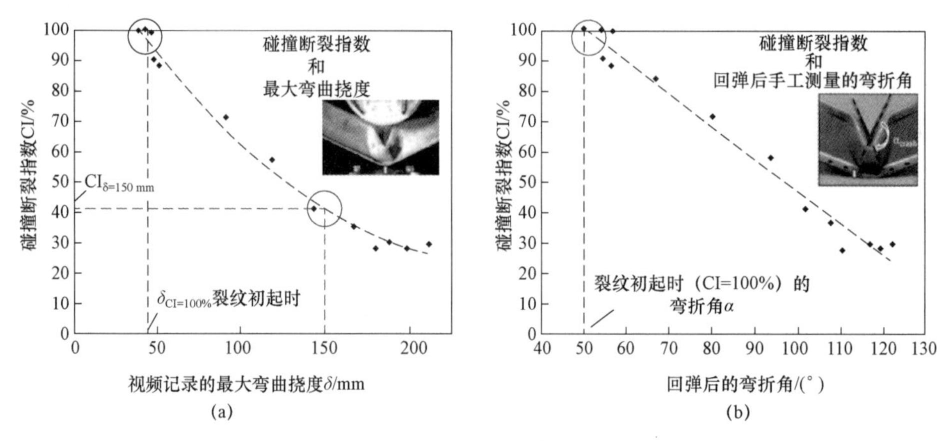

图 6.25 热冲压成形零部件碰撞断裂指数测试结果

（a）碰撞断裂指数与最大弯曲挠度 δ 的关系；（b）碰撞断裂指数与弯折角的关系

热冲压成形零部件碰撞断裂指数与热成形钢总断裂延伸率的关系如图 6.26 和图 6.27 所示，该统计结果表示水平碰撞冲击试验的碰撞断裂指数 150 与总断裂延伸率之间存在走势

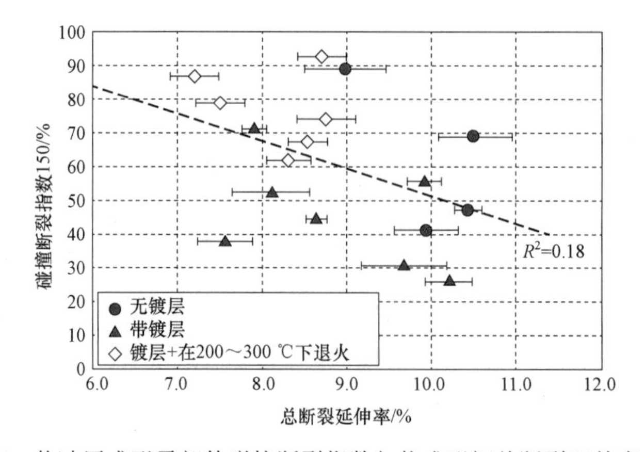

图 6.26 热冲压成形零部件碰撞断裂指数与热成形钢总断裂延伸率的关系

缓慢的负相关关系，但是该相关性非常小。对于 $\delta_{CI=100\%}$或 $CI_{\delta=150\ mm}$ 的拉伸断裂延伸率，没有观察到特定的依存关系［图 6.27（a）］。根据扩展的 VAS 数据库结果，对于 $CI_{\delta=150\ mm}$，也无法判断任何相关性［图 6.27（b）］。可以判断，提高热成形钢板总断裂延伸率不会提高热冲压成形零部件的抗碰撞断裂能力。

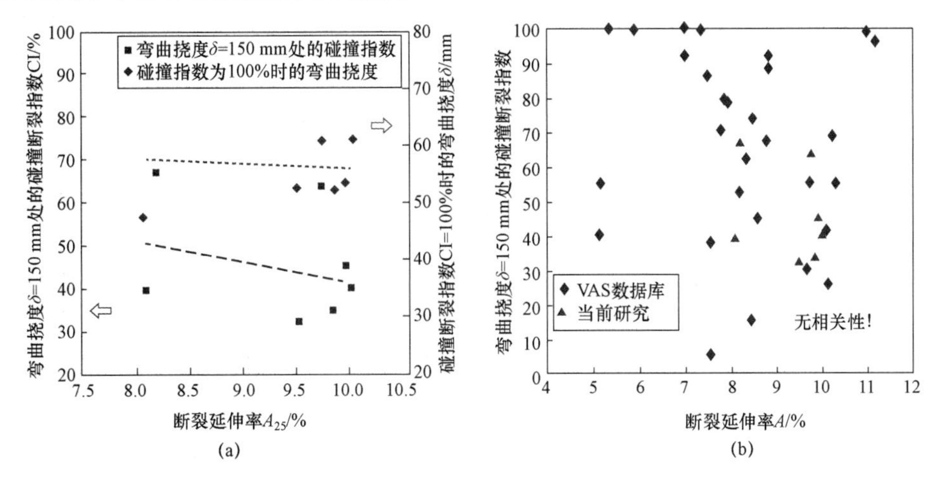

图 6.27　热冲压成形零部件碰撞断裂指数与热成形钢总断裂延伸率的关系

（a）碰撞断裂指数与断裂延伸率的关系；（b）VAS 数据库中碰撞断裂指数与断裂延伸率的关系

如图 6.28 和图 6.29 所示，碰撞断裂指数与扩孔率、$R5-W10$ 缺口拉伸试验（缺口处宽度 W 为 10 mm）计算得出的等效失效塑性应变之间存在正相关关系。从而可知，提高此类应力状态对应的力学性能，能减少水平碰撞冲击试验中出现的裂纹。

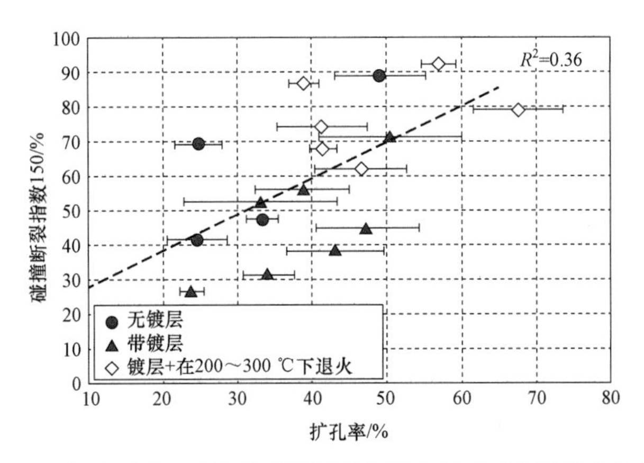

图 6.28　热冲压成形零部件碰撞断裂指数与热成形钢扩孔率的关系

图 6.30 展示了零部件碰撞断裂指数与热成形钢抗拉强度之间的关系，可见随着热成形钢抗拉强度的提高，$\delta_{CI=100\%}$或 $CI_{\delta=150\ mm}$ 的值越低［图 6.30（a）］。$CI_{\delta=150\ mm}$ 值从 1 200 MPa 左右的约 100%线性降低到 1 900 MPa 左右的约为 0［图 6.30（b）］。即提高热成形钢强度，不能提高热冲压成形零部件的抗碰撞断裂能力，反而使其降低。

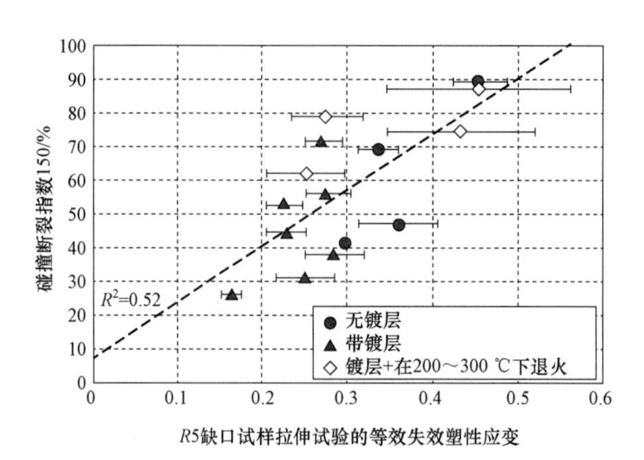

图 6.29　热冲压成形零部件碰撞断裂指数与 $R5$ 缺口试样拉伸试验等效失效塑性应变关系

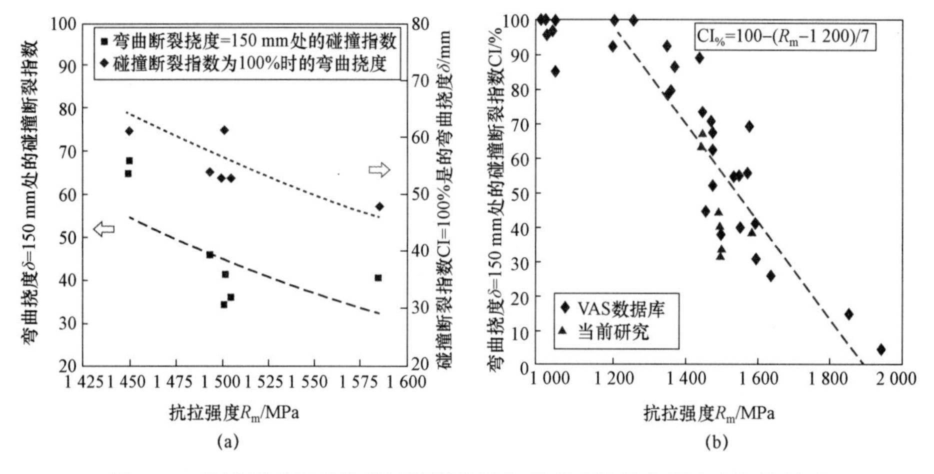

图 6.30　热冲压成形零件碰撞断裂指数与热成形钢抗拉强度之间的关系

（a）碰撞断裂指数与抗拉强度的关系；（b）VAS 数据库中碰撞断裂指数与抗拉强度的关系

从图 6.31 和图 6.32 可以看出，极限尖冷弯角度与碰撞断裂指数之间线性正相关。如图 6.32 所示，$\delta_{CI=100\%}$和 $CI_{\delta=150\ mm}$ 随弯曲角 α_{Fmax} 的增加而增加［图 6.32（a）］。$CI_{\delta=150\ mm}$ 从 40° 弯曲角处的约 0 线性增加到 80° 弯曲角处的约 100%［图 6.32（b）］。但值得注意的是，镀层热成形钢和无镀层热成形钢必须分别对待，这是由于镀层热成形钢和无镀层热成形钢的开裂机制存在不同。在本章的 6.2.2 小节将进一步描述，即由于 Al–Si 镀层相对于基体更脆，因而在热成形钢弯曲或者零部件受到碰撞变形时，Al–Si 镀层先开裂，然后裂纹通过 Al–Si 镀层与基体的过渡层以及热成形钢基体进行扩展，此时，启裂源头不再是 TiN 微米级夹杂物与基体萌生的微孔为主，而是脆的 Al–Si 镀层。而非镀层的热成形钢弯曲或者零部件往往带有脱碳层，脱碳层可以遵从表面粗糙–应变诱导开裂机制，因而不易产生裂纹。因此，极限尖冷弯角度的大小可以作为热成形钢和热冲压成形零部件抗碰撞冲击断裂能力的表征参量，但必须将镀层热成形钢和非镀层的热成形钢板分开处理。

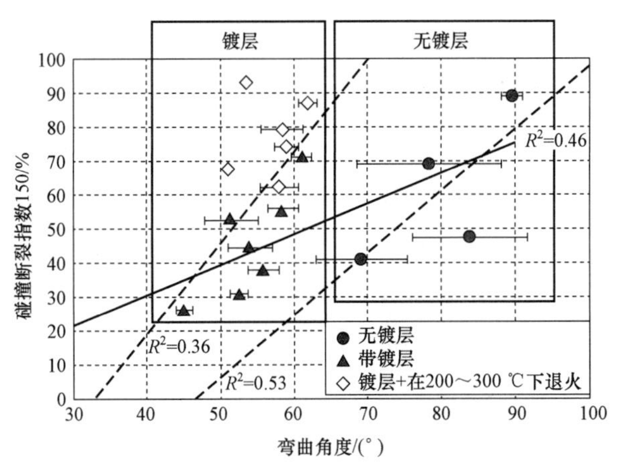

图 6.31　热冲压成形零部件碰撞断裂指数与热成形钢弯曲角度的关系

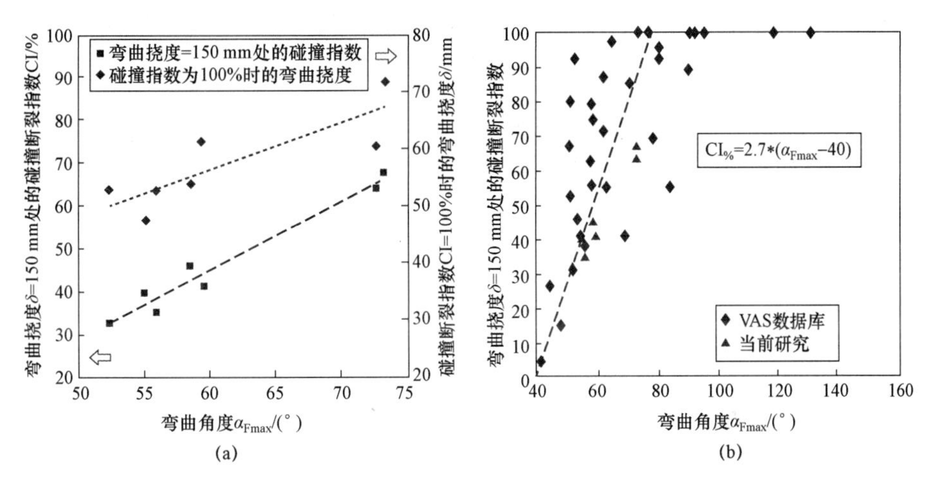

图 6.32　热冲压成形零部件碰撞断裂指数与热成形钢弯曲角度的关系

（a）碰撞断裂指数与弯曲角度的关系；（b）VAS 数据库中碰撞断裂指数与弯曲角度的关系

综上所述，热冲压成形零部件抗碰撞冲击断裂能力主要与热成形钢的抗拉强度、极限尖冷弯角度、*R*5－*W*10 缺口试样拉伸试验的等效失效塑性应变、扩孔率相关。热成形钢的抗拉强度越高，热冲压成形零部件抗碰撞冲击断裂能力越低。热成形钢的 *R*5－*W*10 缺口试样拉伸试验的等效失效塑性应变、扩孔率越高，热冲压成形零部件抗碰撞冲击断裂能力越高。热冲压成形零部件抗碰撞冲击断裂能力与热成形钢的总延伸率没有关联性。镀层热成形钢的极限尖冷弯角度越高，镀层热冲压成形零部件抗碰撞冲击断裂能力越高；非镀层热成形钢的极限尖冷弯角度越高，非镀层热冲压成形零部件抗碰撞冲击断裂能力也越高。

6.2　铌微合金化对热成形钢断裂失效的影响

6.2.1　含铌及不含铌热成形钢的断裂失效对比

1. 含铌及不含铌无镀层 1 500 MPa 级热成形钢的断裂失效性能对比研究

针对含铌及不含铌的无镀层 1 500 MPa 级热成形钢，分别设计剪切、单向拉伸、

*R*20－*W*5 缺口拉伸、*R*5－*W*5 缺口拉伸和杯突 5 种受力状态试样，如图 6.6 所示，进行准静态断裂性能试验测试，采用 DIC 追踪应变信息，获得各试验中的临界断裂应变值，如表 6.3 所示。

表 6.3　含铌及不含铌的无镀层 1 500 MPa 级热成形钢断裂应变

试验	剪切试验	单向拉伸试验	*R*20－*W*5 缺口拉伸试验	*R*5－*W*5 缺口拉伸试验	杯突试验
含铌	0.316	0.203	0.359	0.358	0.752
不含铌	0.351	0.418	0.375	0.282	0.887

从表 6.3 可知，对于无镀层 1 500 MPa 级热成形钢而言，在剪切、单向拉伸、*R*20 缺口拉伸及杯突 4 种应力状态下，含铌钢的断裂性能均高于不含铌钢，在 *R*5－*W*5 缺口拉伸应力状态下则较小。基于表 6.3 中的数据，采用式（6.10）进行拟合，获得 MMC 断裂模型参数如表 6.4 所示，断裂曲面如图 6.33 所示。

表 6.4　含铌及不含铌的无镀层 1 500 MPa 级热成形钢 MMC 断裂模型参数

MMC 参数	K	C	C_θ^s	f	n
含铌	2 338.500	1 135.900	0.900	0.100	0.100
不含铌	2 007.717	1 024.743	0.900	0.063 1	0.073 6

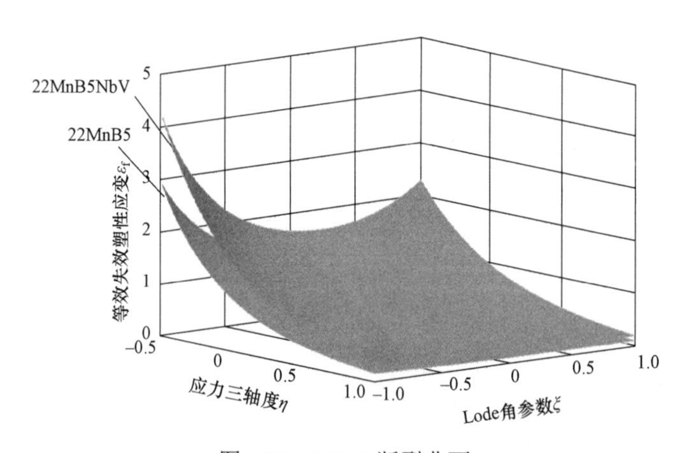

图 6.33　MMC 断裂曲面

从图 6.33 可知，在三维应力状态下，含铌无镀层 1 500 MPa 级热成形钢的断裂曲面整体高于不含铌的无镀层 1 500 MPa 级热成形钢。

2. 含铌及不含铌铝硅镀层 1 500 MPa 级热成形钢的断裂失效性能对比研究

针对含铌及不含铌铝硅镀层 1 500 MPa 级热成形钢，设计剪切、拉剪、中心孔拉伸、*R*10－*W*5 缺口拉伸、*R*5－*W*5 缺口拉伸、杯突等应力状态试样，如图 6.6 所示，进行不同应力状态下的断裂性能测试，采用 DIC 追踪应变信息获得试验中的临界断裂应变值，如表 6.5 所示。

表 6.5　含铌及不含铌铝硅镀层 1 500 MPa 级热成形钢断裂应变

试验	剪切试验	拉剪试验	中心孔拉伸试验	$R10-W5$ 缺口拉伸试验	$R5-W5$ 缺口拉伸试验	杯突试验
含铌	0.491	0.605	0.712	0.689	0.361	0.379
不含铌	0.485	0.481	0.670	0.610	0.465	0.427

从表 6.5 可知，不同应力状态下，含铌及不含铌铝硅镀层 1 500 MPa 级热成形钢的断裂应变不同。在剪切、拉剪、中心孔拉伸、$R10-W5$ 缺口拉伸 4 种应力状态下，含铌铝硅镀层 1 500 MPa 级热成形钢的断裂应变大于不含铌铝硅镀层 1 500 MPa 级热成形钢。在 $R5-W5$ 缺口拉伸及杯突试验两种应力状态下，含铌铝硅镀层 1 500 MPa 级热成形钢的断裂应变则小于不含铌铝硅镀层 1 500 MPa 级热成形钢。

基于表 6.5 中的试验数据，采用式（6.10）进行拟合，获得 MMC 断裂模型参数如表 6.6 所示，断裂曲线如图 6.34 所示。

表 6.6　含铌及不含铌铝硅镀层 1 500 MPa 级热成形钢 MMC 断裂模型参数

MMC 参数	K/C	C_θ^s	f	n
含铌	1.980	0.910 1	0.026 0	0.063 9
不含铌	2.000	0.866	0.001	0.001

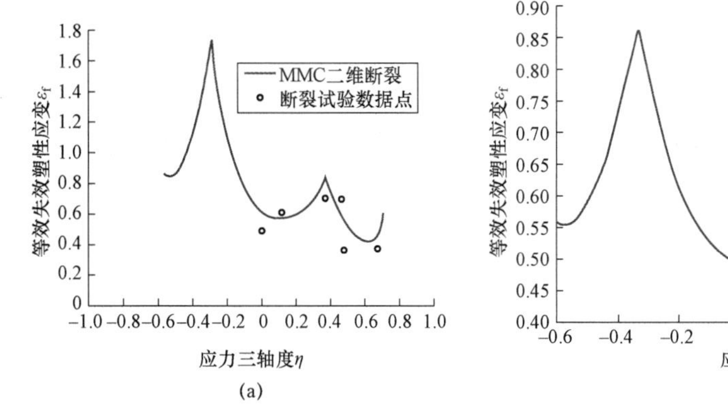

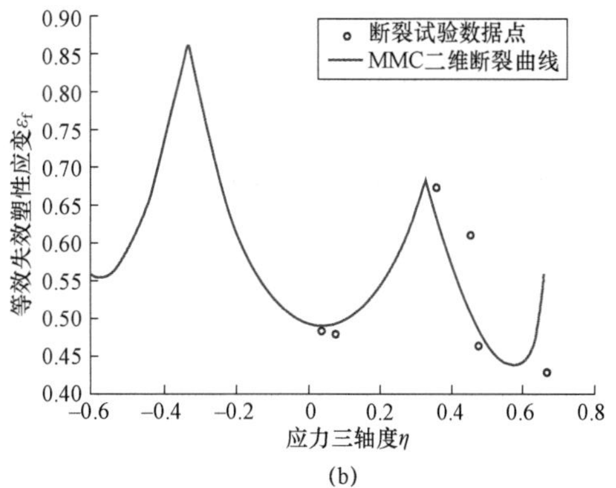

图 6.34　MMC 断裂曲线

（a）含铌铝硅镀层 1 500 MPa 级热成形钢；（b）不含铌铝硅镀层 1 500 MPa 级热成形钢

3. 含铌及不含铌无镀层 1 800 MPa 级热成形钢的断裂失效性能对比研究

针对含铌及不含铌无镀层 1 800 MPa 级热成形钢，分别设计剪切、拉剪、中心孔拉伸、$R10-W5$ 缺口拉伸、$R5-W5$ 缺口拉伸、杯突等应力状态试样，如图 6.6 所示。进行不同应力状态下的断裂性能测试，采用 DIC 追踪应变信息获得试验中的临界断裂应变值，如表 6.7 所示。

表 6.7　含铌及不含铌无镀层 1 800 MPa 级热成形钢断裂应变

试验	剪切试验	拉剪试验	中心孔拉伸试验	$R10-W5$ 缺口拉伸试验	$R5-W5$ 缺口拉伸试验	杯突试验
含铌	0.410	0.234	0.361	0.268	0.270	0.415
不含铌	0.370	0.200	0.322	0.283	0.225	0.350

由表 6.7 可知，对于无镀层的 1 800 MPa 级热成形钢而言，不同应力状态下，其断裂应变间存在差异。在多种应力状态下，含铌镀层 1 800 MPa 级热成形钢的断裂性能优于不含铌 1 800 MPa 级热成形钢。

基于表 6.7 中的试验数据，采用式（6.10）进行拟合，获得 MMC 断裂模型参数如表 6.8 所示，断裂曲面如图 6.35 所示。

表 6.8　含铌及不含铌无镀层 1 800 MPa 级热成形钢 MMC 断裂模型参数

MMC 参数	K/C	C_θ^s	f	n
含铌	2.019	0.947	0.083	0.100
不含铌	2.059	0.956	0.101	0.125

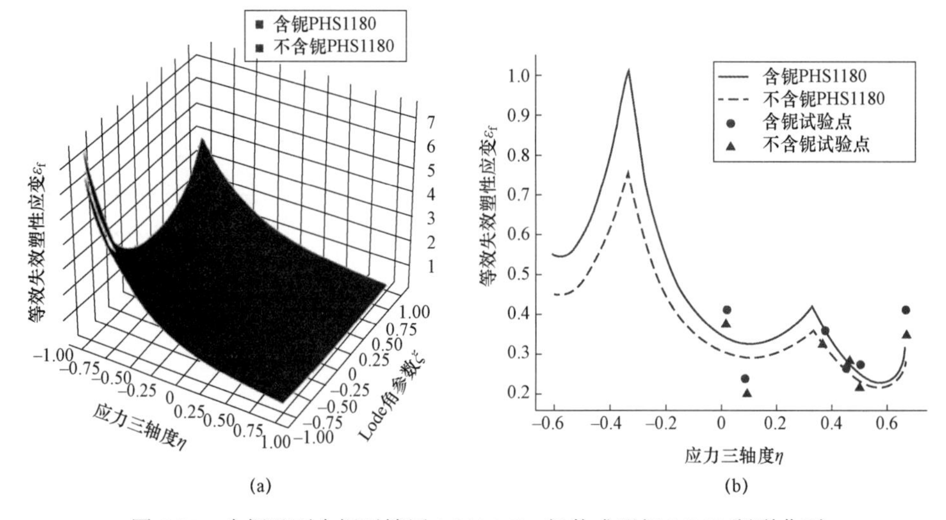

图 6.35　含铌及不含铌无镀层 1 800 MPa 级热成形钢 MMC 断裂曲面

（a）断裂曲面对比；（b）断裂曲线对比

从图 6.35 可知，在三维应力状态下，含铌无镀层 1 800 MPa 级热成形钢的断裂曲面整体高于不含铌无镀层 1 800 MPa 级热成形钢。

6.2.2　铌微合金化提升热成形钢抗断裂失效性能的机理

由金属材料制造的零部件开裂是主要的断裂失效模式，无论是静压开裂还是高速冲击开裂（如汽车碰撞开裂），其断裂失效的宏观表现形式均为局部的大变形开裂。

金属材料的开裂主要有以下几种机制：① 微孔聚合断裂机制；② 表面粗糙－应变诱导开裂机制；③ 晶界沉淀－晶界无沉淀区（precipitation free zone，PFZ）诱导开裂机制。

表面粗糙－应变诱导开裂机制主要由以下一系列事件组成，即变形过程产生表面粗糙、应变聚集和强剪切。Akeret 将此类开裂过程分为 4 个步骤，即表面粗糙发展的 4 个步骤：① 表面产生橘皮；② 平行弯曲轴方向的橘皮凹谷形成；③ 橘皮凹谷的选择性长大；④ 最深的凹谷遇到硬质的第二相后造成剪切开裂。图 6.36 所示为表面粗糙－应变诱导开裂机制。基于以上分析，导致板材弯曲开裂的影响因素包括大的第二相周围微孔洞的产生、应变的聚集和宏观剪切带的长大。显然，表面粗糙－应变诱导开裂机制描述的是韧性较好的材料开裂，马氏体热成形钢及零部件的开裂不属于该机制。

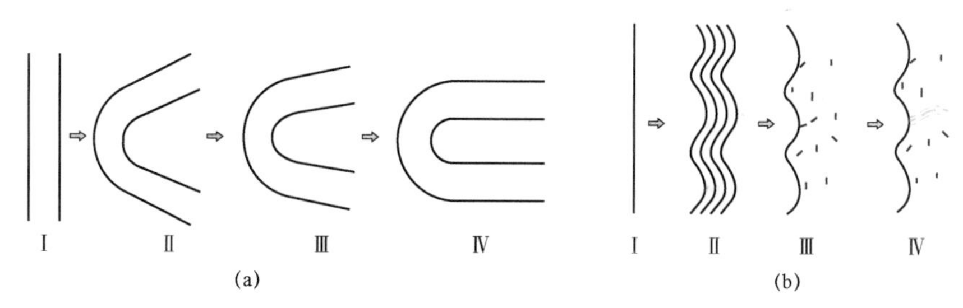

图 6.36　表面粗糙－应变诱导开裂机制

（a）截面变化；（b）局部变化

晶界沉淀－晶界无沉淀区诱导开裂机制被认为是由热处理造成的，如铝合金和 IF 钢。Schwellinger P 和 Davidkov A 等人阐明了该沿晶开裂的几个典型特征和源头：① 局部黏聚应力的降低；② 晶界颗粒周边微孔洞形成、长大和合并；③ 晶界无沉淀区变形的聚集和局部化；④ 晶粒滑移；⑤ 晶粒尺寸粗大。图 6.37 表征了上述过程。在这个过程中，局部黏聚应力的降低是由偏析或者晶界颗粒存在造成的。显然马氏体热成形钢及零部件不存在 PFZ，即该开裂不属于晶界沉淀－晶界无沉淀区诱导开裂机制。

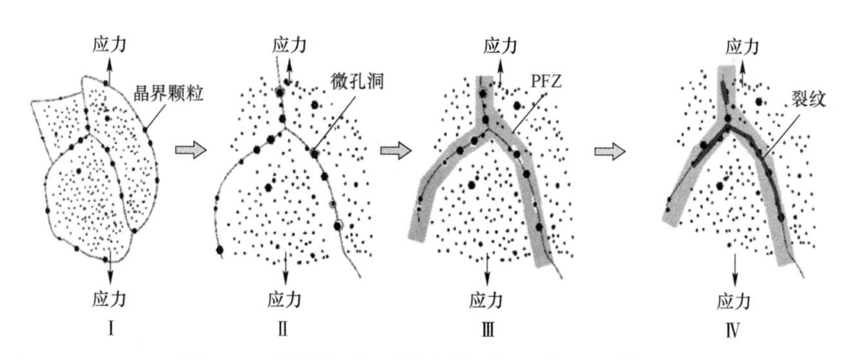

图 6.37　晶界沉淀－晶界无沉淀区诱导开裂机制

微孔聚合断裂机制是在外力作用下，在微米级夹杂物和第二相粒子与基体的界面处，或在晶界、孪晶带、相界、大量位错塞积处形成微裂纹，因相邻微裂纹的聚合产生可见微孔洞，之后微孔长大、增殖，最后连接形成断裂。Reusch F 通过图 6.38 详细描述了上述过程。微孔萌生的时间：若材料中微米级第二相与基体结合强度低，在颈缩之前；反之，在颈缩之后。微孔萌生成为控制热成形马氏体时效钢断裂过程的主要环节。

汽车热冲压成形零部件的碰撞开裂也是材料发生局部大变形的过程，与弯曲开裂类似。图 6.39 展示了极限尖冷弯的开裂、裂纹的显微组织照片以及理论上的微孔聚合裂纹比较，三者被认为是从宏观、微观以及机制层面所描述的同一个过程。

另外一个证明为 Meya R 等人测量和比较了高强度钢在冷弯前和冷弯后的材料内部微孔

数量，如图 6.40 所示。可见，高强度双相钢钢板在冷弯前的微孔数量少于 85 000 个，微孔密度为 11 个/mm^3，而冷弯尖角的外表面变形开裂区域的微孔数量达到 27 500 000 个，微孔密度达到 390 000 个/mm^3。即高强度双相钢弯曲变形产生了大量微孔，这些微孔是高强度钢变形开裂的原因，即高强度钢变形开裂属于上述微孔聚合断裂机制。

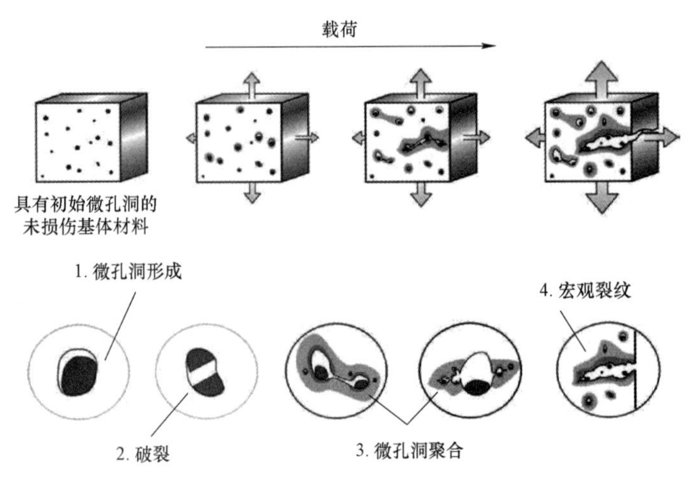

图 6.38　金属材料变形过程中的微孔萌生、聚合、形成裂纹的过程

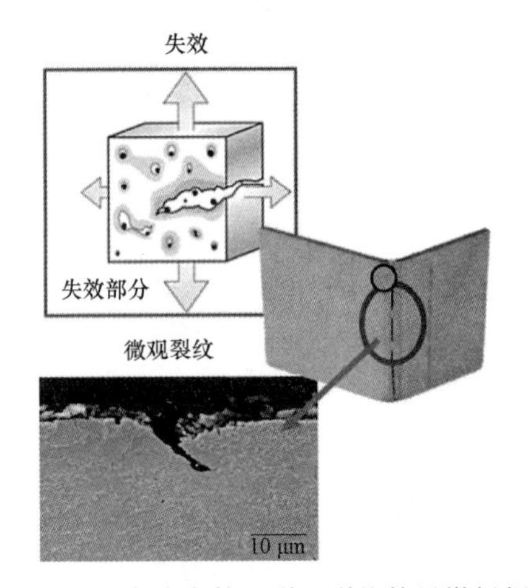

图 6.39　极限尖冷弯的开裂、裂纹的显微组织照片
以及理论上的微孔聚合裂纹比较

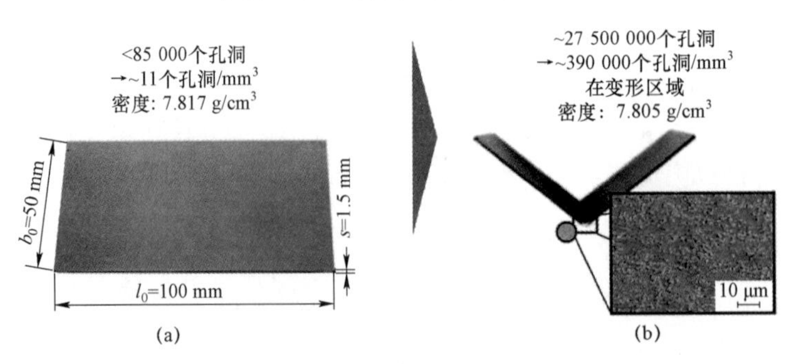

图 6.40　高强度钢在冷弯前和冷弯后的材料内部微孔数量

（a）冷弯前；（b）冷弯后

热成形钢中的微米级夹杂物和第二相粒子主要是 TiN 以及一些氧化物夹杂的，根据微孔聚合断裂机制，在钢板变形时，由于微米级夹杂物和第二相粒子的硬度、变形能力与基体不同，造成两者的变形难以协同，故在热成形钢变形时，TiN 微米级夹杂物和第二相粒子与基体的界面处产生大量的微孔。同时，不同碳含量的位错马氏体板条界面也可能产生微孔。这些微孔长大、增殖、微孔连接，最后微裂纹扩展，造成了热成形钢和热冲压成形零部件的断裂。由于铌微合金化可以显著细化原始奥氏体晶粒进而细化马氏体板条，可以有效抑制微孔连接和微裂纹的扩展，进而抑制了热成形钢和热冲压成形零部件的断裂。另外，铌微合金化可以有效降低热成形钢中的带状组织、降低偏析，进而降低了不同位置的碳偏析，也可以抑制高碳组织裂纹的萌生以及抑制裂纹的扩展。在铌钼合金化的 1.8 GPa 级及以上的热成形钢中，由于 Mo 等元素提高了热成形钢的淬透性，可以将钢中的 B 和 Ti 去掉，进而大幅减少了 TiN 等微米级夹杂物的形成，可以有效减少微孔的形成。因而，铌微合金化可以显著提高热成形钢板的极限冷弯角度，并可以提高叠片冲击的冲击功，尤其是提高热成形钢在复杂应力状态下的断裂应变。

而对于 Al–Si 镀层热成形钢而言，由于 Al–Si 镀层相对于基体较脆，因而在钢板弯曲或者零部件受到碰撞变形时，Al–Si 镀层优先开裂，然后裂纹通过 Al–Si 镀层与基体的过渡层以及热成形钢基体进行扩展，铌微合金化通过细化原始奥氏体晶粒进而细化马氏体板条可以在一定程度上抑制裂纹的扩展。

对于带有脱碳层的热成形钢和热冲压成形零部件，由于脱碳层硬度低、变形能力强，脱碳层可以遵从表面粗糙–应变诱导开裂机制，因而不易产生裂纹。

6.3　铌微合金化对热冲压成形零部件碰撞开裂的影响

图 6.41 展示了 1.5 GPa 级铌微合金化热成形与传统 22MnB5 钢的极限尖冷弯角度的对比，其中图 6.41（a）为钢板带 25 μm 脱碳层的情况，图 6.41（b）为钢板无脱碳层的情况。由图可见，对带 25 μm 脱碳层的热成形钢，通过铌微合金化可以将 22MnB5 钢的极限尖冷弯角度从约 58° 提高到 70° 以上。本书第 2 章已经列出不同钢厂和研究机构完成的含铌及不含铌的各种不同热成形钢极限尖冷弯角度对比。无论是 1 500 MPa 级还是 1 800 MPa 级，冷轧或是热轧热成形钢，镀层热成形钢或是无镀层热成形钢，铌微合金化均可以提升 16%～20%的极限尖冷弯角度。

根据以上结果以及第 2 章所阐述的多个含铌热成形钢的极限尖冷弯角度数据，当通过铌微合金化将热成形钢的极限尖冷弯角度提高 15%～20%时，根据图 6.32，热冲压成形零部件抗碰撞冲击断裂能力能够得到提升。由本书第 1 章图 1.30 可见，镀层热冲压成形零部件抗碰撞冲击断裂能力提高约 45%，而非镀层热冲压成形零部件抗碰撞冲击断裂能力提高约 80%。因此，微合金化能够显著提高抗断裂能力。

6.3.1　铌微合金化对 1 500 MPa 级无镀层热冲压成形 B 柱碰撞开裂的影响

为研究微合金化对 B 柱碰撞性能的影响，分别建立含铌及不含铌无镀层 1 500 MPa 级热成形钢 B 柱台车碰撞有限元模型，进行 B 柱台车碰撞数值模拟，如图 6.42 所示。设定碰撞台车质量为 950.4 kg，模拟碰撞过程中设定 B 柱工装保持不动，台车以 11 km/h 的速度正碰 B 柱，热冲压成形零件台车碰撞试验方法可参考本书第 5 章的热冲压成形零部件动态性能测试。分别采用图 6.33 所示的断裂 MMC 断裂模型预测 B 柱的断裂失效行为；通过软件计算，分别输出 B 柱对应假人上肋骨（rib）、腹部（abdom）和骨盆（pelvis）位置的侵入量。

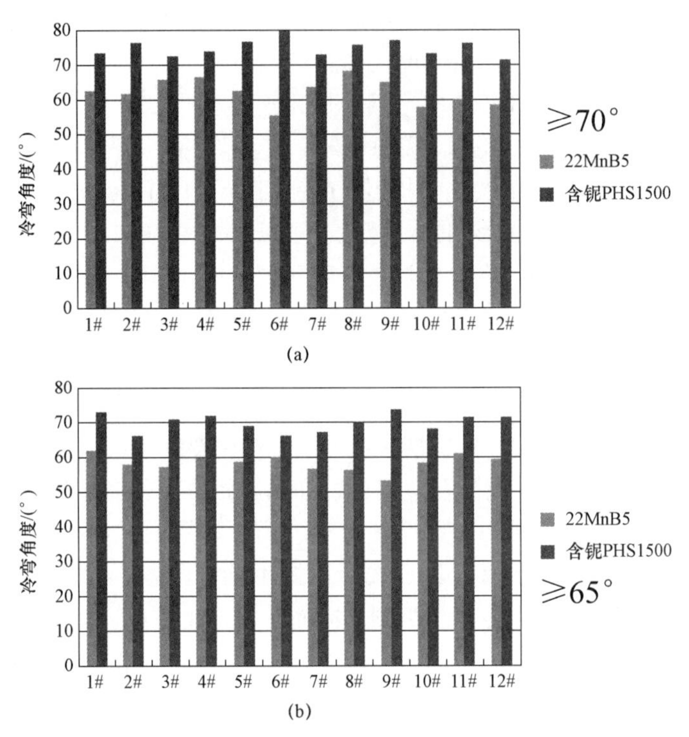

图 6.41　1 500 MPa 级铌钒微合金化热成形与传统 22MnB5 钢的极限尖冷弯角度对比

（a）25 μm 脱碳层；（b）无脱碳层

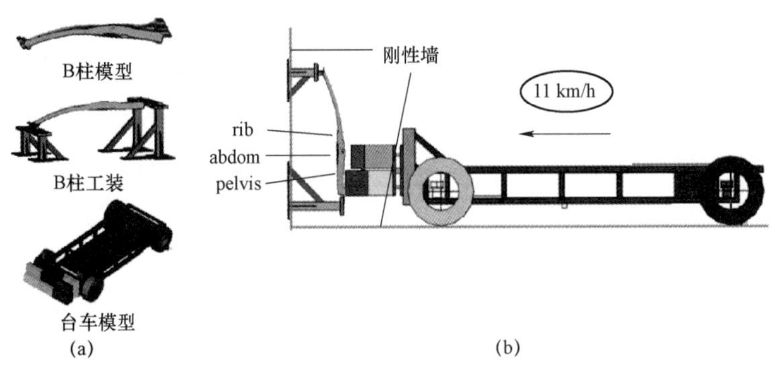

图 6.42　B 柱台车碰撞数值模型

（a）子模型；（b）整体模型

通过计算，发现 B 柱上未产生裂纹，获得含铌及不含铌无镀层 1 500 MPa 级热成形钢 B 柱在 rib、abdom 和 pelvis 三个部位的侵入量如图 6.43 所示。从图中可知，含铌无镀层 1 500 MPa 级热成形钢 B 柱在三个部位的侵入量均小于不含铌无镀层 1 500 MPa 级热成形钢 B 柱，表明含铌无镀层 1 500 MPa 热成形钢 B 柱的碰撞性能更优。

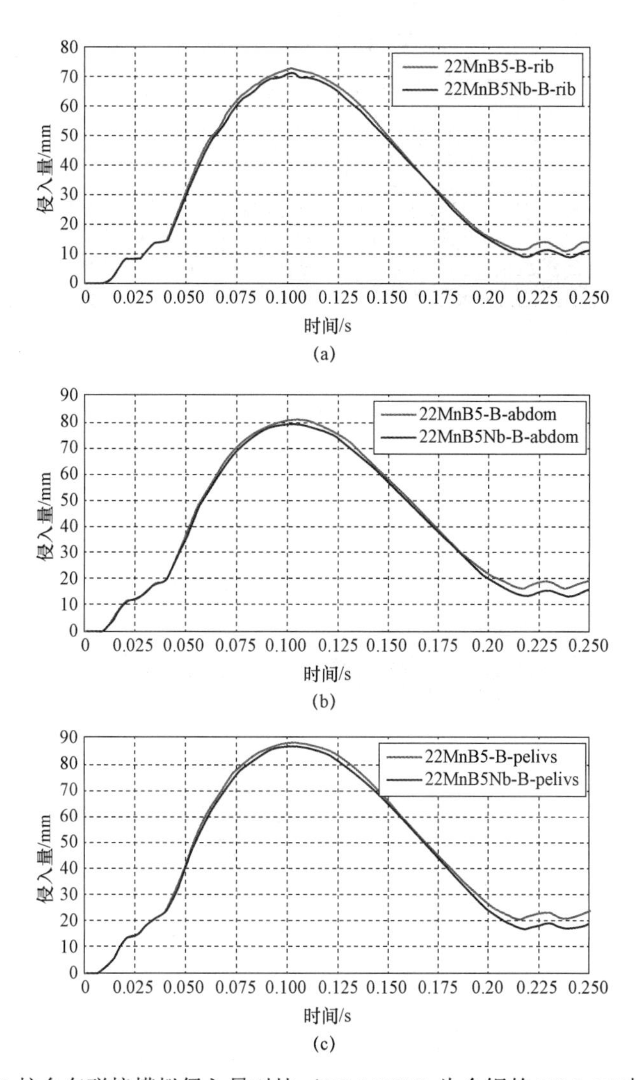

图 6.43　B 柱台车碰撞模拟侵入量对比（22MnB5Nb 为含铌的 22MnB5 热成形钢）

（a）rib 处侵入量对比；（b）abdom 处侵入量对比；（c）pelvis 处侵入量对比

为对数值模拟结果进行验证，分别采用含铌及不含铌无镀层 1 500 MPa 级热成形钢 B 柱进行台车碰撞试验，如图 6.44 所示。试验条件与有限元模型保持一致，此外，在 B 柱对应假人 rib、abdom 和 pelvis 三个位置分别布置一个传感器，用于输出该点位置的试验数据。在 B 柱左前方布置一个高速摄像，记录碰撞过程中 B 柱的变形过程。

通过试验测试，获得 B 柱的变形如图 6.45 所示，不同位置的侵入量如表 6.9 所示。从图中可知，柱碰后，B 柱变形均较小。在碰撞过程中，含铌无镀层 1 500 MPa 级热成形钢 B 柱在 rib、abdom 和 pelvis 三个部位的最大侵入量均小于不含铌无镀层 1 500 MPa 级热成形钢 B 柱，与图 6.35 中的仿真结果趋势一致，验证了含铌无镀层 1 500 MPa 级热成形钢 B 柱的碰撞性能更优。

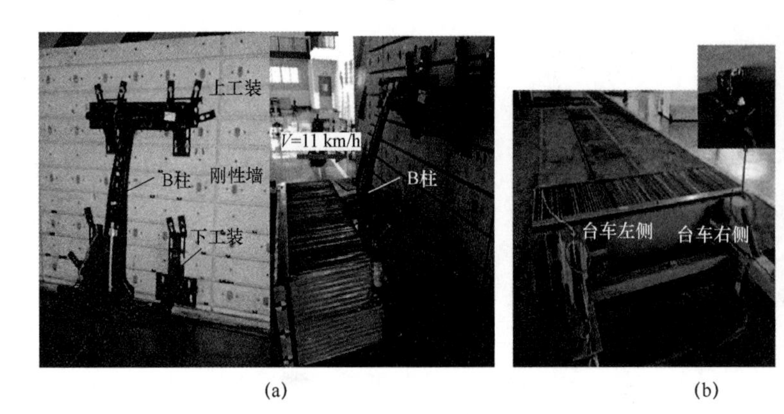

(a) (b)

图 6.44 B 柱台车碰撞试验

（a）B 柱台车碰撞试验工况；（b）侧碰台车及加速度传感器布置

(a) (b)

图 6.45 B 柱台车碰撞试验结果

（a）含铌 B 柱；（b）不含铌 B 柱

表 6.9 B 柱台车碰撞试验侵入量

测量项	rib/mm	abdom/mm	pelvis/mm
含铌 B 柱	74.9	82.1	85.0
不含铌 B 柱	67.3	76.7	80.3
变化量	−7.6	−5.4	−4.7

6.3.2 铌微合金化对 1 500 MPa 级铝硅镀层热冲压成形防撞梁碰撞开裂的影响

为研究铌微合金化对 1 500 MPa 级铝硅镀层防撞梁碰撞性能影响，采用原材料对应某三个不同钢厂的防撞梁进行落锤冲击试验测试，并计算碰撞断裂指数来评估其抗碰撞性能。其中原材料对应钢厂一、二的防撞梁不含铌，原材料对应钢厂三的防撞梁含铌。

落锤冲击试验设备如图 6.46 所示，该设备采用电机伺服控制方式，主要应用于测试材料结构在动态载荷下力学性能，是系统研究和测试材料结构力学性能及变形行为的重要设备。

落锤配重为 334.8 kg，锤头为半圆柱结构，圆柱半径为 127 mm，轴向长度为 350 mm。防撞梁与落锤锤头垂直放置，落锤以 14.4 km/h（4 m/s）的速度冲击防撞梁中部，各重复三次试验。防撞梁落锤冲击试验状态如图 6.47 所示。

图 6.46　落锤冲击试验测试设备

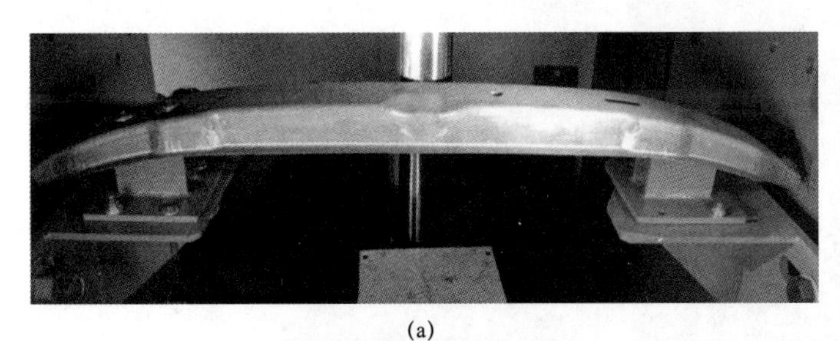

(a)

(b)

(c)

图 6.47　防撞梁落锤冲击试验状态

（a）样件安装状态；（b）压头；（c）试验状态

试验过程如图 6.48 所示，试验后防撞梁的变形及断裂情况如图 6.49 所示，从图中可知，试验后，三种防撞梁都发生了大变形，且都在锤头下方位置产生了裂纹，如图中椭圆线框所示。

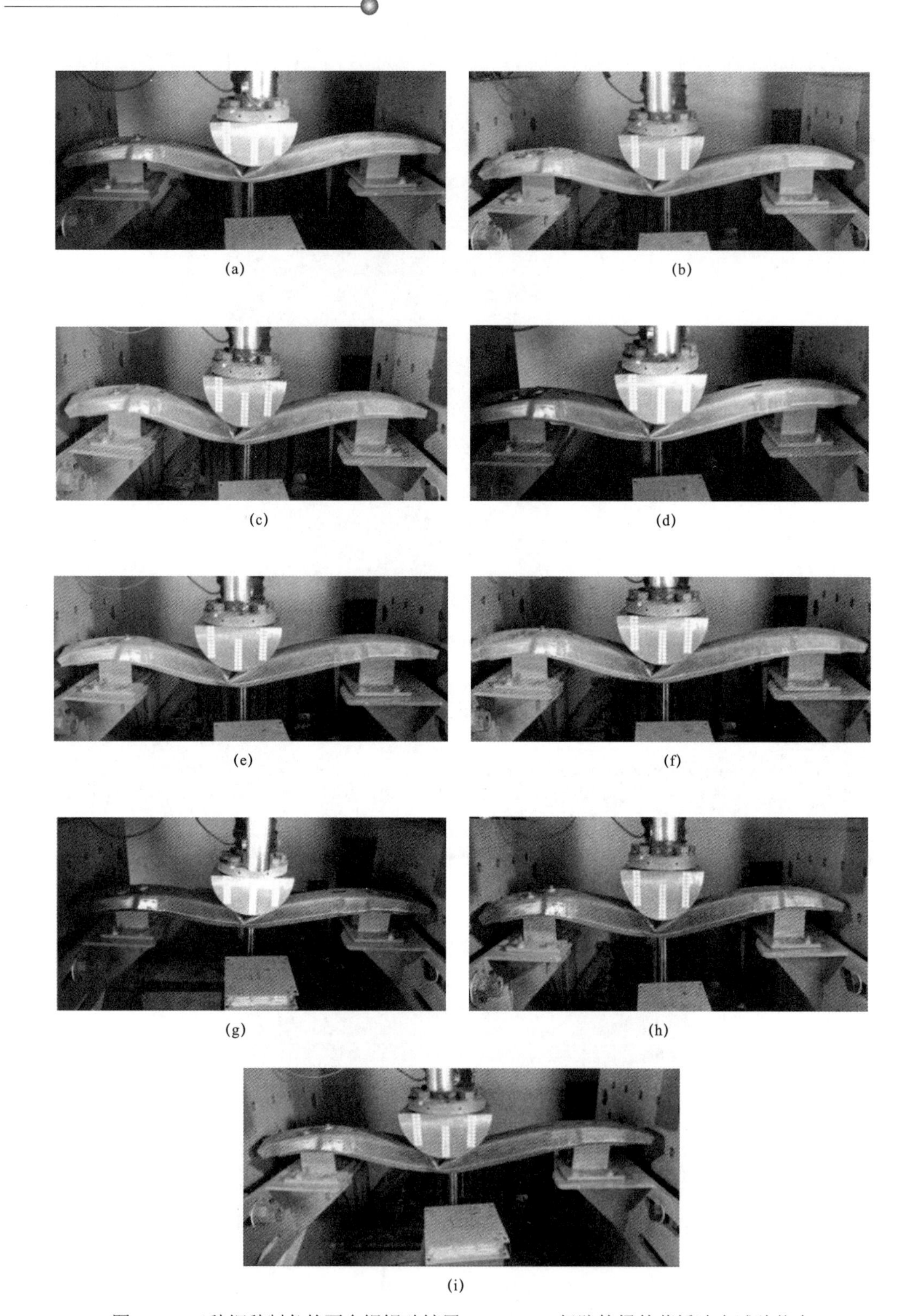

图 6.48　三种钢种制备的不含铌铝硅镀层 1 500 MPa 级防撞梁的落锤冲击试验状态

（a）钢厂一防撞梁冲击开始；（b）钢厂一防撞梁冲击过程中；（c）钢厂一防撞梁冲击结束；
（d）钢厂二防撞梁冲击开始；（e）钢厂二防撞梁冲击过程中；（f）钢厂二防撞梁冲击结束；
（g）钢厂三防撞梁冲击开始；（h）钢厂三防撞梁冲击过程中；（i）钢厂三防撞梁冲击结束

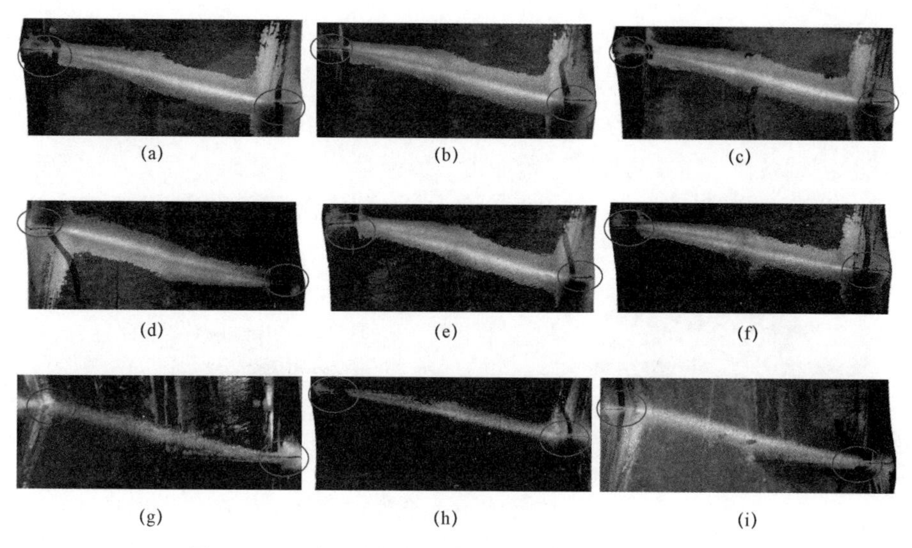

图 6.49　三种钢种制备的防撞梁的落锤冲击试验结果

（a）钢厂一防撞梁 1 裂纹区域；（b）钢厂一防撞梁 2 裂纹区域；（c）钢厂一防撞梁 3 裂纹区域；
（d）钢厂二防撞梁 1 裂纹区域；（e）钢厂二防撞梁 2 裂纹区域；（f）钢厂二防撞梁 3 裂纹区域；
（g）钢厂三防撞梁 1 裂纹区域；（h）钢厂三防撞梁 2 裂纹区域；（i）钢厂三防撞梁 3 裂纹区域

试验后，将防撞梁静置 1 h。采用游标卡尺对防撞梁上的裂纹尺寸进行测量，测量位置说明如图 6.50 所示。分别测量上横裂纹、上纵裂纹、下横裂纹、下纵裂纹尺寸，并通过式(6.14)计算平均碰撞断裂指数 CI 值，如表 6.10 所示。

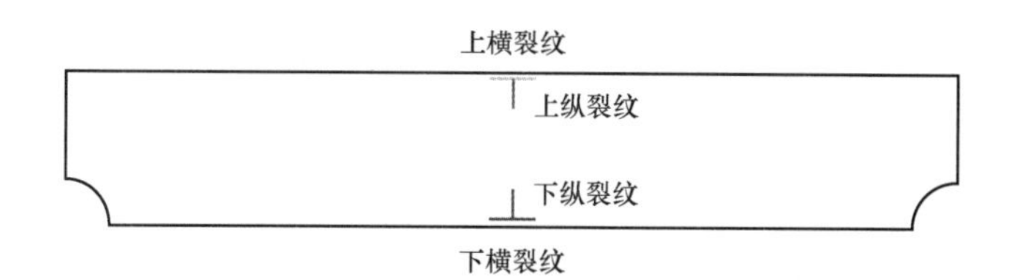

图 6.50　防撞梁裂纹测量位置说明

表 6.10　防撞梁落锤冲击试验 1 h 后裂纹长度

防撞梁编号	上横裂纹/mm	下横裂纹/mm	上纵裂纹/mm	下纵裂纹/mm	平均碰撞断裂指数（CI 值）/%
钢厂一（不含铌）－1	17.43	1.37	9.01	10.06	83.15
钢厂一（不含铌）－2	19.9	1.84	14.22	7.18	
钢厂一（不含铌）－3	21.21	4.3	14.72	11.12	
钢厂二（不含铌）－1	无	无	11.94	11.78	91.12
钢厂二（不含铌）－2	无	无	11.32	10.23	
钢厂二（不含铌）－3	无	无	10.82	10.47	
钢厂三（含铌）－1	无	无	5.77	2.02	97.50
钢厂三（含铌）－2	无	无	6.07	3.83	
钢厂三（含铌）－3	无	无	4.66	3.39	

从表 6.10 可知，三种防撞梁的平均碰撞断裂指数（CI 值）分别为 83.15、91.12 和 97.50，其中含铌防撞梁（钢厂三）的平均碰撞断裂指数（CI 值）高于不含铌防撞梁（钢厂一、二），可见 1 500 MPa 级铝硅镀层含铌防撞梁的抗碰撞性能优于不含铌防撞梁。

基于试验测试条件，建立防撞梁落锤冲击数值模型，如图 6.51 所示，对试验过程进行仿真再现。仿真过程中，分别输入图 6.34 所示的 MMC 断裂曲线对含铌及不含铌防撞梁的断裂行为进行预测。

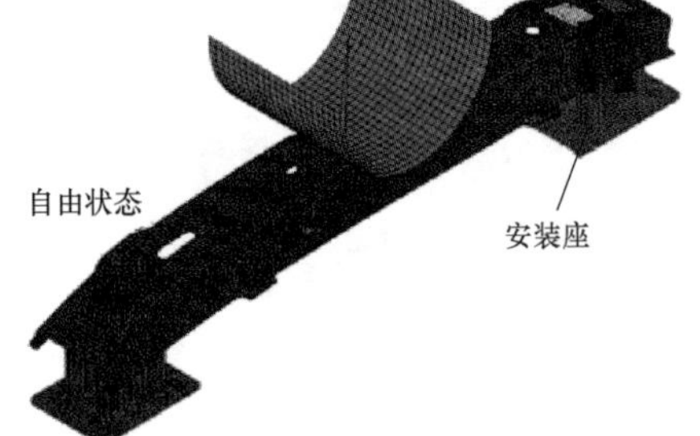

图 6.51　防撞梁落锤冲击数值模型

仿真结果如图 6.52 和图 6.53 所示，从图中可知，落锤冲击后，含铌及不含铌防撞梁均在与压头接触的区域发生大变形，且产生微裂纹，如图中方形线框所示。在裂纹出现前，含铌及不含铌防撞梁的最大塑性应变分别为 0.447、0.587。两组计算结果中，含铌防撞梁的裂纹尺寸小于不含铌防撞梁。在变形形式、裂纹区域、裂纹尺寸上，仿真结果与试验结果均吻合，进一步证明了 1 500 MPa 铝硅镀层含铌防撞梁的抗碰撞性能优于不含铌防撞梁。

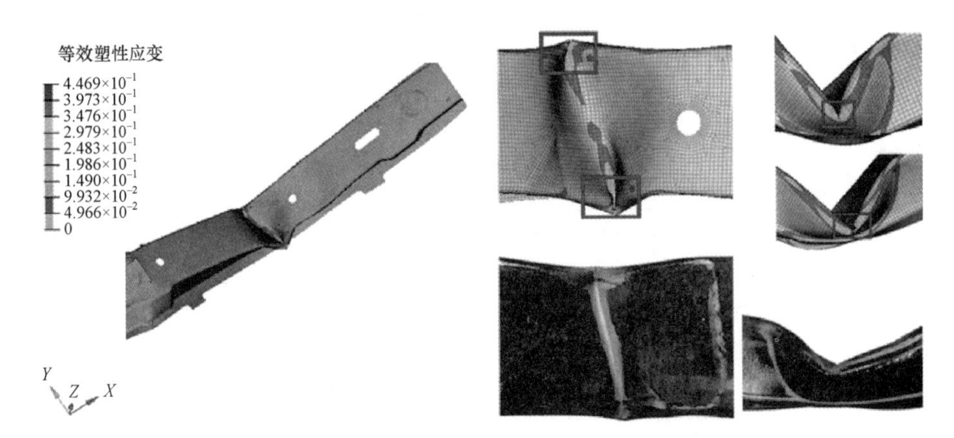

图 6.52　不含铌热冲压成形防撞梁仿真变形及断裂情况

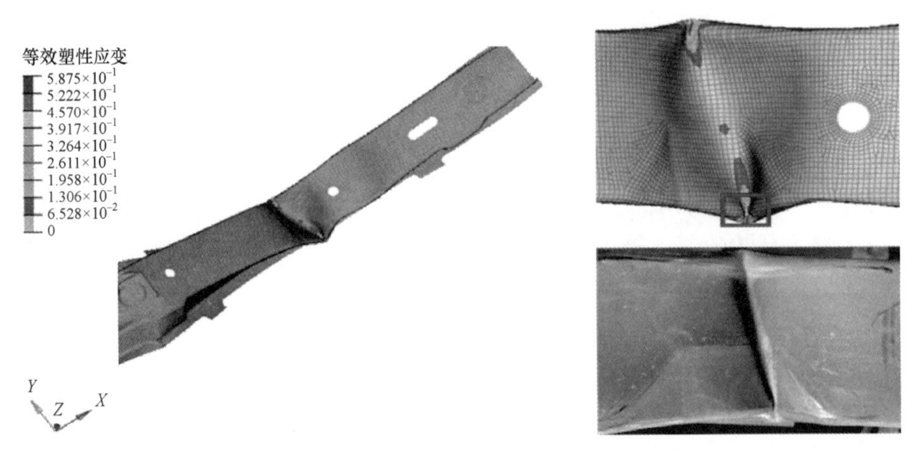

图 6.53　含铌热冲压成形防撞梁仿真变形及断裂情况

6.3.3　铌微合金化对 1 800 MPa 级热冲压成形防撞梁碰撞开裂的影响

基于图 6.51 的防撞梁落锤冲击数值模型及仿真条件，分别输入图 6.35 所示的 MMC 断裂曲线对 1 800 MPa 含铌及不含铌防撞梁的断裂行为进行预测，从仿真角度研究其抗碰撞性能。仿真结果如图 6.54 和图 6.55 所示，从图中可知，落锤冲击后，含铌及不含铌防撞梁均在与压头接触的区域发生大变形，并有裂纹产生，如图中方形线框所示。其中含铌防撞梁的裂纹尺寸更小，说明对应的碰撞断裂指数（CI 值）更高。此外，对比落锤冲击过程的力–位移曲线发现，含铌防撞梁的冲击位移更小，说明其侵入量更小。仿真结果表明，含铌 PHS1800 具有更好的抗碰撞性能。

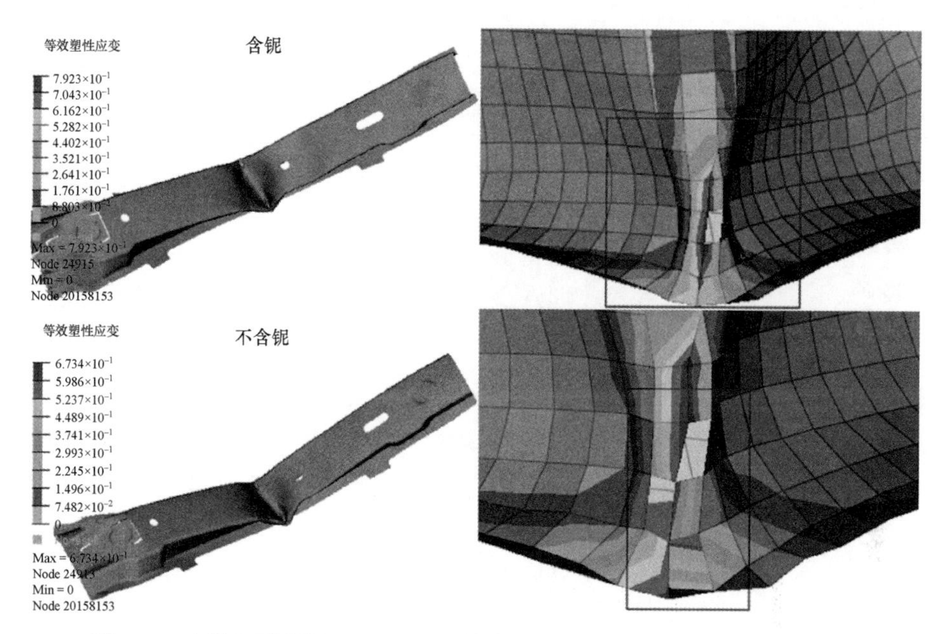

图 6.54　含铌和不含铌 1 800 MPa 级热冲压成形防撞梁仿真变形及断裂情况

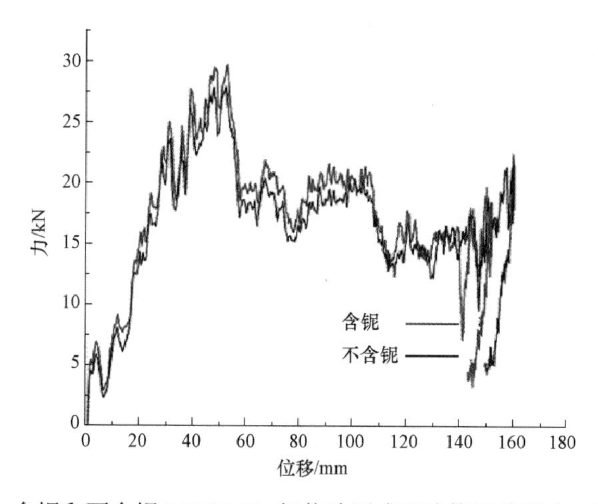

图 6.55　含铌和不含铌 1 800 MPa 级热冲压成形防撞梁仿真力–位移曲线

6.4　对热成形钢淬火态极限尖冷弯角度的建议

综上研究和分析，热成形钢淬火态极限尖冷弯角度是比延伸率等更为重要的性能参数，对零件的碰撞安全等服役性能具有很大影响，参考国内外相关整车企业的认证或供货要求，在脱碳层厚度和镀层厚度满足要求的前提下，推荐各整车企业设定的冷弯角度要求如表 6.11 所示，测试方法采用汽车行业团体标准 CSAE 154—2020 以及 VDA238-100，在热冲压成形零部件上取样（烘烤后）。

表 6.11　热成形钢淬火态极限尖冷弯角度的推荐建议

<table>
<tr><th rowspan="2">厚度</th><th colspan="2">1 500 MPa 级</th><th colspan="2">1 800～2 000 MPa 级</th></tr>
<tr><th>裸板*</th><th>镀层</th><th>裸板*</th><th>镀层</th></tr>
<tr><td>$0.7\leq t\leq1.6$ mm</td><td>≥60°</td><td>≥60°</td><td>≥45°</td><td>≥45°</td></tr>
<tr><td>$1.6<t\leq1.8$ mm</td><td>≥55°</td><td>≥55°</td><td>≥40°</td><td>≥40°</td></tr>
<tr><td>$1.8<t\leq2.0$ mm</td><td>≥55°</td><td>≥55°</td><td rowspan="3">≥35°</td><td rowspan="3">≥35°</td></tr>
<tr><td>$2.0<t\leq2.5$ mm</td><td>≥47°</td><td>≥47°</td></tr>
<tr><td>>2.5 mm</td><td>≥43°</td><td>≥43°</td></tr>
</table>

*裸板的冷弯角定义可适当提高。

由于裸板和镀层板存在性能差异，表 6.11 主要取相同强度级别的最低要求定义，主要参考镀层热成形钢的冷弯角，当各主机厂定义指标时可根据实际情况调整，如 1 500 MPa 级裸板的冷弯角可以适当上调 5°，1 800～2 000 MPa 级裸板的冷弯角也可以适当上调 5°。

6.5　小　　结

本章介绍了表征热冲压成形零部件变形行为的本构模型，表征热冲压成形零部件断裂失效行为的断裂失效模型（包含常应变模型、Johnson-Cook 模型、Gissmo 模型和 MMC 模型）。通过试验和仿真，获得了模型参数，并在热冲压成形 B 柱三点弯曲试验中得到验证。介绍了热冲压成形零件开裂的主要机制，以及铌微合金化抑制碰撞开裂和极限尖冷弯断裂的机理。铌微合金化可以显著提高热成形钢的极限冷弯角度，并可以提高叠片冲击的冲击功，尤其是可以提高热冲压成形零件在复杂应力状态下的断裂应变。

引入“碰撞断裂指数”来定量评估三点弯曲试验零件出现的开裂程度，发现热冲压成形零部件抗碰撞冲击断裂能力主要与材料的抗拉强度、极限尖冷弯角度、扩孔率、$R5-W10$ 缺口试样拉伸试验的等效塑性应变有关。热成形钢的 $R5-W10$ 缺口试样拉伸试验的等效塑性应变、扩孔率、极限尖冷弯角度越高，热冲压成形零部件抗碰撞冲击断裂能力越高。热成形钢的抗拉强度越高，热冲压成形零部件抗碰撞冲击断裂的能力反而越低，而且热冲压成形零部件抗碰撞冲击断裂能力与热成形钢的总延伸率没有关联。铌微合金化能提升热冲压成形零部件抗碰撞冲击断裂能力（对于带镀层热冲压零件提高约 45%，而非镀层零件提高约 80%）。通过对含铌和不含铌无镀层 1 500 MPa 级热成形钢、1 800 MPa 级热成形钢，含铌和不含铝硅铌镀层 1 500 MPa 级热成形钢复杂应力状态下的断裂应变曲面进行对比，以及零部件落锤碰撞开裂对比和基于断裂应变曲面的碰撞模拟分析，结果均表明，含铌的热冲压成形零部件抗碰撞开裂能力显著优于不含铌的热冲压成形零部件。推荐了热成形钢淬火态极限尖冷弯角度，希望有关论述对热冲压成形零部件的碰撞断裂研究和工业应用有所帮助。

参考文献

[1] 周琳. 金属材料新的动态本构模型［D］. 合肥：中国科学技术大学，2019.

[2] LSTC. LS-DYNA keyword user's manual［A］. Lwermore：LSTC，2020.

[3] 穆磊. 面向先进高强钢的韧性断裂预测模型研究与应用［D］. 北京：北京科技大学，2018.

[4] 黄婧. 基于连续损伤力学的金属板材成形极限研究［D］. 武汉：武汉理工大学，2006.

[5] BASARAN M. Stress state dependent damage modeling with a focus on the lode angle influence［D］. Aachen：RWTH Aachen University，2011.

[6] LI H，FU M W，LU J，et al. Ductile fracture：Experiments and computations［J］. International Journal of Plasticity，2011，27（2）：147－180.

[7] JOHNSON G R，COOK W H. Fracture characteristics of three metals subjected to various strains，strain rates，temperatures，and pressures［J］. Engineering Fracture Mechanics，1985，21（1）：31－48.

[8] EFFELSBERG J，HAUFE A，FEUCHT M，et al. On parameter identification for the Gissmo damage model［C］//11th LS－DYNA Forum. Dearborn：Germany，2012：1－10.

[9] BAI Y，WIERZBICKI T. Application of extended Mohr-Coulomb criterion to ductile fracture［J］. International Journal of Fracture，2010，161（1）：1－20.

[10] BAI Y，WIERZBICKI T. A new model of metal plasticity and fracture with pressure and Lode dependence［J］. International Journal of Plasticity，2008，24：1071－1096.

[11] KURIYAMA Y，TAKAHASHI M，OHASHI H. Trend of car weight reduction using high strength steel［J］. Automotive Technology，2001，55（4）：51－57.

[12] 马宁，胡平，闫康康，等. 高强度硼钢热成形技术研究及其应用［J］. 机械工程学报，2010，46（14）：68－72.

[13] LECHLER J，MERKLEIN M. Hot stamping of ultra high strength steels as a key technology for lightweight construction［J］. Materials Science and Technology，2008，5（9）：1698－1709.

[14] 闫海涛，张文超，张桂贤. 车辆碰撞过程中金属材料应变速率范围分析［J］. 汽车工程师，2018（8）：44－46.

[15] 周佳，梁宾，赵岩，等. 复杂应力状态下车用高强钢断裂失效行为表征与应用研究［J］. 塑性工程学报，2021，28（03）：153－163.

[16] KURZ T，LAROUR P，LACKNER J，et al. Press-hardening of zinc coated steel-characterization of a new material for a new process［J］. Materials Science and Engineering，2016，159

（1）：12–25.

［17］JUNYA N，TOSHIO M，SHIGEO O. Correlation between side impact crash behavior of hot-stamping parts and mechanical properties of steel［J］. Kobe Steel Engineering Reports，2017，66（2）：69–75.

［18］LIEVERS W B，PILKEY A K，WORSWICK M J. The co-operative role of voids and shear bands in strain localization during bending ［J］. Mechanics of Materials，2003. 35（7）：661–674.

［19］ASANO M，MINODA T，OZEKI Y，et al. Effect of copper content on bendability of Al-Mg-Si alloy sheets ［J］. Material Science and Forum，2006，519–521：771–776.

［20］AKERET R. Failure mechanisms in the bending of aluminum sheets and limits of bendability ［J］. Aluminium，1978，54（2）：117–123.

［21］DAO M，LI M. A micromechanics study on strain-localization-induced fracture initiation in bending using crystal plasticity models ［J］. Philosophical Magazine A，2001，81（8）：1997–2020.

［22］TONG W. Strain characterization of propagative deformation bands ［J］. Journal of the Mechanics and Physics of Solids，1998，46（10）：2087–2102.

［23］REYES A，ERIKSSON M，LADEMO O G，et al. Assessment of yield and fracture criteria using shear and bending tests ［J］. Materials & Design，2009，30（3）：596–608.

［24］SCHWELLINGER P. On the mechanism of ductile intergranular fracture in AL Mg SI alloys ［J］. Scripta Metallurgica，1978，12（10）：899–901.

［25］DAVIDKOV A，PETROV RH，SMET P D，et al. Microstructure controlled bending response in AA6016 Al alloys ［J］. Materials Science & Engineering A，2011，528（22–23）：7068–7076.

［26］STEELE D，EVANS D，NOLAN P，et al. Quantification of grain boundary precipitation and the influence of quench rate in 6XXX aluminum alloys ［J］. Materials Characterization，2007，58（1）：40–45.

［27］REUSCH F. Entwicklung und anwendung eines nicht-lokalen materialmodells zur simulation duktiler schdigung in metallischen werkstoffen ［D］. Berlin：Universität Dortmund，2003.

［28］LEMAITRE J，DUFAILLY J. Damage measurements［J］. Engineering Fracture Mechanics，1987，28（5–6）：643–661.

［29］MEYA R，KUSCHE C F，LÖBBE T C，et al. Global and high-resolution damage quantification in dual-phase steel bending samples with varying stress states ［J］. Metals-Open Access Metallurgy Journal，2019，9（3）：319–337.

第7章

热冲压成形零部件的氢致延迟断裂

7.1 氢致延迟断裂

1874 年，Johnson 首先发现了金属样品处于充氢环境下韧性大幅减少的情况。此后许多学者和工程人员均投入关于氢致延迟断裂的研究，至今有近 4 万篇关于氢致延迟断裂研究的论文发表，近年仍以每年数百篇增加中，这些数据显示此问题在金属材料中是重要的一个研究课题，而庞大的论文数量也显示了氢致延迟断裂的复杂性。本章我们将从定义、机理以及抑制等方面说明热成形钢及热冲压成形零部件的氢致延迟断裂现象。

7.1.1 氢致延迟断裂的定义及发生条件

氢致延迟断裂现象又称氢脆现象，是由于氢原子溶解于金属材料中造成弱化或脆化的现象。氢会加速金属内部的裂纹扩展，造成金属断裂面的特征由韧性转变为脆性。试验证明，充氢的金属会随着金属内氢含量增加而逐渐失去韧性，并且当氢在金属中达到饱和溶解度时韧性会完全消失，然而在金属内的氢逸散后，金属也恢复为原强度。此外，在金属到达塑性变形前，氢对材料韧性与强度的影响几乎是可以忽略的，即在弹性变形时氢对于材料并没有太大影响。强度不同的金属有不同程度的氢脆现象：在中低强度的铁素体钢中不明显，但在高强度马氏体钢中，尤其是在超高强度热成形钢中氢脆非常严重，此现象显示氢脆与金属的显微组织和结构有非常大的联系。研究也显示，在不同应变速率进行的机械性能测试对氢脆严重程度有影响，在应变速率较慢的测试中，金属展现出的氢致延迟断裂现象较为严重，且室温的金属氢脆程度较高温或低温的试验结果严重，这些现象说明氢脆现象中氢的扩散速度是一个重要影响因素。

7.1.2 氢进入材料的方式

了解了氢脆对材料机械性能的影响后，接着我们必须了解氢是如何进入金属的。当金属处于含氢的环境中时，氢气［H_2（g）］会吸附在金属的表面，若能量足够，氢气会解离成氢原子（H_{ads}）并透过金属表面进入。而吸附于金属表面的氢原子也可能再次结合成氢分子并脱离金属表面重新回到环境中，平衡反应式如下：

$$\frac{1}{2}H_2(g) \leftrightarrow H_{ads} \leftrightarrow H_{abs} \tag{7.1}$$

根据西韦特定律（Sievert's law），金属内最终氢浓度（c_H）与环境中氢的压力（f_H）相关，关系式可表示为

$$c_H = S\sqrt{f_H} \tag{7.2}$$

式中，S 为溶解常数，其与氢在金属表面的压力及金属材料种类有关。此定律说明氢气压力越高，金属对氢的吸收越多，试验上可运用此现象来调控金属内的氢致延迟断裂程度。但由于氢气易燃，试验上使用高压氢气腔体有较高风险，因此试验上较多使用电解水产氢（water electrolysis）的方式来进行高压充氢。此方法需要的试验设备较简单，即把充氢样品放在阴极来让样品周围充满氢气，而阳极则使用抗氧化的金属，如金或铂。而电解水溶液一般会加入酸或碱来增加导电性，在阴极水解反应如下：

$$H_3O^+ + e^- \to H_{ads} + H_2O \text{（酸性环境）} \tag{7.3}$$

$$H_2O + e^- \to H_{ads} + OH^- \text{（碱性环境）} \tag{7.4}$$

在气态充氢的情况，我们可由式（7.2）来估计金属中的氢含量，而液态充氢则需加入考虑氢析出反应的速率，因此 Liu 等人推导出液态充氢氢压（f'_H）与水解电压（V_a）的关系：

$$f'_H = A\exp\left[\frac{(V_a - V_r)F}{\gamma RT}\right] \tag{7.5}$$

式中，F 为法拉第常数，R 为理想气体常数，T 为绝对温度，而 A 及 γ 则为与特定电解液的氢脱附机制相关的常数，V_r 是一固定的参考电位。将式（7.5）与式（7.2）结合后可由调整施加的电压来推算水解充氢试验中的氢压。

除了以气体或水解方式直接进入材料，热成形钢在经过冶炼、酸轧、退火以及奥氏体化时（图 7.1），氢气也有可能进入钢中，热成形钢供货态可扩散氢含量（如 265 ℃以内的可扩散氢）一般控制在 0.5 ppmw 以内较为安全。除此之外，热冲压成形零件在进行焊接或将零件用于汽车中使用时，也有氢气进入金属部件的可能性（图 7.1）。

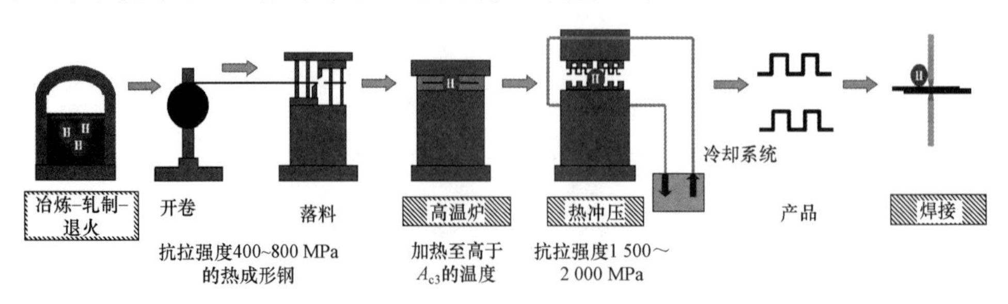

图 7.1 氢气进入钢及金属部件的潜在过程

而在热冲压成形的奥氏体化加热过程中，奥氏体化加热炉内大气中的水蒸气分子可能会发生如下的还原反应：

（1）无镀层热成形钢：

$$3Fe + 4H_2O \rightarrow Fe_3O_4 + 8H \tag{7.6}$$

$$Fe + 4H_2O \rightarrow FeO + 8H \text{（570 ℃以上）} \tag{7.7}$$

（2）铝硅镀层热成形钢：

$$Al + H_2O \rightarrow Al(OH) + H \tag{7.8}$$

$$Al + 2H_2O \rightarrow AlO(OH) + 3H \tag{7.9}$$

$$2Al + 3H_2O \rightarrow Al_2O_3 + 6H \tag{7.10}$$

$$Si + 2H_2O \rightarrow SiO_2 + 4H \tag{7.11}$$

Cho 等人也提出了另外的可能路径：

$$2Fe + 3H_2O \rightarrow Fe_2O_3 + 6H \tag{7.12}$$

工业上需进行奥氏体化加热炉内气氛的露点控制，当氢进入材料后就成为溶质原子，然后透过各种不同的机理造成氢致延迟断裂，目前所知的机理整理如下。

7.1.3　氢致延迟断裂机理

了解氢造成金属延迟断裂的原因需先从氢在金属中的特性说起。由于氢溶解于金属中属于吸热反应（较不易溶解），除元素周期表中的 VB 族元素以及 Pd 外，氢溶质在金属内仅占原子比值百万分之一的数量，而这种低溶解度显示氢致延迟断裂并不需要大量的氢即可产生。由于氢原子的尺寸极小，其作为溶质通常会存在于金属晶格的间隙位置（interstitial site）。例如，在钢中氢原子通常存在于体心立方的四面体，以及面心立方的八面体位置。另外，氢原子的小体积使其在金属中通常具有较高的扩散速率。举例来说，纯铁素体在室温下的氢扩散速率大约为 $10^8\ m^2/s$。然而在其他钢中的扩散速率与纯铁素体相比减少一个量级以上，而这种变化是由于金属晶格中的缺陷或夹杂物造成的，如空位、位错、晶界及碳化物。简单来说氢与晶格缺陷的交互作用综述如下：

（1）空位：空位在金属中经常与氢原子结合，而每个空位能容纳多个氢原子。氢能够透过扩散进入晶格空位，在许多金属的系统中氢原子也能降低空位的能量，但此行为可能造成空位增加而促进氢致开裂。

（2）位错：氢原子会聚集在位错附近形成氢气团，也可以视为氢原子聚集的柯氏气团（Cottrell atmospheres），与传统的非氢聚集的其他柯氏气团相反，此聚集可能会减少位错滑移所需的能量（其他柯氏气团会阻碍位错滑移），进而增加材料的应变，促进氢脆发生。在低应变速率时氢会随着位错移动，所以可以视为位错本身会携带氢原子，改变氢在金属中的分布。

（3）晶界：许多研究提出由于位错会聚集至晶界附近，使晶界局部氢含量提升而促进沿晶开裂。近年的研究也发现晶粒细化（晶界密度提高）时，金属能够增加氢致延迟断裂抗力。因此，晶界对于改善氢致延迟断裂有两种不同的功能，视材料使用的工况才能决定最终效果。

（4）微结构析出相：金属内的析出相如碳化物经常能起到强化材料的作用，而碳化钛、碳化钒及碳化铌都曾被发现能增加氢致延迟断裂抗力。

在这些氢与材料缺陷作用的基础上，我们接着展开解释几种重要的氢脆机理。

1. 脆性氢化物（Brittle-hydride formation）

在过渡金属中（如 Ti、Zr 以及 V），科学家们普遍认为其造成氢致延迟断裂的主因为氢进入这些金属后形成缺乏韧性的氢化物。如图 7.2 所示，氢较易偏聚在如裂纹尖端处等应力较大的地方，导致裂纹尖端处形成脆性金属氢化物，促使裂纹扩展。

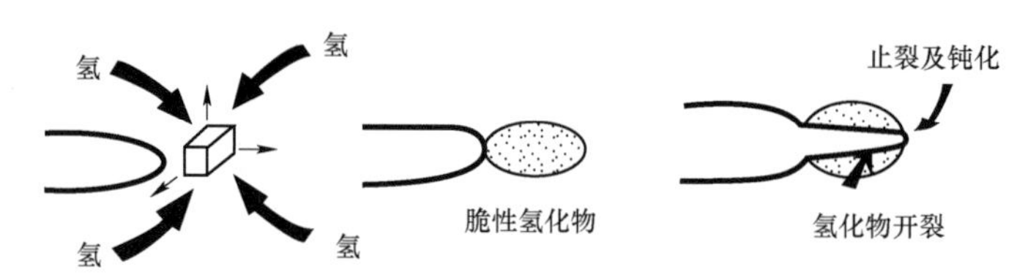

图 7.2　脆性氢化物形成助于裂纹扩展示意

2. 氢致弱化键结合力（Hydrogen-enhanced decohesion，HEDE）

为解释那些不形成氢化物的材料的氢脆现象，1972 年 Oriani 提出了 HEDE 理论，其机制与脆性氢化物使裂纹尖端扩展的机制类似，只是裂纹尖端是由于较高的氢浓度使该处的原子内聚能降低。此种说法仍然难有试验证明晶粒内部的状况，但在晶界处所发生的氢致断裂用该机理可完美解释，因为理论上氢在晶界处聚集会降低晶界的原子聚合能。热成形钢及零件氢脆的沿晶开裂以这一机制解释有一定的参考价值。应该说明，晶界对氢致延迟断裂的影响受多种因素的作用，因此也有不少研究认为氢对晶界的实际影响仍有争议。

3. 氢致局部塑性增加（Hydrogen-enhanced local plasticity，HELP）

充氢后的金属断裂面上可观察到如鱼眼或韧窝（fish eye，or dimple）等穿晶断裂（transgranular fracture）特征，Beachem 依此推论其可能的原因如图 7.3 所示：材料内部在第二相夹杂，裂纹尖端等局部应力集中处造成氢在这些区域的浓集。这会降低位错滑移所需能量并加剧位错在这些部位的活动，大量携带氢原子的位错移动到裂纹的尖端，即应力集中处，会增加孔洞（void）缺陷的形成，最终造成微孔聚合（micro-void coalescence，MVC）而产生鱼眼状裂纹凹坑。Robertson 等人使用环境原位透射电子显微镜（in-situ environmental transmission electron microscope）观察到不锈钢在变形过程中充氢时，会改变位错的移动速率，证明了 HELP 理论中关于氢增加局部塑性变形的关键条件：位错快速移动。显然这与氢降低了位错运动的视垒，再加上氢在裂纹尖端的应力集中处非均匀分布引起变形的局部化，剪切变形的局部化；扫描电子显微镜（scanning electron microscope）的试验也观察到位于充氢铁素体样品尖端裂纹处的缺陷密度有显著增加，为 HELP 又提供了一个有力证据。在热成形钢的组织中，有高密度的位错，晶格畸变度很大，氢的进入可能会降低部分畸变，并在裂纹尖端，位错携氢原子由于应力集中运动于裂纹尖端，促进裂纹张开并启动，产生微孔聚合的氢致延迟断裂。虽然目前国内外学者对 HELP 理论中空洞如何在裂纹尖端形成尚未达成一致，但 HELP 理论已然成为近年最被广泛接受的氢致延迟断裂机制之一。

4. 氢吸附致位错射出（Adsorption-induced dislocation emission，AIDE）

与 HELP 理论类似，Lynch 等人通过观察低强度钢表面的凹坑而提出吸附能致位错发散理论，然而其对于裂纹尖端的氢致行为有着不同的解释。HELP 理论假设已经存在的氢溶质加速位错的活动，而 Lynch 则认为是由外部环境中进入的氢原子造成裂纹尖端表面位错的加速活动，在尖端裂纹处聚集的氢会激发位错的射出，如图 7.4 中的实线部分所示，并在该处留下空洞，而之后空洞连接造成裂纹尖端扩张的过程则与 HELP 理论相同。此理论被视为修正过后的氢致局部塑性增加理论，然而目前仍没有适合的试验说明在晶格中的溶质氢没有参与尖端裂纹的位错活动。

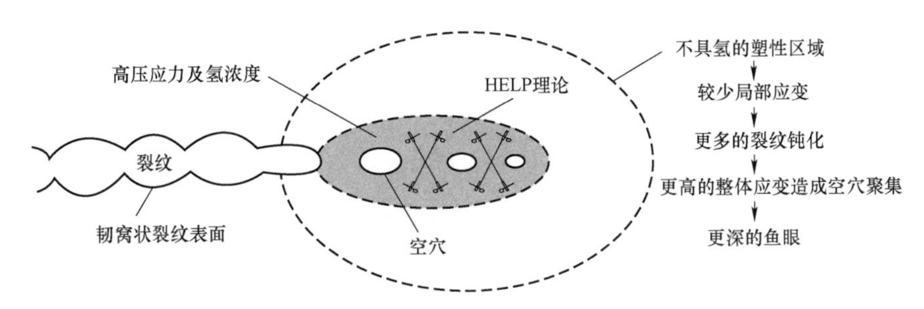

图 7.3 氢致局部塑性增加示意

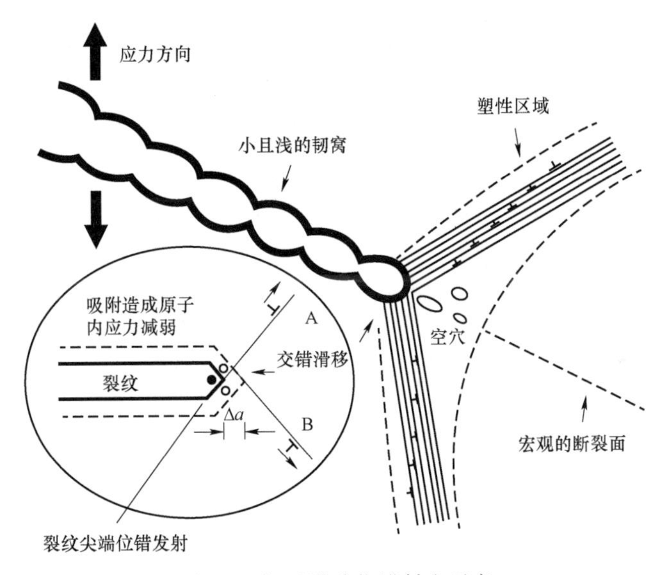

图 7.4 氢吸附致位错射出示意

5. 氢致空位增加（Hydrogen-enhanced strain-induced vacancy，HESIV）

基于氢与空位有很强的交互作用，Nagumo 等人提出了氢增强应变致空位理论。如图 7.5 所示，Nagumo 等人认为由于氢能够稳定空位进而增加空位的数量，这些空孔增加到一定程度将会互相连接，形成了在试验上观察到的凹坑。然而，现阶段的试验证据仍不足以解释空位是如何成长成空孔的，使此理论仍有争议。

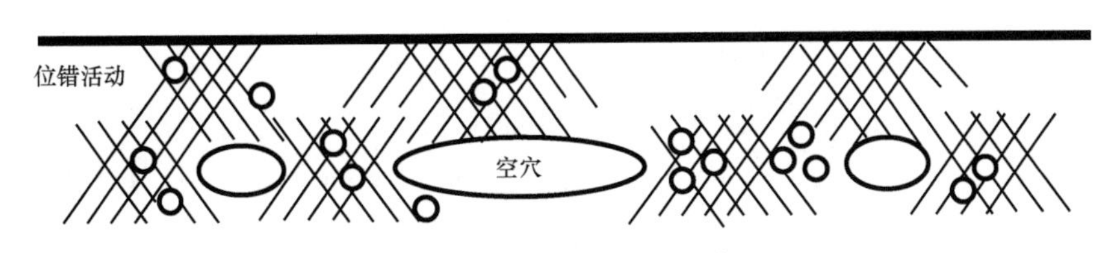

图 7.5 氢致空位增加示意

7.1.4 抑制氢致延迟断裂的方法

氢致延迟断裂的程度取决于金属内氢的含量，特别是可扩散的氢原子。所以在处理此问题时，基本的原理是降低金属内扩散的氢原子含量。而在工程上，常见的解决方法为去除预先存在于金属内的氢、抑制氢由金属表面进入及将氢限制于金属的微结构中。

1. 释放金属内氢原子及表面保护

因为在制造、储存阶段并不可能完全摒除大气及工况环境气氛中的氢气，因此可能氢会预先存在于材料内造成氢脆。为减少由大气及工况环境气氛中进入而存在的氢原子，在金属冶炼过程中可以使用真空或者惰性气体使金属内的氢脱离，或是制造过程中在适当的温度下（通常是 150～230 ℃）进行脱氢，需注意此温度不能引起相的变化而影响到材料强度。然而，这些方法仅能使预存在的氢脱离，并不能防止在之后的使用中氢的进入。

在金属的表层镀膜也是一个直接且有效的方法来防止氢致延迟断裂，由防止及限制外界环境中氢的进入来达到抑制氢致延迟断裂的手段。然而，某些镀膜技术可能会大量增加材料制造的复杂程度，进而增加制造成本，并且还需考虑后续材料服役时镀膜的变形或者磨损，此方法也有许多限制。另外有些镀层在抑制氢进入的同时也会抑制氢的逸出，且由于热冲压成形零件等是在高温下制造的，有些镀层会与工况气氛反应生氢，反而不利。

2. 控制工况环境气氛抑制氢进入

Pressouyre 等人研究发现，若是微结构中可扩散的氢含量减少，金属就更不容易发生氢致延迟断裂的现象。控制工况环境气氛是一个重要的防止氢进入的方法，如控制钢材的退火气氛露点、奥氏体化炉内气氛露点等。目前热成形钢奥氏体化炉中的露点一般要求控制在 -5～30 ℃，1 800 MPa 级及以上的热充压成形钢要求高一些。

3. 设计捕捉氢之微结构

为了减少微结构中可扩散的氢含量，在钢的精细组织中设计分布一定数量的氢陷阱，可以有效减少钢中可扩散氢含量。其中，氢陷阱依照其捕捉能障的高低，分为可逆（reversible）及不可逆（irreversible）两种。常见的可逆氢陷阱即晶格缺陷，包括空位、位错及晶界，因其捕捉的能障较低，在相对低的温度下可以从低能氢陷阱脱附，如 265 ℃；其余捕捉能障较高，氢原子不易从高能氢陷阱脱附，称之为不可逆的氢陷阱，如部分小尺寸夹杂物及析出沉淀相均属于此类。

7.2 热冲压成形钢氢致延迟断裂测试的评价方法及氢陷阱表征手段

全面、精准、可行的氢致延迟断裂敏感性测评方法是研究超高强钢氢致延迟断裂微观机理、促进钢材改性及零件设计、制造工艺优化的前提和基础。多年来国内一直难以出台有效的氢致延迟断裂测试评价技术方法，不同机构间的测评结果差异性显著，难以实现互认互通。本书作者制定了国内面向汽车行业的超高强度钢板氢致延迟断裂敏感性测试评价规范（T/CSAE 155—2020）。钢中的可扩散氢与由钢中的基体、缺陷状态（分布、数量及尺寸范围）和外部载荷确定的局部应力集中之间的耦合效应是决定钢材是否发生氢致延迟断裂的根本和决定因素。强度级别、合金成分、基体相、析出碳化物、缺陷、表面状态等决定了氢元素在钢中的渗透及扩散难易程度，是发生氢致延迟断裂的内在因素，属于评价对象范畴；而渗氢环境及应力为外在因素，属于评价变量的范畴。因此，氢致延迟断裂评价方法研究的根本目标就在于提出正确的氢环境及应力表征参量，并实现对钢材氢致延迟断裂敏感性测评流程及过程要求的标准化。

7.2.1　热成形钢氢致延迟断裂测试的评价方法

由于在真实服役环境下，汽车零件发生氢致延迟断裂往往是基于随机性因素，导致零件局部微区内的氢及应力特性与钢材基体在微观尺寸上达到了临界条件，从而出现开裂，实际发生概率一般很低。所以若采用理想的服役工况进行钢材的氢致延迟断裂敏感性测评往往试验周期漫长（可达数年乃至更长）。当前国内外一般采用加速工况试验法，评价各类超高强度汽车用钢的氢致延迟断裂敏感性。当前随加载和充氢方法的差异性，典型的汽车用钢氢致延迟断裂敏感性评价方法见第 5 章表 5.18。其中又以慢应变速率试验法、恒载荷拉伸试验法、U 形梁弯曲–浸泡法、冲杯试验法、断裂力学试验法等最为典型，各种方法详述如下。

1. 慢应变速率试验法

慢应变速率试验法（slow strain rate testing，SSRT）是在应变速率为 10^{-7}/s～10^{-3}/s 的条件下进行拉伸试验，同时将拉伸试样放置在一定的含氢介质中，可以在很短的时间下完成试验，进行延迟断裂敏感性评价。试样一般多采用光滑试样。利用该试验可获取所谓的氢脆指数，作为钢材氢致延迟断裂敏感性的评价指标，可采用钢材试验前后断裂应力、断后延伸率、断面收缩率等性能指标的变化率来表征。一般参照 GB/T 15970.7—2017、ISO 7539 系列、ASTM E8M–03 等标准要求执行。方法优势如下：钢材氢致延迟断裂敏感性受应变速率影响，只有在很低的应变速率条件下钢材才能展示其真实氢致延迟断裂敏感性，因此慢应变速率拉伸与准静态乃至快速拉伸相比，其测试精度更高；相比于恒载荷拉伸等试验方法，可以在更短时间内得到结果；试验结果可呈现明显的裂纹孕育期、扩展期、断裂期三个阶段，其中孕育期是决定钢材氢致延迟断裂寿命的主要阶段。但是采用这种方法对应的试验工况比实际汽车零件的服役环境更加苛刻，因此主要适用于钢材之间氢致延迟断裂敏感性的对比。应变速率是此种试验方法的核心设定参数，已有研究表明应变速率具有一上下限临界值，当低于下限临界值时材料几乎不体现氢致延迟断裂敏感性；而当高于上限临界值时材料由于没有充分的 HIC 发展时间，HIC 效应被抑制，几乎等同于准静态拉伸试验。Wang 等人对不同钢种进行了试验，结果表明因组织差异，不同钢材对应的合理应变速率范围不相同，最佳应变速率范围与金属的再钝化速率有关。

2. 恒载荷拉伸试验法

这种试验通常采用光滑或带缺口的圆棒或平板试样在恒载荷下拉伸，具体参照标准为 GB/T 15970.2—2017、GB/T 4157—2017、SEP 1970、ISO 16573—2022 等。对于这类试验采用光滑或缺口试样可得到类似疲劳曲线的应力–断裂时间（σ–t）曲线，一般用临界断裂应力 σ_C 评价材料的氢致延迟断裂敏感性。恒载荷拉伸试样是在裂纹产生之前就置于固定应力条件下，因此当光滑试样裂纹产生时，试样的有效截面积会减少，应力随之增大，裂纹产生后就不能获知准确的加载应力值，数据分散度高是这种方法的缺点。

3. U 形梁弯曲–浸泡法

近年来，这种试验方法正逐渐为国内外众多的汽车企业所接受，其在本质上属于一种兼有恒载荷+恒应变效应的延迟断裂试验，其主要特点是简单、经济、试样紧凑，不需要特殊的装置，仅利用夹具或螺栓紧固即可获得应力。试验流程一般是先将高强度钢板材料切割成具有一定尺寸规格的平板试样，将试样用螺栓紧固，放置在含氢溶液中进行浸泡。采用断裂试样占总试样的百分比或者试样的断裂应力和时间，对比分析不同钢种之间的延迟断裂的敏感性。采用这种方法的渗氢工况为浸泡，其严酷性低于电化学充氢，结果更加贴近于冲压件在冲压成形、装车使用工况下的承载状态。当前国外诸如 ArcelorMattal 等知名钢铁企业均采用这种方法评价各类超高强度汽车用钢的氢致敏感性，国内外部分汽车主机厂也逐渐青睐于此种方法。采用此方法的一大问题是针对弯曲应力的标定较为困难，中国汽研等机构提出选定板材试样上最小弯曲半径部位的应力值为试样的最大弯曲应力值，同时也提出该特殊点应力、应变状态可等效于准静态拉伸试样，因此可通过准静态拉伸获得工程应力–应变曲线数据，实现对弯曲试样最大弯曲应力的定量标定，具有操作简便、准确、成本低等优势，具有行业推广可行性。T/CSAE 155—2020 提出，针对弯曲应变量，可采用接触式（如应变检测仪+应变片）或非接触式测量设备，以保证测量值的精确性。针对浸泡溶液，当前可谓多种多样，典型的如室温水、3.5%NaCl 水溶液、饱和水蒸气、沸水、0.1 mol/LHCl 水溶液、氢气、含饱和 H_2S 的 0.5%醋酸水溶液、高温潮湿气氛、Walpole 缓蚀液等，分别对应不同的服役氢环境特性，其中又以 0.1 mol/L HCl+浸泡 300～1 000 h 的浸泡处理方法应用最为广泛。此外，多年来国内外一直致力于设定统一的参量，作为模拟氢环境表征的依据，如 1978 年 FTP 提出的评价 PC 钢的氢致延迟断裂的恒载荷拉伸法、日本 JIS 提出的高强度螺栓钢的氢致延迟断裂试验法（缺口平板试样–恒载荷弯曲）等，均采 pH 值表征钢材的使用环境，但是至今该方法的可靠性一直备受质疑。因此，针对此种试验方法，如何根据不同类别的钢种及其服役环境特性，提出统一的氢环境表征参量，并以此设计出与之相吻合的含氢介质研究也一直在进行中。此外针对试验中设定的弯曲应力范围，当前国内外不同机构的处理方式也具有显著的差异性。如 ArcelorMattal 针对其各类超高强度汽车用钢，设定最大弯曲应力值不超过钢材屈服强度的 70%，而在 ISO 16573 中推荐应力为 0.3～0.9 的钢材抗拉强度，应力覆盖范围更宽。T/CSAE 155—2020 推荐应力为 0.3～0.9 的实测抗拉强度，为材料使用方企业开展钢板的氢致延迟断裂性能材料准入认证检测，则本文件推荐最高的弯曲应力值为钢板的实测屈服强度值。本书在第 5 章介绍了更为具体的试验操作和判定。因此，根据不同钢材基体组织结构及其力学性能特性（如屈强比），设定合理的应力范围，也是需要解决的问题。

4. 冲杯试验法

冲杯试验法作为一种标准化的氢致延迟断裂敏感性测试评价方法，在欧洲地区应用非常广泛。国内对这方面的研究还处于起步阶段，仅香港大学、北京科技大学、同济大学、鞍钢等高校和机构开展了相关工作。目前此试验的一般流程是：冲杯延迟开裂试验按照不同的拉压比，在成形试验机上冲制成杯状试样，利用 XRD 等测试手段获取样品的残余应力大小，将试样放置在含氢介质条件下进行浸泡断裂试验，根据产生裂纹的时间或者裂纹数量进行延迟断裂敏感性评价。相比于 U 形弯梁试验，采用这种方法的试验工况更加贴近于汽车零件的冷冲压成形过程，更具有适用性。

5. 断裂力学试验法

此种试验方法采用预制裂纹试样进行评价试验，将试样加工成带有Ⅰ型或Ⅱ型预制裂纹后，放置在含氢介质条件下进行试验，用断裂力学理论求出临界应力场强度因子KIH、KISCC及裂纹扩展速度（d*a*/d*t*）等，用于评价材料的延迟断裂敏感性。采用此种方法，其主要优势是：缩短了裂纹产生的时间，有利于提升试验效率；近似反映了实际汽车零件中难免存在宏观缺陷的情况；可直接使用成熟的材料线弹性断裂力学计算模型；在评价判据KISCC或KIH时，可以不随试样而变，因此对于试样设计的灵活性强，原则上可用于测量材料断裂韧性的各种试样均可用于本试验，早期多采用单边裂纹平板悬梁弯曲恒载荷试样，与恒载荷类似，需采用一组试样获得应力强度因子–断裂时间（$K-t$）曲线，试验周期长且费用高。当前国内外多采用恒应变试样，典型如WOL型、DCB型试样，其采用简单的螺钉旋拧加载，适用于大批量试验，尤其可将试样置于实际零件使用环境中进行试验，且一件试样就可测出KISCC、KIH及裂纹扩展速率，试验成本较低且效率高。缺点是试验过程中裂纹易分叉，影响试验精度。其次采用此试验仅能评价氢致裂纹的扩展过程，无法对氢致裂纹萌生提供任何有效信息。

6. 氢渗透试验法

ASTM 148—2014、ISO 17081—2014、GB/T 30074—2013等国内外标准涉及此种方法。其主要用于测量钢材中氢的扩散行为，实现对氢在测试材料中的存储及扩散特性的定量测试评价。不过，采用这种方法，仅考虑了材料与氢之间的交互作用关系，而没有涉及引入外部应力后其与材料基体、氢三者间的更为复杂的耦合关系，因此其试验结果具有显著的局限性。该方法当前主要用于金属材料氢致延迟断裂基础性研究及材料理化性能检测设备研制（如AutoLAB）。

7.2.2　热成形钢氢致延迟断裂及氢陷阱的表征手段

除氢致延迟断裂对材料力学性能的影响外，表征氢在金属中的行为对于了解氢致延迟断裂及其抑制手段也是至关重要的。近年来表征技术迅速进步，在解决金属氢脆的研究中也有许多新的表征手段来研究氢与金属微结构的交互作用。然而由于氢原子质量轻（X射线与电子束无法探测）且扩散迅速，其表征是相对困难的，本章综述了适合表征含铌钢中氢的技术以及这些技术的最新研究成果，并提供近年来用于表征微合金钢的技术作为未来表征铌微合金钢的参考方向。

1. 热脱附光谱

由于氢在金属内会吸附在具有特定吸附能的氢陷阱，透过热脱附光谱（thermal desorption spectrometry，TDS）可将充氢后的样品加热到高温，并且测量加热过程中脱附的氢含量来研究材料内部的氢陷阱。虽然无法实际观测到氢在微结构中的分布，但TDS可量化金属内氢被捕捉的量，并得到氢脱离氢陷阱所需的能量，区分出可逆和不可逆的氢陷阱。而此种氢表征方法也广泛运用在含铌钢氢脆的研究中，我们将在后面章节介绍。然而在某些特定条件下TDS有其极限，如BCC铁的间隙空位由于其对氢的吸附能较低，这种氢陷阱在室温下无法捕氢，就无法通过TDS来研究此种氢陷阱。因此近年来Koyama等人开发了低温TDS（cryo–TDS），即由金属在低温的条件下操作热脱附光谱，位处氢吸附能较低陷阱的氢原子也能被探测到。如图 7.6 所示，cryo－TDS 可成功测量到 TRIP 钢在低温冷却时相变的脱氢行为。TDS 另一限制在于：如图 7.7 所示，若材料内的氢脱附在某一温度范畴内大量产生，覆盖了其他的峰，TDS 便无法区分氢原子究竟是聚集在何种氢陷阱中，因此需要有更直接的表征手段来观察氢陷阱的作用。另外热脱附光谱分析时，加热速率对其有一定的影响，加热速率过快造成吸附峰重叠，加热速率过慢造成材料的回火析出，改变了原始材料的显微组织。

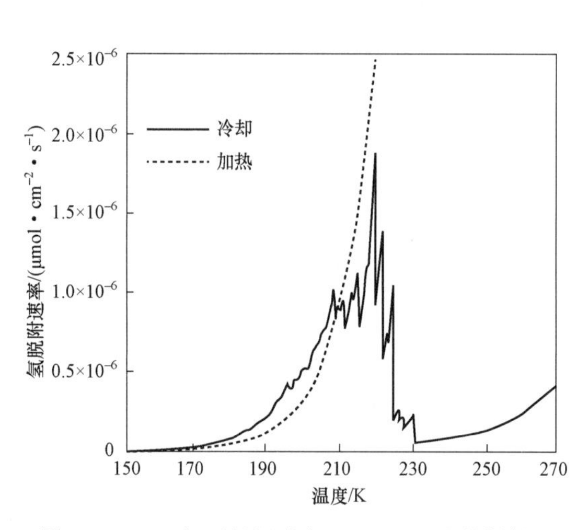

图 7.6　TRIP 钢于低温冷却 cryo－TDS 测量结果

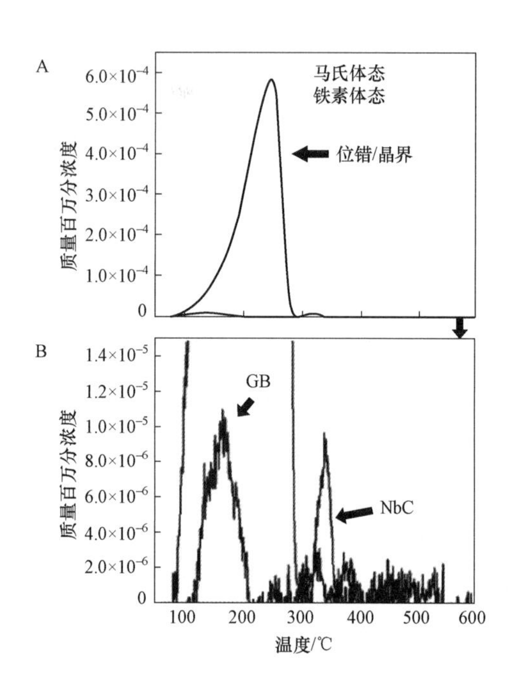

图 7.7　TDS 测量铌微合金铁素体及马氏体钢的热脱附曲线

2. 三维原子探针

三维原子探针是有极高分辨率的三维质谱技术，除了能将材料的微结构在纳米尺寸呈现，也能清楚地分析出空间内原子的种类及分布。如图 7.8 所示，其原理为将针状样品置于超高真空环境中，在针尖施加超高电压脉冲使针状样品的尖端表面原子场蒸发并射出离子，而此原子场蒸发能量也可通过激光脉冲来施加。侦测器会记录场蒸发离子的飞行时间，并由飞行时间质谱仪得到该离子的荷质比（离子种类），加上利用投射原理回推即可获得针状样品的重构三维影像。使用 APT 来观察金属微结构中的氢需注意真空环境中的氢背景信号，即使是在超高真空的工作环境仍难以避免。解决此问题可用氢的同位素——氘（deuterium，^{2}H）来代替作为试验时注入样品的元素，即可区分与环境背景中氢原子（以 ^{1}H 为主）的差别。而氘与氢的化学特性几乎相同，足以代表氢在金属中的行为。此外由于氢与氘都很容易从金属样品逸失，因此样品在充氢后需以低温转移来维持住氢与氘在材料内的原始状态，此新技术为冷冻 APT（cryo－APT）。如图 7.9～图 7.11 所示，Chen 等人利用 cryo－APT 观测充氘后的铁素体及马氏体含铌钢，并成功获得纳米级氘表征结果。由于固溶化的碳经常性地堆积于位错及晶界等缺陷处，借由标示碳富集（蓝色）的区域可以判断出位错以及晶界的位置，

图 7.9 清楚观察到氘大量聚集在碳化铌的结果，图 7.10 则展示氘在位错的聚集，而图 7.11 则提供氘在含碳晶界聚集的直接证据。相对于其他较成熟的表征技术，APT 在近些年的发展中对于研究氢脆问题来说相当重要。

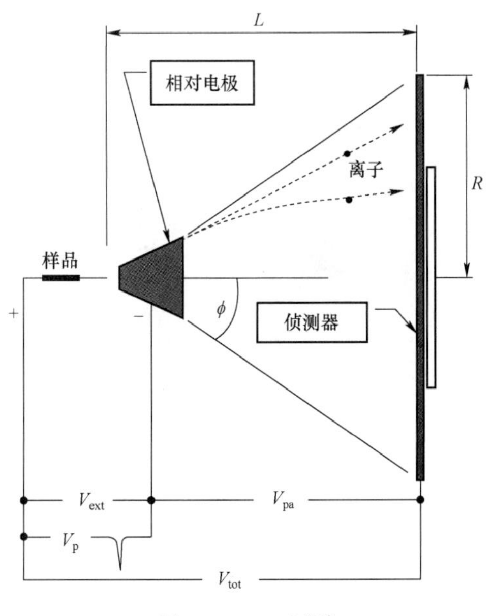

图 7.8　APT 试验

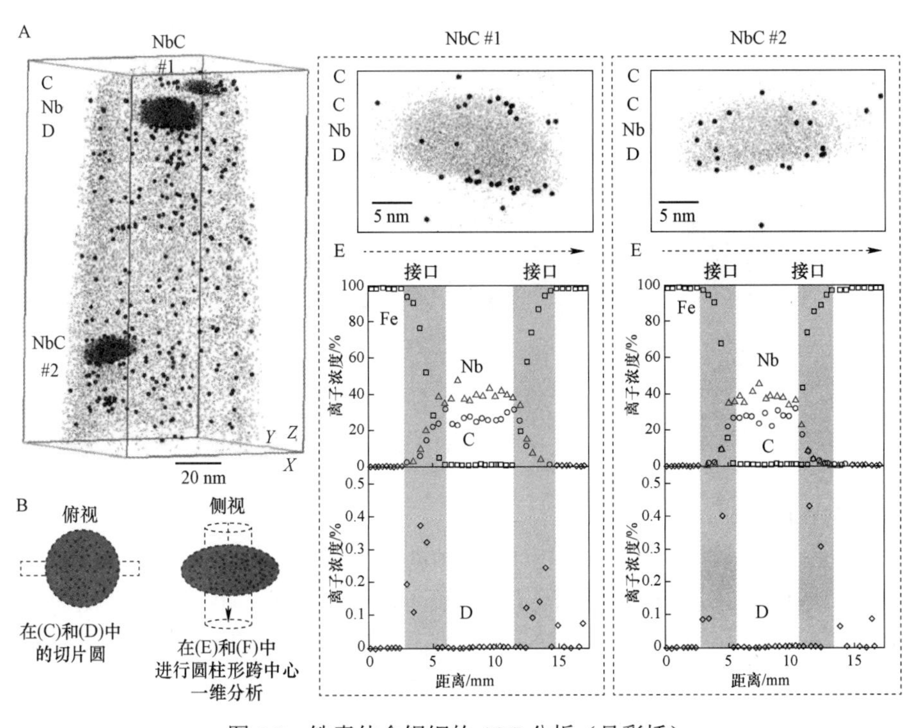

图 7.9　铁素体含铌钢的 APT 分析（见彩插）

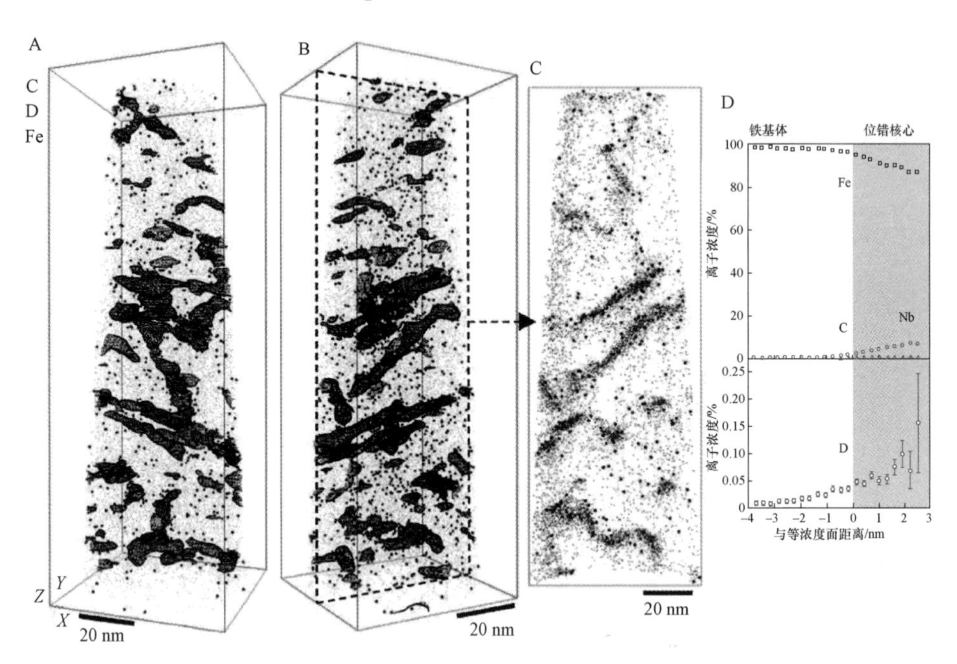

图 7.10　马氏体含铌钢内位错 APT 分析

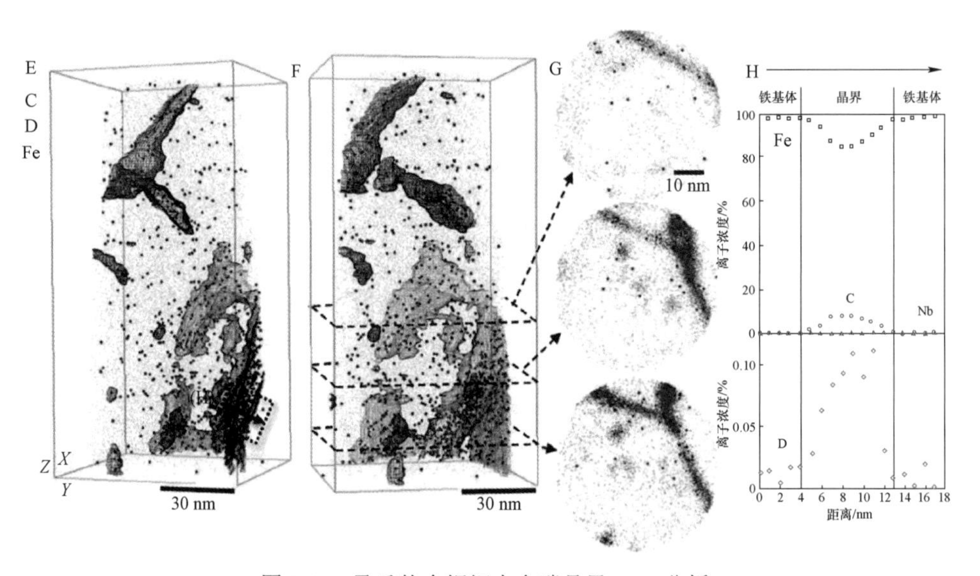

图 7.11　马氏体含铌钢内含碳晶界 APT 分析

3. 小角度中子散射

小角度中子散射（small angle neutron scattering，SANS）为使用中子源入射材料后，接收其弹性散射的小角度中子并侦测其散射强度的一种能量表征方式，其试验架构如图 7.12 所示。Ohnuma 等人对比含铌钢在充氢前后的 SANS 结果，他们发现相较于无充氢含铌钢，有充氢含铌钢中子散射强度较高，如图 7.13 所示。且充氢之后含铌钢经过热处理而改变其微结构时，热处理后的中子散射强度随之消失。此结果可作为碳化铌为氢陷阱的直接证据。

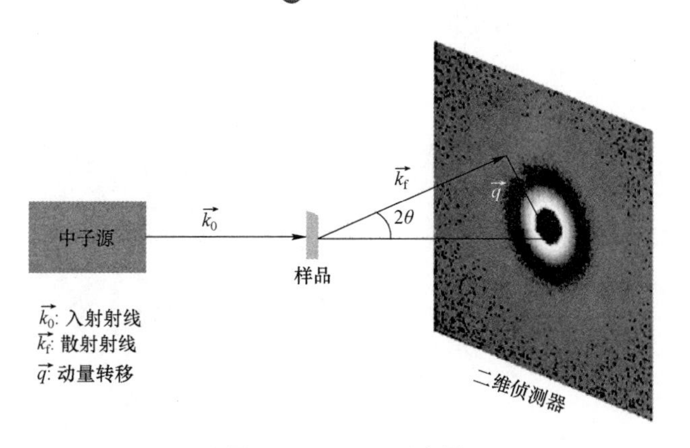

图 7.12 SANS 示意图

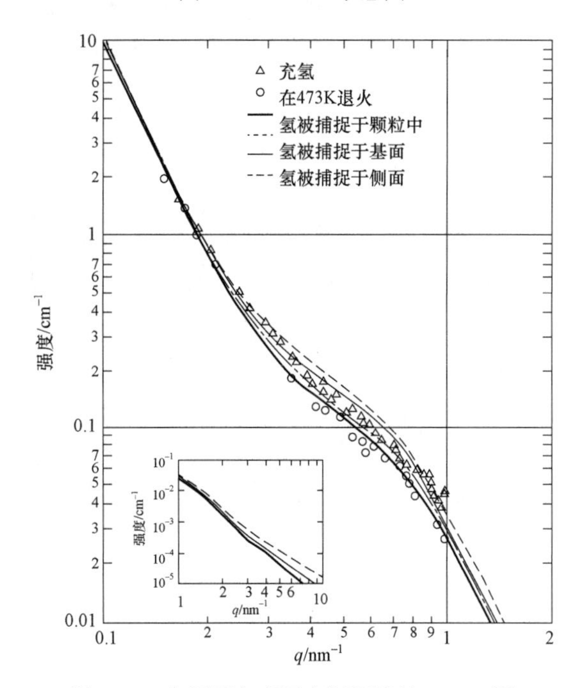

图 7.13 含铌钢在有无充氢环境的 SANS 图

由于中子对于氢的敏感度很高，Griesche 等人利用中子来拍摄氢在材料内的分布，如图 7.14 所示。图 7.14（a）所示为样品在充氢后进行中子散射所得到的图像，图 7.14（b）则为氢逸出后的结果，透过图 7.14（c）的数据对比结果可以清楚看见氢分布在裂纹区，此技术未来可应用在裂纹扩展过程的研究。

除上述已用于含铌钢的表征技术，接下来提供其他有潜力应用于含铌钢的氢表征技术，提供未来可能的应用方向。

4. 二次离子质谱仪

二次离子质谱仪（secondary ion mass spectrometer，SIMS）在超高真空的环境下使用离子束轰击固态样品的表面，使样品溅射二次离子并使用质谱仪测量这些二次离子。搭配离子溅射时二次电子影像，能够得出样品表面的氢分布图。如图 7.15 所示，Greg 等人使用 SIMS 观察不锈钢样品中氢同位素氘的分布情形，可看出在裂纹尖端附近氘分布的密度较高。另外，

Greg 等人同样使用 SIMS 观察处于氘水中的不锈钢在经过疲劳测试后的氘分布图，发现氘原子会分布于 ε–马氏体钢处。

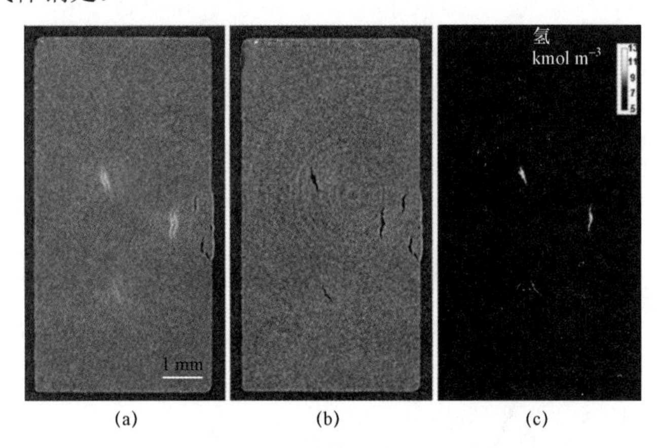

图 7.14　样品进行中子散射及三维重构的显微图像

（a）充氢后；（b）加热后；（c）氢分布图

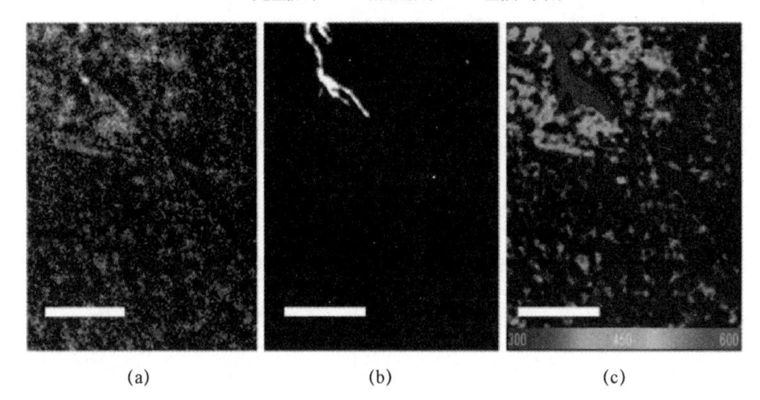

图 7.15　SIMS 观察氘分布于不锈钢样品中的情形（红色区域为氘密度较高的区域）（见彩插）

（a）氘的图像；（b）氧的图像；（c）氘/氧比例图

5. 氢显影技术

氢显影技术（hydrogen microprint technique，HMT）将含溴化银的感光剂覆盖在样品金属上，利用氢还原反应将银离子还原，并观测表面银原子的分布来间接表征扩散至金属表面的氢，如图 7.16 所示。HMT 能够显示样品在外加应力前后的氢表征结果，如图 7.17 所示。图 7.17（a）所示为尚未经过外加应力的马氏体钢，没有任何氢聚集；图 7.17（b）为快速施加应力的结果，也没有看到太多氢聚集，但当慢速施加应力后（图 7.17（c））就可以清楚地看到氢聚集在马氏体钢的晶界上。该研究结果显示 HMT 具有极大潜力用于进一步的氢脆研究。

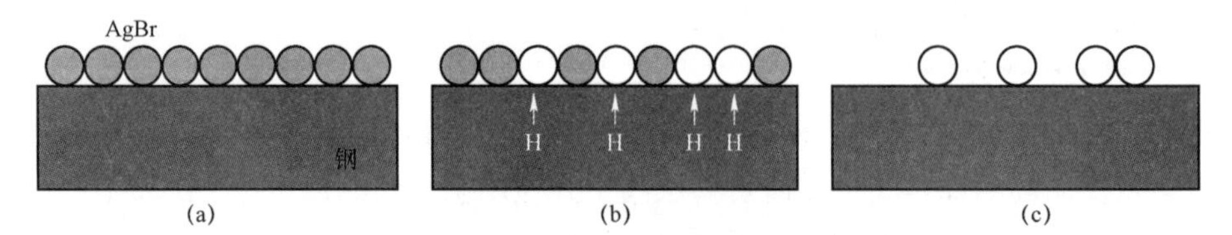

图 7.16　HMT 试验示意图

（a）乳剂层；（b）银离子还原反应；（c）移除未反应的 AgBr

图 7.17　HMT 观察马氏体钢的表征结果

（a）未施加应力测试的参考样本；（b）经过快应力速率测试的样本；（c）经过慢应力速率测试的样本

6. 扫描开尔文探针显微镜

扫描开尔文探针显微镜（scanning Kelvin probe force microscopy，SKPFM）在原子力显微镜的基础上应用扫描开尔文探针，由其针尖获得的表面电位能中直接获取局部氢浓度的分布，为一种高效的表征手段。图 7.18 所示为使用 SKPFM 观测奥氏体/α′奥氏体的双相合金微结构的结果。如图 7.18（a）箭头指向的区域所示，α′奥氏体及其晶界具有较低的位能，代表其局部的氢浓度较高。为了与 SKPFM 结果比较，图 7.18（b）则是使用 HMT 所得到的光镜表征结果，银原子为图中的深色区域，可以看出 α′奥氏体聚集。图 7.18（c）是扫描式电子显微镜的观测结果，图中箭头处为奥氏体。

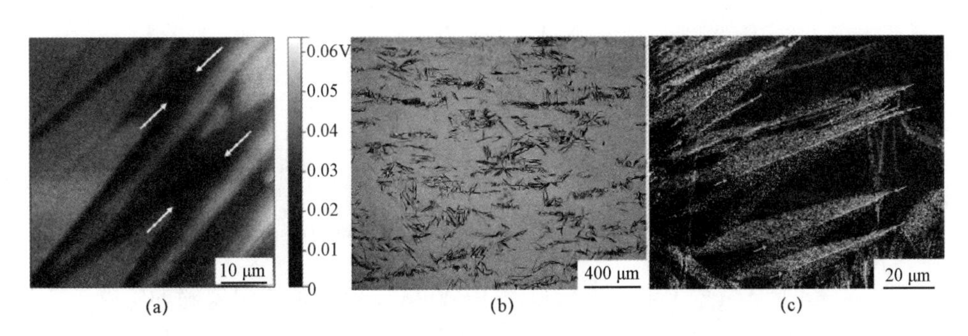

图 7.18　使用 SKPFM 观测奥氏体/α′奥氏体双相合金中微结构

（a）SKPFM 图像；（b）光学图像；（c）扫描式电子显微镜观测图像

7.3　铌微合金化对热成形钢氢致延迟断裂及氢陷阱的作用研究

了解氢脆机理、抑制手段以及氢测试与表征方法后，本节将进一步讨论钢中合金元素对氢脆的影响。

7.3.1　微合金元素对氢捕捉的效果

在钢中添加微合金化金属作为抑制氢致延迟断裂的方法，在近几年已被许多研究证实效果显著。在钢中添加形成碳化析出物的金属——铌（Nb）、钛（Ti）、钒（V）、钼（Mo）等元素，能够有效限制钢铁中氢的扩散行为。Chen 等人使用三维原子探针观察氢在含铌钢中的分布情形，发现氢会高度聚集于碳化铌及钢的界面。Kim 等人研究发现在热冲压成形硼钢中添加钛金属，能够有效增加氢致延迟断裂抗力。同样，Lee 等人比较具有较高含量钒金属的钢以及无钒金属的钢，发现在钒金属有适当的量及大小时，前者较后者具有更为良好的氢致延迟断裂抗力。

而在众多合金元素中，添加铌元素对于改善氢致延迟断裂的效果相当显著，如本书第 1 章表 1.7 以及第 5 章表 5.18 为 22MnB5 和 22MnB5NbV 经检验测试后的综合氢致延迟断裂性能对比，可以看出铌明显提升氢致延迟断裂抗力。图 7.19 中，Wei 等人证明透过析出强化能在增加钢铁的强度之余也让碳化物形成氢陷阱，进而产生抗氢脆能力。他们发现在具有有效氢捕捉能力的碳化物中（TiC，VC，Mo_2C 及 NbC），NbC 具有最大的氢捕捉容量（hydrogen trapping capacity）。

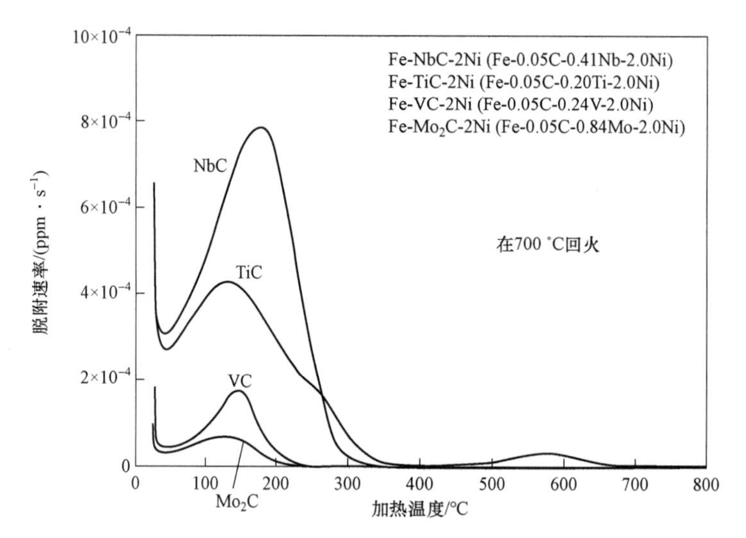

图 7.19　NbC，TiC，VC，Mo_2C 4 种碳化物造成的氢含量

本书第 2 章 2.4.1 节简述了不同铌含量对 1 500 MPa 级热成形钢氢脆的影响，下面进行详细论述。Zhang 等人在热冲压成形中添加不同质量百分浓度的铌金属，并以氢注入试验（hydrogen permeation test）测量氢的扩散程度。N1、N2、N3 和 N4 的 Nb 元素含量分别为 0、0.022%、0.053%和 0.075%，他们发现在氢还原电流相同的情况下，0.053%具有适当浓度的含铌马氏体钢具有最低的扩散系数以及最高的氢浓度。即碳化铌在钢中能够作为氢陷阱使可扩散的氢数量降低，进而增加氢致延迟断裂抗力，如表 7.1 所示。

表 7.1　N1～N4 样品扩散系数及氢含量对照表（其中样品含铌量依次为 0，0.022%，0.054%及 0.078%）

i=1 mA/cm^2	N1	N2	N3	N4
D_{ap}/（10^{-7} cm^2 • s^{-1}）	10.16	7.97	2.94	5.96
C_0/（10^{-6}）	0.399	0.798	2.065	1.130

当充氢电流 i 分别为 0、0.5 mA/cm^2、1 mA/cm^2 时，热冲压用钢恒载荷滞后断裂试验结果见图 7.20，由图可求出实验钢在不同充氢电流下的门槛应力，其结果见图 7.21。

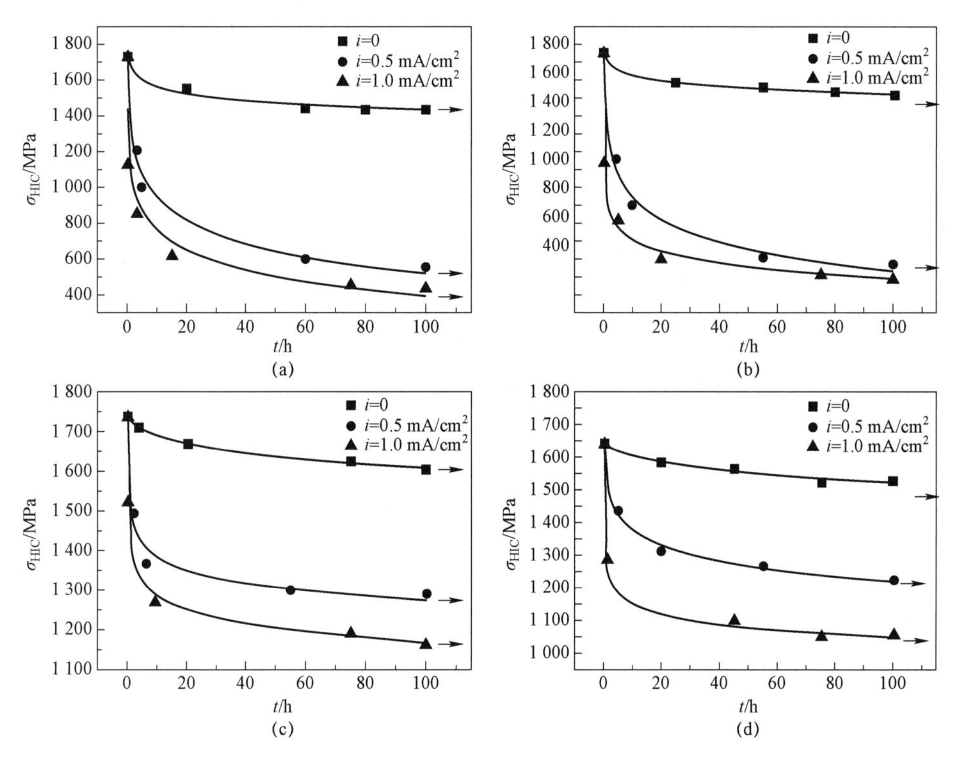

图 7.20　N1～N4 样品的恒载荷滞后断裂试验结果

（a）N1；（b）N2；（c）N3；（d）N4

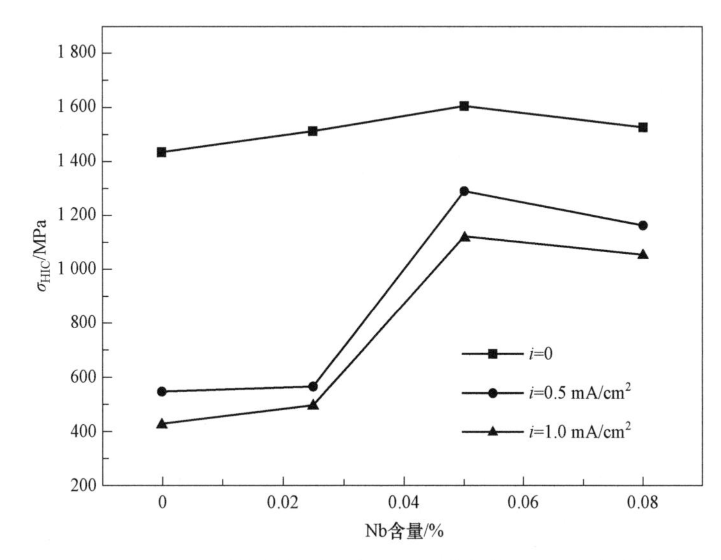

图 7.21　N1～N4 样品临界氢致延迟断裂应力随 Nb 含量的变化

图 7.21 给出了实验钢在不同充氢电流密度（i）下动态充氢恒载荷拉伸所测得的临界氢致延迟断裂应力 σ_{HIC}。由图可见，对于未充氢试样，4 种实验钢的临界氢致延迟断裂应力都在 1 400 MPa 以上，均大于屈服强度，有较好的滞后开裂抗力。在动态充氢恒载荷拉伸时，所有实验钢的临界氢致延迟断裂应力均有不同程度的下降。其中，无铌和铌含量较低的 N1、N2 号钢的临界氢致延迟断裂应力显著下降，由 1 400 MPa 降至 500 MPa 左右；高铌含量的

N3、N4 号钢临界氢致延迟断裂应力下降幅度较小，降至 1 000 MPa。由图还可知，充氢电流密度由 0 变为 0.5 mA/cm^2 时钢临界氢致延迟断裂应力显著下降，而电流密度由 0.5 mA/cm^2 变为 1.0 mA/cm^2 时钢临界氢致延迟断裂应力下降幅度变小。这表明，热冲压钢中充入少量的氢就容易引起滞后开裂，随试样中可扩散氢浓度 c_0 的升高，相同的氢浓度增幅 Δc_0 对滞后开裂抗力的影响会越来越小，这符合高强钢滞后开裂的一般规律。

图 7.22 给出了不同铌含量对滞后开裂强度下降率（R）的影响，其中 R 反映的是试样对氢的敏感程度，其定义如下：

$$R=(1-\sigma_{HIC}/\sigma_b)\times 100\% \tag{7.13}$$

式中，σ_b 为钢在空气中的抗拉强度。从图中可以看出，随着铌含量的增加，实验钢的氢脆敏感性大体上呈降低趋势（N1>N2>N4>N3）。但当铌含量达到 0.075%时，钢的抗氢致延迟断裂性能反而降低，鉴于 N4 号钢和 N3 号钢原奥氏体晶粒尺寸较接近，也可能是与 Nb（C，N）长大有关。

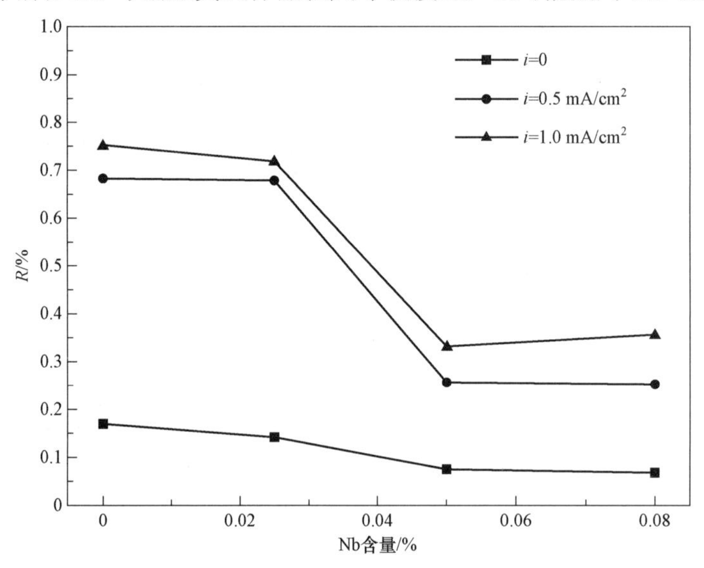

图 7.22　N1～N4 样品滞后开裂强度下降率随 Nb 含量的变化

从图 7.22 中还可以看到，对于未充氢试样，4 种实验钢的强度下降率（RNS）都在 0.05～0.20 之间，这表明氢浓度较小时实验钢的耐滞后开裂抗力相当，Nb 对钢的耐抗氢致延迟断裂性能影响不大。在一定的电流密度下（0.5 mA/cm^2、1 mA/cm^2）充氢时，无铌和铌含量较低的 N1、N2 钢的强度下降率显著升高，增幅达 60%；高铌含量的 N3、N4 钢强度下降率变化较小，由 5%增加至 30%左右，表现出优于前两种实验钢的耐抗氢致延迟断裂性能，这说明在钢中氢浓度较高时实验钢中 Nb 的添加更有利于提高其耐抗氢致延迟断裂性能。

恒载荷拉伸断口形貌可分为裂纹源区、裂纹快速扩展区和剪切唇三个区域。其中裂纹源区裂纹的萌生和缓慢扩展是氢致滞后断裂的控制过程。图 7.23 所示为实验钢恒载荷拉伸试样断口的 SEM 形貌。对于未充氢试样，所有实验钢均出现明显的颈缩，断口呈韧窝状，为典型的韧性断裂形貌［图 7.23（a）、图 7.23（b）］。可以看到，含铌钢韧窝尺寸大而深，这表明在未充氢条件下加铌后的热冲压钢韧性得到提高。对于充氢试样，在 i=0.5 mA/cm^2 时，断裂形貌发生了不同程度的改变，断口开始呈现出解离状［图 7.23（c）］和脆性沿晶状，而 N3 钢的裂纹源区（图 7.23（d））仍然以韧窝为主，并形成了部分穿晶解离状花纹。试样宏观形貌观察表明，N1 钢断口的沿晶状面积分数最大［图 7.23（e）］，N2 钢［图 7.23（f）]、N4 钢［图 7.23（h)］其次，N3 钢［图 7.23（g)］最小（图中黑线为沿晶状断口区域与其他断口区域的分界)，与其他试样不同，N3 钢宏观形貌仍能观察到明显的颈缩。在 i=1.0 mA/cm^2 时，实验钢裂纹源区都呈现出沿晶状花纹［图 7.23（i)（j)]。随着 i 增大，断口上沿晶状面积分数增加，N1、N2 钢断口几乎全部为沿晶状，N4 钢沿晶区比例由大约 25%（i=0.5 mA/cm^2）增至接近 50%（i=1.0 mA/cm^2）［图 7.23（i)］，只有 N3 钢仍然以韧窝状花纹为主。沿晶断口是高强度钢氢致断裂的典型特征，滞后开裂强度下降率和拉伸试样断口表明铌提高了实验钢的抗氢致延迟断裂性能。

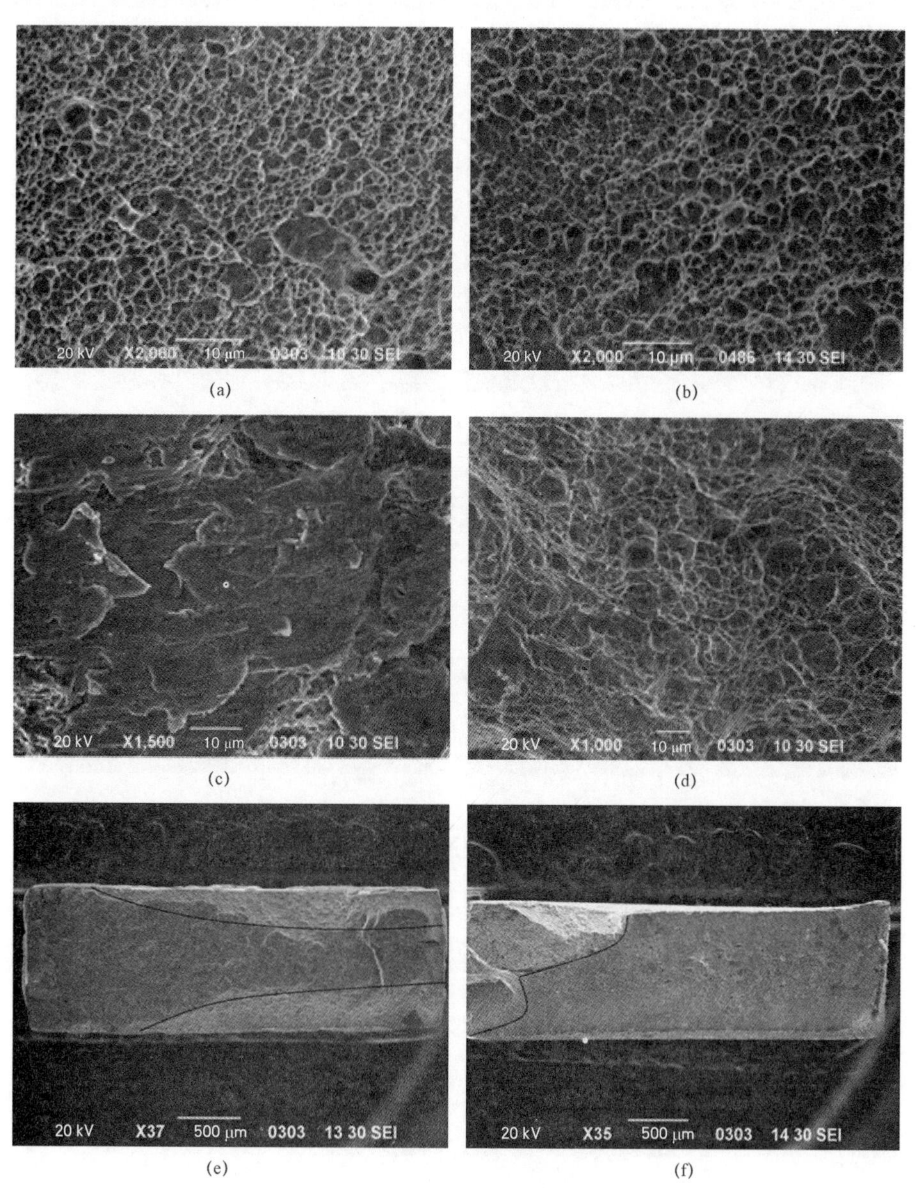

图 7.23　实验钢在不同充氢条件下的断口形貌

（a）N1，未充氢；（b）N3，未充氢；（c）N2，i=0.5 mA/cm^2（裂纹源区)；（d）N3，i=0.5 mA/cm^2（裂纹源区)；（e）N1，i=0.5 mA/cm^2；（f）N2，i=0.5 mA/cm^2

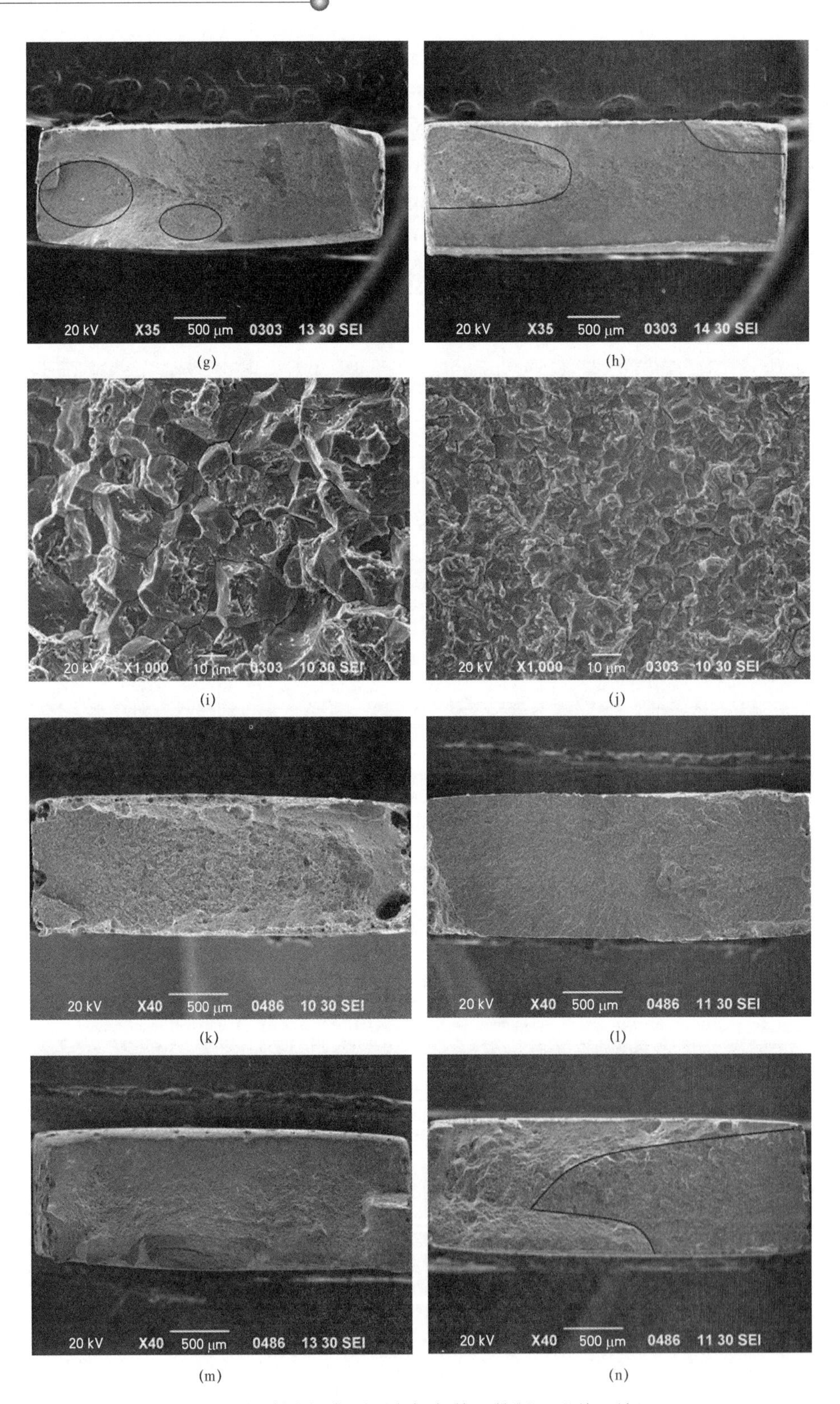

(g) (h) (i) (j) (k) (l) (m) (n)

图 7.23 实验钢在不同充氢条件下的断口形貌（续）

(g) N3，i=0.5 mA/cm^2；(h) N4，i=0.5 mA/cm^2；(i) N1，i=1 mA/cm^2（裂纹源区）；(j) N3，i=1 mA/cm^2（裂纹源区）；(k) N1，i=1 mA/cm^2；(l) N2，i=1 mA/cm^2；(m) N3，i=1 mA/cm^2；(n) N4，i=1 mA/cm^2

Cui 等人同样利用充氢试验比较铌在 X80 钢管中的氢捕获效果，并得出与前述研究相似的结果：相较于无铌钢管中，含铌钢具有较低的氢扩散系数。他们进一步使用 TDS 分辨含铌钢中可逆/不可逆的氢陷阱，如图 7.24 所示，得到含铌钢的氢陷阱包含在 50～150 ℃（T_c）之间脱附的低能量可逆氢陷阱，以及 150 ℃后的高能量不可逆氢陷阱，可逆及不可逆氢陷阱比例约为 4:9。

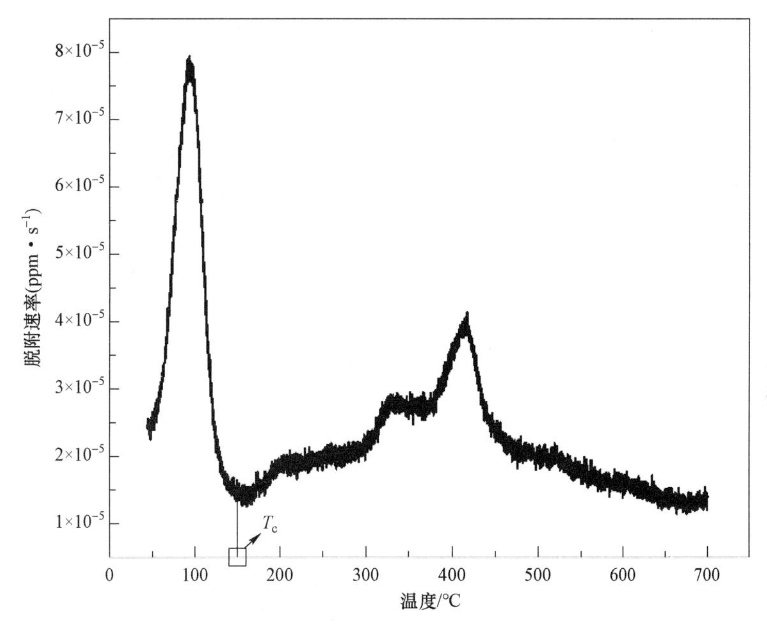

图 7.24　含有 0.055 wt.%铌的含铌钢 TDS 曲线

在区分可逆/不可逆氢陷阱的临界温度后，他们设计出经历三种不同热处理过程的钢，分别为：（1）热处理温度为 600 ℃；（2）样品维持在临界温度，即 150 ℃ 2～3 h；③ 样品处于 30 ℃维持一天。再分别进行试验以检验氢捕捉能力，其氢注入电流曲线如图 7.25 所示。在第一阶段的钢中由于经过 600 ℃的高温热处理，可逆及不可逆氢陷阱中的氢原子已在热处理时获得动能脱离陷阱，故均会捕捉由试验中注入的氢原子，使氢扩散系数降至三者最低；而在第二阶段中，只有可逆氢陷阱会捕捉此阶段注入的氢原子，而不可逆氢陷阱中则因制程中氢没有足够的动能脱离而被保留；第三阶段因氢原子皆被保留，此试验阶段注入的氢原子仅会在较浅晶格及陷阱中扩散而不被捕捉，故氢扩散系数最高。由此试验可知，图 7.25 中第一阶段和第二阶段的不同之处即不可逆氢陷阱造成的现象，且其对于氢于金属中扩散有十分显著的影响。

综上所述，诸如此类纳米级析出相能够改变材料的力学性能，进而改变零件的性能。而与钢共格/半共格的碳化铌沉淀是十分强力的氢陷阱，除此之外，研究指出碳化铌析出物的大小对于捕氢能力是有所影响的，且当碳化铌晶粒较粗时会使金属的捕氢能力下降。在颗粒尺寸方面，热成形钢中碳化铌的尺寸大致介于 0～30 nm，如 Lin 等人观察 1 800 MPa 级淬火后的 38MnB5Nb 热成形钢，其纳米级第二相分布平均尺寸约在 20 nm，且 95%在 0～40 nm 以内。Gong 等人调查微合金钢的应变诱导析出行为，也观察到奥氏体中形成较细的碳化铌（<10 nm）作为共格/半共格沉淀。Chen 等人使用冷冻三维原子探针观察铌微合金钢的氢捕捉

情形，研究结果显示碳化物能够有效捕捉氢，共格/半共格的碳化铌颗粒（＜10 nm）及碳化铌非共格析出物（10～30 nm）是金属中的有效氢陷阱，故较小尺寸的碳化铌具有较强的捕氢能力，大尺寸碳化铌（＞30 nm）是否能够作为有效的氢陷阱还有待进一步研究。

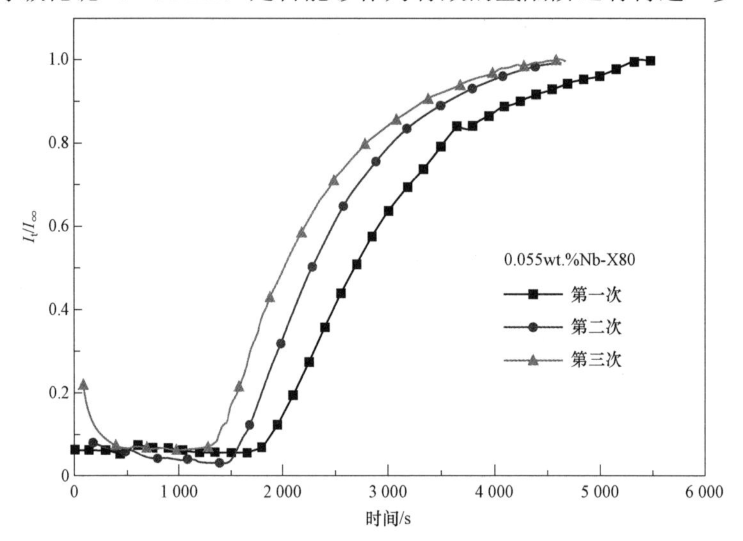

图 7.25　样品经过不同阶段制程的氢注入电流曲线

7.3.2　铌微合金与热处理对氢致延迟断裂的影响

在了解碳化铌作为不可逆氢陷阱可阻碍氢扩散后，我们也需注意碳化铌在热处理过程中对金属微结构的影响。Li 等人控制经过淬火后的维持温度而得到 4 种碳化铌析出量不同的贝氏体钢样品。他们发现在淬火后维持温度为 92 ℃时，能够在金属中产生尺寸适中且广泛分布于金属中的碳化铌析出物，且在此两个条件下，含铌钢具有良好的抗氢致腐蚀效果，实验结果如图 7.26 所示。

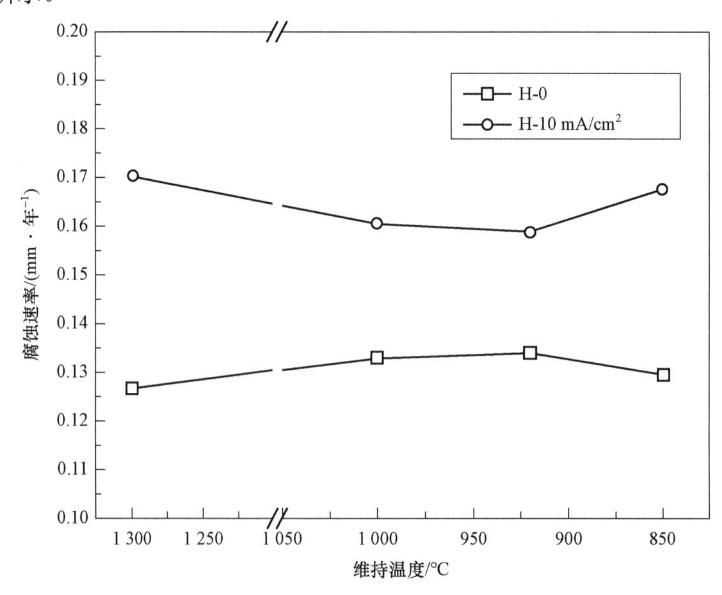

图 7.26　4 种维持温度下样品相对应的腐蚀抗力

Okayasu M 等人比较了经过不同热处理的含铌钢在充氢环境中对于金属拉伸强度的影响。如图 7.27 所示，他们比较了冷加工以及水淬火处理后的含铌钢在经过充氢 0～48 h 后的拉伸强度。经过冷加工的铁素体样品并没有太大的氢致延迟断裂，因此在加入碳化铌后也并无显著改善；然而，在经过水淬而形成的马氏体钢中就可以很明显地看出含铌钢可以有效提升金属的抗氢能力，有效地保留了金属原来的拉伸强度。

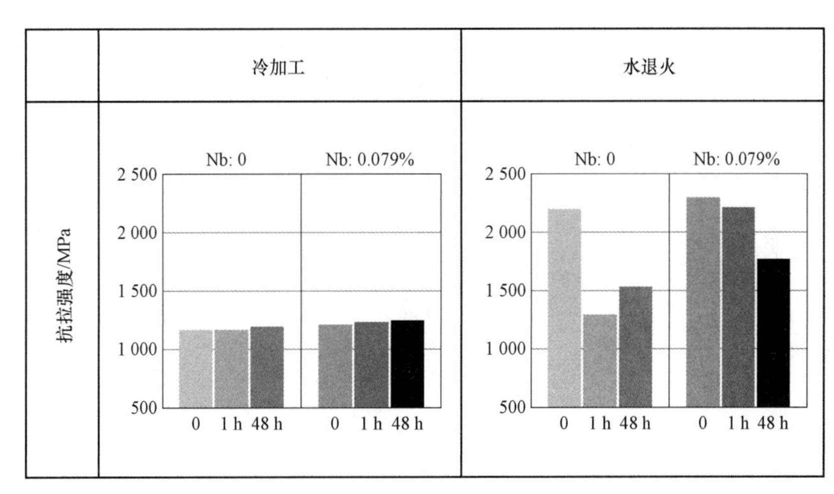

图 7.27　两种样品（CR：冷加工；WQ：水退火）在充氢环境及有无含铌的拉伸比较

Seo H J 等人在近期的研究中更进一步明确了只有经过高温熔解再析出后的碳化铌才具有对奥氏体晶粒细化以及抑制氢脆的效果，而原先未熔解的碳化铌对于改善氢致延迟断裂的效果并不显著。

在添加铌造成的晶粒细化方面，虽然 HEDE 理论指出氢原子在金属的局部范围内大量累积且超过临界浓度会造成晶界容易开裂，但研究发现晶粒尺寸缩小/晶界密度增加能够形成大量的氢陷阱。这使氢原子在材料的微结构分布中更加均匀，降低了大量氢原子在特定位置上聚集的可能性，反而使 HEDE 或 HELP 不容易发生。Jo 等人确认了相对于无含铌钢，碳化铌导致的晶粒细化能使金属对于氢致延迟断裂抗力提升。Zhang 等人进一步观察了三种不同含铌量的马氏体钢的晶界方向对于氢脆的影响，如图 7.28 所示，发现含铌钢有助于降低 Σ3 晶界比例，而已知 Σ3 晶界是较容易造成氢致延迟断裂的，因此他们指出由于降低了 Σ3 晶界的比例，含铌钢起到抗氢脆的效果。

本书第 1 章表 1.7 以及第 5 章表 5.18 的含铌和不含铌热成形钢板的 U 形恒弯曲载荷试验结果已经表明了铌钒微合金化对氢脆的有益作用，图 7.21 展示了临界氢致延迟断裂应力随铌含量的变化。最新完成的含铌和不含铌热轧热成形钢 U 形恒弯曲载荷测试结果见表 7.2，可见含铌热成形钢在试验条件下均没有发生开裂，Nb 元素的加入提高了钢板的抗氢致延迟断裂性能，试验后的试样见图 7.29。

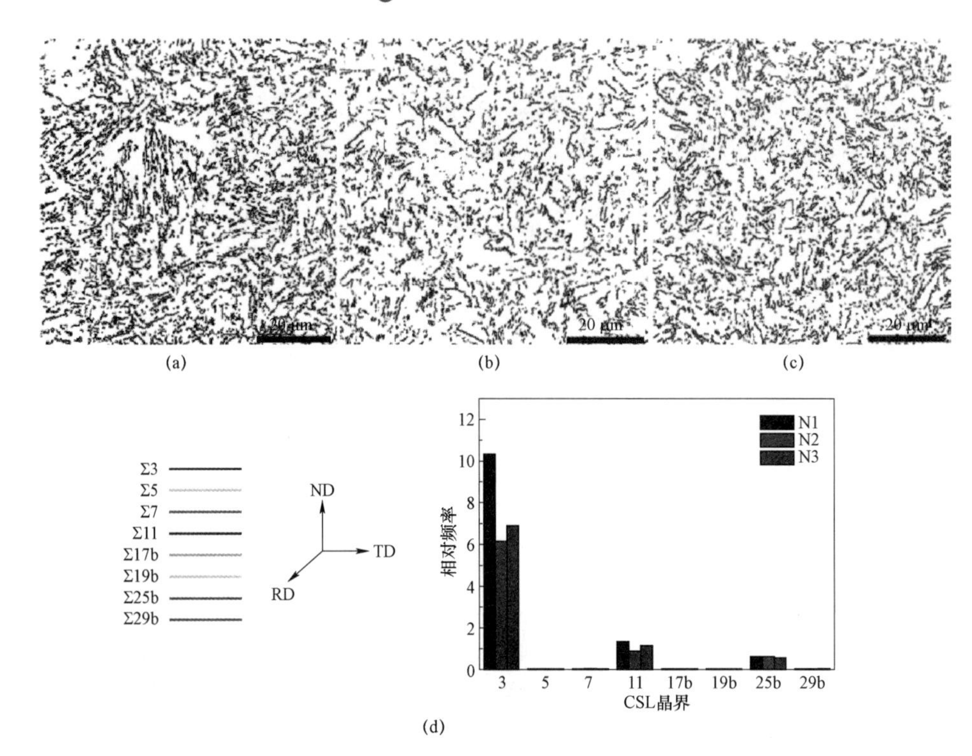

图 7.28　三种不同浓度的含铌钢晶界种类比例图（N1：0；N2：0.021wt.%；N3：0.055wt.%）

表 7.2　U 形恒弯曲载荷测试结果

样品	编号	弯曲跨距/mm	试验结果（300 h 浸泡开裂：是/否）	开裂时间/h
不含铌	1－1	145	是	144
	1－2		是	144
	2－1	135	是	40
	2－2		否	—
	3－1	120	是	16
	3－2		否	—
	4－1	105	是	10
	4－2		是	10
	5－1	90	是	6
	5－2		否	—
含铌	1－1	145	否	—
	1－2		否	—
	2－1	135	否	—
	2－2		否	—
	3－1	120	否	—
	3－2		否	—
	4－1	105	否	—
	4－2		否	—
	5－1	90	否	—
	5－2		否	—

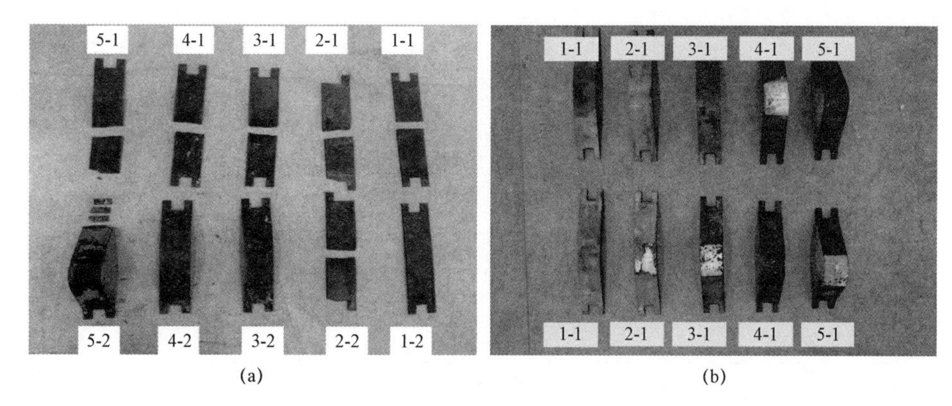

(a)　　(b)

图 7.29　含铌和不含铌热轧热成形钢钢板 U 形恒弯曲载荷测试后的样品

（a）不含铌；（b）含铌

7.3.3　热成形零部件氢脆的机理探讨

本书作者路洪洲等人提出了氢增加局部塑性导致晶界氢富集脱聚来解释热成形钢的氢脆开裂。根据 HELP 理论，第一，材料变形时伴随位错滑移，氢降低位错滑移激活能进而促进位错滑移；第二，材料变形，材料中微裂纹尖端会有应力集中，从而造成氢在裂纹尖端的富集，这一现象会促进位错向应力集中点滑移。上述两种情况均为氢促进位错滑移，而位错作为氢陷阱，位错滑移会携带氢运动，位错滑移过程会与晶界相遇并发生作用（消失在晶界中、从晶界再发射位错等），这一位错的运动将氢原子聚集在晶界，造成晶界处的氢浓度增加、氢集聚，氢在晶界处聚集会降低晶界的原子聚合能，产生晶界脱粘，造成晶界处发生氢脆，同时形貌出现沿晶断口和晶内微坑混合断口。

该机理可以很好地解释热成形钢的氢脆。按照 7.2 节所述，氢进入热成形钢中的过程有熔炼、酸轧、退火和奥氏体化加热，氢会通过还原反应进入热成形钢中。由于热成形钢淬火后形成大量的位错马氏体，马氏体相变产生的巨大内应力需要位错来释放，故热成形钢组织中有大量的位错。当热成形钢的碳含量增加时，主要是由于位错密度增殖带来的强度提高，如从 1.5 GPa 增加至 1.7 GPa、1.8 GPa、1.9 GPa 等，位错密度大幅提高，此时氢会造成更多的错滑移至晶界，致使更高强度的热成形钢氢脆严重。而当热成形钢中存在大量的高能氢陷阱时，可扩散的氢减少，致使由于氢启动的位错滑移减少，位错滑移携带的氢集聚降低，进而减缓氢脆敏感性。另外，本理论也可以解释细化晶粒对氢脆的影响，由于热成形钢的晶粒细化，进而致使晶界增多，减少了聚集在单位晶界上的氢浓度，降低了晶界脱粘，进而降低了热成形钢氢脆敏感性。

四个热成形钢及零部件氢脆开裂的触发条件以及铌抑制上述触发条件的机理，详见本书第 1 章的 1.5.2 小节。

7.4　热成形钢 U 形恒弯曲载荷测试断裂的时间要求

综上研究和分析，U 形恒弯曲载荷测试为国内外广大汽车企业所接受，作为衡量热成形钢抗氢致延迟断裂的性能方法。参考国内外相关整车企业的认证或供货要求，推荐各整车企业设定的 U 形恒弯曲载荷测试断裂时间要求如表 7.3 所示，测试方法采用汽车行业团体标准 T/CSAE 155—2020（试样状态推荐为：奥氏体化温度 930 ℃×5 min，或 915 ℃×5 min，转移时间低于 10 s，模具淬火，或零件上取样，淬火后试样停放时间不超过 2 周，在干燥环境室温停放，试样长度方向与板材的轧向一致），溶液推荐采用 0.1 mol/L HCl。

表 7.3　热成形钢淬火态 U 形恒弯曲载荷测试断裂时间要求的推荐建议

弯曲载荷设定	1 500 MPa 级	1 800～2 000 MPa 级
σ_b≤1 250 MPa	300 h 不开裂	300 h 不开裂
1 250 MPa<σ_b≤1 450 MPa	200 h 不开裂	100 h 不开裂

7.5　小　　结

氢致延迟断裂现象以及理论从百余年前发展至今，一直是学术界乃至产业界重要的研究内容之一。高强度钢和超高强度钢的应用普遍存在氢脆的隐患，尤其是热冲压成形零部件由于其超高的强度和韧性不足，其氢致延迟断裂风险得到汽车上下游的高度重视，并从整个产业链各个维度采取防止和避免氢脆发生的措施，以免汽车使用过程中乘员的生命财产损失。然而，其机理始终受限于人们无法在微观下观察氢在金属中的行为而很难达成一致。近年来，随着氢在材料中的表征技术蓬勃发展，研究人员利用不同的表征技术了解氢与金属在纳米尺寸析出相的交互作用，有助于我们理解并发展出完整的氢致延迟断裂理论。在本章中，论述热成形钢的氢致延迟断裂特点，近年来微合金化对高强度钢氢致延迟断裂特性的相关研究结果，给出了铌提高热成形钢及零部件的典型测试结果，推测了热成形钢及零部件的氢脆机理，提出了提高热成形钢氢脆抗力的措施和方法，推荐了 U 形恒弯曲载荷测试断裂时间，希望有关论述对热成形钢氢脆的理论研究和工业应用有所帮助。

参 考 文 献

[1] JOHNSON W H. On some remarkable changes produced in iron and steel by the action of hydrogen and acids author(s): William H [C]//Proceedings of the Royal Society. London: Royal Society Stable UR, 1875, 23 (5): 168-179.

[2] BHADESHIA H K D H. prevention of Hydrogen embrittlement in steels [J]. ISIJ International, 2016, 56 (1): 24-36.

[3] LIU Q, ATRENS A. A critical review of the influence of hydrogen on the mechanical properties of medium-strength steels [J]. Corrosion Reviews, 2013, 31 (3-6): 85-103.

[4] HIRTH J P. Effects of hydrogen on the properties of iron and steel [J]. Metallurgical Transactions A, 1980, 11 (6): 861-890.

[5] DADFARNIA M, NAGAO A, WANG S, et al. Recent advances on hydrogen embrittlement of structural materials [J]. International Journal of Fracture, 2015, 196 (1-2): 223-243.

[6] WANG M, AKIYAMA E, TSUZAKI K. Effect of hydrogen on the fracture behavior of high

strength steel during slow strain rate test[J]. Corrosion Science，2007，49(11)：4081－4097.

[7] LOVICU G，BOTTAZZI M，D'AIUTO F，et al. Hydrogen embrittlement of automotive advanced high-strength steels [J]. Metallurgical and Materials Transactions A：Physical Metallurgy and Materials Science，2012，43 (11)：4075－4087.

[8] MAIERH J，POPP W，KAESCHE H. Effects of hydrogen on ductile fracture of a spheroidized low alloy steel [J]. Materials Science and Engineering A，1995，191 (1－2)：17－26.

[9] DEPOVER T，WALLAERT E，VERBEKEN K. Fractographic analysis of the role of hydrogen diffusion on the hydrogen embrittlement susceptibility of DP steel [J]. Materials Science and Engineering A，2016，649：201－208.

[10] BORCHERS C，MICHLER T，PUNDT A. Effect of hydrogen on the mechanical properties of stainless steels [J]. Advanced Engineering Materials，2008，10 (1－2)：11－23.

[11] TURNBULL A. Hydrogen diffusion and trapping in metals [M]. Amsterdam：Gaseous Hydrogen Elsevier，2012.

[12] DRIOLI E，GIORNO L. Encyclopedia of membranes [M]. Berlin：Springer Berlin Heidelberg，2016.

[13] MARCHI C S. Technical reference on hydrogen compatibility of materials[D]. Livermore: Sandia National Laboratories，2012.

[14] HALEY D，BAGOT P A J，MOODY M P. Atom probe analysis of ex situ gas-charged stable hydrides [J]. Microscopy and Microanalysis，2017，23 (2)：307－313.

[15] DUMPALA S，BRODERICK S R，BAGOT P A J et al. An integrated high temperature environmental cell for atom probe tomography studies of gas-surface reactions：Instrumentation and results [J/OL]. Ultramicroscopy，2014，141：16－21.

[16] NIBURK A，SOMERDAY B P. Fracture and fatigue test methods in hydrogen gas [M] // Gaseous Hydrogen Embrittlement of Materials in Energy Technologies. New York：Woodhead Publishing，2012：195－236.

[17] JO'MB，SUBRAMANYANP K. The equivalent pressure of molecular hydrogen in cavities within metals in terms of the overpotential developed during the evolution of hydrogen [J]. Electrochimica Acta，1971，16 (12)：2169－2179.

[18] LU H，et al. The state-of-art study in global car body and automotive lightweight technology [M]. Beijing：Beijing Institute of Technology Press，2019.

[19] CHO L，SULISTIYOD H，SEOE JF，et al. Hydrogen absorption and embrittlement of ultra-high strength aluminized press hardening steel [J]. Materials Science and Engineering：A，2018，734：416－426.

[20] MANCHESTER F D. Phase diagrams of binary hydrogen alloys [J]. ASM International，2000.

[21] WIPF H. Solubility and diffusion of hydrogen in pure metals and alloys [J]. Physica Scripta，2001，T94 (1)：43－51.

[22] NAGUMO M. Fundamentals of hydrogen embrittlement [M]. New York: Springer, 2016.

[23] ORIANI R A. The diffusion and trapping of hydrogen in steel [J]. Acta Metallurgica, 1970, 18 (1): 147-157.

[24] PUNDT A, KIRCHHEIM R. Hydrogen in metals: microstructural aspects [J]. Annual Review of Materials Research, 2006, 36: 555-608.

[25] PAXTON A T. From quantum mechanics to physical metallurgy of steels [J]. Materials Science and Technology, 2014, 30 (9): 1063-1070.

[26] TEHRANCHI A, ZHANG X, LU G, et al. Hydrogen-vacancy-dislocation interactions in α-Fe [J]. Modelling and Simulation in Materials Science and Engineering, 2016, 25 (2): 25001.

[27] SATO K, HIROSAKO A, ISHIBASHI K, et al. Quantitative evaluation of hydrogen atoms trapped at single vacancies in tungsten using positron annihilation lifetime measurements: Experiments and theoretical calculations [J]. Journal of Nuclear Materials, 2017, 496: 9-17.

[28] CARR N, MCLELLANR B. The thermodynamic and kinetic behavior of metal-vacancy-hydrogen systems [J]. Acta Materialia, 2004, 52 (11): 3273-3293.

[29] ZHENG H, RAO B K, KHANNA S N, et al. Electronic structure and binding energies of hydrogen-decorated vacancies in Ni [J]. Physical Review B, 1997, 55 (7): 4174-4181.

[30] NAZAROV R, HICKE L T, NEUGEBAUER J. First-principles study of the thermodynamics of hydrogen-vacancy interaction in fcc iron[J]. Physical Review B, 2010, 82 (22): 224104-1-224104-11.

[31] KIRCHHEIM R. Reducing grain boundary, dislocation line and vacancy formation energies by solute segregation: II. Experimental evidence and consequences [J]. Acta Materialia, 2007, 55 (15): 5139-5148.

[32] KIRCHHEIM R. Reducing grain boundary, dislocation line and vacancy formation energies by solute segregation Ⅱ. Theoretical background [J]. Acta Materialia, 2007, 55 (15): 5129-5138.

[33] NAZAROV R, HICKEL T, NEUGEBAUER J. Ab initio study of H-vacancy interactions in fcc metals: Implications for the formation of superabundant vacancies [J]. Physical Review B, 2014, 89 (14): 144108.

[34] ITOH G, KOYAMA K, KANNO M. Evidence for the transport of impurity hydrogen with gliding dislocations in aluminum [J]. Scripta Materialia, 1996, 35 (6): 695-698.

[35] HWANG C, BERNSTEIN I M. Dislocation transport of hydrogen in iron single crystals [J]. Acta Metallurgica, 1986, 34 (6): 1001-1010.

[36] CHÊNE J, BRASS A M. Hydrogen transport by mobile dislocations in nickel base superalloy single crystals [J]. Scripta Materialia, 1999, 40 (5): 537-542.

[37] DADFARNIA M, MARTIN M L, NAGAO A, et al. Modeling hydrogen transport by dislocations [J]. Journal of the Mechanics and Physics of Solids, 2015, 78: 511-525.

[38] TIENJ，THOMPSONA W，BERNSTEINI M，et al. Hydrogen transport by dislocations [J]. Metallurgical Transactions A，1976，7（6）：821－829.

[39] HASHIMOTOM，LATANISION R M. The role of dislocations during transport of hydrogen in hydrogen embrittlement of iron [J]. Metallurgical Transactions A，1988，19（11）：2799－2803.

[40] WANG S，MARTIN M L，SOFRONIS P，et al. Hydrogen-induced intergranular failure of iron [J]. Acta materialia，2014，69：275－282.

[41] NAGAO A，SMITH C D，DADFARNIA M，et al. The role of hydrogen in hydrogen embrittlement fracture of lath martensitic steel [J]. Acta Materialia，2012，60（13－14）：5182－5189.

[42] MARTIN M L，SOMERDAY B P，RITCHIER O，et al. Hydrogen-induced intergranular failure in nickel revisited [J]. Acta Materialia，2012，60（6－7）：2739－2745.

[43] JO M C，YOO J，KIM S，et al. Effects of Nb and Mo alloying on resistance to hydrogen embrittlement in 1.9 GPa-grade hot-stamping steels [J]. Materials Science and Engineering：A，2020，789：139656.

[44] BHADESHIA H，HONEYCOMBE R. Steels：microstructure and properties [M]. Oxford：Butterworth-Heinemann，2017.

[45] CHEN M-Y，GOUNÉ M，VERDIER M，et al. Interphase precipitation in vanadium-alloyed steels：Strengthening contribution and morphological variability with austenite to ferrite transformation [J]. Acta Materialia，2014，64：78－92.

[46] LYNCH S. Hydrogen embrittlement phenomena and mechanisms [J]. Corrosion Reviews，2012，30（3－4）：105－123.

[47] WESTLAKE D G. Generalized model for hydrogen embrittlement [J]. ASM-Trans，1969，9（2）：3-7.

[48] ORIANI R A. A mechanistic theory of hydrogen embrittlement of steels [J]. Berichte der Bunsengesellschaft für physikalische Chemie，1972，76（8）：848－857.

[49] DAW M S，BASKES M I. Semiempirical，quantum mechanical calculation of hydrogen embrittlement in metals [J]. Physical Review Letters，1983，50（17）：1285－1288.

[50] GERBERICH W. Modeling hydrogen induced damage mechanisms in metals [M] Amsterdam：Gaseous Hydrogen Elsevier，2012.

[51] DU Y A，ISMER L，ROGAL J，et al. First-principles study on the interaction of H interstitials with grain boundaries in α-and γ-Fe [J]. Physical Review B，2011，84（14）：144121.

[52] TAKAHASHIY，KONDOH，A SANO R，et al. Direct evaluation of grain boundary hydrogen embrittlement：a micro-mechanical approach [J]. Materials Science and Engineering：A，2016，661：211－216.

[53] WANG S，MARTINM L，ROBERTSON I M，et al. Effect of hydrogen environment on the separation of Fe grain boundaries [J]. Acta Materialia，2016，107：279－288.

[54] MARTINM L, ROBERTSON I M, SOFRONIS P. Interpreting hydrogen-induced fracture surfaces in terms of deformation processes: a new approach [J]. Acta Materialia, 2011, 59 (9): 3680-3687.
[55] BEACHEM C D. A new model for hydrogen-assisted cracking (hydrogen "embrittlement") [J]. Metallurgical and Materials Transactions B, 1972, 3 (2): 441-455.
[56] BIRNBAUM H K, SOFRONIS P. Hydrogen-enhanced localized plasticity—a mechanism for hydrogen-related fracture[J]. Materials Science and Engineering: A, 1994, 176(1-2): 191-202.
[57] ROBERTSON I M. The effect of hydrogen on dislocation dynamics [J]. Engineering Fracture Mechanics, 2001, 68 (6): 671-692.
[58] DENG Y, HAJILOU T, BARNOUSH A. Hydrogen-enhanced cracking revealed by in situ micro-cantilever bending test inside environmental scanning electron microscope [J]. Philosophical Transactions of the Royal Society A: Mathematical, Physical and Engineering Sciences, 2017, 375 (2098): 20170106.
[59] HAJILOU T, DENG Y, ROGNE B R, et al. In situ electrochemical microcantilever bending test: A new insight into hydrogen enhanced cracking [J]. Scripta Materialia, 2017, 132: 17-21.
[60] CHRISTMANN K. Some general aspects of hydrogen chemisorption on metal surfaces [J]. Progress in Surface Science, 1995, 48 (1-4): 15-26.
[61] PRESSOUYRE G M, BERNSTEIN I M. A kinetic trapping model for hydrogen-induced cracking [J]. Acta Metallurgica, 1979, 27 (1): 89-100.
[62] PRESSOUYREG M. Trap theory of hydrogen embrittlement[J]. Acta Metallurgica, 1980, 28 (7): 895-911.
[63] PRESSOUYRE G M, BERNSTEIN I M. An example of the effect of hydrogen trapping on hydrogen embrittlement [J]. Metallurgical Transactions A, 1981, 12 (5): 835-844.
[64] PRESSOUYRE G M. Hydrogen traps, repellers, and obstacles in steel; consequences on hydrogen diffusion, solubility, and embrittlement [J]. Metallurgical transactions A, 1983, 14 (10): 2189-2193.
[65] HALLBERGM, TLI J, PG J. A new approach to using modelling for on-line prediction of sulphur and hydrogen removal during ladle refining [J]. ISIJ International, 2004, 44 (8): 1318-1327.
[66] HILL J. Hydrogen bakeout, preheat and postweld heat treatments to help solve corrosion problems for oil industry [J]. Welding Journal (Miami), 1992, 71 (7): 51-53.
[67] LACHMUND H, SCHWINN V, JUNGBLUT H A. Heavy plate production: demand on hydrogen control [J]. Ironmaking and steelmaking, 2000, 27 (5): 381-386.
[68] FIGUEROA D, ROBINSON M J. The effects of sacrificial coatings on hydrogen embrittlement and re-embrittlement of ultra high strength steels [J]. Corrosion science, 2008, 50 (4): 1066-1079.

［69］BRASS A M，CHENE J. Influence of deformation on the hydrogen behavior in iron and nickel base alloys：a review of experimental data［J］. Materials Science and Engineering：A，1998，242（1–2）：210–221.

［70］惠卫军，董瀚，翁宇庆. 高强度钢耐延迟断裂性能的评价方法［J］. 理化检验，2001，37（6）：231－235.

［71］KOYAMA M，ABE Y，SAITO K，et al. Martensitic transformation-induced hydrogen desorption characterized by utilizing cryogenic thermal desorption spectroscopy during cooling［J］. Scripta Materialia，2016，122：50－53.

［72］CHEN Y-S，LU H，LIANG J，et al. Observation of hydrogen trapping at dislocations，grain boundaries，and precipitates［J］. Science，2020，367（6474）：171－175.

［73］LARSON D J，PROSA T J，ULFIG R M，et al. Local electrode atom probe tomography［J］. New York：Springer Science，2013，2.

［74］OHNUMAM，SUZUKIJ，WEI F-GF，et al. Direct observation of hydrogen trapped by NbC in steel using small-angle neutron scattering［J］. Scripta Materialia，2008，58（2）：142－145.

［75］CASTELLANOS M M，MCAULEY A，CURTIS J. Investigating structure and dynamics of proteins in amorphous phases using neutron scattering［J］. Computational and Structural Biotechnology Journal，2017，15：117－130.

［76］GRIESCHE A，DABAH E，KANNENGIESSER T，et al. Three-dimensional imaging of hydrogen blister in iron with neutron tomography［J］. Acta Materialia，2014，78：14－22.

［77］MCMAHON G，MILLER B D，BURKE M G. High resolution NanoSIMS imaging of deuterium distributions in 316 stainless steel specimens after fatigue testing in high pressure deuterium environment［J］. npj Materials Degradation，2018，2（1）：1－6.

［78］MCMAHON G，MILLER B D，BURKE M G. Correlative NanoSIMS and electron microscopy methods for understanding deuterium distributions after fatigue testing of 304/304L stainless steel in deuterated water［J］. International Journal of Hydrogen Energy，2020，45（38）：20042－20052.

［79］RONEVICH J A，SPEER J G，KRAUSS G，et al. Improvement of the hydrogen microprint technique on AHSS steels［J］. Metallography，Microstructure，and Analysis，2012，1（2）：79－84.

［80］MOMOTANI Y，SHIBATA A，TERADA D，et al. Hydrogen embrittlement behavior at different strain rates in low-carbon martensitic steel［J］. Materials Today：Proceedings，2015，2：S735－S738.

［81］NAGASHIMA T，KOYAMA M，BASHIR A，et al. Interfacial hydrogen localization in austenite/martensite dual-phase steel visualized through optimized silver decoration and scanning Kelvin probe force microscopy［J］. Materials and Corrosion，2017，68（3）：306－310.

［82］KIM H-J，JEON S-H，YANG W-S，et al. Effects of titanium content on hydrogen embrittlement susceptibility of hot-stamped boron steels［J］. Journal of Alloys and

Compounds，2018，735：2067－2080.

［83］LEE J，LEE T，KWON Y J，et al. Effects of vanadium carbides on hydrogen embrittlement of tempered martensitic steel［J］. Metals and Materials International，2016，22（3）：364－372.

［84］冯毅，赵岩，路洪洲，等. 微合金化对热成形钢抗氢致延迟断裂性能提升的作用机理研究. 汽车 EVI 及高强度钢氢致延迟断裂技术发展［M］. 北京理工大学出版社，2019：278－296.

［85］WEI F G，TSUZAKI K. Hydrogen trapping phenomena in martensitic steels［M］. Amsterdam：Gaseous Hydrogen Elsevier，2012：493－525.

［86］ZHANG S，HUANG Y，SUN B，et al. Effect of Nb on hydrogen-induced delayed fracture in high strength hot stamping steels［J］. Materials Science and Engineering：A，2015，626：136－143.

［87］CUI Q，WU J，XIE D，et al. Effect of nanosized NbC precipitates on hydrogen diffusion in X80 pipeline steel［J］. Materials，2017，10（7）：1－10.

［88］WEI F-G，TSUZAKI K. Hydrogen trapping character of nano-sized NbC precipitates in tempered martensite［C］//Proceedings of the 2008 International Hydrogen Conference-Effects of Hydrogen on Materials. Almere：ASM International，2008：456－463.

［89］WEIF-G，HARAT，TSUZAKI K. Nano-preciptates design with hydrogen trapping character in high strength steel［J］ Advanced steels，Springer，2011：87－92.

［90］LIN L，LI B S，ZHU G M. Effects of Nb on the microstructure and mechanical properties of 38MnB5 steel［J］. International Journal of Minerals，Metallurgy and Materials，2018，25（10）：1181－1190.

［91］GONG P，PALMIERE E J，RAINFORTH W M. Characterisation of strain-induced precipitation behaviour in microalloyed steels during thermomechanical controlled processing［J］. Materials Characterization，2017，124：83－89.

［92］LI J，WU J，WANG Z，et al. The effect of nanosized NbC precipitates on electrochemical corrosion behavior of high-strength low-alloy steel in 3.5% NaCl solution［J］. International Journal of Hydrogen Energy，2017，42（34）：22175－22184.

［93］OKAYASU M，SATO M，ISHIDA D，et al. The effect of precipitations（NbC and carbide）in Fe-C-Mn-xNb steels on hydrogen embrittlement characteristics［J］. Materials Science and Engineering：A，2020，791：139598.

［94］SEO H J，JO J W，KIM J N，et al. Effect of undissolved Nb carbides on mechanical properties of hydrogen-precharged tempered martensitic steel［J］. Scientific Reports，2020，10（1）：1－6.

［95］ZHANG S，WAN J，ZHAO Q，et al. Dual role of nanosized NbC precipitates in hydrogen embrittlement susceptibility of lath martensitic steel［J］. Corrosion Science，2020，164：108345.

第 8 章

热成形钢及零部件的未来发展及路线图

8.1　汽车及车身的未来发展对热成形钢的需求

8.1.1　汽车产业的发展方向

当前，全球新一轮科技革命和产业变革蓬勃发展，汽车与能源、交通、信息通信等领域有关技术加速融合，电动化、网联化、智能化成为汽车产业的发展潮流和趋势。尤其是新能源汽车融汇新能源、新材料和互联网、大数据、人工智能等多种变革性技术，推动汽车从单纯交通工具向移动智能终端、储能单元和数字空间转变，带动能源、交通、信息通信基础设施改造升级，促进能源消费结构优化、交通体系和城市运行智能化水平提升。近年来，世界主要汽车大国纷纷加强战略谋划、强化政策支持，跨国汽车企业加大研发投入、完善产业布局，新能源汽车已成为全球汽车产业转型发展的主要方向和促进世界经济持续增长的重要引擎。

新一轮汽车产业变革的驱动力主要来自能源、互联和智能三大革命，因而汽车产品结构向“绿色低碳、智能网联”转型。在不断加严的汽车燃料消耗、污染物排放以及碳排放控制法规的背景下，汽车产品结构正由传统内燃机占绝对主导的格局，进入诸多技术并存的动力多元化时代，节能汽车技术与新能源汽车技术共同进步、有效组合，未来将逐步成为汽车市场的主流产品。

8.1.2　汽车车身的发展方向

汽车车身的发展方向总体是轻量化、高性能（结构安全、高刚性等），以及合适的成本。车身目标的实现在于材料的选择，以及基于新材料方案的材料、工艺和设计一体化的工程开发过程。因而未来汽车车身的发展方向，核心在于车身材料技术路径的选择，而车身材料也由汽车的燃料形式、产品定位、性能目标要求等诸多因素共同决定。

1.“以钢为主，多材料混合”仍是燃油车车身轻量化的主流技术路线

长期以来，主流汽车车身材料以钢为主。近年来随着汽车轻量化的需求，铝镁合金、塑料等轻质材料由于减重效果显著，在汽车上的用量不断增加，与汽车用钢形成了激烈的竞争。奥迪 A8、路虎揽胜等传统高端品牌全铝车身的出现，使铝合金一度被视为车身用材的主流方向，但随着新一代奥迪 A8 车身采用钢铝混合，车身铝合金占比由 93.1%降低到 58%，让行业重新审视钢在车身轻量化用材中的角色定位。

虽然钢的轻量化效果不如铝、镁、塑料等轻质材料，但依然是车身用材的主要选择，钢的优势如下：

（1）力学性能覆盖范围广。汽车钢的强度覆盖 270～2 000 MPa，能够为车身各部位不同性能的设计要求提供合理的选材方案。

（2）成本低。汽车用钢的成本要远低于铝镁合金和碳纤维，而且钢的加工成本更低，因此，应用高强度钢无疑是成本最优的轻量化材料解决方案。图 8.1 所示为不同轻量化材料方案降重比例与成本增加的关系。

（3）维修容易。钢相比于铝合金具有更优良的塑韧性，在发生碰撞后，大多数情况下可通过钣金工艺来修复，成本较低。

（4）生命周期排放低。文献［6］研究结果表明，铝镁合金、碳纤维等轻质材料在全生命周期的 CO_2 等效排放远高于钢，仅在材料生产环节的排放就为钢的 5～20 倍。提高高强度钢的应用比例有助于减少 CO_2 排放，尤其是双碳大背景下其作用将更为显著。

奥迪 A8 等高端车型车身用材的变化，说明轻量化材料的应用不再以单独追求减重为目标，而是反映了车身轻量化设计在性能、质量和成本之间平衡的综合考虑。车身轻量化用材呈现出多材料混合使用的趋势，高强度钢的应用依然是车身用材的主要选择。

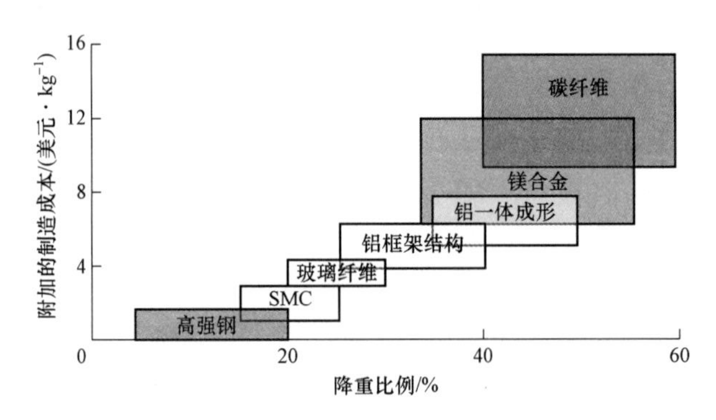

图 8.1　不同轻量化材料方案降重比例与成本增加的关系

2. 新能源汽车车身多种轻量化技术路线将并行发展

发展新能源汽车是我国从汽车大国走向汽车强国的必由之路，也是我国汽车工业由大到强的唯一出路。根据世界钢协的研究，汽车制造商现在正在竞相开发价格合理的电动汽车（battery electric vehicle，BEV），在不损害现有内燃机车辆的功能和特点的情况下，为驾驶员提供可接受的续航里程。里程的增加对车载电池容量和车辆效率（包括质量）都很敏感。随着电池技术在未来 10 年的不断发展，它们的能量密度将增加，而成本预计将降低。因此，汽车制造商预计将开发具有成本效益的轻钢 BEV 结构，而不是使用铝、镁和复合材料等成本较高的轻量化材料方案。通过使用钢材实现的成本节约可以最大化车载电池容量。同时，BEV 的质量增加将伴随着超出现有标准的额外碰撞要求，以最大限度地减少对电池组的侵入，保持电池组结构完整性，并确保乘员安全。这些要求有望使钢成为未来全世界 BEV 设计的首选材料。

近年来，国内以蔚来汽车、小鹏汽车为代表的新能源造车新势力，通过采用大量轻量化新材料，提高其产品的市场定位，采取错位竞争的方式获得了一定的高端电动车市场。以蔚来汽车为例，其 ES8 为国内首个量产高端全铝车身，碳纤维复合材料后地板首次在国产汽车大批量产业化应用，截至 2021 年年初，已突破 5 万台的规模。2021 年 7 月，中国新能源乘用车零售渗透率达 14.8%，而自主品牌新能源车渗透率为 30.1%，豪华车新能源车渗透率为 8%。可见，中国新能源汽车已经逐渐普及，中低端品牌新能源汽车逐渐占据市场主流，中国新能源汽车的产品结果呈现多元化的发展。中低端品牌新能源车，由于成本原因，会逐渐采用钢铝混合或全钢车身，如广汽埃安、小鹏汽车、威马汽车等。因而，热成形钢也仍将是新能源汽车不可或缺的轻量化选材方案，如奇瑞蚂蚁、广汽埃安等钢铝混合车型均在关键安全部件上采用了热成形零件。

近年来，在北美、欧盟和中国市场开发和销售了许多电动车。表 8.1 显示了其中一些车辆中热成形钢的使用情况。

表 8.1　全球几种纯电动汽车车身热成形钢的使用情况

品牌和车型	产品	市场	热成形钢用量
日产 Leaf	2010—2017（第一代）	北美、欧洲、中国	0
雷诺 ZOE	2014 至今	欧洲	7.5%
雪佛兰 Bolt	2016 至今	北美、欧洲	11.8%
欧宝 Corsa－e	2018 至今	欧洲	上车体：15.0% 下车体：19.3%
奥迪 e－tron	2018 至今	全球	白车身：27% 白车身＋四门两盖：22% 车身＋电池箱：17%
捷豹 I－PACE	2018 至今	全球	3%
大众 ID.3	2019 至今	欧洲	上车体：28.0% 下车体：24.8%
极光 1	2019 至今	美国、欧洲部分、加拿大、中国	18%
爱驰 U5	2019 至今	中国、德国	12%
欧拉 R1	2019 至今	中国	14%
岚图 iFree	2021 至今	中国	31%

由表 8.1 可知，除了早期的日产 Leaf 没有热成形部件。大多数车型的热成形钢量超过其 BIW 质量的 10%。2020 年 12 月，现代宣布了他们的新电动平台 E－GMP。该平台将利用热

成形钢部件来保护动力电池的作用。

8.1.3 汽车工业发展对热成形钢的需求

中国汽车产量持续攀升，轻量化节能减排的要求以及日趋严格的汽车安全法规，为热成形钢提供了广阔的市场机遇。相对于镁铝合金、碳纤维等轻量化材料，热成形钢相对较低的生命周期排放，使其不仅在制造阶段减排较少，在汽车使用阶段也保持相对有竞争力的减排能力，从而有利于实现汽车全寿命周期的节能目标。智能化汽车的发展，虽然一定程度上减少了交通安全事故等传统的主被动碰撞问题，然而新的网络信息安全隐患将在智能化汽车领域出现，因此一旦出现安全事故，乘员将可能受到更加致命的危害，因此，被动结构安全仍将是汽车最基本的设计要求，依然需要使用高强汽车钢增加安全性能。

顺应汽车材料轻量化多材料的设计策略，用于汽车关键安全结构件的热成形钢品种及其使用工艺，也要适应不同档次车型、不同安全标准、不同使用环境等要求，甚至在同一部件上实现不同组织与性能的定制要求，因此，汽车轻量化用热成形钢也是多种成分和新工艺并存的格局。

8.2 热成形钢及热冲压成形零部件的未来发展

在国内外“双碳”发展的大背景下，关注全寿命周期的节能减排将是每种材料和工艺发展的前提。热成形钢已是汽车结构安全件的首选轻量化材料，如何在“双碳”背景下更好地实现节能减排，有效地控制成本将成为热成形钢、零部件设计制造，以及整个应用产业链需要面对的问题。因而一些新型低碳、低成本的热成形钢材料和工艺不断涌现，这些新材料和工艺将是热成形钢未来发展的重要方向。

8.2.1 短流程热成形钢

1. 热轧短流程 CSP 热成形钢

CSP（compact strip production）薄板坯连铸连轧短流程工艺生产热成形钢的一大优势是绿色低成本。近年来，武钢将短流程制造技术与车身轻量化技术相结合，通过薄板坯连铸连轧工艺生产汽车用先进高强钢，其中的短流程绿色低成本热成形钢强度级别实现了从 1 300～2 000 MPa 全覆盖。除了武钢，国内多家钢厂也具有短流程连铸连轧生产能力，如河钢、马钢、珠钢、酒钢等。2018 年年底河钢报道，其 2 000 MPa 级别热成形汽车用钢在河钢唐钢薄板坯短流程成功下线，其板厚 1.8 mm。可见 CSP 短流程生产热成形钢是未来热成形钢的一个发展趋势，应用前景广泛。

2. 无头轧制 ESP 技术

ESP（endless strip production）无头带钢生产是在意大利 Acciaieria Arvedi SpA 公司原 ISP 线多年操作经验基础上优化改进合作开发的新一代热轧带钢生产技术，该工艺是薄板坯连铸连轧工艺之一，由钢水浇铸成薄板坯后直送轧机轧成带钢，生产线连续运行。ESP 产品厚度为 0.8～6.0 mm，最大宽度达 1 600 mm。日照钢铁是国内最早引进 ESP 产线的钢厂，其开展了热轧热成形钢的多项应用研究，并批量应用市场。

武钢此前也申请了 ESP 产线生产的抗拉强度达到 1 800 MPa 级热成形钢的专利，明确通过复合添加 Nb、Ti，控制组分中的 Cr、B、Mo 等元素，并采用 ESP 短流程工艺生产抗拉强度为 1 800 MPa 级热冲压成形用钢。

3. MCCR 轧制工艺

MCCR（multi-mode continuous casting & rolling plant）产品定位在超薄、优质、高强热轧板卷，结合后续配套产线，部分产品实现"以热代冷"。MCCR 产品主要包括薄规格热轧板卷、热轧酸洗板、热基镀锌板三大类。MCCR 产线全长为 288.85 m，布局紧凑。

2021 年 7 月，首钢京唐 MCCR－DUE 产线达产，该工艺流程短、投资少、运营成本低、收得率高，是绿色生产的典型示范案例。首钢京唐公司的 MCCR－DUE 是具有灵活生产模式的第三代薄板坯连铸连轧生产线，未来也有望供应热成形钢。

上述短流程工艺是热成形钢发展的一个新的增长点空间，对于防腐性能要求不高的零件，非车身核心安全部件均可大量产业化应用"以热代冷"方案。热轧热成形钢有其先天的性能不足等问题，可以通过诸如微合金化等技术来提高其应用的综合性能，同时也有效地控制了成本，并有效降低了全寿命周期的碳排放。

8.2.2　新型镀层热成形钢

1. 新型薄 Al－Si 镀层

现有 Al－Si 镀层产品热冲压后合金化的镀层总厚度约为 40 μm，其弯曲断裂应变对比无镀层产品降低 20%以上。Al－Si 镀层板的断裂应变较无镀层板的断裂应变降低被认为是由于无镀层板热冲压表面脱碳引起的。易红亮等人研究发现，Al－Si 镀层板在热冲压加热以及奥氏体化过程中，热成形钢基体中的 Fe 和镀层中的 Al、Si 元素分别向镀层与基体界面方向移动，此时镀层中形成合金化层（$FeAl_2$ 和 Fe_2SiAl_2）和相互扩散层（α－Fe），基体与相互扩散层的界面附近形成 C 富集，在淬火过程中形成脆性高碳马氏体，降低了 Al－Si 镀层产品的弯曲断裂应变。高碳马氏体与附近组织的硬度差过大，是微孔源，促进微孔萌生和微裂纹聚集，加速了启裂。性能更优异的 Al－Si 镀层热成形钢有望应用量更大，如微合金化的 Al－Si 镀层热成形钢以及薄镀层 Al－Si 镀层热成形钢。

2. 锌基镀层

目前全球 Al－Si 镀层热成形钢材料及制造工艺方面的专利已被 ArcelorMittal 申请，热成形钢又是汽车行业提高安全性能的有效手段之一，产业链下游用户长期需要支付高昂的专利费，不平衡的产业竞争也促成了替代技术的不断进步。2008 年，奥钢联推出了热度纯 Zn 镀层（GI）的热冲压钢板。Zn 具有很好的阴极保护作用，因此锌基镀层的耐腐蚀性较高。

目前，锌基镀层由于受到两个主要问题的限制而无法得到广泛应用：一是热成形过程中 Zn 的挥发问题；二是锌基镀层板会发生液态 Zn 致液态金属脆。当镀层被加热到 850 ℃时液态 Zn 会进入基体钢板的奥氏体晶界并沿着晶界扩散，导致奥氏体晶界脆化，冲压过程中在较大的外加应力作用下会沿着脆化的晶界产生表面微裂纹，降低热成形件的疲劳寿命并恶化冷弯性能。

国际上主要是通过间接热成形的方法避免液态金属脆现象，也即两步法热冲压成形。首先在冷成形的环节完成大部分应变（90%～95%），然后在热成形环节只需要进一步校形即可。

这样在热成形环节的应变就非常小，从而避免液态金属脆的问题。

为了提高生产效率，Gestamp 等企业提出了新型锌基热成形工艺，也被俗称为镀锌热成形一步法工艺（direct MSHc，multi-step hot stamping process：patents pending），其省去了预冲压的步骤，与铝硅镀层工艺基本一致。目前该技术已在宝马等汽车公司量产应用。

3. 预氧化热成形钢

为了解决热成形钢热成形过程的抗氧化问题，目前国内外也有部分学者开展预氧化 PO（pre-oxidation）工艺相关的研究工作，以期替代 Al-Si 镀层。如果采用适当的方法，如在表面上直接形成 Fe_3O_4 致密结构，可以有效改善和解决氧化皮脱落的现象。如图 8.2 所示，本溪钢铁集团公司开发了一种特殊的预处理方法，用于抗氧化热成形钢 PHS1500A。当表面致密氧化层产生后，在加热过程中使 FeO 结构层的生产受到抑制，而 Fe_3O_4 与钢基体紧密结合，从而避免氧化皮脱落。

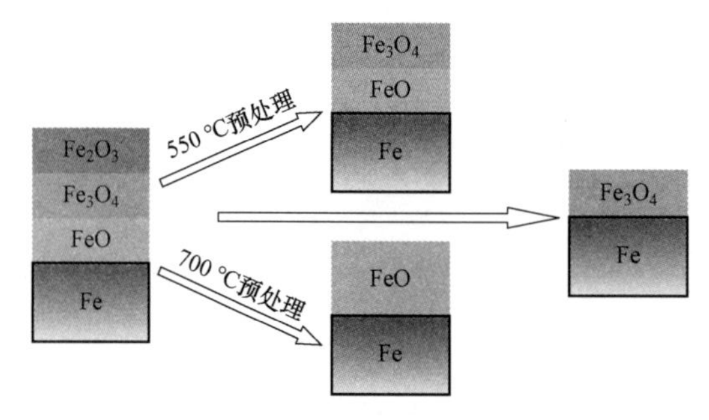

图 8.2　抗氧化钢 PHS1500A 表层结构示意图

热冲压试验结果表明，传统的 PHS1500 钢冲压过程中发生大量的氧化皮脱落，但 PHS1500A 钢冲压过程中几乎没有氧化皮脱落，冲压后的零件表面质量也有很大差别。因为 PHS1500A 钢的化学成分没有改变，热冲压件与常规 PHS1500 热成形件的最终力学性能没有差异。

预氧化热成形钢板的应用，可以降低常规非镀层板加热保护气氛的使用成本，提高表面质量，减少氧化脱落物对模具的磨损，提高产品的成本效益。

8.2.3　新型抗氧化热成形钢

中国汽车工程研究院马鸣图教授、通用汽车卢琦博士等均开发了相关具有增强抗氧化性的热成形钢，主要是通过在热成形基体成分中增加铬（Cr）和硅（Si）的用量实现的。这些新钢种的开发，也主要是为规避 Al-Si 镀层热成形钢的专利保护，同时减少氧化脱落物对模具的磨损，为行业提供一种新的选择。

8.2.4　新型热冲压成形工艺及服役性能

出于汽车被动安全的设计要求，拼焊板热冲压、分段强化热冲压等的应用会越来越广泛，另外如热成形门环技术等逐渐大批量应用，而热辊弯成形技术、Q&P 处理和热冲压成形的一体化工艺也有望批量应用。

随着上下游对热冲压成形零部件的服役性能逐渐得到重视，工艺稳定性及一致性、抗氢脆性能、抗碰撞开裂性能等将逐渐得到落实。

8.3　微合金化热成形钢及零部件的未来发展

微合金化热成形钢及零部件的发展在近 10 年中已崭露头角，目前还存在一些瓶颈问题和值得关注的研发方向：

（1）微合金化热成形钢成分设计。热成形零件生产过程尚存在表面易氧化和局部强度不足等问题，加上其服役过程韧性不足、氢脆敏感性高等问题，可采用微合金化的方法加以解决，但微合金元素在热成形加热——变形——淬火物理过程的析出热力学和动力学尚需深入研究，其对热成形零件性能的影响尚需量化描述，基于零件性能目标进行微合金化成分设计的数据库需要建立，其中可包含各元素析出曲线、金相照片、电镜照片及力学性能、工艺性能和服役性能等关键数据。

（2）热成形过程热－力－相变耦合工艺模型及工艺参数设计。热成形过程是首先将铁素体与珠光体混合相的基板加热奥氏体化，然后转移到模具中进行成形与淬火，这其中包含的几个科学与工程问题需要深入研究，如热－力耦合条件对马氏体转变与第二相析出的影响机理、变形奥氏体的马氏体转变机理、奥氏体晶粒对马氏体转变的影响、热成形材料的本构模型、热成形过程中水－模具－零件热量传导等。

（3）微合金化热成形钢及零件性能评价方法体系。面向汽车零件的制造与服役性能，微合金化热成形钢与零件不仅需要形成完整的自有性能评价体系，而且要为热冲压成形汽车零部件开发与应用提供数据支撑与服役性能预判。需要对以下性能或参数进行系统测试与研究，在工艺性能方面包括高温摩擦系数、高温 FLD、点焊工艺、涂装工艺等，在材料性能方面包括准静态力学性能、动态力学性能、极限尖冷弯性能、氢致延迟断裂性能、复杂应力状态临界断裂曲线或曲面，在零部件性能方面包括三点静压、落锤试验、台车碰撞、整车碰撞等。尽管本书已经尽可能建立了从物理冶金到材料性能到零件功能的系统评价体系，但相关标准和模型需要完善或继续深入研究，以有效指导零部件的开发与产业化应用。

（4）微合金化热成形钢对工艺窗口、零件性能的影响研究尚不充分。目前 Nb、V、Mo 等微合金化的研究在国内逐步开展，国外也进行了 Cu、W、Ca、Ni、Cr、Re 等元素微合金化的研究，各元素对淬透性、抗氧化性能、韧性、抗氢致延迟断裂性能、耐腐蚀性能的作用与机理尚需深入研究。

（5）基于应力三轴度、洛德角等变量的高精度断裂失效预测模型用于整车碰撞仿真模拟尚未完全在汽车行业普及。该模型可用于描述汽车碰撞各零件承受的复杂受力状态，能够准确预测零件碰撞断裂位置和裂纹形貌，可以有效缩短研发周期、降低试验试错成本，该模型有待汽车产业上下游联合进行研究和推广，未来需要在高应变速率临界断裂试验与模型、复杂应力状态材料本构等方面进一步研究。

8.3.1　微合金化热成形钢的系列化开发

根据本书的第 1 章和第 2 章论述，经过 10 年的技术攻关，国内外尤其是我国在微合金化热成形钢开发和应用方面已经取得卓有成效的进展。

1. 1 500～2 000 MPa 微合金化热成形钢

迄今为止，国内外已经开发了：（1）单铌微合金化 1 500～1 800 MPa 冷轧及热轧热成形钢；（2）单钒微合金化的 2 000 MPa 冷轧及热轧热成形钢；（3）铌钒复合微合金化 1 500～1 900 MPa 冷轧及热轧热成形钢；（4）铌钼复合微合金化 1 500～1 900 MPa 冷轧及热轧热成形钢；（5）无钛硼的铌钒及铌钒钼复合微合金化 1 500～1 900 MPa 冷轧及热轧热成形钢。但上述钢种的整体用量还不大，有待进一步推广应用，发挥其汽车被动安全的特性。

2. 1 500～1 800 MPa 具有表面特征的微合金化热成形钢的开发

迄今为止，国内外已经开发了：（1）铌钒复合微合金化 1 500～1 800 MPa 薄镀层热成形钢；（2）抗氧化冷轧热成形钢。这些钢种已经完成部分主机厂的认证，用量正在逐步攀升。但事实上，除了镀层及抗氧化冷轧热成形钢外，商用车用热轧抗氧化、耐腐蚀热成形钢需求更为迫切，该类钢种相关领域的技术亟待开发及应用验证。

上述微合金化热成形钢的系列化还需要开展大量的工作，尤其是铌、钒、钼、钛等相互耦合析出和作用的研究需要进一步系统化。

8.3.2 热成形钢及零部件韧性评价标准的建立和完善

在本书第 5 章已经阐述，复杂应力状态下的临界断裂应变测试方法及材料断裂卡片的构建是汽车安全件设计和评价的重要手段，可以实现精准的断裂 CAE 模拟，有利于车身正确选材和结构优化设计。尽管目前多个整车企业或其供应商正进行上述材料断裂卡片的开发，同时上海迅仿科技、北京理工大学重庆创新中心、中国汽研等单位已经可提供成熟的技术服务，但上述评价方法及材料卡片测试行业标准尚在建立中，高应变速率状态下的临界断裂应变测试尚未完全纳入材料断裂卡片中，而且损伤累积的原理尚不清楚，这些都需要深入的研究。

目前汽车安全件的碰撞评价中（台车碰撞试验、落锤试验以及静压试验）主要考量最大应变（侵入量）、变形加速度、最大承受载荷等数据，断裂裂纹方面的数据尚未列入考察。本书第 6 章已经采用部件碰撞断裂指数（C_{Index}值），该评价方法主要采用固定的 U 形件评价材料级的抗碰撞裂纹能力，但该材料级的碰撞断裂指数也尚未建立行业标准。而更为广泛的零件碰撞断裂指数尚未进行深入的研究，第 6 章的含铌和不含铌的镀层热成形零部件采用现有的 C_{Index} 值进行了对比，量化了零部件的抗碰撞开裂能力差异。但事实上，对于不同的零部件，如何定义加载条件和边界条件依旧是一个难题，部件碰撞断裂指数测试评价标准规范的制定尚需开展大量的工作。

8.3.3 热成形钢氢脆抑制手段进一步研究

本书第 1 章及第 7 章已经论述了微合金化元素所形成的 Nb（C，N）等纳米级碳化物可以作为高能氢陷阱，通过晶粒细化及钉扎位错进而影响晶界和位错的吸氢能力，并提出了影响淬火态热成形钢氢脆开裂的 4 个触发条件：（1）高密度的位错；（2）大量的可扩散氢；（3）低滑移激活能的位错；（4）弱结合力的晶界。提出热成形钢的氢脆断裂是在氢增加局部塑性导致晶界氢富集脱聚而发生的，即氢促进了位错滑移，位错作为氢陷阱携带氢运动，携带氢的位错堆积冲击到原始奥氏体晶界而发生沿晶开裂，携带氢的位错堆积冲击马氏体晶界时发生准解理穿晶断裂。明确了可以通过微合金化来抑制上述关键的 4 个触发条件。但事实上，尽管宏观试验结果支持上述机制机理并已用于指导微合金化钢种开发和应用，同时和最新的文献［25］有一定的契合，但还需要进一步表征验证。1 800～2 000 MPa 强度级别热成形钢零部件工业领域试制出现了一些延迟断裂案例，虽然通过工艺和零件级别的设计优化会减少风险，但是类似现象出现的频率确实远大于 1 500 MPa 级别，也减缓了该级别热成形钢的大规模产业化进程。微合金化的 1 800～2 000 MPa 热成形钢及热冲压成形零部件抗氢致延迟断裂性能已经被证实显著优于传统同类产品，但与 1 500 MPa 材料及零件相比，仍存在一定的差距，如充氢 U 形恒载荷弯曲的断裂时间等，依旧存在一定的氢脆风险，尤其是热轧以及镀层的 1 800～2 000 MPa 级热成形钢。

未来抗氢脆热成形钢的开发思路建议如下：

（1）开发表面抗氧化的微合金化热成形钢，避免铝硅镀层与水气的生氢还原反应，以及避免镀层对氢溢出扩散的抑制，通过微合金化方法形成表面抗氧化层，达到铝硅镀层类似的抑制氧化皮、模具模面保护以及耐腐蚀性能。

（2）通过控制材料轧制及热处理工艺，使纳米级碳化物析出尺度更细小，进一步提高高能氢陷阱数量、晶界数量以及位错钉扎点数量。

（3）通过零件热处理工艺控制，进一步提高回火纳米级碳化物析出并降低位错密度。

在工艺控制方面，必须在钢材冶炼、酸轧、退火、镀层等环节严格控制水气进入而限制氢的进入，在奥氏体炉中严格控制露点，尽量控制奥氏体化温度和降低奥氏体化时间以避免还原生氢反应以及晶粒长大，下料时需要选择合适的下料工艺。尽管本论著提出了热成形钢可扩散氢量以及 U 形恒载荷弯曲断裂时间的建议要求，但在行业标准方面，钢种及零部件在不同阶段的可扩散氢量的具体要求以及 U 形恒载荷弯曲断裂时间还需进一步达成共识。

8.3.4 热成形钢工艺性能研究

热轧热成形钢及零部件主要用于商用车的上装，这些零部件的焊接不再是点焊，而采用传统弧焊则会造成焊缝强度显著低于母材，成为弱区，且低温冲击韧性不足。采用激光焊接或者新的弧焊焊丝焊剂是必不可少的手段，需要开展深入的焊接工艺研究。

对于热轧热成形钢，由于厚度达到 2～10 mm，淬透性是一个重要的性能要求，一是要优化模具水道设计和模具材料，提高工艺冷却能力，二是要采用 B、Mo、Cr、V、Nb 等元素提高钢材的临界冷区速率，建议从当前的 25 ℃/s 降至 10 ℃/s 左右。

另外商用车工况更为复杂和恶劣，商用车上装对零件的抗冲击韧性和疲劳性能有更高的要求，进一步要考察低温冲击性能和低温疲劳性能。根据国外两个商用车主机厂对热轧热成形钢母材及焊缝的指标要求：−40 ℃的 V 形缺口（Charpy V Notch−5 mm）冲击功需高于 50 J，−50 ℃的 V 形缺口冲击功需高于 40 J，−60 ℃的 V 形缺口冲击功需高于 30 J。

8.3.5 热成形钢断裂机制研究

本书第 6 章对热成形钢断裂微观机制进行了初步探讨，即微孔聚合开裂机制，并确定了改善热成形钢断裂的手段。但事实上，国内外在这方面的研究少，如不同强度级别的热成形钢局部大变形前后材料表面微孔数量的量化分析、表面脱碳以及碳偏析的成因及影响、微米级夹杂形成及控制和量化影响等，都没有开展详细及系统的研究。而这些内容与零部件碰撞开裂、钢种设计开发有着密切的关系。

8.4 热成形钢开发及应用路线图

8.4.1 热成形应用路线图

本书给出了未来 15 年，乘用车车身热成形钢及热冲压成形零部件的预测，以及商用车热成形钢及热冲压成形零部件的预测，见表 8.2。

表 8.2 未来 15 年热成形钢及热冲压成形零部件应用路线图

时间	乘用车	商用车
2021—2025	1. 主要部件：车身加强件、安全件； 2. 车身热成形钢应用比例及中国年用量：平均质量百分比为 10%～20%；热成形钢 120 万～160 万 t； 3. 关键驱动力及功能需求：轻量化、碰撞安全、抗氢脆、模块化； 4. 核心材料性能要求：强度、镀层、延伸率、极限冷弯角度、氢脆断裂时间； 5. 主要材料特征：1 500 MPa 的镀层板、裸板； 6. 工艺特征：常规热成形、激光拼焊	1. 主要部件：挂车上装、货车上装、车轮； 2. 中国年热成形钢用量：5 万～20 万 t； 3. 关键驱动力及功能需求：轻量化、淬透性、抗氢脆、抗冲击断裂； 4. 核心材料性能要求：强度、延伸率、氢脆断裂时间、低温冲击功； 5. 主要材料特征：1 500 MPa 热轧裸板、冷轧板； 6. 工艺特征：大型构件热成形、成形后热处理淬火
2026—2030	1. 主要部件：车身加强件、安全件； 2. 车身热成形钢应用比例及中国年用量：平均质量百分比为 15%～25%；热成形钢 150 万～200 万 t； 3. 关键驱动力及功能需求：模块化、成本、抗氢脆、碰撞安全、抗断裂、LCA； 4. 核心材料性能要求：强度、极限冷弯角度、氢脆断裂时间、断裂应变（卡片）； 5. 主要材料特征：1 500～1 800 MPa 镀层板、微合金化板、裸板 6. 工艺特征：常规热成形、激光拼焊、一体化热成形、分段式热成形	1. 主要部件：挂车上装、货车上装、车轮、驾驶室； 2. 中国年热成形钢用量：20 万～40 万 t； 3. 关键驱动力及功能需求：轻量化、抗氢脆、淬透性要求、耐腐蚀要求、耐磨要求、抗断裂、抗冲击断裂、LCA； 4. 核心材料性能要求：氢脆断裂时间、临界冷却速率、低温冲击功、腐蚀速率、耐磨性、极限冷弯角度、强度； 5. 主要材料特征：1 300～1 700 MPa 耐氧化板、耐氢脆板、高淬透性板； 6. 工艺特征：大型构件热成形、零件激光焊接、成形后热处理
2031—2035	1. 主要部件：车身加强件、安全件； 2. 车身热成形钢应用比例及中国年用量：平均质量百分比为 20%～30%；热成形钢 200 万～250 万 t； 3. 关键驱动力及功能需求：抗氢脆、成本、模块化、抗断裂、碰撞安全、LCA； 4. 核心材料性能要求：氢脆断裂时间、强度、极限冷弯角度、断裂应变（卡片）； 5. 主要材料特征：1 500～2 000 MPa 镀层板、微合金化板； 6. 工艺特征：常规热成形、激光拼焊、一体化热成形、分段式热成形、热辊弯成形技术、Q&P 一体化工艺	1. 主要部件：挂车上装、货车上装、车轮、驾驶室等； 2. 中国年热成形钢用量：40 万～80 万 t； 3. 关键驱动力及功能需求：轻量化、氢脆、淬透性要求、抗氧化及耐腐蚀要求、耐磨要求、抗断裂、抗冲击、LCA； 4. 核心材料性能要求：氢脆断裂时间、临界冷却速率、低温冲击功、氧化速率、腐蚀速率、耐磨性、极限冷弯角度、强度； 5. 主要材料特征：1 300～1 800 MPa 抗氧化板、耐氢脆板、高淬透性板等系列专用钢板； 6. 工艺特征：大型构件热成形、零件激光焊接、成形后热处理、激光拼焊

8.4.2 推荐的微合金化热成形钢成分

从热成形钢的基本力学性能以及零部件的服役性能需求出发，提出了微合金化热成形钢成分推荐建议如表 8.3 所示，供读者参考，如涉及知识产权，请尊重专利权人或单位的知识产权。

表 8.3　微合金化热成形钢成分推荐　wt.%

	C	Mn	Si	Nb	Cr	Ti	B	Mo	V
成分 1	0.20～0.25	1.0～1.8	0.10～0.50	0.025～0.050	0.15～2.00	0.01～0.04	0.002～0.005	—	—
成分 2	0.20～0.25	1.0～1.8	0.10～0.50	0.025～0.050	0.15～2.00	0.01～0.04	0.002～0.005	0.1～0.3	—
成分 3	0.20～0.25	1.0～1.8	0.10～0.50	0.025～0.050	0.15～2.00	0.01～0.04	0.002～0.005	—	0.02～0.05
成分 4	0.29～0.38	1.0～1.8	0.10～0.50	0.040～0.065	0.15～2.00	0.01～0.04	0.002～0.005	—	—
成分 5	0.29～0.38	1.0～1.8	0.10～0.50	0.040～0.065	0.15～2.00	0～0.04	0～0.005	0.1～0.3	—
成分 6	0.29～0.38	1.0～1.8	0.10～0.50	0.040～0.065	0.15～2.00	—	—	0.1～0.3	0.03～0.05
成分 7	0.29～0.38	1.0～1.8	0.10～0.50	0～0.04	0.15～2.00	0～0.03	0～0.005	—	0.10～0.20

8.5 小　结

随着汽车工业的发展和“双碳”对汽车工业的新要求，本章对未来汽车用热成形钢及热冲压成形零部件提出了展望，并列举了未来可能批量应用的新型热成形材料及工艺，如短流程热成形钢、新型镀层热成形钢、抗氧化热成形钢，和共性的微合金化热成形钢等，以及一体化门环工艺、热辊弯成形技术等新技术，并对热成形钢及零部件的进一步系统化研究和标准化指出了方向，提出了热成形应用的路线图及微合金化热成形钢的成分建议，供业界参考。

参 考 文 献

[1] 国务院办公厅. 关于印发新能源汽车产业发展规划（2021—2035 年）的通知（国办发〔2020〕39 号）[EB/OL].（2020-11-02）[2020-11-11]. http://www.gov.cn/zhengce/content/2020－11/02/content_5556716.htm.

[2] 中国汽车工程学会. 节能与新能源汽车技术路线图 2.0 [M]. 北京：机械工业出版社，2020.

[3] 康永林，田鹏，朱国明. 热宽带钢无头轧制技术进展及趋势 [J]. 钢铁，2019，54（3）：1－8.

[4] 蒋浩民，陈新平，蔡宁，等. 汽车车身用钢的发展趋势 [J]. 锻压技术，2018，43（7）：56－61.

[5] 董学锋. 车身材料与车身轻量化 [J]. 汽车工艺与材料，2017，（7）：1－18.

[6] Keeler S，Kimchi M. Advanced high-strength steels application guidelines V5 [M]. Brussels：World Auto Steel，2015.

[7] 王存宇，杨洁，常颖，等. 先进高强度汽车钢的发展趋势与挑战 [J]. 钢铁，2019，54（2）：1－6.

[8] 吕奉阳，罗培锋，陈东. 基于 ECB 的车身轻量化材料应用趋势 [J]. 汽车实用技术，2019，（19）：179－183.

[9] AMERICAN IRON AND STEEL INSTITUTE. Steel industry role in the future of electrified vehicles [R]. Hew York：American Iron and Steel Institute，2021.

[10] 金学军，龚煜，韩先洪，等. 先进热成形汽车钢制造与使用的研究现状与展望 [J]. 金属学报，2020，56（4）：411－428.

[11] 王辉，葛锐，周少云，等. 热冲压成形技术及发展前景 [J]. 武汉工程职业技术学院学报，2014，26（3）：4.

[12] 干勇，李光瀛，马鸣图，等. 先进短流程－深加工新技术与高强塑性汽车构件的开发 [J]. 轧钢，2015，32（4）：1－11.

[13] 武汉钢铁有限公司. 采用ESP产线生产的抗拉强度≥1800 MPa级热成形钢及方法：中国，201810587725.3 [P]. 2018－11－06.

[14] 易红亮，常智渊，才贺龙，等. 热冲压成形钢的强度与塑性及断裂应变 [J]. 金属学报，2020，56（4）：429－443.

[15] CHOI W S，DE COOMAN B C. Characterization of the bendability of press-hardened 22MnB5 steel [J]. Steel Research International，2014，85：824－835.

[16] P·德里耶，D·斯佩纳，R·克费尔斯坦. 涂覆的钢带材、其制备方法、其使用方法、由其制备的冲压坯料、由其制备的冲压产品和含有这样的冲压产品的制品：中国，CH101583486A [P]. 2009－11－18.

[17] 易红亮，常智渊，刘钊源，等. 热冲压成形构件、热冲压成形用预涂镀钢板及热冲压成形工艺：中国，CH108588612B [P]. 2019－09－20.

[18] 李学涛. 镀锌热冲压钢成形过程中裂纹扩展机理及控制工艺研究 [D]. 北京：钢铁研究总院，2018.

[19] PAUL BELANGER. New Zn multistep hot stamping innovation [R]. Manchester：Manchester University Press，2017.

[20] 马鸣图，易红亮，宋磊峰，等. 一种抗高温氧化的非镀层热冲压成形用钢：中国，CN103614640B. [P]. 2016－10－15.

[21] 卢琦，庞佳琛，王建锋. 具有增强的抗氧化性的用于热冲压的钢：中国，CN111542635A [P]. 2020－08－14.

[22] 路洪洲，赵岩，冯毅，等. 铌微合金化热成形钢的最新进展 [J]. 汽车工艺与材料，2021（04）：23－32.

[23] 马鸣图，刘邦佑，陈翊昇，等. 热成形钢及热冲压零件的氢致延迟断裂 [J]. 汽车工艺与材料，2021（04）：1－11，4.

[24] 路洪洲，赵岩，冯毅，等. 微合金化热成形钢开发应用进展及展望 [J]. 机械工程材料，2020，44（12）：1－10.

[25] DGX A，LIANG W B，ZWS A. Hydrogen enhanced cracking via dynamic formation of grain boundary inside aluminium crystal [J]. Corrosion Science，2021，183：109307.

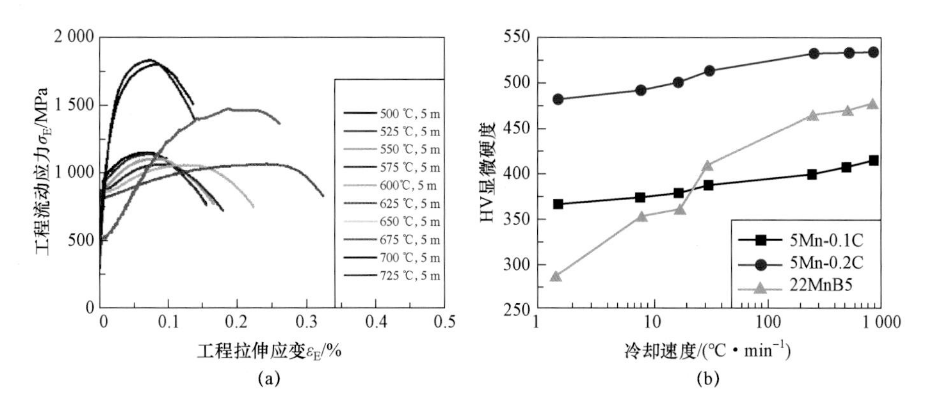

图 1.27 （a）中锰 TG 钢 0.22C5Mn 不同奥氏体化加热温度对性能的影响；（b）中锰 TG 钢 0.22C5Mn 淬火冷却速度对淬火硬度的影响

图 2.1 热冲压零件（红色部分）在汽车白车身上的应用

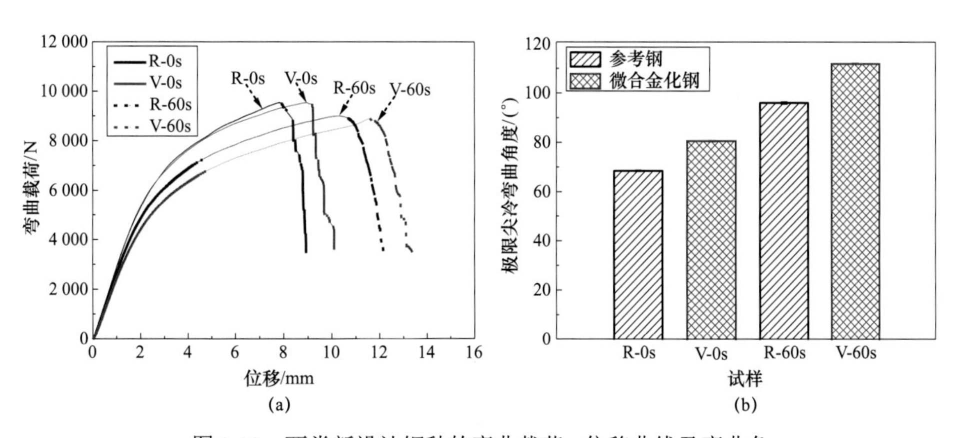

图 2.58 两类新设计钢种的弯曲载荷–位移曲线及弯曲角

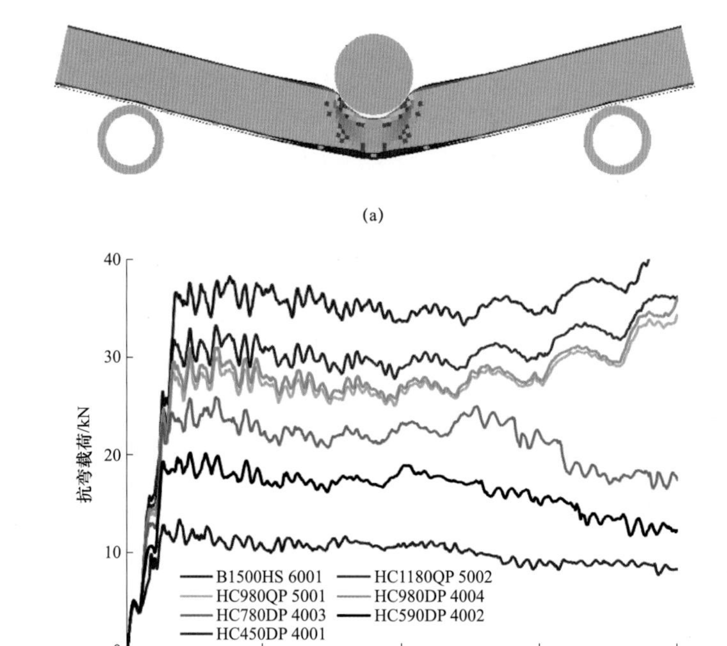

图 4.9　帽型梁的三点弯曲模拟

（a）试验模型；（b）不同材料三点弯曲的力–位移曲线

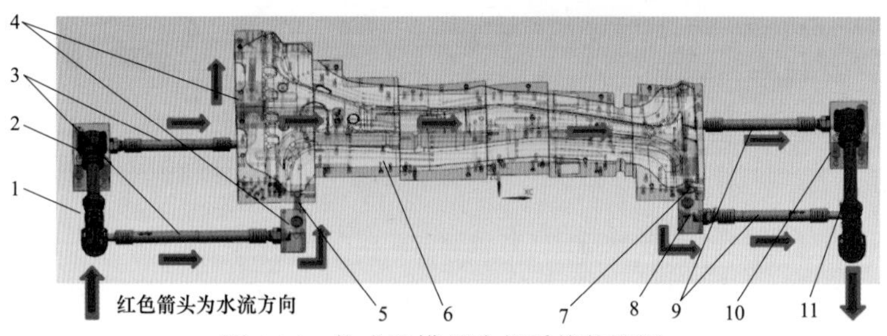

图 4.14　热成形模具冷却系统装配图

1 一进水管道：2，4，8，10—集水块：3，5，7，9 一过水管：6 一冷却镶块：11 一出水管道

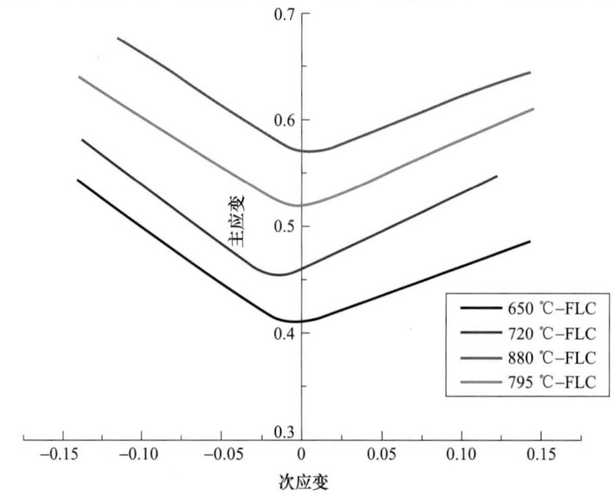

图 4.20　热成形钢板在不同变形温度条件下的成形极限图

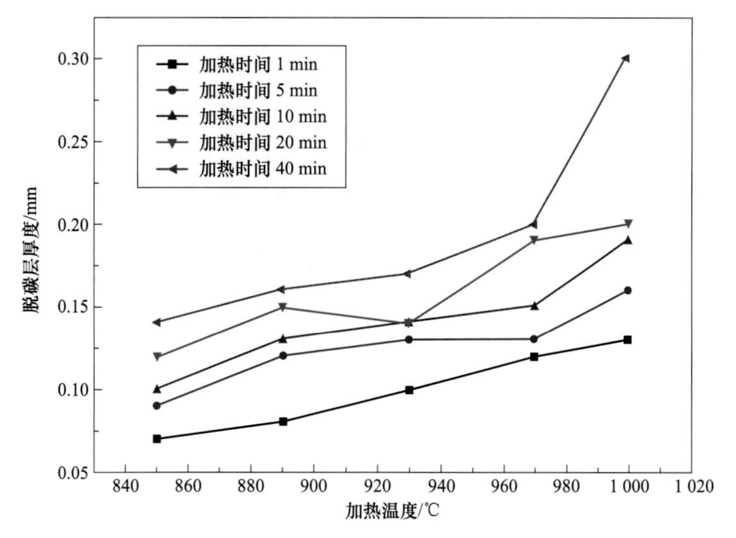

图 4.23　不同加热温度和不同加热时间条件下钢板脱碳层厚度

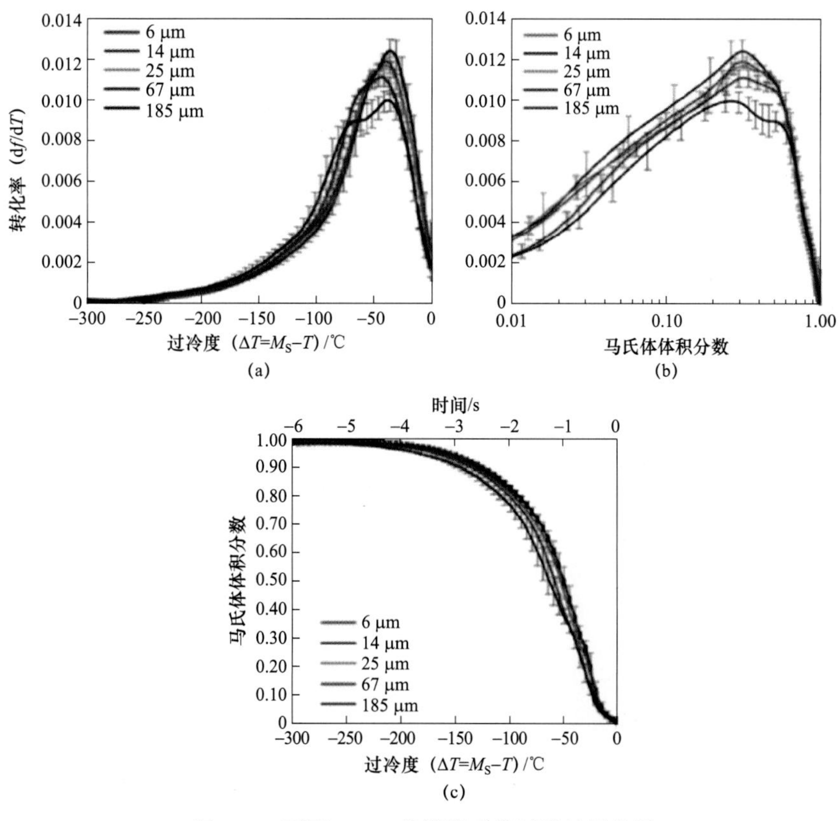

图 4.28　不同 PAGS 热膨胀系数试验结果分析

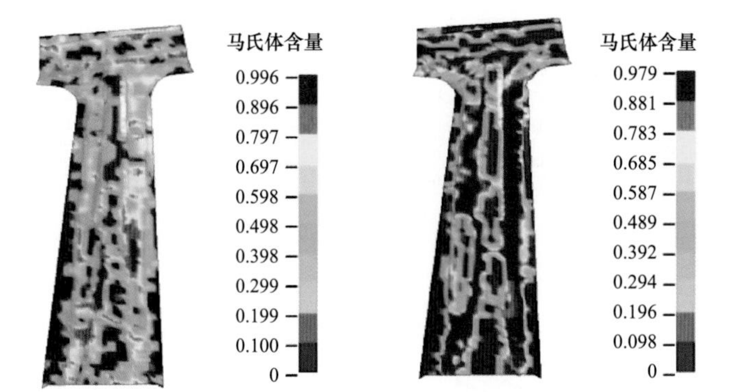

图 4.46　22MnB5 和 22MnB5 NbV 热成形 B 柱微观组织预测

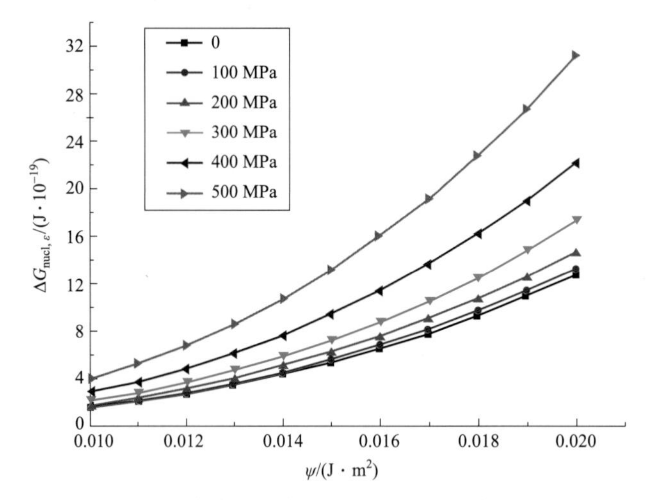

图 4.54　奥氏体预变形对马氏体形核功的影响

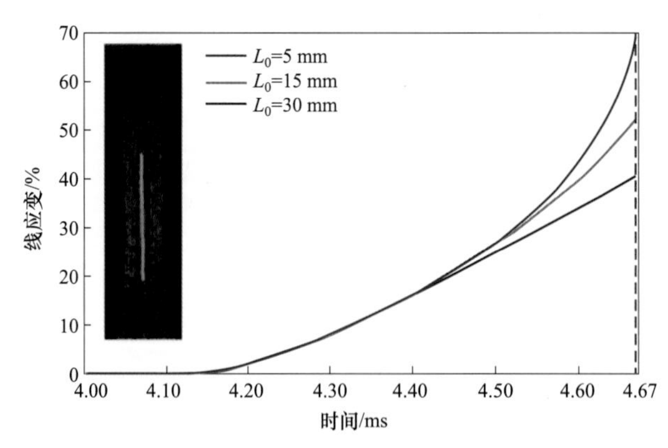

图 5.35　试样的标距长度与拉伸时位移速度、名义应变速率的关系

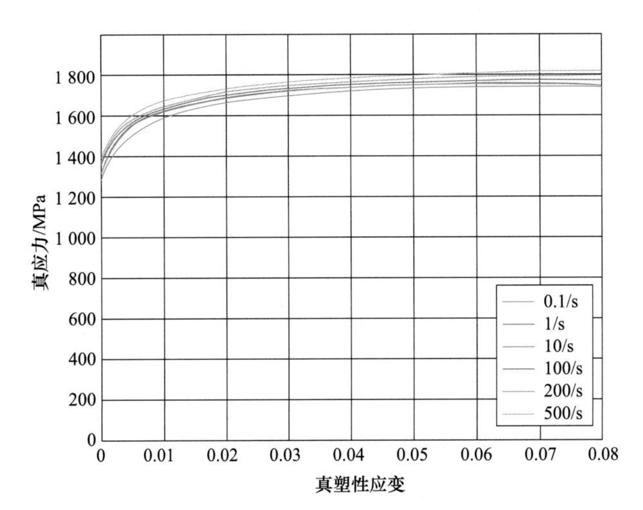

图 5.37　材料 CR1500HS 在不同应变速率下的力学性能曲线

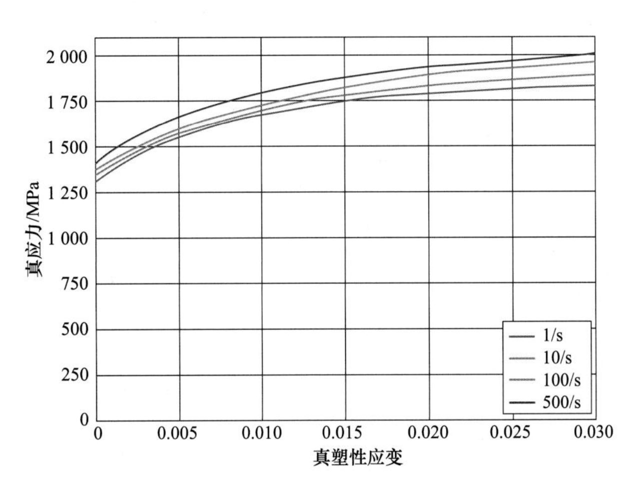

图 5.38　材料 CR1800HS 在不同应变速率下的力学性能曲线

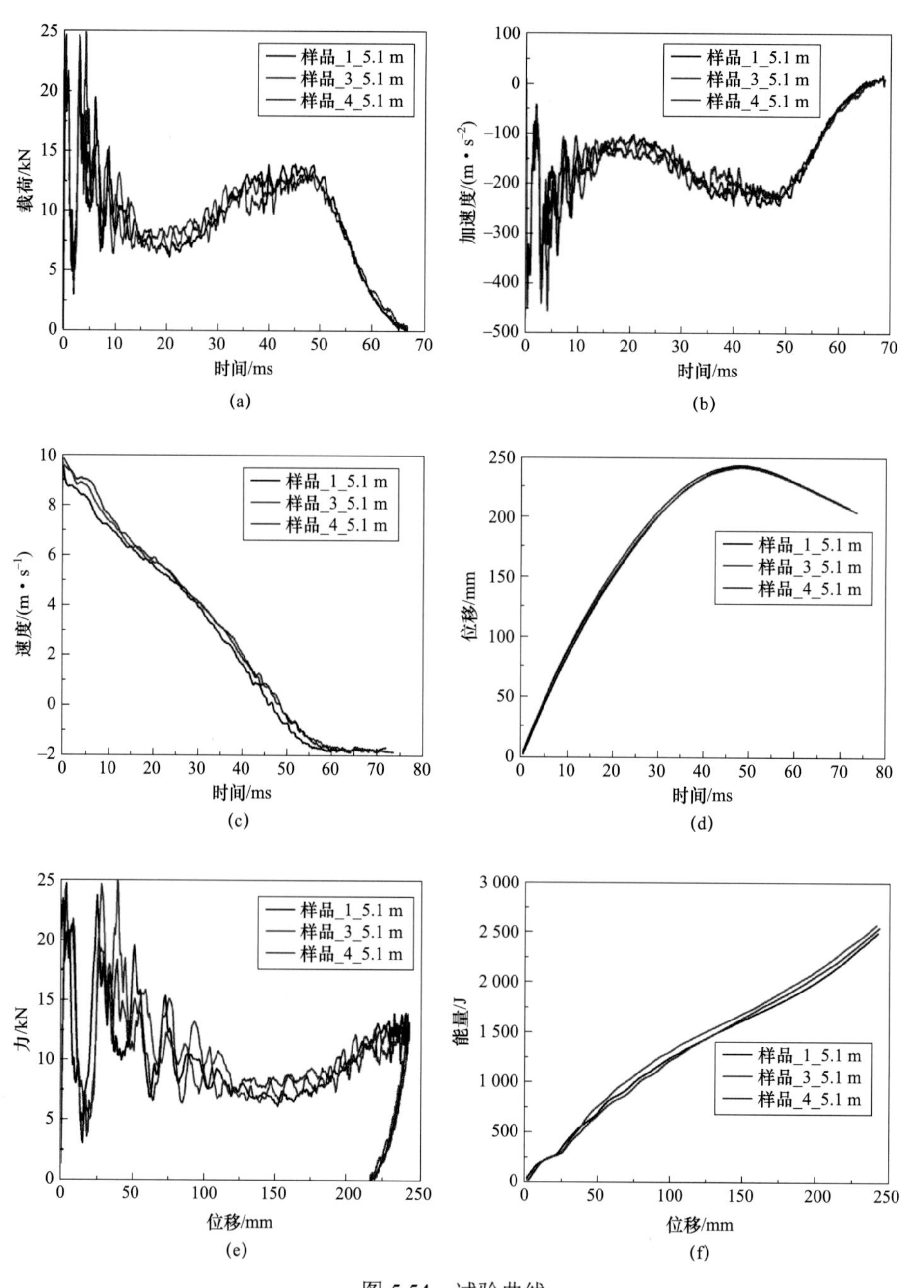

图 5.54 试验曲线

（a）力–时间曲线；（b）加速度–时间曲线；（c）速度–时间曲线；

（d）位移–时间曲线；（e）力–位移曲线；（f）能量–位移曲线

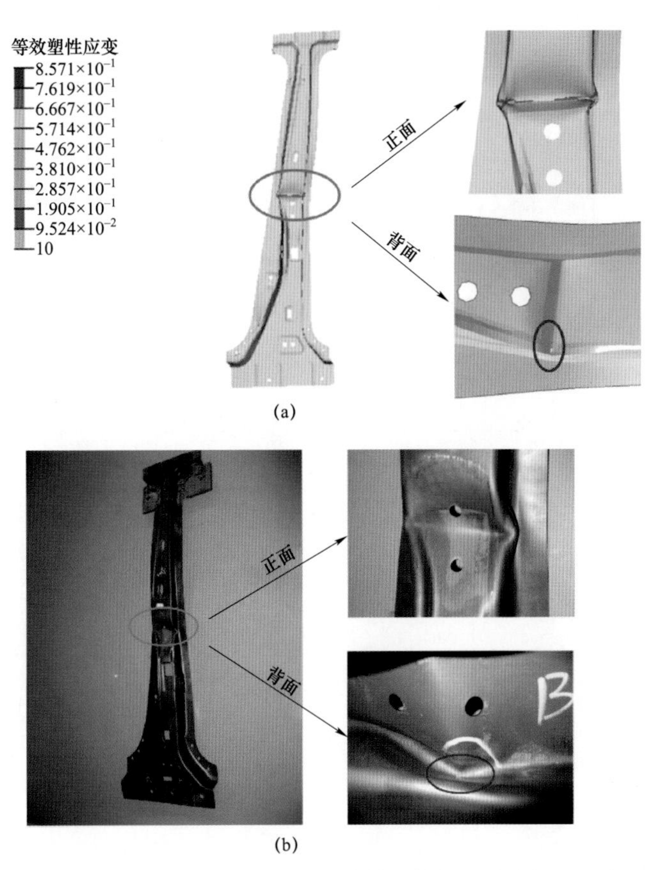

图 6.13 热冲压成形 B 柱三点弯数值模拟及试验结果对比

（a）数值模拟结果；（b）试验结果

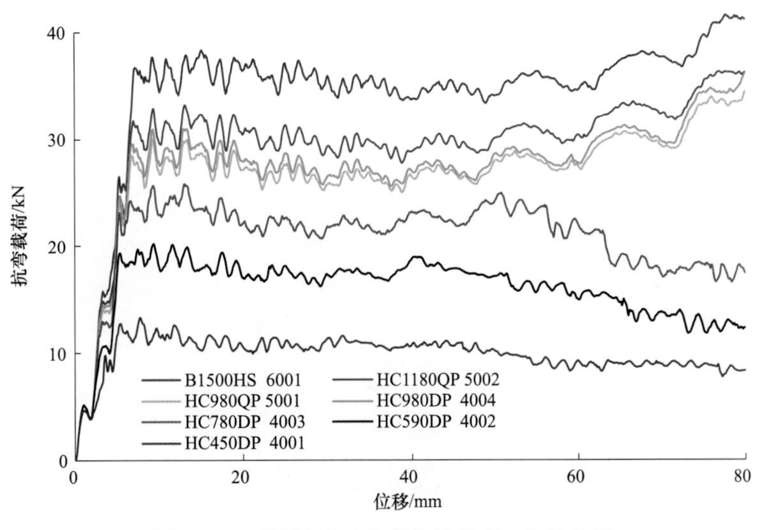

图 6.17 不同材料三点弯曲的载荷–位移曲线

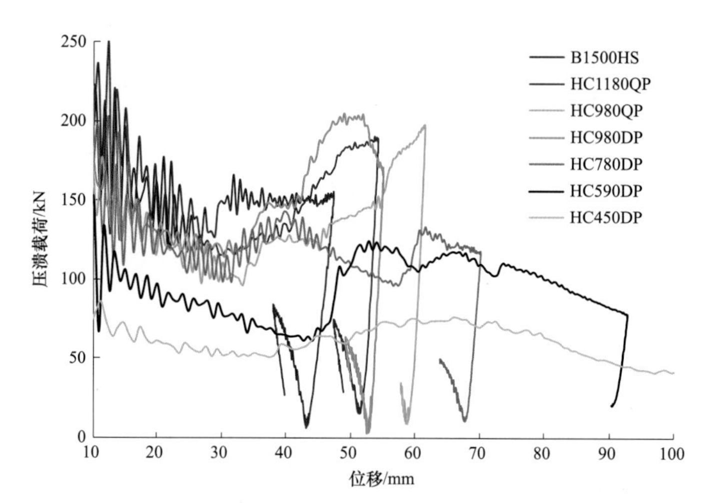

图 6.18　不同材料制造的帽型件纵向压溃吸能的载荷－位移曲线

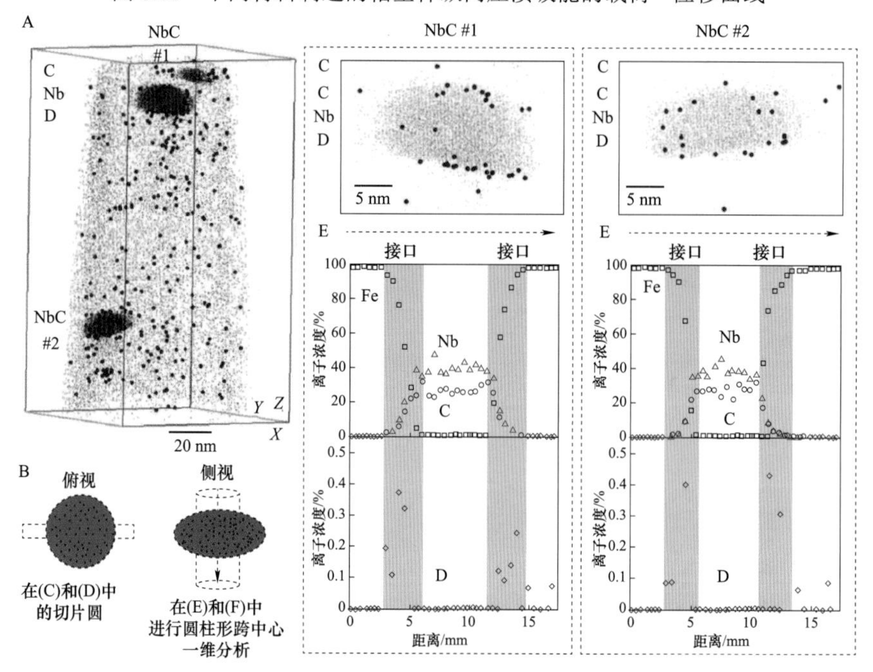

图 7.9　铁素体含铌钢的 APT 分析

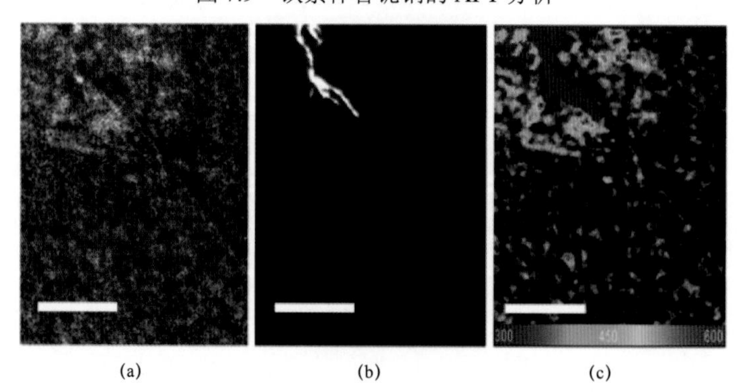

图 7.15　SIMS 观察氘分布于不锈钢样品中的情形（红色区域为氘密度较高的区域）

（a）氘的图像；（b）氧的图像；（c）氘/氧比例图